普通高等教育 "十三五" 规划教材

钢 冶 金 学

主 编 高泽平
副主编 张 波

U0315880

北 京
冶金工业出版社
2024

内 容 提 要

本书为冶金工程专业主干课程"钢冶金学"的配套教材，系统地阐述了炼钢过程基础理论与工艺。主要内容包括：炼钢过程基本理论、炼钢用原材料、铁水预处理、转炉炼钢方法及其冶金特点、转炉炼钢工艺、转炉炉衬与长寿技术、电弧炉炼钢设备、电弧炉炼钢冶炼工艺、特种冶金、炼钢二次资源的综合利用。重点介绍了铁水预处理、顶吹与复吹转炉炼钢工艺、溅渣护炉技术、现代电炉炼钢工艺。本书内容突出了应用性和新颖性的特点，力求全面、实用，注重理论与实际相结合，着力反映现代炼钢新工艺。

本书可作为高等院校冶金工程专业的教学用书，也可供从事钢铁生产的工程技术人员、管理人员及相关专业的学生参考。

图书在版编目(CIP)数据

钢冶金学/高泽平主编. —北京：冶金工业出版社，2016.6（2024.7重印）

普通高等教育"十三五"规划教材

ISBN 978-7-5024-7243-6

Ⅰ.①钢… Ⅱ.①高… Ⅲ.①炼钢学—高等学校—教材 Ⅳ.①TF7

中国版本图书馆 CIP 数据核字（2016）第 149720 号

钢冶金学

出版发行	冶金工业出版社	**电　话**	(010)64027926
地　址	北京市东城区嵩祝院北巷 39 号	**邮　编**	100009
网　址	www. mip1953. com	**电子信箱**	service@ mip1953. com

责任编辑　杨　敏　美术编辑　吕欣童　版式设计　杨　帆
责任校对　李欣雨　责任印制　窦　唯

北京虎彩文化传播有限公司印刷
2016 年 6 月第 1 版，2024 年 7 月第 2 次印刷
787mm×1092mm　1/16；21.25 印张；513 千字；327 页

定价 49.00 元

投稿电话　(010)64027932　投稿信箱　tougao@cnmip.com.cn
营销中心电话　(010)64044283
冶金工业出版社天猫旗舰店　yjgycbs.tmall.com
（本书如有印装质量问题，本社营销中心负责退换）

前　言

钢铁工业已进入了一个新的发展时期，中国钢铁材料设计与制造技术将向绿色化、智能化、质量-品牌化的方向发展，以高品质、高附加值的钢铁产品作为钢铁制造的发展目标。未来钢铁产业发展的关键不是量而是质，而实现低成本炼钢，提高综合竞争力是各个钢铁厂追寻的目标。

为了适应钢铁工业的快速发展，更好地满足教学与生产的需要，按照普通高等教育"十三五"教材建设规划，根据冶金工程专业教学大纲的要求，我们编写了本书。

全书共分为11章，主要内容包括：概述、炼钢过程基本理论、炼钢用原材料、铁水预处理、转炉炼钢方法及其冶金特点、转炉炼钢工艺、转炉炉衬与长寿技术、电弧炉炼钢设备、电弧炉炼钢冶炼工艺、特种冶金、炼钢二次资源的综合利用。系统地阐述了炼钢过程基本理论与工艺，重点介绍了铁水预处理、顶吹与复吹转炉炼钢工艺、溅渣护炉技术、现代电炉炼钢工艺。本书编写思路清晰，内容全面，简洁流畅，新颖实用，注重理论与实际相结合，着力反映现代炼钢新工艺。

本书由湖南工业大学冶金工程学院的教师编写。高泽平任主编，张波任副主编。苏振江、贺道中、胡洵璞、王建丽老师参与了部分章节的编写工作。全书由高泽平统编、定稿。

本书由武汉科技大学薛正良教授担任主审，薛正良教授提出了许多宝贵意见，在此表示诚挚的感谢。在编写过程中，得到了苏州大学王德永教授、衡阳华菱钢管有限公司首席专家周维汉的大力支持，在此表示衷心的感谢。编写本书时参阅了有关炼钢方面的文献，在此谨向所有参考文献的作者致以深深的谢意。

本书可作为高等院校冶金工程专业的教学用书，也可供从事钢铁生产的工程技术人员、管理人员及相关专业的学生参考。

限于作者水平，书中难免有不妥之处，恳请同行和读者批评指正。

高泽平

2016 年 3 月

目　　录

1 概　　述

钢铁材料实质上是铁碳合金，图 1-1 所示为 Fe-Fe$_3$C 相图。碳具有间隙固溶强化作用，可形成各种碳化物（最典型的是 Fe$_3$C，引入其他合金后可以成为合金渗碳体）。碳的加入使铁的固态相变复杂多变，由此导致钢的性能变化范围大幅度扩大。

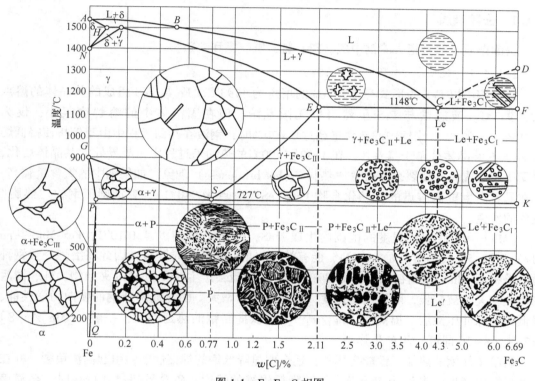

图 1-1　Fe-Fe$_3$C 相图

钢和生铁的区别可从表 1-1 中看出。钢具有强度高、韧性好、易于加工和焊接等特性，改变钢中的合金元素及其数量可以获得各种不同性能的合金钢。除约占生铁总量10% 的铸造生铁用于生产铁铸件外，约占生铁 90% 的炼钢生铁需要进一步冶炼成钢，以满足国民经济各部门的需要。

表 1-1　钢和生铁的区别

名　称	碳含量/%	熔点/℃	特　　性
生　铁	2.11~4.5	1100~1200	脆而硬，无韧性，不能轧、锻、焊，铸造性能好
钢	<2.11（工业上实用的钢中一般 $w[C]$ <1.2%）	1450~1500	强度高，塑性好，韧性大，可以轧、锻、焊、铸造及拉、冲、拔

在现代化建设中，钢的需求涉及所有部门，而且需用的品种和数量都很大。现代农业、机械工业、化学工业、建筑业、电子工业、兵器工业、宇航工业以及人民日常生活都离不开钢。钢铁工业是工业经济和人民生活改善的支柱产业。展望未来，钢铁仍将是最主要的结构材料和产量最大的功能材料。

1.1　炼钢的基本任务

所谓炼钢（steelmaking），就是将废钢、铁水等炼成具有一定化学成分的钢，并使钢具有一定的物理化学性能和力学性能。为此，必须完成下列基本任务。

1.1.1　去除杂质

去除杂质一般是指去除钢中硫、磷、氧、氢、氮和夹杂物。

1.1.1.1　脱硫

硫在钢中以 FeS 的形式存在，FeS 的熔点为 1193℃，Fe 与 FeS 组成的共晶体的熔点只有 985℃。液态铁与 FeS 虽然可以无限互溶，但在固溶体中的溶解度很小，仅为 0.015%～0.020%。当钢中的硫含量超过 0.020% 时，钢液在凝固过程中由于偏析使得低熔点 Fe-FeS 共晶体分布于晶界处，在 1150～1200℃ 的热加工过程中，晶界处的共晶体熔化，钢受压时造成晶界破裂，即发生"热脆"（hot brittleness）现象。如果钢中的氧含量较高，则在晶界产生更低熔点的共晶化合物 FeO-FeS（熔点为 940℃），更加剧了钢的"热脆"现象的发生。

[Mn] 可在钢凝固温度的范围内生成 MnS，纯 MnS 的熔点是 1610℃，FeS-MnS 共晶（FeS 占 93.5%）的熔点是 1164℃，能有效地防止钢在轧制时开裂，因此在冶炼一般钢种时要求将 $w[Mn]$ 控制在 0.4%～0.8%。但过高的硫会产生较多的 MnS 夹杂物，轧、锻后的硫化物夹杂被拉长，降低钢的强度，使钢的磨损增大，明显地降低钢的横向力学性能，降低钢的深冲压性能。提高 $w[Mn]/w[S]$ 可以提高钢的热延展性，一般 $w[Mn]/w[S]$ ≥7 时（8～16 即可）不产生热脆。

硫除了使钢的热加工性能变坏外，还会明显降低钢的焊接性能，引起高温龟裂，并在金属焊缝中产生许多气孔和疏松，从而降低焊缝的强度。硫含量超过 0.06% 时，会显著恶化钢的耐蚀性。硫是连铸坯中偏析最为严重的元素，从而增加了连铸坯内裂纹的产生倾向。

不同钢种对硫含量有着严格的规定：非合金中普通质量级钢要求 $w[S]$ ≤0.045%，优质级钢 $w[S]$ ≤0.035%，特殊质量级钢 $w[S]$ ≤0.025%，有的钢种如管线钢要求 $w[S]$≤0.005%，甚至更低。但对有些钢种，如易切削钢，[S] 作为产生硫化物的介质加入（在切削过程中车屑易断），要求硫含量为 0.08%～0.20%。易切削钢常作为易加工的螺钉、螺帽、纺织机零件、耐高压零件等的材料，我国常用的易切削钢有：Y12、Y20、Y30。

1.1.1.2　脱磷

通常认为，磷在钢中以 [Fe₃P] 或 [Fe₂P] 形式存在，为方便起见，均用 [P] 表示。在一般情况下，磷是钢中有害元素之一。通常，磷使钢的韧性降低，磷可略微增加钢的强度。磷的突出危害是产生"冷脆"（cryogenic brittleness），即从高温降到0℃以下，钢的塑性和冲击韧性降低，并使钢的焊接性能与冷弯性能变差。在低温下，$w[P]$ 越高，冲击性能降低就越大。磷是降低钢液表面张力的元素，随着其含量的增加表面张力降低显著，从而降低了钢的抗热裂纹性能。磷是仅次于硫在钢的连铸坯中偏析度高的元素，在铁固溶体中扩散速率很小，因而磷的偏析很难消除，严重影响钢的性能。

为减小磷的危害，提高钢质，必须尽量降低磷含量。钢中的磷含量允许范围：非合金钢中普通质量级钢 $w[P] \leqslant 0.045\%$，优质级钢 $w[P] \leqslant 0.035\%$，特殊质量级钢 $w[P] \leqslant 0.025\%$，有的钢种甚至要求 $w[P] \leqslant 0.010\%$。但有些钢种如炮弹钢、易切削钢、耐腐蚀钢等，则需要加入磷元素。

1.1.1.3 脱氧

在炼钢过程中，向熔池吹入了大量的氧气，到吹炼终点，钢水中含有过量的氧，如果不进行脱氧，在出钢、浇注过程中，温度降低，氧溶解度降低，促使碳氧反应，钢液剧烈沸腾，使浇注困难，得不到合理凝固组织结构的连铸坯；而且在钢的凝固过程中，氧以氧化物的形式大量析出，钢中也将产生氧化物非金属夹杂，降低钢的塑性、冲击韧性，使钢变脆。

一般测定的钢中氧含量是全氧，包括氧化物中的氧和溶解的氧；在使用浓差法定氧时才测定钢液中溶解的氧（氧的活度）；在铸坯或钢材中取样是全氧样。

因此，应根据具体的钢种，将钢中的氧含量降低到所需的水平，以保证钢水在凝固时得到合理的凝固组织结构；使成品钢中非金属夹杂物含量最少，分布合适，形态适宜，以保证钢的各项性能指标。

1.1.1.4 去气（氢、氮）

A 钢中氢

炼钢炉料带有水分或由于空气潮湿，都会使钢中的含氢量增加。氢是钢中有害的元素。在钢的热加工过程中，钢中含有氢气的气孔会沿着加工方向被拉长而形成发裂，从而引起钢材的强度、塑性以及冲击韧性降低，这种现象称为氢脆（hydrogen embrittlement）。在钢的各类标准中一般不作数量上规定，但氢会使钢产生白点（发裂）、疏松和气泡缺陷。

在钢材的纵向断面上，呈现出的圆形或椭圆形的银白色斑点称为白点，实为交错的细小裂纹。它产生的主要原因是钢中的氢在小孔隙中析出的压力和钢相变时产生的组织应力的综合力超过了钢的强度，产生了白点。一般白点产生的温度小于200℃，低温下钢中氢的溶解度很低，相变应力最大。

在高温高压下，氢与钢中的碳形成甲烷并在晶界聚集，产生网络状裂纹，甚至开裂鼓泡，这种现象称为氢蚀。

因此，要特别注意原材料的干燥清洁，冶炼时间要短，应充分发挥炉内脱碳的去气作用，甚至采用真空精炼的方法使钢中氢降到很低的水平。

B 钢中氮

氮由炉气进入钢中。氮在奥氏体中的溶解度较大，而在铁素体中的溶解度很小，且随温度的下降而减小。当钢材由高温较快冷却时，过剩的氮由于来不及析出便溶于铁素体中。随后在 250~450℃ 加热，将会发生氮化物的析出，使钢的强度、硬度上升，塑性大大降低，这种现象称为蓝脆。钢中的氮以氮化物的形式存在，氮化物的析出速度很慢，逐渐改变着钢的性能。氮含量高的钢种，若长时间放置，将会变脆，这一现象称为"老化"或"时效"（即时效脆性）。

在低碳钢中增大氮含量会降低冲击韧性，产生老化现象，碳含量越低，影响的值就越大。氮是表面活性物质，因此降低了钢液的表面张力，降低了钢的抗热裂纹的性能。氮含量增加，钢的焊接性能变坏。

降低钢中氮的方法是炉内脱碳沸腾，炉外真空去气。由于氮的原子半径比较大，在铁液中扩散较慢，所以不如 [H] 的去除效果好。钢中残余的氮可用 Ti、Nb、V、Al 结合生成稳定的氮化物，以消除影响（压抑 Fe_4N 的生成和析出）。细小的氮化物有调整晶粒、改善钢质的作用。

氮作为一种"合金元素"应用于开发含氮钢，不仅对于生产钒氮合金化的Ⅲ级钢筋是一种节省钒铁的途径，也是使不宜控轧控冷的低碳长条钢发挥钒的强化作用的方法。在冶炼铬钢、镍铬系钢或铬锰系等高合金钢时，加入适量的氮，能够改善钢的塑性和高温加工性能。

1.1.1.5　控制残余有害元素

控制钢中残余有害元素，是当前国际纯净钢发展的要求。钢中有害元素指 Cu、P、S、As、Sn、Pb、Sb、Bi 等元素，其中 As、Sn、Pb、Sb、Bi 简称五害元素。

铜的熔点较低，钢中铜含量高，钢在加热过程中铜在晶界析出，易造成裂纹缺陷。As、Sn、Pb、Sb、Bi 几种元素易在晶界附近偏聚，导致晶界弱化，降低钢的蠕变塑性；还有可能造成钢的表面裂纹缺陷。

国内残余元素控制标准：（1）薄板坯钢材中残余元素总量应控制在 0.20% 以下。（2）不同薄板产品所允许的最大残余元素值（Cu、Ni、Cr、Mo 与 Sn 的总含量）：饮料罐板材为 0.18%；深冲板材为 0.26%；低碳板材为 0.30%；普通板材为 0.315%。

控制钢中残余有害元素要针对钢的具体用途和钢种制定不同标准，合理安排组织生产。在资源条件及成本允许的情况下，可用生铁、DRI 等废钢代用品对钢中残余元素进行稀释处理。在资金允许的前提下，用废钢破碎、分离技术进行固态废钢预处理是明智的选择。钢液脱除技术是最适于大规模生产的残余有害元素处理方法，可与炼钢过程同步进行，简便易行，但这一方法尚需进一步研究与探讨。

1.1.1.6　控制非金属夹杂

钢中非金属夹杂物（nonmetallic inclusion）来源如下：

（1）脱氧脱硫产物，特别是一些颗粒小或密度大的夹杂物没有及时排除。

（2）随着温度降低，硫、氧、氮等杂质元素的溶解度相应下降，而以非金属夹杂物形式出现的生成物。

（3）凝固过程中因溶解度降低、偏析而发生反应的产物。

（4）固态钢相变溶解度变化生成的产物。

（5）带入钢液中的炉渣和耐火材料。

（6）钢液被大气氧化所形成的氧化物。

钢中的非金属夹杂物按来源分可以分成内生夹杂和外来夹杂。上述前四类夹杂称为内生夹杂，后两类夹杂称为外来夹杂。外来夹杂系偶然产生，通常颗粒大，呈多角形；成分复杂，氧化物分布也没有规律。内生夹杂物类型和组成取决于冶炼和脱氧方法，对一些合金钢而言，钢成分的变化对夹杂组成的影响十分明显，如铝、锰含量对形成氧化物、硫化物影响很大，Ti、Zr、Ce、Ca 等元素存在时对夹杂物的影响十分突出。钢中大部分内生夹杂是在脱氧和凝固过程中产生的。

根据化学成分的不同，夹杂物可以分为：

（1）氧化物夹杂，即 FeO、MnO、SiO_2、Al_2O_3、Cr_2O_3 等简单的氧化物，$FeO-Fe_2O_3$、$FeO-Al_2O_3$、$MgO-Al_2O_3$ 等尖晶石类和各种钙铝的复杂氧化物，以及 $2FeO-SiO_2$、$2MnO-SiO_2$、$3MnO-Al_2O_3-2SiO_2$ 等硅酸盐。

（2）硫化物夹杂，如 FeS、MnS、CaS 等。

（3）氮化物夹杂，如 AlN、TiN、ZrN、VN、BN 等。

按照加工性能区分，夹杂物可分为：

（1）塑性夹杂，它在热加工时沿加工方向延伸成条带状，如 MnS、（Mn，Fe）S 等。

（2）脆性夹杂，它是完全不具有塑性的夹杂物，如尖晶石类型夹杂物、熔点高的氮化物。

（3）点状不变性夹杂，如 SiO_2 含量超过 70% 的硅酸盐、CaS、钙的铝硅酸盐等。

低温下，钢中的氧基本上和元素反应全部生成夹杂物，实际上，除部分硫化物以外，钢中的非金属夹杂物绝大多数为氧化物系夹杂。因此，可以用钢中总氧 $w(T[O])$ 来表示钢的洁净度，也就是钢中夹杂物水平。

根据我国国家标准 GB/T 10561—2005，高倍金相夹杂物分为：A 类（硫化物类）、B 类（氧化铝类）、C 类（硅酸盐类）、D 类（球状氧化物类）和 DS 类（单颗粒球状类，直径不小于 $13\mu m$ 的单颗粒夹杂物）。评级从 0.5 级到 3 级（0.5，1，1.5，2，2.5，3），随着夹杂物的长度或串（条）状夹杂物的长度（A、B、C 类），或夹杂物的数量（D 类），或夹杂物的直径（DS 类）的增加而递增。A、B、C 和 D 类夹杂物按其宽度或直径（D 类夹杂物的最大尺寸定义为直径）不同又分为细系和粗系两个系列。

由于非金属夹杂对钢的性能会产生严重影响，因此在炼钢、精炼和连铸过程中，应最大限度地降低钢液中夹杂物的含量，控制其成分、形态及尺寸分布。

1.1.2 调整钢的成分

为保证钢的物理、化学性能，应将钢的成分调整到规定的范围之内。

1.1.2.1 钢中碳

炼钢过程中要氧化脱除多余的碳，以达到规定的要求。碳被氧化成 CO，CO 气泡的搅拌作用，有利于钢液中气体的排出。从钢的性质看，碳也是重要的合金元素之一，它可增加钢的强度、硬度。在不同的热处理条件下，碳改变了钢中各组织的比例，使强度增加的同时略微降低韧性指标。

1.1.2.2 钢中锰

锰的冶金作用主要是消除硫的热脆倾向，改变硫化物的形态和分布以提高钢质。钢中锰是一种弱脱氧元素，只有在碳含量非常低、氧含量很高时才有脱氧作用，主要是协助硅、铝脱氧，提高它们的脱氧能力和脱氧量。锰可略微提高钢的强度，锰含量每增加

1%，可使钢的抗拉强度提高 78.5MPa，并可提高钢的淬透性能。它可稳定并扩大奥氏体区，常作为合金元素制造奥氏体不锈钢（代 Ni）、耐热钢（和氮共同代 Ni）和无磁护环钢（大电机用）。当锰含量为 13%、碳含量为 1% 时，可制造耐磨钢，使用过程中可产生加工硬化，减少钢的磨损。

1.1.2.3　钢中硅

硅是钢中最基本的脱氧元素。普通钢中含硅 0.17% ~ 0.37%，是冶炼镇静钢的合适成分，在 1450℃ 左右钢凝固时，能保证钢中与其平衡的氧量小于与碳平衡的氧量，从而抑制凝固过程中 CO 气泡的产生。硅能提高钢的力学性能，在 $w[Si] \leqslant 1\%$ 时，每增加 0.1% 的 [Si]，抗拉强度约提高 9MPa。硅还能增加钢的电阻和磁导性，是生产硅钢的重要元素。

1.1.2.4　钢中铝

炼钢生产中，铝是强脱氧元素，大部分钢均采用铝或含铝的复合脱氧剂脱氧。铝是强烈缩小 γ 相的元素，它与氮有很大的亲和力，首先表现为固氮作用，其次，当铝加入钢中时，奥氏体晶粒减小，抑制碳钢的时效，提高钢在低温下的韧性。

加入钢中的铝部分形成 Al_2O_3 或含有 Al_2O_3 的各种夹杂物，部分则溶入固态铁中，以后随加热和冷却条件的不同，或者在固态下形成弥散的 AlN，或者继续保留在固溶体（奥氏体、铁素体）中。通常将固溶体中的铝（包括随后析出的 AlN）称作酸溶铝（acid-soluble aluminium），而氧化铝则以大小不等的颗粒状夹杂形态存在于钢中，称作酸不溶铝。

$w[Al]$ 控制过低或过高，都会引起夹杂总量的增加。$w[Al]$ 控制过低时，会增加溶解氧的含量，造成钢中氧化物的增加，影响钢的组织性能；随着 $w[Al]$ 的提高，一方面可以使溶解氧迅速地降低到较低水平，细化钢的晶粒，另一方面，浇注时较高的 $w[Al]$ 会增加钢液的二次氧化，产生滞留在钢中的 Al_2O_3 夹杂，且生成 AlN 在铸坯凝固时晶界析出易导致裂纹。

生产镇静钢时，$w[Al]$ 多在 0.005% ~ 0.05% 范围内，通常为 0.01% ~ 0.03%。不同钢种对 $w[Al]$ 的要求是有区别的。含锰合金结构钢易产生晶粒粗化，要求钢中残铝大于 0.02%，含 Cr、Ti、Nb 的合金钢铝含量也可适当高一点，而其他合金元素多的合金结构钢铝含量控制则可低一点。对于低碳钢，在能满足连铸要求的前提下，钢中 $w[Al]$ 可控制在 0.010% ~ 0.020% 范围内，中、高碳钢则可适当再低一些，这样可以在有效地降低钢中夹杂总量的同时，提高钢材的性能。

炼合金钢时还需要加入其他合金元素，即需要进行合金化操作。

1.1.3　调整钢液温度

铁水温度，一般只有 1300℃ 左右，而钢水温度，必须高于 1500℃，才不至于凝固。钢水脱碳、脱磷、脱硫、脱氧、去气、去非金属夹杂等过程，都需在液态条件下进行。此外，为了将钢水浇注为铸坯（或钢锭），也要求出钢温度在 1600℃ 以上，才能顺利进行。为此，在炼钢过程中，需对金属料和其他原料加热升温，使钢液温度达到出钢要求。

钢水成分、温度合格后，将钢水铸成一定形状的铸坯（或钢锭），再轧成钢材。

还应指出，在完成炼钢基本任务的同时，也应注意维护炉体，提高炉子寿命，全面完成炼钢的各项技术经济指标。

炼钢的基本任务可以归纳为"四脱"（脱碳、脱氧、脱磷和脱硫）、"二去"（去气和去夹杂）、"二调整"（调整成分和调整温度）。采用的主要技术手段为：供氧、造渣、升温、加脱氧剂和合金化操作。

1.2 钢 的 性 能

钢的化学成分和生产工艺决定其组织结构，组织结构决定其性能，性能应满足使用要求，它们的关系如下：化学成分→生产工艺→组织结构→性能→使用要求。

钢的性能涉及使用性能与工艺性能。使用性能就是材料在使用过程中所表现的性能，包括力学性能、物理性能、化学性能。其中，力学性能指材料在外力作用下表现出来的性能，主要有强度、塑性、硬度、冲击韧度和疲劳强度等。工艺性能，即在制造机械零件的过程中，材料适应各种冷、热加工和热处理的性能，包括铸造性能、锻造性能、焊接性能、冲压性能、切削加工性能、热处理工艺性能。

1.2.1 钢的力学性能

1.2.1.1 强度、塑性

强度（strength）是指钢铁材料在静载荷下抵抗变形和断裂的能力，是一般零件设计、选材时的重要依据。塑性（plastic）是钢铁材料在静载荷作用下产生永久变形而不致引起破坏（断裂）的性能，良好的塑性是金属材料进行塑性加工的必要条件。

拉伸试验是一种较简单的力学性能试验。拉伸曲线与应力-应变曲线分别如图1-2、图1-3所示，清楚地反映出材料受力后所发生的弹性变形、塑性变形与断裂三个变形阶段的基本特性。材料受外力作用时产生变形，当外力去除后恢复其原来形状，这种随外力消失而消失的变形，称为弹性变形。材料在载荷消失后留下来的部分不可恢复的变形，称为塑性变形。断裂指固体材料受外力作用变形的最终结果，固体材料受力变形产生裂纹和裂纹扩展到一定的临界值后即产生断裂。有关性能指标见表1-2。

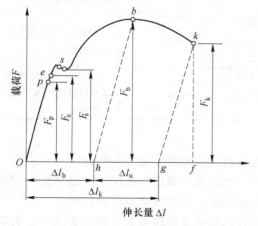

图 1-2 退火低碳钢的拉伸曲线

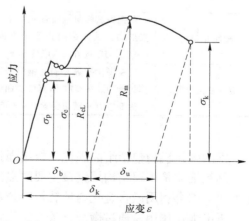

图 1-3 退火低碳钢的应力-应变曲线

表 1-2　强度、塑性等指标

指　标		定　义	关系式	备　注
应　力		指试样单位面积上承受的载荷。与截面垂直的称为"正应力"或"法向应力"；与截面相切的称为"剪应力"或"切应力"	$\sigma = \dfrac{F}{S_0}$	F 为试样所承受的载荷，N；S_0 为试样的原始截面积，mm^2
应　变		指试样单位长度的伸长量	$\varepsilon = \dfrac{\Delta l}{l_0}$	Δl 为试样标距长度的伸长量；l_0 为试样的原始标距长度
弹性模量（刚度）		应力与应变之比，称为弹性模量，标志着材料抵抗弹性变形的能力	$E = \dfrac{\sigma}{\varepsilon}$	
强度	弹性极限	指金属材料在不产生塑性变形时所能承受的最大应力，它表征了材料抵抗弹性变形的能力	$\sigma_e = \dfrac{F_e}{S_0}$	
	屈服强度	指材料在外力作用下，产生屈服现象时的最小应力。它表征了材料抵抗微量塑性变形的能力，是塑性材料选材和评定的依据	$R_{eL} = \dfrac{F_s}{S_0}$	
	抗拉强度	指材料在断裂前所承受的最大应力。表征材料在拉伸条件下所能承受的最大应力，反映材料抵抗最大均匀塑性变形的能力	$R_m = \dfrac{F_b}{S_0}$	F_b 为试样拉断前承受的最大载荷
	屈强比	屈服强度与抗拉强度的比值称为屈强比。屈强比小，工程构件的可靠性高；屈强比高的钢，有较强的抗塑性失稳的能力	屈强比 $= R_{eL}/R_m$	
塑性	伸长率	指试样拉断后标距的伸长量（$l_k - l_0$）与原始标距（l_0）的比值	$A = \dfrac{l_k - l_0}{l_0}$	
	断面收缩率	指断裂后试样截面的相对收缩值	$\psi = \dfrac{S_0 - S_k}{S_0} \times 100\%$	S_k 为试样拉断后断裂处的最小截面积
塑性应变比		薄钢板试样单轴拉伸到产生均匀塑性变形时，试样标距内宽度方向真应变（ε_b）与厚度方向真应变（ε_t）的比值	$\gamma = \varepsilon_b / \varepsilon_t$	γ 值大小反映薄板深冲性能的好坏
应变硬化指数		应变硬化指数 n 表征钢材抵抗继续变形的能力。在真应力-真应变曲线上表现为流变应力 σ 随应变 ε 增加不断上升	$\sigma = k\varepsilon^n$	n 值大，通过形变提高材料强度的效果好，成型性好

钢的强化机制包括细晶强化、析出强化、固溶强化、位错及亚结构强化等。

晶粒细化是工程结构用钢最主要的强化方式，也是唯一既提高强度，又提高韧性的强化方式。综合利用微合金化与控轧控冷技术可细化晶粒，明显提高钢的强韧性。

析出强化作用是通过微合金碳、氮化物在奥氏体到铁素体转变时，在铁素体中析出而产生的。这些在铁素体内部析出的细小弥散分布的析出物，不仅产生显著的强化效果，而且能够阻碍奥氏体到铁素体转变过程中和转变后的铁素体晶粒长大，钉扎晶界，从而获得细化的晶粒。晶粒越小，体积分数越大，则析出强化增量越大。

固溶强化是在金属中添加另外一种或几种金属（或非金属）的原子形成固溶体以达到强化的目的。固溶强化有以下规律：

（1）对于有限固溶体（如碳钢），其强度随溶质元素溶解量的增大而增大；

（2）溶质元素在基体中的溶解度越小，固溶强化效果越好；

（3）形成间隙固溶的溶质元素（如钢中的 C、N、B 等元素），其强化作用大于形成置换固溶体（如钢中的 Mn、Si、P 等元素）的溶质元素。

（4）溶质与基体的原子大小差别越大，强化效果越好。

所有钢几乎均有固溶强化机制。钢中常用的固溶强化元素有 C、Si、Mn、Mo、P、Cu 等，其中以碳间隙固溶强化效果最为显著。早期多用增加碳含量来提高钢的强度，后发现碳严重损害钢的韧性和焊接性能，故其含量逐渐降低。

1.2.1.2 硬度

硬度（hardness）是衡量材料软硬程度的指标，是指在静载荷作用下抵抗局部变形，特别是塑性变形、压痕和划痕的能力，一般硬度越高，耐磨性越好。硬度分为布氏硬度、洛氏硬度、维氏硬度和显微硬度等（见表 1-3）。

表 1-3　硬度的表示方法

表示方法	测 定 原 理	优 缺 点
布氏硬度	以一定的载荷 F，将直径为 d 的淬硬钢球压入材料表面，保持一段时间，去载后，负荷与其压痕面积之比值，即为布氏硬度值（HB），单位为 N/mm^2	压痕面积大，能较好反映材料的平均硬度；但不适合测量成品及薄件材料
洛氏硬度	用一个顶角 120° 的金刚石圆锥体或直径为 1.588mm 的钢球，在一定载荷下压入被测材料表面，由压痕的深度求出材料的硬度。HRA 用于硬度极高的材料；HRB 用于硬度较低的材料；HRC 用于硬度很高的材料	测量迅速、简便，但压痕较小，测得的硬度值不够准确，不同标尺硬度值之间不能直接比较大小
维氏硬度	以 120kg 以内的载荷和顶角为 136° 的金刚石方形锥压入器压入材料表面，用材料压痕凹坑的表面积除以载荷值，即为维氏硬度 HV 值（MPa）	精确可靠，误差较小，但测量效率不如洛氏硬度

1.2.1.3 韧性

钢在断裂前吸收塑性变形能量的能力，称为钢的韧性（toughness）。韧性越好，则发生脆性断裂的可能性越小。常用韧度来衡量钢韧性的好坏。钢在冲击载荷作用下，抵抗变形、破坏的能力称为冲击韧度。通常用一次冲击试验来测定，用冲击吸收功表示冲击韧度的大小。根据 U 形和 V 形两种试样缺口形状不同，冲击吸收功 A_K（单位为 J）分别用 A_{KU} 和 A_{KV} 表示。试样缺口处单位面积上的冲击吸收功称为冲击韧度（a_K），关系式为：$a_K = A_K/S_0$。

对于某些用于工程的中低强度钢，当温度降到某一程度时，会出现冲击吸收功明显下降的现象，这种现象称为冷脆现象。冲击吸收功与温度的关系曲线如图 1-4 所示。在某个温度区间，冲击吸收功急剧下降，试样断口由韧性过渡到脆性，这个区间称为韧脆转变温度范围。这个温度越低，钢的低温冲击性能就越好。材料的冲击韧脆转变温度 T_c 也是衡量材料韧性的重要指标，一般采用 50%FATT（裂纹扩展转变温度）作为转变温度。

提高钢的韧性有 4 项措施：细化晶粒或各种显微组织；尽量降低钢中有害杂质的含量；球化脆性第二相粒子，减小应力集中系数；引入韧性较好的不连续组元，阻止裂纹扩展。

1.2.1.4　疲劳强度

构件受交变载荷时，在远低于其屈服强度的条件下产生裂纹，直至失效的现象称为疲劳。疲劳强度（fatigue strength）是指钢经无限次循环应力作用也不发生断裂的最大应力值，用 σ_D 表示，即疲劳曲线（见图 1-5）中平台位置对应的应力。通常，疲劳强度的测定是在对称弯曲条件下进行的，此时的强度记作 σ_{-1}。一般试验时规定，钢铁材料循环周次为 10^7 时所能承受的最大循环应力为疲劳强度。在规定循环周次 N_0 下，不发生疲劳断裂的最大循环应力值称为条件疲劳强度，记作 σ_r 或 σ_N。

现代工业各领域中约有 80%以上的结构破坏是由疲劳失效引起的。为提高钢的疲劳性能，需提高钢的洁净度，改善夹杂物，特别是氧化物（Al_2O_3）的形态和分布。钢中近表面的脆性夹杂往往是疲劳裂纹源。

晶界是原子排列相当紊乱的区域，微裂纹穿过晶界时阻力大，穿过晶界后还要改变其扩展方向，需消耗更大能量，因此，超细晶钢的疲劳性能优于传统钢材。

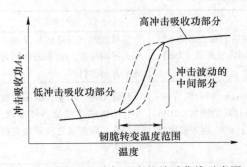

图 1-4　冲击吸收功与温度的关系曲线示意图

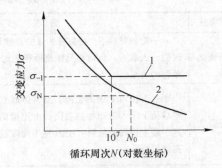

图 1-5　疲劳曲线示意图

1——般钢铁材料；2—非铁金属、高强度钢等

1.2.2　钢中元素对钢性能的影响

钢中常见元素对钢性能的影响见表 1-4。

表 1-4　钢中元素对钢性能的影响

元素	对钢性能的影响	元素	对钢性能的影响
C	随着碳含量的提高，钢的强度逐渐增高，而塑性和韧性下降，冷弯性能、焊接性能、淬透性和抗锈蚀性能等变差	Ti	钛是一种良好的脱氧元素和固定氮和碳的有效元素，能使钢的内部组织致密，细化晶粒；降低时效敏感性和冷脆性；改善焊接性能。钛能提高钢在高温高压下抗氢、氮、氨腐蚀的能力

元素	对钢性能的影响	元素	对钢性能的影响
Si	硅能显著提高钢的弹性极限、屈服点和抗拉强度，广泛用于弹簧钢；含硅 1%~4% 的低碳钢，具有极高的磁导率，用于硅钢片；硅量增加，会降低钢的焊接性能	Nb	能细化晶粒和降低钢的过热敏感性及回火脆性，提高强度；在普通合金钢中加铌，可提高抗大气腐蚀及高温下抗氢、氮、氨腐蚀能力；铌可改善焊接性能
Mn	增加淬透性，提高钢材的强度、韧性、耐磨性，减小冷热脆性，但降低焊接性能	B	钢中加入微量的硼就可改善钢的致密性和热轧性能，增加钢的淬透性，提高强度
S	硫使钢产生"热脆"，降低钢材的强度、延展性、冲击韧性和疲劳强度；硫化物夹杂恶化冲压性能；硫对焊接性能也不利，降低钢材抗腐蚀性能、抗 HIC（氢致裂纹）性能；但可以改善切削加工性	Cr	在结构钢和工具钢中，铬能显著提高强度、硬度和耐磨性，但同时降低塑性和韧性。铬又能提高钢的抗氧化性和耐腐蚀性
P	磷可以提高钢的强度和抗锈蚀性，但降低钢的塑性、韧性、冷弯性能和焊接性能，特别是在温度较低时促使钢材变脆（"冷脆"）	Ni	镍能提高钢的强度，改善钢的低温性能，而又保持良好的塑性和韧性；镍对酸、碱和海水有较高的耐腐蚀能力，在高温下有防锈和耐热能力
Al	铝使氧和氮固定在 Al_2O_3 和 AlN 中，消除钢的时效硬化。钢中加入少量的铝，可细化晶粒，形成 {111} 织构，提高冲击韧性；其缺点是影响钢的热加工性能、焊接性能和切削加工性能	Mo	钼能使钢的晶粒细化，提高淬透性和热强性能，在高温时保持足够的强度和抗蠕变能力；不锈钢中钼增加钢的抗腐性，提高 Ni-Cr-Mo 钢的强度及延展性，改善 Cr 钢的力学性能，促进 Ni-Mn 钢表面硬化
N	氮能形成和稳定奥氏体组织，提高钢的强度，降低冲击韧性和焊接性，增加时效敏感性；钢中的氮以氮化物形式析出，使钢的硬度、强度提高，塑性下降，发生时效	W	钨与碳形成碳化钨，有很高的硬度和耐磨性，提高淬火及回火钢的高温硬度；工具钢加钨，可显著提高红硬性和热强性
V	钒可细化钢的组织晶粒，抑制奥氏体长大，提高强度、韧性和淬透性；钒与碳形成的碳化物，可提高钢的抗高温、高压、氢腐蚀的能力，但对钢的高温抗氧化性不利	Cu	铜能提高强度和韧性，特别是大气腐蚀性能；缺点是在热加工时容易产生热脆，铜含量超过 0.5% 时塑性显著降低

1.2.3 夹杂物对钢性能的影响

1.2.3.1 夹杂物对钢材疲劳性能的影响

对高强高韧低合金钢超长寿命疲劳实验研究发现，在长寿命阶段，大部分疲劳断裂起源于钢中的非金属夹杂物，其原因是：

（1）非金属夹杂物的存在破坏了钢基体的均匀性和连续性；

（2）非金属夹杂物造成钢基体内部的应力集中，且应力集中的大小与夹杂物的种类、形状、尺寸、分布等有关。

夹杂物对钢疲劳性能的影响：夹杂物尺寸愈大，危害性愈大（见图 1-6）；工件表面附近的夹杂物危害性更大；夹杂物数量愈多，危害性愈大；形状不规则和多棱角的夹杂物危害性更大；脆性夹杂物和不变形夹杂物危害性更大。依据非金属夹杂物降低钢材抗疲劳破坏性能的能力，从强到弱大体上可以按以下顺序排列：Al_2O_3 夹杂物、尖晶石类夹杂物、$CaO\text{-}Al_2O_3$ 系或 $MgO\text{-}Al_2O_3$ 球状不变形夹杂物、大尺寸 TiN、半塑性硅酸盐、塑性硅酸盐、硫化锰。图 1-7 所示为轴承钢中不同类型的非金属夹杂物对轴承钢疲劳寿命的影响程度，可以看到，$Al_2O_3\text{-}CaO$ 系球状不变形夹杂对轴承钢疲劳性能的影响最为显著，其次为 Al_2O_3 和 TiN，而硫化物的影响较小。

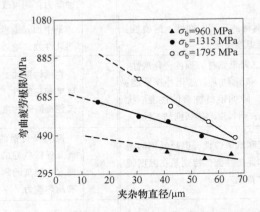

图 1-6　非金属夹杂物尺寸对钢材疲劳极限的影响

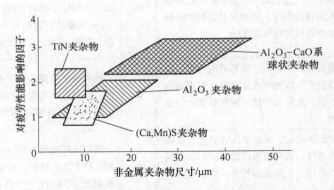

图 1-7　不同类型夹杂物对轴承钢疲劳寿命的影响程度

1.2.3.2　夹杂物对钢材延性的影响

钢材的延性通常以其在拉伸试验中发生断裂后的伸长率和断面收缩率来表示。夹杂物对钢材的纵向延伸性能通常影响不大，但对钢材横向延伸性能影响很显著。横向断面收缩率随夹杂物总量和带状夹杂物数量（多为硫化物）的增加而显著降低。在热轧过程中，发生良好变形的条带状夹杂物和点链状脆性夹杂物能使钢材性能带有方向性，钢材在非轧制方向（如钢板的宽度和厚度方向）上的延性要显著低于轧制方向上的延性。

钢中 MnS 夹杂物在钢材热加工过程中，能够发生很好的变形，从而成为沿轧制方向排列的条带状夹杂物。由于固态钢中的硫主要以硫化物夹杂的形式存在，因此硫含量可以反映出钢中硫化物量的多少。图 1-8 所示为 [S] 对 800MPa 强度级低合金钢热轧钢板伸长率的影响，可以看到，随着硫含量的增加，钢板横向伸长率与纵向伸长率的差别也在增加。

1.2.3.3 夹杂物对钢材冲击韧性的影响

在钢材的变形过程中，如果夹杂物和析出物不能随基体发生相应的变形，在其周围会产生越来越大的应力集中，并使其本身裂开，或者在夹杂物与基体的界面处产生微裂纹。微裂纹不断产生，直至发展为显微空洞。空洞的不断扩大，以及相邻空洞间的互相连接，将最终导致钢材的破裂。

随着硫化物夹杂数量和尺寸的增加，钢材的纵向、横向冲击韧性和断裂韧性都明显下降。由于圆管坯中夹杂物在截面上的分布极不均匀，且硫化物夹杂多为带状，因而此类夹杂物明显降低了钢材的韧性。图 1-9 所示表明，随着 [S] 含量的增加，钢板横向的低温冲击韧性（0℃下）显著降低，脆性转变温度升高。

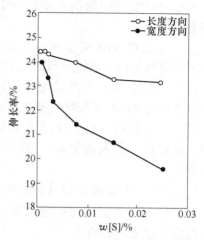

图 1-8　[S] 对低合金钢板伸长率的影响

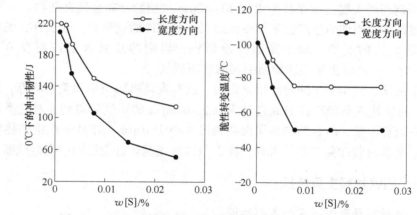

图 1-9　[S] 对低合金钢板冲击韧性和脆性转变温度的影响

钢中的颗粒状氧化物、氮化物以及不变形硫化物往往作为应力集中的起源，在降低冲击值的同时，使脆性转变温度升高。

1.2.3.4 夹杂物对钢材切削性能的影响

钢中夹杂物数量与类型对切削刀具寿命有明显影响。由于钢中脆性夹杂物（如 Al_2O_3）增大了工件与刀具的摩擦阻力，不利于钢材的切削性能。降低钢中脆性夹杂物含量，有利于改善钢材的切削性能。图 1-10 所示为高速车削时钢件中 Al_2O_3 夹杂物含量与刀具寿命的关系，可以看到，随 Al_2O_3 夹杂物含量的增加，刀具寿命减少了。

球状的硫化物夹杂能显著提高钢材的切削性能，且硫化物颗粒愈大，钢材切削性能愈好。Al_2O_3、Cr_2O_3、$MnO \cdot Al_2O_3$ 和钙铝酸盐类氧化物夹杂在很大程度上降低了钢材的切削性能，但 $MnO\text{-}SiO_2\text{-}Al_2O_3$ 系和 $CaO\text{-}SiO_2\text{-}Al_2O_3$ 系中某些成分范围内的夹杂物却能提高钢材的切削性能。

通过向硫系易切削钢中添加一定数量的钙，可起到如下作用：

（1）生成较 MnS 夹杂硬的（Ca，Mn）S 夹杂物，在轧制后的钢材中，保持较低的长与宽之比；

（2）（Ca，Mn）S 依附于 Al_2O_3 夹杂表面析出长大，将坚硬的 Al_2O_3 夹杂物包裹在其中；

（3）所形成的（Ca，Mn）S 夹杂物在高速车削加工时，能够在刀具表面生成一层保护膜，延长了刀具使用寿命。

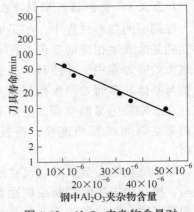

图 1-10　Al_2O_3 夹杂物含量对刀具寿命的影响

1.2.3.5　夹杂物对钢材加工性能的影响

钢中非金属夹杂物对钢材的冲压、冷镦、冷拉等加工性能有重要的影响。

汽车板、家用电器、DI 罐用钢等钢材不仅要求一定的强度，还要求良好的深冲性能。降低钢中碳、氮含量明显改善钢的深冲性能；需严格控制钢中大型 Al_2O_3 夹杂物数量，避免轧制产生裂纹，获得良好的薄板表面质量。生产 0.3mmDI 罐用钢板的关键技术是杜绝出现 30~40μm 大型脆性非金属夹杂物。

螺杆、螺钉等紧固件的生产常采用冷镦加工。当钢冷镦变形时，表层存在的夹杂物往往会成为冷镦裂纹的起源。对于紧固件冷镦钢，当钢的总氧含量控制在 0.0010% ~ 0.0013%以下时，可消除由于夹杂物而引起的表面裂纹。

钢丝绳用钢丝、汽车子午线轮胎用钢帘线、汽车发动机阀门用弹簧钢丝等，均是由直径为 5~7mm 的热轧盘条经冷拉制成直径为 0.2~0.5mm 的钢丝后得到，对此类钢材，要求严格控制夹杂物含量，所含的非金属夹杂物尺寸小于 10μm，并且是在钢的热轧过程中能够发生良好变形的塑性夹杂物；否则，在盘条拉丝或钢丝合股过程中会造成断丝。

1.2.4　新一代钢铁材料主要特征

新一代钢铁材料具有以下 3 个主要特征：

（1）超细晶。钢只有获得超细晶组织才能在"强度翻番"后具有良好的强韧性。细晶技术应当是研究提高材料强韧性的首选途径。

（2）高洁净度。洁净度（cleanliness）是指钢材内部杂质含量和夹杂物形态能满足使用要求，我们称它为"经济洁净度"。由于钢的强度翻番，材料在使用时承受了更高应力，使裂纹形成和扩展的敏感性增加，新一代钢铁材料应有更高的洁净度。

（3）高均匀性。钢液凝固过程中，由于传热规律造成顺序凝固，无论模铸还是连铸都带来低熔点元素的宏观偏析。为改善钢的均匀性，在凝固过程中应尽可能减少柱状晶，争取获得全等轴晶的钢坯，在杂质总量不变的情况下，提高均匀性相当于提高洁净度。

开发的新一代钢铁材料，有高层建筑用钢（$R_{eL} \geqslant 500MPa$），大跨度重载桥梁用钢（$R_{eL} \geqslant 980MPa$），井深 5500m 以上的石油开采钻井用钢，地下和海洋设施用的耐蚀低合金钢和微合金结构钢等。

1.3　钢 的 分 类

1.3.1　钢种的分类

1.3.1.1　按化学成分分类

我国钢分类标准（GB/T 13304—2008），按化学成分把钢分为非合金钢、低合金钢和合金钢 3 类。

对于低合金钢，Cr、Cu、Mo、Ni 四种元素，其中两种以上同时出现在同一钢中，应同时考虑这些元素的规定含量；所有元素含量的总和不大于表中所规定的元素最高限含量和的 70%。

非合金钢不仅包括"碳素钢"，还包括电工用纯铁、原料纯铁以及具有其他特殊性能的"非合金钢"。根据我国的情况，钢中碳含量规定如下：

高碳钢：$w[C] > 0.60\%$（一般 $w[C] < 1.4\%$），如弹簧钢、工具钢等均属此类。

中碳钢：$w[C]$ 为 $0.25\% \sim 0.60\%$，机械结构钢多属此类。

低碳钢：$w[C] < 0.25\%$，其塑性和可焊性能好，建筑结构用钢多属此类。

工业纯铁：$w[C] < 0.0218\%$，它是电器、电讯和电工仪表用的磁性材料。

合金钢则是为了获得某种物理、化学或力学特性而有意添加了一定量的合金元素如 Cr、Ni、Mo、V 等，并对杂质和有害元素加以控制的一类钢。按钢中合金元素总含量可分为：

高合金钢：合金元素总含量大于 10%。

中合金钢：合金元素总含量为 5% ~ 10%。

低合金钢：合金元素总含量为 3% ~ 5%。

普通低合金钢：合金元素总含量小于 3%。

按钢中所含的主要合金元素不同可分为锰钢、硅钢、硼钢、铬镍钨钢、铬锰硅钢等。

在我国习惯上又将特殊质量的碳素钢和合金钢称为特殊钢，如优质碳素结构钢、合金结构钢、碳素工具钢、合金工具钢、高速工具钢、碳素弹簧钢、合金弹簧钢、轴承钢、不锈钢、耐热钢、电工钢，还包括高温合金、耐蚀合金和精密合金等等。

1.3.1.2　按质量等级分类

按主要质量等级，钢的分类情况见表 1-5。

表 1-5　按质量等级钢的分类

钢　种	类　别	质　量　要　求
非合金钢	普通质量非合金钢	指生产过程中不规定需要特别控制质量要求的钢；碳、硫或磷、氮含量最高值分别不小于 0.10%、0.040%、0.007%
	优质非合金钢	生产过程中需要特别控制晶粒度，降低硫、磷含量，改善表面质量或增加工艺控制等，以达到良好的抗脆断性能、冷成型性等
	特殊质量非合金钢	生产过程需要特别严格控制质量和性能的非合金钢。限制非金属夹杂物含量；成品硫、磷分析值均不大于 0.025%；熔炼分析残余元素 Cu、Co（V）含量分别不大于 0.10%、0.05%

钢　种	类　别	质　量　要　求
低合金钢	普通质量低合金钢	指生产过程中不规定需要特别控制质量要求的，供作一般用途的低合金钢；硫或磷含量最高值最不小于 0.040%
	优质低合金钢	生产过程需要特别控制晶粒度，降低硫、磷含量，改善表面质量，增加工艺控制等，以达到良好的抗脆断性能，良好的冷成型性等
	特殊质量低合金钢	生产过程需要特别严格控制硫、磷等杂质含量，限制非金属夹杂物含量。成品硫、磷分析值均不大于 0.025%；熔炼过程残余元素 Cu、Co（V）含量分别不大于 0.10%、0.05%
合金钢	优质合金钢	指生产过程中需要特别控制质量和性能（如韧性、晶粒度或成型性）的钢
	特殊质量合金钢	指需要严格控制化学成分，具备特定的制造及工艺条件，以保证改善综合性能，并使性能严格控制在极限范围内

1.3.1.3　按金相分类

工程结构用钢按使用状态在光学显微镜下主体相组成可划分为：

（1）按退火状态分为亚共析钢（铁素体+珠光体）、共析钢（珠光体）、过共析钢（珠光体+渗碳体）。

（2）按正火状态分为珠光体钢、贝氏体钢、马氏体钢、奥氏体钢。

（3）按加热冷却时有无相变和室温组织分为铁素体钢、马氏体钢、奥氏体钢、双相钢。

铁素体/珠光体钢的典型组织为多边形铁素体和 10%~25% 的片层状珠光体，相应钢中的碳含量为 0.08%~0.20%。随碳含量的提高，钢中珠光体的体积分数增加，钢的强度提高。随工程的需求，出现了微珠光体钢（珠光体的体积分数小于 10%）和无珠光体钢（珠光体的体积分数小于 5%）。

1.3.1.4　按用途分类

按用途，钢可大致分为结构钢、工具钢、特殊性能钢三大类（见图 1-11）。

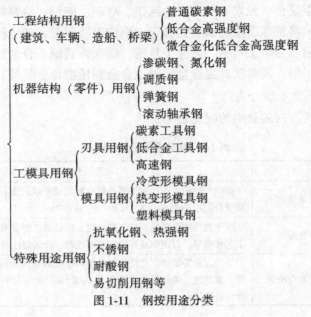

图 1-11　钢按用途分类

工程构件多采用焊接技术成型，工程结构用钢要求钢材有良好的焊接性能。机械结构用钢使用部门还要经过机械加工和热处理，获得所需零件的几何形状和使用性能，因此要求钢材具有良好的切削性能和相应的热处理工艺性能。

工程结构钢包括碳素钢（即非合金钢）和低合金高强度钢。低合金高强度钢是指在碳含量低于 0.25% 的普通碳素钢的基础上，通过添加一种或多种少量合金元素（低于3%），使钢的强度明显高于碳素钢的一类工程结构用钢，统称低合金高强度钢。美国把这种钢称为高强度低合金钢（high strength low alloy steel，HSLA Steel）。

低碳碳素结构钢基本为铁素体/珠光体型，强度较低，$R_{eL} \approx 200MPa$，其代表性钢号为Q235。传统的低合金高强度钢中大多为铁素体/珠光体型，其强度较高，$R_{eL} \approx 300 \sim 400MPa$，代表性钢号为 Q345。由于这类钢应用量大面广，故提高其强韧性有巨大经济价值。

1.3.2 钢材的分类

钢材一般分为型材、板材、钢管和钢丝四大类。

型材（profile）指有一定断面形状和尺寸的实心长条钢材，如圆钢、方钢、扁钢、六角钢、角钢、钢轨、工字钢、槽钢、异型钢等。一般直径为 5~25mm 的热轧圆钢称为线材。

板材（plate）指宽厚比和表面积均很大的扁平钢材。按厚度 b 不同，可分为薄板（$b<3mm$）、中板（$3mm \leqslant b<20\ mm$）、厚板（$20mm \leqslant b<50\ mm$）和特厚板（$b \geqslant 50\ mm$）。

钢管（pipe）指中空截面的长条钢材。按截面形状不同，可分为圆管、方形管、六角管和异型截面管；按加工工艺不同，又可分为无缝管和焊接管。

钢丝（wire）是线材的再次冷加工产品，也称为线材制品，如圆钢丝、扁钢丝、三角钢丝。钢丝可生产钢丝绳、钢绞线和其他制品。

1.4 现代炼钢法的发展历程

现代炼钢法的发展历程见表 1-6。

表 1-6 现代炼钢法的发展历程

年份	发明者	方法	示意图	方法特点
1740	英国人洪兹曼（B. Huntsman）	坩埚法		最早可以熔炼钢水的方法。将生铁和废铁装入石墨和黏土制成的坩埚内用火焰加热熔化炉料，之后将熔化的炉料铸成钢锭，但不能去除钢中的有害杂质
1856	英国人贝塞麦（H. Bessemer）	底吹酸性空气转炉炼钢法		第一次解决用铁水直接冶炼钢水这一难题。将空气吹入铁水，使铁水中硅、锰、碳高速氧化，依靠这些元素放出的热将液体金属加热到能顺利地进行浇注所需的温度。但不能去磷、硫，且要求铁水有较高的硅含量
1878	英国人托马斯（S. G. Thomas）	碱性底吹空气转炉炼钢法（即托马斯法）		用白云石加少量黏土作黏结剂制成炉衬，在吹炼过程中加入石灰造碱性渣，解决了高磷铁水的脱磷问题。但采用空气底吹，钢水中氮的含量高，炉子寿命低

年份	发明者	方法	示意图	方法特点
1865 1880	法国人马丁(Mar Tin)	酸性平炉法 碱性平炉法		利用蓄热室原理,以铁水、废钢为原料。碱性平炉适用于各种原料条件,生铁和废钢的比例可以在很宽的范围内变化。但设备庞大,生产率较低,对环境的污染较大,目前已淘汰
1899	法国人赫劳尔特(Heroult)	电弧炉炼钢法		钢液成分、温度和炉内气氛容易控制,品种适应性大,特别适于冶炼高合金钢。当前电炉炼钢普遍采用超高功率(交流、直流)电弧炉技术
1953	瑞典人罗伯特·杜勒(Robert. Durrer)	氧气顶吹转炉炼钢法,即LD法;在美国一般称为BOF或BOP法		1948年氧气顶吹转炉炼钢试验成功。1952年在奥地利Linz城,1953年在Donawitz城先后建成30t氧气顶吹转炉车间并投入生产。生产率及热效率高,成本低,钢水质量高,便于实现自动化操作
1967	德国马克希米利安公司、加拿大莱尔奎特公司	氧气底吹转炉炼钢法		从炉底吹入氧气,改善了冶金反应的动力学条件,脱碳能力强,有利于冶炼超低碳钢种,也适用于高磷铁水炼钢
1978 1979	法国钢铁研究院(IRSID) 日本住友金属	顶底复吹转炉炼钢法		转炉复合吹炼兼有顶吹和底吹转炉炼钢的优点,促进了金属与渣、气体间的平衡,吹炼过程平稳,渣中氧化铁含量少,减少了金属和铁合金的消耗。大中型转炉普遍采用复吹技术

世界上的主要炼钢方法是氧气转炉和电弧炉炼钢法(其特征见表1-7)。此外,为了冶炼某些特殊用途的钢种和合金,人们还采用感应炉、电渣炉、等离子炉等特种冶金方法。

表1-7 主要炼钢法的特征

炼钢法	原料	热源	氧化剂	造渣剂	特征	用途
转炉	主要是铁水,少量废钢	铁水物理热、杂质的氧化热	主要是氧气	石灰、白云石、萤石等	炼钢时间短,废钢使用量少	普通钢、低合金钢
电弧炉	主要是废钢,部分铁水(或少量生铁)	主要是电能	氧气(为主)、铁矿石	石灰、萤石、火砖块等	热效率高,钢的P、S低,成分调整容易	合金钢、普通钢

1.5　现代钢铁生产工艺流程

1.5.1　长流程与短流程

现代炼钢工艺主要的流程有两种（见图 1-12），即：以氧气转炉炼钢工艺为中心的钢铁联合企业生产流程和以电炉炼钢工艺为中心的小钢厂生产流程。通常习惯上人们把前者称为长流程（long process），把后者称为短流程（short process）。

长流程工艺就是：从炼铁原燃料准备开始，原料入高炉冶炼得到液态铁水，高炉铁水经过铁水预处理（或不经过）入氧气转炉吹炼、再经二次精炼（或不经过）获得合格钢水，钢水经过凝固成型工序（连铸或模铸）成坯或锭，再经轧制工序最后成为合格钢材。由于这种工艺流程生产单元多，规模庞大，生产周期长，因此称此工艺流程为钢铁生产的长流程工艺。

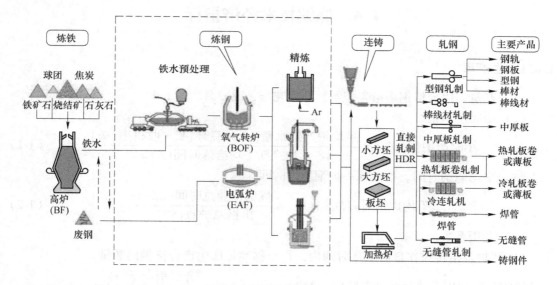

图 1-12　现代炼钢工艺流程

短流程工艺就是：将回收再利用的废钢（或其他代用料），经破碎、分选加工后，经预热或直接加入电炉中，电炉利用电能作热源来进行冶炼，再经炉外精炼，获得合格钢水，后续工序同长流程工序。由于这种工艺流程简捷，高效节能，生产环节少，生产周期短，因此称此工艺流程为钢铁生产的短流程工艺。又称"三位一体"流程（即由电炉—炉外精炼—连铸组成），或者"四个一"流程（即由电炉—炉外精炼—连铸—连轧组成）。

1.5.2　炼钢过程工序功能的分解与集成

通过选择、分配、协调好铁水预处理—转炉炼钢—炉外精炼等几个重要工序各自的功能（见表 1-8），建立好各工序的相互关系，有利于更有效地完成炼钢任务。

表 1-8　转炉炼钢过程工序功能的分解

工序功能	铁水预处理		转炉		炉外精炼
脱硅	◎	←	◎		
脱硫	◎	←	○	→	⊖
脱磷	◎	←	⊖	→	⊖
脱碳	⊖	←	◎	→	◎①
升温			◎	⊢	⊖
脱气			⊖		◎
夹杂物形态控制			○		◎
脱氧			○		◎
合金化			⊖	→	◎
纯净化	◎	←	⊖		◎

注：◎—完成该功能的主要工序；⊖—完成该功能的次要工序；○—在该工序退化的功能。
①超低碳情况下，真空脱碳更重要。

1.6　炼钢技术经济指标

1.6.1　生产率

（1）产量。用合格钢产量来表示，即万吨/a、或 t/月、或 t/d。

（2）小时产钢量。

$$小时产钢量(t/h) = \frac{平均炉产钢水量(t) \times 良坯(锭)收得率(\%)}{炉役期平均冶炼时间(h)} \quad (1-1)$$

（3）平均炼钢时间。指冶炼一炉钢所需时间。

$$平均炼钢时间(min/炉) = \frac{炼钢作业总时间(min)}{出钢总炉数(炉)} \quad (1-2)$$

（4）利用系数。

1）转炉：指转炉在日历工作时间内，每公称吨位所生产合格钢的数量。

$$转炉的日历利用系数(t/(公称吨位 \cdot d)) = \frac{合格钢产量(t)}{转炉公称吨位 \times 转炉座数 \times 日历天数(d)}$$
$$(1-3)$$

2）电炉：电炉的利用系数是指电炉 1 天（24h）每 1MV·A 变压器生产合格钢的吨数，单位为 t/(MV·A·d)。

$$利用系数 = \frac{合格钢产量}{变压器容量 \times 日历天数} \quad (1-4)$$

式中，合格钢产量=检验量－废品量

（5）作业率。指炼钢炉作业时间占日历时间的百分比。作业率反映了炼钢对时间的利用程度，一般波动在 94%~96% 之间。

$$作业率(\%) = \frac{实际炼钢作业时间}{日历时间} \times 100\% = \frac{日历时间 - 停工时间}{日历时间} \times 100\% \quad (1-5)$$

（6）炉龄。炉衬寿命也称炉龄。转炉炉龄是指新砌内衬后，从开始炼钢起直到更换炉衬止，一个炉役期内所炼钢的炉数。炼钢电炉的炉龄是指在一个炉役期内，即炉底、炉壁（或炉盖）从投入使用起到更换新炉底、新炉壁（或新炉盖）期间内的炼钢炉数。

1.6.2　质量

质量一般是指铸坯（锭）合格率，按钢种分月、季、年统计。

$$铸坯（锭）合格率（\%）= \frac{合格铸坯（锭）量（t）}{铸坯（锭）检验合格量（t）+ 废品量（t）} \times 100\% \qquad (1-6)$$

1.6.3　品种

（1）品种完成率。即计划钢种率，指完成钢种与计划钢种的百分数。

$$品种完成率（\%）= \frac{完成钢种}{计划钢种} \times 100\% \qquad (1-7)$$

（2）合金比。指合金钢合格产量占合格钢总产量的百分数。

$$合金比 = \frac{合金钢合格产量}{合格钢总产量} \times 100\% \qquad (1-8)$$

1.6.4　消耗

（1）钢铁料消耗。每冶炼 1t 合格铸坯（锭）所消耗钢铁原料的数量。

$$钢铁料消耗（kg/t）= \frac{入炉钢铁原料数量（kg）}{合格铸坯（锭）产量（t）} \qquad (1-9)$$

$$钢铁料数量 = 铁水量 + 废钢铁量$$

废钢铁量包括废钢、生铁块及废铁等加入量。

（2）金属料消耗。是每冶炼 1t 合格铸坯（锭）所消耗的金属材料，其中包括钢铁原料和铁合金的消耗数量。

$$金属料消耗（kg/t 钢）= \frac{金属料消耗总和（kg）}{合格铸坯（锭）产量（t）} \qquad (1-10)$$

（3）氧气消耗。

$$氧气消耗量（标态）（m^3/t）= \frac{氧耗总量（标态）（m^3）}{合格铸坯（锭）总量（t）} \qquad (1-11)$$

（4）原材料消耗。是指生产 1t 合格钢所消耗的某种原材料数量，单位为 kg/t 钢。

$$原材料单位消耗量 = \frac{某种原材料消耗量}{合格钢产量} \qquad (1-12)$$

（5）冶炼电耗。冶炼电耗是指生产 1t 合格钢所消耗的电量，单位为 kW·h/t 钢。

$$电能单位消耗量 = \frac{炼钢所使用的电量}{所炼合格钢量} \qquad (1-13)$$

（6）炼钢能耗指标

1）吨钢综合能耗。吨钢综合能耗的含义为，在统计期内，能源消耗总量与同期的钢产量之比，也就是每生产 1t 钢企业（或行业）消耗的能源量，单位为 kg 标煤/t。

$$吨钢综合能耗 = \frac{统计期内能源消耗总量}{同期钢产量} \qquad (1-14)$$

2）联合企业吨钢可比能耗。简称吨钢可比能耗，单位为 kg 标煤/t，为钢铁联合企业每生产 1t 钢，从炼铁（包括焦化、烧结）、炼钢（包括连铸或铸锭）直到成材配套生产所必需的能耗量和企业煤气、燃油加工与输送、机车运输及企业能源亏损等分摊在每吨钢上的耗能量之和。

1.6.5　成本与利润

$$连铸坯成本(元/t) = \frac{(原料费用 + 辅助费用 + 燃料费 + 人工费用 + 维修费 + 其他费用)(元)}{合格连铸坯产量(t)}$$

$$(1-15)$$

$$利润（元） = 销售价格 - 成本 - 税金 \qquad (1-16)$$

1.7　我国钢铁工业的发展

1.7.1　近代钢铁工业状况

我国近代钢铁生产开始于 1890 年清末时期，当时的湖广总督张之洞在湖北汉阳开办了汉阳钢铁厂。旧中国钢铁工业非常落后，产量很低，从 1890 年到 1948 年的半个世纪中，累计产钢不到 200 万吨，年产钢量最多的是 1943 年 92.3 万吨。新中国成立以来，特别是改革开放以来，我国钢铁工业有了迅速的发展。1980 年钢产量为 3712 万吨，1990 年达到 6500 万吨；1991 年钢产量为 7100 万吨，居世界第三位。自 1996 年突破 1 亿吨以来，我国钢产量一直名列世界第一位。

1.7.2　钢铁工业的发展战略

当前，钢铁工业面对资源-能源约束、环境-生态约束、市场-品牌竞争力等一系列严峻的挑战，钢铁行业已进入转型升级、提质增效的重要阶段，技术创新对产业发展的支撑和引领作用日益突出。根据殷瑞钰院士"战略反思与钢铁业产业升级"主题报告，我国钢铁工业的发展战略要点是：

（1）钢铁工业将向绿色化方向发展。绿色化的根本着眼点是调整企业结构，优化制造流程，提高能源、资源使用效率，节能减排、环境治理、清洁生产，积极推进循环经济。为此，必须重视能量流的行为合理化和能量流网络结构的合理化，充分利用能源，提高其使用效率和价值，即构建起以工业生态园区为载体的区域循环经济体系。

（2）钢铁工业将向智能化方向发展。实现智能化设计、智能化制造、智能化经营、智能化服务等功能。智能化的重要基础，首先要解决企业活动（包括生产活动、经营活动等）过程中，信息参数及时而全面地获得（例如：各类在线精确称重参数、在线温度测量、在线质量测试与调控等），合理分析和全面网络化贯通。钢厂智能化应该实时地控制、协调整个企业活动，预测预报可能遇到的"前景"，并及时作出相应的对策。

互联网+钢铁将成为钢铁转型升级的新驱动力。互联网与钢铁的结合，一方面提升钢铁工业生产流程的绿色化和智能化；另一方面，互联网的应用将进一步降低流程制造业的成本、提高效率、推动技术进步。

（3）钢铁工业将向质量-品牌化方向发展。用钢产业的需求引领钢铁材料的发展，下游行业升级发展对钢铁材料提出了新的要求，高性能、长寿命的新材料开发与应用等重大关键技术，将成为钢铁技术发展趋势。

中国钢铁生产中难以解决的一个突出问题是铁钢比太高，目前在 0.9 以上（世界平均铁钢比在 0.7 左右），而我们的环保压力、成本压力又基本在铁前。电炉炼钢冶炼条件易于控制，更适合冶炼高端钢材，电炉炼钢发展速度将会加快。

今后较长时期，我国钢铁工业将进入转型升级的新常态，钢铁生产和消费难以较大幅度增长。同时，工业化、城镇化、下游行业升级发展对钢铁工业提出了新要求，注重产品的节能、环保和安全，更加需要个性化和差异化的服务。用钢产业对钢铁材料提出的变革需求，将引领钢铁行业科技发展趋势。

思 考 题

1-1 钢与生铁有何区别？

1-2 炼钢的基本任务是什么？

1-3 硫、磷、氢、氮对钢产生哪些危害？

1-4 钢的力学性能指标有哪些，其含义是什么？

1-5 夹杂物对钢的性能产生哪些影响？

1-6 新一代钢铁材料的主要特征是什么？

1-7 钢按用途可分为哪几类？

1-8 长流程与短流程各有何特点？

1-9 解释：作业率；炉龄；钢铁料消耗；冶炼电耗。

2 炼钢过程基本理论

2.1 钢液的物理性质

2.1.1 钢液的密度

钢液的密度（density）是指单位体积钢液所具有的质量，常用符号 ρ 表示，标准单位为 kg/m^3。

影响钢液密度的因素主要有温度和钢液的化学成分，其关系式为：

$$\rho = (7100 - 73.2w[C]_\%) - (8280 - 87.4w[C]_\%) \times 10^{-4}(t - 1550) \tag{2-1}$$

$$\rho_{1600℃} = \rho^0_{1600℃} - 210w[C]_\% - 164w[Al]_\% - 60w[Si]_\% - 55w[Cr]_\% - 7.5w[Mn]_\% + 43w[W]_\% + 6w[Ni]_\% \tag{2-2}$$

式中，温度 t 的单位为℃；$\rho^0_{1600℃}$ 为纯铁液在 1600℃ 时的密度；元素含量的适用范围：$w[C]_\% < 1.7$，其余元素的质量百分数均在 18 以下。注意 $w[i]_\%$ 为元素 i 的质量百分数。

总的来说，随着温度升高，原子间距增大，钢液的体积增加，密度降低。如纯铁密度，20℃时为 $7880kg/m^3$，1550℃时液态纯铁的密度为 $7040kg/m^3$，钢的变化与纯铁类似。

成分对钢液密度的影响比较复杂，一般认为，C、Si、Mn、P、S、Al、Cr 等元素可使纯铁密度减小，其中碳的影响明显；而密度大的元素 W、Ni、Cu 等可使纯铁密度增大，其中钨的影响最大。

2.1.2 钢的熔点

钢的熔点（melting point）是指钢完全转变成均一液体状态时的温度，或是冷凝时开始析出固体的温度。

熔点大小主要受化学成分的影响。纯铁的熔点约为 1538℃，当某元素溶入后，纯铁原子之间的作用力减弱，铁的熔点降低。其中碳的影响最明显，尤其对碳素类钢。各元素使纯铁熔点的降低可表示为：

$$\Delta t = \frac{1020}{M_i}(1 - K) \cdot w[i]_{\%液} \tag{2-3}$$

式中，M_i 为溶质元素 i 的相对原子质量；$w[i]_{\%液}$ 为元素 i 在液态铁中的质量百分数；K 为分配系数，$K = w[i]_固 / w[i]_液$，$(1 - K)$ 称为偏析系数。

碳素钢的熔点经验式（熔点 $t_熔$ 的单位为℃）：

$$t_熔 = 1536 - 78w[C]_\% - 7.6w[Si]_\% - 4.9w[Mn]_\% - 34w[P]_\% - 30w[S]_\% - 5.0w[Cu]_\% - 3.1w[Ni]_\% - 1.3w[Cr]_\% - 3.6w[Al]_\% - 2.0w[Mo]_\% - 2.0w[V]_\% - 18w[Ti]_\%$$

$$\tag{2-4}$$

2.1.3 钢液的黏度

黏度（viscosity）是指各种不同速度运动的液体各层之间所产生的内摩擦力。通常将内摩擦系数或黏度系数称为黏度。

黏度有两种表示形式，一种为动力黏度（kinetic viscosity），用符号 μ 表示，单位为 Pa·s（即 N·s/m^2，也可采用单位泊（P），1P = 0.1Pa·s）；另一种为运动黏度（kinematic viscosity），常用符号 ν 表示（单位为 m^2/s），即：

$$\nu = \frac{\mu}{\rho} \tag{2-5}$$

钢液的黏度比正常熔渣的要小得多，1600℃时其值在 0.002 ~ 0.003Pa·s；纯铁液 1600℃时黏度为 0.0005Pa·s。

影响钢液黏度的因素主要是温度和成分。温度升高，黏度降低。钢液中的碳对黏度的影响非常大，这主要是因为碳含量使钢的密度和熔点发生变化，从而引起黏度的变化。生产实践也表明，同一温度下，高碳钢的流动性比低碳钢钢液好。因此，一般在冶炼低碳钢中，温度要控制得略高一些。碳含量对钢液黏度的影响见图 2-1。

当 $w[C] < 0.15\%$ 时，黏度随着碳含量的增加而大幅度下降，主要原因是钢的密度随碳含量的增加而降低；当 $0.15\% \leqslant w[C] < 0.40\%$ 时，黏度随碳含量的增加而增加，原因是此时钢液中同时存在 δ-Fe 和 γ-Fe 两种结构，密度随碳含量的增加而增加，而且钢液中生成的 Fe$_3$C 体积较大；当 $w[C] \geqslant 0.40\%$ 时，钢液的结构近似于 γ-Fe 排列，钢液密度下降，钢的熔点也下降，故钢液的黏度随着碳含量的增加继续下降。

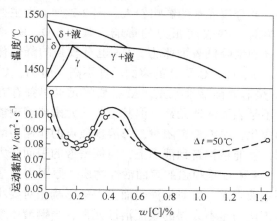

图 2-1 温度高于液相线 50℃ 时，碳含量对钢液黏度的影响

Si、Mn、Ni 使钢的熔点降低，其含量增加，钢液黏度降低，尤其是这些元素含量很高时，降低更显著。但 Ti、W、V、Mo、Cr 含量增加则使钢液的黏度增加，原因是这些元素易生成高熔点、体积大的各种碳化物。

钢液中非金属夹杂物含量增加，使钢液的黏度增加，流动性变差。当钢液分别用 Si、Al 或 Cr 脱氧时，初期脱氧产物生成，夹杂物含量高，黏度增大，夹杂物不断上浮或形成低熔点夹杂物，黏度又下降。因此，如果脱氧不良，钢液流动性一般不好。

2.1.4 钢液的表面张力

钢液因原子或分子间距非常小，它们之间的吸引力较强，而且钢液表面层和内部所引起的这种吸引力的变化是不同的。内部每一质点所受到的吸引力的合力等于零，质点保持平衡状态；而表面层质点受内部质点的吸引力大于气体分子对表面层质点的吸引力，这样表面层质点所受的吸引力不等于零，且方向指向钢液内部。这种使钢液表面产生自发缩小倾向的力称为钢液的表面张力（surface tension），用符号 σ 表示，单位为 N/m。实际上，钢液的表面张力就是指钢液和它的饱和蒸气或空气界面之间的一种力。

钢液的表面张力对新相的生成（如 CO 气泡的产生，钢液凝固过程中结晶核心的形成等）有影响；对相间反应（如脱氧产物、夹杂物和气体从钢液中排除）、渣钢分离、钢液对耐火材料的侵蚀等也有影响。影响钢液表面张力的因素很多，但主要有温度、钢液成分及钢液的接触物。

钢液的表面张力是随着温度的升高而增大，原因之一是温度升高时表面活性物质（如 C、O 等）热运动增强，使钢液表面过剩浓度减小或浓度均匀化，从而引起表面张力增大。1550℃时，纯铁液的表面张力约为 $1.7 \sim 1.9 N/m$。

溶质元素对纯铁液表面张力的影响程度取决于它的性质与铁的差别的大小。如果溶质元素的性质与铁相近，则对纯铁液的表面张力影响较小，反之就较大。一般来讲，金属元素的影响较小，非金属元素的影响较大。图 2-2 所示为主要元素对熔铁表面张力的影响。其中，O、S、N 能强烈地降低表面张力，Mn 也有较强的降低作用，Si、Cr、C 及 P 的表面活性不高，而 Ti、V、Mo 是非表面活性元素。虽然某些元素单独存在时不是表面活性元素，但其与某些元素或溶剂能形成化合物或群聚团时，与溶剂质点的作用力减弱，就能被排挤到液面上，而使铁液的表面张力降低。

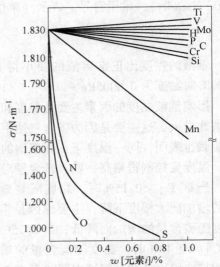

图 2-2　主要元素对铁液表面
张力的影响（1873K）

S 和 O 是很强的表面活性物质，原因主要是，它们在钢液中生成的 FeS 或 FeO 被排挤到钢液表面。氮对钢液表面张力的影响相对要小些，这可能与它的原子半径较大有关。磷也被认为是不太强的表面活性元素，当钢液中氧含量很低时，磷能降低钢液的表面张力。碳对钢液表面张力的影响呈现出复杂的关系，如图 2-3 所示。由于钢的结构和密度随着碳含量的增加而发生变化，它的表面张力也会随着碳含量的变化而发生变化。

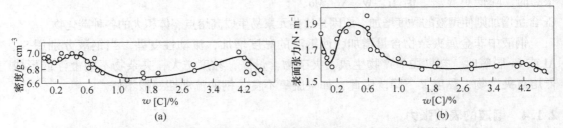

图 2-3　液相线以上 50℃，碳对铁碳熔体密度和表面张力的影响

2.1.5　钢的导热能力

钢的导热能力（thermal conduction properties）可用导热系数（也称热导率）来表示，

即当体系内维持单位温度梯度时，在单位时间内流经单位面积的热量。钢的导热系数用符号 λ 表示，单位为W/(m·K)。

影响钢导热系数的因素主要有钢液的成分、组织、温度、非金属夹杂物含量以及钢中晶粒的细化程度等。通常钢中合金元素越多，钢的导热能力就越低。因为合金元素破坏晶体点阵结构和其中的势能体系，使分子的热振动受到阻碍或使电子的运动受到阻力，从而降低钢的导热系数。各种合金元素对钢的导热能力影响的次序为：C、Ni、Cr 最大，Al、Si、Mn、W 次之，Zr 最小。合金钢的导热能力一般比碳钢差，高碳钢的导热能力比低碳钢差（见图2-4）。

一般来讲，具有珠光体、铁素体和马氏体组织的钢，导热能力在加热时都降低，但在临界点 A_{C3} 以上加热时导热能力将增加，这是由于在组织上出现了奥氏体，奥氏体的导热能力在加热时是增加的。

各种钢的导热系数随温度变化规律不一样，800℃以下碳钢的导热系数随温度的升高而下降，800℃以上则略有升高（见图2-5）。

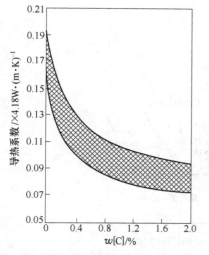

图2-4 碳钢的导热系数与碳含量的关系

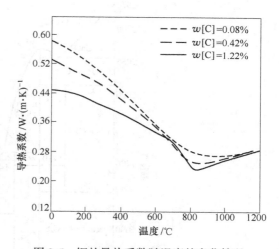

图2-5 钢的导热系数随温度的变化情况

2.2 熔 渣 相 图

将炉渣熔点（液相线）和组成的关系用图形表示出来，这种图形称作熔渣的状态图，也称熔渣相图（slag phase diagram）。

根据熔渣相图可以确定渣中的氧化物在高温下相互反应，形成的不同相组分（如纯凝聚相、溶液、固溶体、共晶化合物等），各相的成分和相对数量，以及熔渣的熔化温度与组成的关系等，从而为选择具有一定性能的熔渣体系和成分提供依据。

渣型的选择通常取决于熔炼时冶金炉内要求达到的温度。如果熔炼的温度较高，渣型的选择范围便可宽一些；反之，渣型的选择范围需窄一些。当然，在选择渣型时还应该考虑熔渣的其他性质对熔炼过程的影响。

2.2.1　CaO-SiO$_2$系相图

由图 2-6，可知纯 CaO 熔点为 2570℃，纯 SiO$_2$ 熔点为 1728℃，两者均很高。在炼钢温度下，只要比例适当两者仍可以液态形式存在。在碱性炉渣中 SiO$_2$ 的增加可降低炉渣的熔点。CaO-SiO$_2$二元系中存在四个化合物，即 3CaO·SiO$_2$（简写为 C$_3$S，分解温度 1900℃）、2CaO·SiO$_2$（C$_2$S，分解温度 2130℃）、3CaO·2SiO$_2$（C$_3$S$_2$，分解温度 1475℃）及 CaO·SiO$_2$（CS，分解温度 1544℃），其中只有 3CaO·2SiO$_2$ 和 CaO·SiO$_2$ 可能存在于液态渣中，而前者在液态渣中时强烈分解，后者则比较稳定。

通过 CS 和 C$_2$S 两个稳定化合物，可以把 CaO-SiO$_2$ 系相图分成三个区域，每个区域可以看成小的准二元系，则分别是：C$_2$S-CaO 系、CS-C$_2$S 系和 SiO$_2$-CS 系。

由图 2-6 还可以看出，CaO-SiO$_2$ 二元系中各种钙的硅酸盐的熔点都很高，熔点不超过 1600℃的体系，只局限于 w(CaO) 为 32%~59% 的范围内。当 w(CaO) 含量超过 50% 时，体系的熔化温度便急剧上升，因此炼钢炉渣中 w(CaO) 必须控制在 35%~50% 之间。

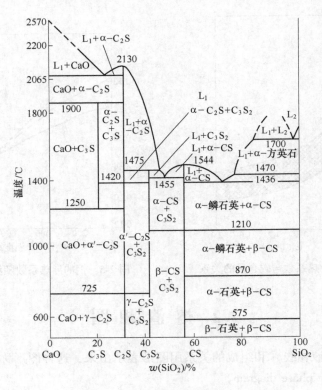

图 2-6　CaO-SiO$_2$系相图

2.2.2　CaO-Al$_2$O$_3$系相图

CaO-Al$_2$O$_3$系相图如图 2-7 所示，该渣系多用于炉外精炼渣。由相图可见，该二元系内存在五种化合物：C$_3$A（1535℃分解）、C$_{12}$A$_7$（1455℃熔化）、CA（1605℃熔化）、CA$_2$（1750℃熔化）及 CA$_6$（1850℃熔化）。

　　除 $C_{12}A_7$ 的熔点（1455℃）较低外，其他化合物的熔点或分解温度均较高。在 $w(CaO)$ 为 45%~52% 范围内，$CaO-Al_2O_3$ 二元系在 1450~1550℃ 温度范围内出现液相区，所以炼钢中配制的炉外合成渣常选择这一组成范围。

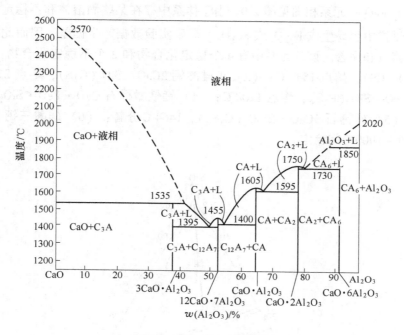

图 2-7　$CaO-Al_2O_3$ 系相图

2.2.3　$CaO-Fe_2O_3$ 系相图

　　$CaO-Fe_2O_3$ 二元系相图如图 2-8 所示。在此二元系中，两性氧化物 Fe_2O_3 与强碱性的 CaO 形成一个稳定化合物 $2CaO \cdot Fe_2O_3(C_2F)$，熔点 1449℃。体系中还有两个不稳定化合物 $CaO \cdot Fe_2O_3(CF)$ 和 $CaO \cdot 2Fe_2O_3(CF_2)$，前者的分解温度为 1218℃，后者仅在 1150~1240℃ 的温度范围内稳定存在。CF 和 CF_2 的形成温度都不高，均在 1440℃ 以下，因此 Fe_2O_3 是石灰的有效助熔剂。

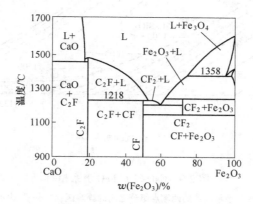

图 2-8　$CaO-Fe_2O_3$ 系相图

2.2.4　CaO-SiO$_2$-FeO 渣系相图

2.2.4.1　CaO-SiO$_2$-FeO 相图

CaO-SiO$_2$-FeO 三元系相图见图 2-9。由于体系中存在某些固溶体和不稳定化合物，而且实验过程试样中容易生成 Fe$_2$O$_3$ 或 Fe$_3$O$_4$，导致实验数据产生偏差，因而此相图的一些细节还需要修改和完善。该三元系中有 4 个稳定化合物和 2 个不稳定化合物：（1）硅灰石 CaO·SiO$_2$（CS），熔点 1544℃；（2）正硅酸钙 2CaO·SiO$_2$（C$_2$S），熔点 2130℃；（3）铁橄榄石 2FeO·SiO$_2$（F$_2$S），熔点 1208℃；（4）钙铁橄榄石 CaO·FeO·SiO$_2$（CFS），熔点 1230℃；（5）硅钙石 3CaO·2SiO$_2$（C$_3$S$_2$），1464℃分解；（6）硅酸三钙 3CaO·SiO$_2$（C$_3$S），1250～1900℃间稳定。

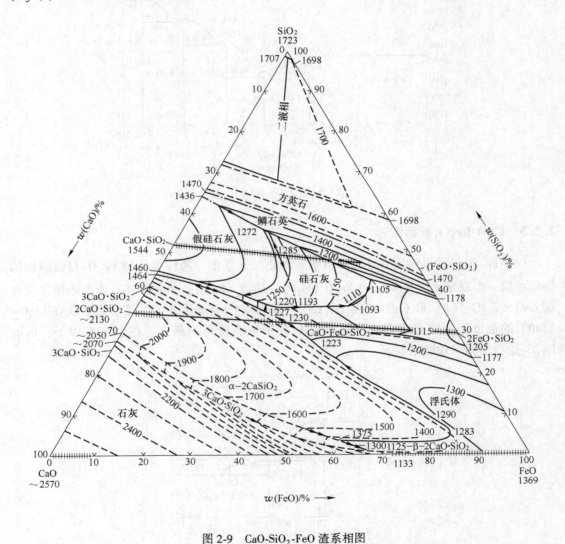

图 2-9　CaO-SiO$_2$-FeO 渣系相图

（注：图中符号"卌"表示该线的两端点组分之间的固溶区；"——"表示晶型转变等温线）

由图 2-9 可以看出,靠近 CaO 顶角和 SiO$_2$ 顶角的区域,其熔化温度都很高。很显然,冶金炉渣的组成不宜选择在这些区域内。图中 CaO·SiO$_2$-2FeO·SiO$_2$ 联结线上靠近铁橄榄石的一个斜长带状区域是该三元系熔化温度比较低的区域。熔化温度最低的是三元低共熔点,位于 45%FeO、20%CaO、35%SiO$_2$ 附近,约为 1093℃。以三元低共熔点为核心向周围扩展,由 1100℃、1150℃、1200℃ 等温线所包围的区域,包括靠近 FeO-SiO$_2$ 二元系一侧的铁橄榄石及其两侧低共熔点附近的区域,都是可供选用的三元冶金炉渣的组成范围。

2.2.4.2 初渣和终渣成分的选择

炼钢熔渣实际上是非常复杂的多组分体系,其中不但含有 CaO、MnO、MgO、FeO、Fe$_2$O$_3$、Al$_2$O$_3$、SiO$_2$、P$_2$O$_5$ 等氧化物,而且含有 CaF$_2$、S 等成分。但在吹炼过程中,CaO、SiO$_2$ 及 FeO 三个主要组分含量之和变化不大,约为 80%。因此,通常可将含量少的组分并入这三个主要组分中,如将 Al$_2$O$_3$、P$_2$O$_5$ 并入 SiO$_2$ 中,MnO、MgO 并入 CaO 中,从而将转炉炼钢熔渣简化为 CaO-SiO$_2$-FeO 三元系。在氧气顶吹转炉炼钢过程的吹炼初期,铁水中的硅、锰、铁氧化,迅速形成含 $\Sigma(\text{FeO})$ 很高的熔渣,假设其组成位于图 2-10 中 SiO$_2$-FeO 边上的 x_0 点。为了在吹炼过程中脱除铁水中的磷和硫,需要在造渣料中加入石灰。随着吹炼的进行,熔池温度上升,石灰逐渐溶解于初期渣中,熔渣的成分将沿着 x_0-CaO 连线向 CaO 顶点移动。如加入的石灰量使炉渣成分位于 x_0x_1 线段内,则加入的石灰已完全溶解,形成液态渣,因为此时熔渣成分位于单一液相区内(12 区)。若加入的石灰

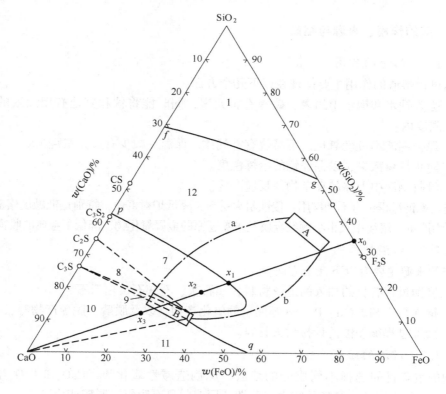

图 2-10 炼钢过程中熔渣成分变化的途径

量使炉渣成分到达 x_2 点，则体系位于 L + C_2S 两相区内（7 区），因此熔渣中会出现固相 C_2S，导致石灰块表面形成致密的 C_2S 壳层，阻碍石灰块在熔渣中的进一步溶解。为了加速石灰块的溶解和造渣，生产上必须采取适当的措施，如降低炉渣熔化温度、提高熔池温度、加入添加剂或熔剂（如 MgO、MnO、CaF_2、Al_2O_3、Fe_2O_3）等。

由图 2-9 可知，在吹炼过程中，增加渣中 $\Sigma(FeO)$ 含量的是促使石灰块加速造渣的关键，因为增大 $\Sigma(FeO)$ 含量能显著降低 C_2S 初晶面的温度，有利于破坏 C_2S 壳层及加速石灰块的溶解。

转炉吹炼初期渣的组成大体上位于图 2-10 中的 A 区，而根据工艺要求，为了脱除钢中的磷和硫，终渣成分需达到图中的 B 区。图中标出了炉渣成分从 A 区变化到 B 区的两条不同途径：途径 a 和途径 b。当炉渣中 $\Sigma(FeO)$ 含量缓慢增加时，由于 CaO 的造渣作用使得熔渣内 $\Sigma(FeO)$ 含量较低，因此熔渣成分将沿途径 a 到达 B 区，这时必须通过液固两相区（L + C_2S）区，渣中出现固相 C_2S，导致熔渣黏度较大，不利于磷、硫的脱除。如果渣中 $\Sigma(FeO)$ 含量增加速度比较快，以致熔渣内始终保持较高的 $\Sigma(FeO)$ 含量，熔渣成分则在液相区内沿途径 b 到达 B 区，此时熔渣黏度较小，有利于快速脱磷和脱硫。通过以上分析可知，熔渣中 $\Sigma(FeO)$ 含量的增加速度直接影响到石灰块的溶解、熔渣的状态和性质以及杂质的脱除效果，从而为正确选择吹炼过程的工艺参数指明了方向。

2.3　熔渣的物理化学性质

2.3.1　熔渣的作用、来源与组成

2.3.1.1　熔渣的作用

炼钢过程熔渣的作用主要体现在以下几个方面：

（1）去除铁水和钢水中的磷、硫等有害元素，同时能将铁和其他有用元素的损失控制在最低限度内。

（2）保护钢液不过度氧化、不吸收有害气体、保温、减少有益元素烧损。

（3）防止热量散失，以保证钢的冶炼温度。

（4）吸收钢液中上浮的夹杂物及反应产物。

熔渣在炼钢过程也有不利作用：侵蚀耐火材料，降低炉衬寿命，特别是低碱度熔渣对炉衬的侵蚀更为严重；熔渣中夹带小颗粒金属及未被还原的金属氧化物，降低了金属的收得率。

2.3.1.2　熔渣的来源

熔渣的来源主要有以下几个方面：

（1）炼钢过程有目的加入的造渣材料，如石灰、石灰石、白云石；

（2）钢铁料中 Si、Mn、P、Fe 等元素的氧化产物，以及脱磷、脱硫产物等；

（3）冶炼过程被侵蚀的炉衬耐火材料。

2.3.1.3　熔渣的组成

不同的冶炼目的选择不同成分的熔渣。炼钢造碱性氧化渣，CaO 和 FeO 含量较高（见表 2-1），具有脱磷、脱硫的能力；碱性还原渣，具有脱氧、脱硫能力。

表 2-1 转炉的炉渣成分和性质

类别	化学成分	转炉中组成/%	电炉中组成/%	冶金反应特点
碱性氧化渣	CaO/SiO_2	3.0~4.5	2.5~3.5	（1）[C]、[Si]、[Mn] 等迅速氧化； （2）能较好脱 [P]； （3）能脱去50%的 [S]； （4）钢水中 $w[O]$ 较高
	CaO	35~55	40~50	
	FeO	7~30	10~25	
	MnO	2~8	5~10	
	MgO	2~12	5~10	
碱性还原渣	CaO/SiO_2		2.0~3.5	（1）脱氧能力强； （2）脱硫能力强； （3）钢水易增碳； （4）钢水易回磷； （5）钢水中 $w[H]$ 增加； （6）钢水中 $w[N]$ 增加
	CaO		50~55	
	CaF_2		5~8	
	Al_2O_3		2~3	
	FeO		<0.5	
	MgO		<10	
	CaC_2		<1	

2.3.2 熔渣的化学性质

2.3.2.1 熔渣的碱度

熔渣中碱性氧化物浓度总和与酸性氧化物浓度总和之比称为熔渣碱度（alkalinity），常用符号 R 表示。熔渣碱度的大小直接对渣-钢间的物理化学反应，如脱磷、脱硫、去气等产生影响。

当炉料中 $w[P] < 0.30\%$ 时

$$R = \frac{w(CaO)}{w(SiO_2)}$$

当炉料中 $0.30\% \leqslant w[P] < 0.60\%$ 时

$$R = \frac{w(CaO)}{w(SiO_2) + w(P_2O_5)}$$

当加白云石造渣，渣中（MgO）含量较高时

$$R = \frac{w(CaO) + w(MgO)}{w(SiO_2)}$$

当熔渣的 $R<1.0$ 时为酸性渣，高温下可拉成细丝，称为长渣；$R>1.0$ 时为碱性渣，称为短渣。炼钢熔渣 $R \geqslant 3.0$。

炼钢熔渣中含有不同数量的碱性、中性和酸性氧化物，它们酸、碱性的强弱可排列如下：

$$CaO>MnO>FeO>MgO>CaF_2>Fe_2O_3>Al_2O_3>TiO_2>SiO_2>P_2O_5$$

← 碱性 中性 酸性 →

也可用过剩碱的概念来表示熔渣的碱度，即认为碱性氧化物全都是等价地确定出酸性氧化物对碱性氧化物的强度，并假定两者是按比例结合，结合以外的碱性氧化物的量为过剩碱（常用 B 表示），表示方法如下：

$$B = x_{CaO} + x_{MgO} + x_{MnO} - 2x_{SiO_2} - 3x_{P_2O_5} - x_{Fe_2O_3} - x_{Al_2O_3} \tag{2-6}$$

实际上式（2-6）是用 O^{2-} 的摩尔分数（或物质的量）来表示熔渣的碱度，碱性氧化物离解产生 O^{2-}，酸性氧化物则消耗 O^{2-}。

2.3.2.2 熔渣的氧化性

熔渣的氧化性（oxidative）也称熔渣的氧化能力，是指在一定的温度下，单位时间内熔渣向钢液供氧的数量。

熔渣的氧化性通常是用 $w(\Sigma FeO)$ 表示，包括（FeO）本身和（Fe_2O_3）折合成（FeO）两部分。将（Fe_2O_3）折合成（FeO）有两种方法：（1）全氧折合法，$w(\Sigma FeO)= w(FeO)+1.35w(Fe_2O_3)$；②全铁折合法（常用），$w(\Sigma FeO) = w(FeO)+0.90w(Fe_2O_3)$。

熔渣的氧化性用氧化亚铁的活度 $a_{(FeO)}$ 来表示则更为精确。设 L_O 为氧在渣-铁间的平衡分配系数，有如下关系式：

$$L_O = \frac{a_{(FeO)}}{w[O]_\%} \tag{2-7}$$

$$\lg L_O = \frac{6320}{T} - 2.734 \tag{2-8}$$

在一定温度下，熔渣中 $a_{(FeO)}$ 升高，铁液中 $w[O]_\%$ 也相应增高；当 $a_{(FeO)}$ 一定时，铁液中 $w[O]_\%$ 也是随着温度升高而提高。

熔渣对钢液的氧化能力，一般是用钢液中与熔渣相平衡的氧含量和钢液中实际氧含量之差来表示，即：

$$\Delta w[O]_\% = w[O]_{\%渣-钢} - w[O]_{\%实} \tag{2-9}$$

当 $\Delta w[O]_\% > 0$ 时，渣中氧能向钢液扩散，此时的熔渣称氧化渣；当 $\Delta w[O]_\% < 0$ 时，钢液中的氧向渣中转移，此时的熔渣具有脱氧能力，称为还原渣；当 $\Delta w[O]_\% = 0$ 时，此时的渣称为中性渣。

式（2-9）中，$w[O]_{\%渣-钢} = a_{(FeO)}/L_O$，$w[O]_{\%实}$ 在氧化末期主要与碳含量有关，这样可以得出如下关系式：

$$\Delta w[O]_\% = f(w(\Sigma FeO), R, w[C], T) \tag{2-10}$$

即 $\Delta w[O]_\%$ 是熔渣 FeO 的总量、碱度、钢液中的碳含量及温度的函数。

从 1600℃ 时 $CaO\text{-}SiO_2\text{-}FeO$ 渣系中的 FeO 等活度图（见图 2-11）可以看出，当 $R = w(CaO)/w(SiO_2) = 1.87$ 时，$a_{(FeO)}$ 最大，熔渣的氧化性最强。R 值过高或过低都会使 $a_{(FeO)}$ 下降，即降低熔渣的氧化性。

熔渣氧化性在炼钢过程中的作用：

（1）影响化渣速度和熔渣黏度。渣中（FeO）能促进石灰溶解，加速化渣，改善炼钢反应动力学条件，加速传质过程；渣中（Fe_2O_3）和碱性氧化物反应生成铁酸盐，降低熔渣熔点和黏度，避免炼钢熔渣"返干"。

（2）影响熔渣向熔池传氧、脱磷和钢水氧

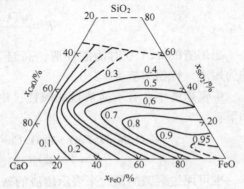

图 2-11　1600℃ 时 $CaO\text{-}SiO_2\text{-}FeO$ 渣系中的 FeO 等活度图

含量。低碳钢水氧含量明显受熔渣氧化性的影响，当钢液碳含量相同时，熔渣氧化性强，则钢液氧含量高，而且有利于脱磷。

（3）影响铁合金和金属收得率及炉衬寿命。熔渣氧化性越强，铁合金和金属收得率越低；熔渣氧化性强，炉衬寿命降低。

2.3.2.3 熔渣的还原性

在平衡条件下，熔渣的还原能力（即还原性，reducibility）主要取决于氧化铁的含量和碱度，在还原性精炼时，常把降低熔渣中氧化铁的含量和选择合理的碱度作为控制钢液中氧含量的重要条件。对传统电炉还原渣和炉外精炼用渣，为达到脱氧、脱硫和减少合金烧损的目的，常把 $w(\sum FeO)$ 降到 0.5% 以下，碱度 R 控制在 3.5~4.0 范围。

2.3.3 熔渣的物理性质

2.3.3.1 熔渣的熔点

熔渣的熔点是指固态渣完全转变为均一液态（即熔渣的熔化温度），或液态渣冷却时开始析出固体成分时的温度（即熔渣的凝固温度）。

熔渣的熔点与熔渣的成分及其含量有关。一般来说，熔渣中高熔点组元越多，熔点越高。炼钢过程要求熔渣的熔点低于所炼钢的熔点 50~200℃（即为 1300~1400℃）。除 FeO 和 CaF_2 外，其他简单氧化物的熔点都很高，它们在炼钢温度下难以单独形成熔渣，实际上它们是形成多种低熔点的复杂化合物。熔渣中常见的氧化物的熔点见表 2-2。

表 2-2 熔渣中常见的氧化物的熔点

化 合 物	熔点/℃	化 合 物	熔点/℃
CaO	2600	$MgO \cdot SiO_2$	1557
MgO	2800	$2MgO \cdot SiO_2$	1890
SiO_2	1713	$CaO \cdot MgO \cdot SiO_2$	1390
FeO	1370	$3CaO \cdot MgO \cdot 2SiO_2$	1550
Fe_2O_3	1457	$2CaO \cdot MgO \cdot 2SiO_2$	1450
MnO	1783	$2FeO \cdot SiO_2$	1205
Al_2O_3	2050	$MnO \cdot SiO_2$	1285
CaF_2	1418	$2MnO \cdot SiO_2$	1345
$CaO \cdot SiO_2$	1550	$CaO \cdot MnO \cdot SiO_2$	>1700
$2CaO \cdot SiO_2$	2130	$3CaO \cdot P_2O_5$	1800
$3CaO \cdot SiO_2$	>2065	$CaO \cdot Fe_2O_3$	1220
$3CaO \cdot 2SiO_2$	1485	$2CaO \cdot Fe_2O_3$	1420
$CaO \cdot FeO \cdot SiO_2$	1205	$CaO \cdot 2Fe_2O_3$	1240
$Fe_2O_3 \cdot SiO_2$	1217	$CaO \cdot 2FeO \cdot SiO_2$	1205
$MgO \cdot Al_2O_3$	2135	$CaO \cdot CaF_2$	1400

2.3.3.2 熔渣的黏度

熔渣的黏度直接关系到熔渣的流动性，对元素的扩散、渣-钢间反应、气体逸出、热量传递、铁损及炉衬寿命等均有很大的影响。一般来说，熔渣黏度大，流动性就变差，其传氧、传热能力低，不利于脱碳、脱磷、脱氧、脱硫；电弧炉炼钢熔渣太稀，弧光反射，热损失大、炉衬寿命低。

影响熔渣黏度的因素主要有：熔渣的成分、熔渣中的固体熔点、温度。

一般来说，在一定的温度下，凡是能降低熔渣熔点的成分，在一定范围内增加其浓度，可使熔渣黏度降低；反之，则使熔渣黏度增大。在酸性渣中提高 SiO_2 含量时，导致熔渣黏度升高；相反，在酸性渣中提高 CaO 含量，会使黏度降低。碱性渣中，CaO 超过 50%后，黏度随 CaO 含量的增加而增加。SiO_2 在一定范围内增加，能降低碱性渣的黏度；但 SiO_2 含量超过一定值而形成 $2CaO \cdot SiO_2$ 时，则使熔渣变稠，原因是 $2CaO \cdot SiO_2$ 的熔点高达 2130℃。

FeO（熔点 1370℃）和 Fe_2O_3（熔点 1457℃）有明显降低熔渣熔点的作用。由图 2-12 可见，在图示的组成范围内该熔渣体系的黏度都比较小，并且随着 FeO 含量的增加而降低，因为熔渣的碱度（大于 2）及 FeO 含量高（大于 10%），硅氧配离子为最简单的 SiO_4^{4-} 结构单元，而且这种渣的熔化温度也比较低。

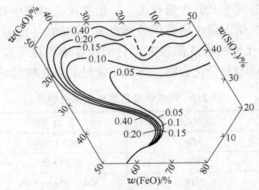

图 2-12 CaO-FeO-SiO_2 系熔渣在 1400℃时的等黏度曲线（Pa·s）

MgO 在碱性渣中对黏度的影响很大，当 MgO 含量超过 10%时，会破坏渣的均匀性，使熔渣变黏。Al_2O_3 能降低渣的熔点，从而具有稀释碱性渣的作用。CaF_2 本身熔点较低，它能降低熔渣的黏度。

实际上，熔渣中往往悬浮着石灰颗粒，MgO 质颗粒，熔渣自身析出的 $2CaO \cdot SiO_2$、$3CaO \cdot P_2O_5$ 固体颗粒以及 Cr_2O_3 等，这些固体颗粒的状态对熔渣的黏度产生不同影响。少量尺寸大的颗粒（直径达几毫米），对熔渣黏度影响不大；尺寸较小（$10^{-3} \sim 10^{-2}$mm）、数量多的固体颗粒呈乳浊液状态，使熔渣黏度增加。

对酸性渣而言，温度升高，会聚的 Si—O 离子键易破坏，黏度下降。对碱性渣而言，温度升高，有利于消除没有熔化的固体颗粒，因而黏度下降，总之，温度升高，熔渣的黏度降低。

在炼钢温度 1600℃下，流动性良好的熔渣黏度为 0.02～0.04（或 0.1）Pa·s，钢液的黏度在 0.0025 Pa·s 左右。

2.3.3.3　熔渣的密度

熔渣的密度决定熔渣所占据的体积大小及钢液液滴在渣中的沉降速度。

固体炉渣的密度可近似用式（2-11）计算：

$$\rho = \sum \rho_i w(i)_\% \tag{2-11}$$

式中，ρ_i 为各化合物的密度（见表2-3）；$w(i)_\%$ 为渣中各化合物的质量百分数（以 1% 为计量单位）。

表2-3 熔渣中化合物的密度

化合物	密度/kg·m⁻³	化合物	密度/kg·m⁻³	化合物	密度/kg·m⁻³
Al_2O_3	3970	MnO	5400	V_2O_3	4870
Na_2O	2270	P_2O_5	2390	ZrO_2	5560
CaO	3320	Fe_2O_3	5200	CaF_2	2800
CeO_2	7130	FeO	5900	FeS	4580
Cr_2O_3	5210	SiO_2	2320	CaS	2800
MgO	3500	TiO_2	4240		

1400℃时熔渣的密度 $\rho_渣^0$ 与组成的关系：

$$\frac{1}{\rho_渣^0} = \left[0.45w(SiO_2)_\% + 0.286w(CaO)_\% + 0.204w(FeO)_\% + 0.35w(Fe_2O_3)_\% + \right.$$

$$\left. 0.237w(MnO)_\% + 0.367w(MgO)_\% + 0.48w(P_2O_5)_\% + 0.402w(Al_2O_3)_\% \right] \times 10^{-3}$$

$$\tag{2-12}$$

熔渣的温度高于 1400℃ 时，可表示为：

$$\rho_渣 = \rho_渣^0 + 70 \left(\frac{1400 - t}{100} \right) \tag{2-13}$$

式中，$\rho_渣$ 为熔渣高于1400℃时的密度，kg/m^3；$\rho_渣^0$ 为熔渣1400℃时的密度，kg/m^3。

一般液态碱性渣的密度为 $3000kg/m^3$，固态碱性渣的密度为 $3500kg/m^3$，$w(FeO) > 40\%$ 的高氧化性渣的密度为 $4000kg/m^3$，酸性渣的密度一般为 $3000kg/m^3$。

2.3.3.4 熔渣的表面张力与界面张力

熔渣的表面张力主要影响渣-钢间的物化反应及熔渣对夹杂物的吸附等。熔渣的表面张力普遍低于钢液，电炉熔渣的表面张力一般高于转炉。氧化渣（35%~45%CaO，10%~20%SiO₂，3%~7%Al₂O₃，8%~30%FeO，2%~8%P₂O₅，4%~10%MnO，7%~15%MgO）的表面张力为 0.35~0.45N/m；还原渣（55%~60% CaO，20% SiO₂，2%~5% Al₂O₃，8%~10%MgO，4%~8%CaF₂）的表面张力为 0.35~0.45N/m；钢包处理的合成渣（55% CaO，20%~40%Al₂O₃，2%~15%SiO₂，2%~10%MgO）的表面张力为 0.4~0.5N/m。

影响熔渣表面张力的因素有温度和成分。熔渣的表面张力一般是随着温度的升高而降低的，但高温冶炼时，温度的变化范围较小，因而影响也就不明显。SiO₂和P₂O₅具有降低 FeO 熔体表面张力的功能，而 Al₂O₃ 则相反。CaO 一开始能降低熔渣的表面张力，但后来则是起到提高的作用，原因是复合阴离子在相界面的吸附量发生了变化。MnO 的作用与 CaO 类似。

可以用表面张力因子近似计算熔渣体系的表面张力，即：

$$\sigma_s = \sum x_i \sigma_i \tag{2-14}$$

式中，σ_s（或表示为 $\sigma_{渣-气}$）为熔渣的表面张力，N/m；x_i 为熔渣组元 i 的摩尔分数；σ_i 为熔渣组元 i 的表面张力因子（见表 2-4），N/(m·mol)。

表 2-4　常见的各种氧化物表面张力因子

氧化物	表面张力因子/N·(m·mol)$^{-1}$			
	1300℃	1400℃	1500℃	1600℃
K_2O	0.168	0.153		
Na_2O	0.308	0.297		
CaO		0.614	0.586	0.661
MnO		0.653	0.641	
FeO		0.584	0.560	
MgO		0.512	0.502	
SiO_2		0.285	0.286	0.223
Al_2O_3		0.640	0.630	0.448~0.602
TiO_2		0.380		
B_2O_3	0.0336	0.960		
PbO	0.140	0.140		
ZnO	0.550	0.540		
ZrO_2		0.470		

两个凝聚相接触时，相界面上出现的张力称为界面张力（interfacial tension）。熔渣与钢液相互接触时，其间的张力示意图如图 2-13 所示。

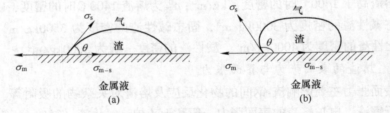

图 2-13　渣-液-气三相界面示意图

熔渣与钢液之间的界面张力可按式（2-15）求得：

$$\sigma_{m-s} = \sigma_m - \sigma_s \cdot \cos\theta \tag{2-15}$$

式中，σ_{m-s} 为熔渣与钢液之间的界面张力，N/m；σ_m、σ_s 分别为钢液、熔渣的表面张力，N/m；$\cos\theta$ 为钢渣之间润湿角的余弦。

渣-钢间的界面张力越大，θ 角越大，渣-钢间的润湿越差，渣-钢分离越好，夹杂物就越容易在钢液中上浮而被去除。熔渣在炼钢过程中，还与炉衬接触，如果它们之间的界面张力越大，则对炉衬的侵蚀程度就越轻。

碱性氧化渣与钢液间的界面张力在 0.5~1.0N/m 之间，$w(\Sigma FeO)$ 越高，界面张力就越小。$MnO\text{-}SiO_2\text{-}Al_2O_3$ 渣系与钢液间的界面张力为 0.8~1.2N/m，随 MnO 含量的增加而降低。炼钢熔渣中的氧化物如 FeO、Fe_2O_3、MnO 等会降低 σ_{m-s}，而 SiO_2、CaO、Al_2O_3

等，不会引起 σ_{m-s} 发生明显的变化。

2.4 炼钢基本反应

2.4.1 硅、锰的氧化反应

2.4.1.1 硅的氧化反应

硅在铁液中可发生下列氧化反应：

$$[Si]+O_2=\!=\!=(SiO_2)(s) \qquad \Delta G^{\ominus}=-824470+219.42T \quad J/mol \qquad (2-16)$$

$$[Si]+[O]=\!=\!=SiO(g) \qquad \Delta G^{\ominus}=-97267+27.95T \quad J/mol \qquad (2-17)$$

$$[Si]+2[O]=\!=\!=(SiO_2) \qquad \Delta G^{\ominus}=-594285+229.76T \quad J/mol \qquad (2-18)$$

$$[Si]+2(FeO)=\!=\!=(SiO_2)+2[Fe] \qquad \Delta G^{\ominus}=-386769+202.3T \quad J/mol \qquad (2-19)$$

反应式（2-16）能形成覆盖在铁液表面的高熔点 SiO_2 固体膜，阻碍 $[Si]$ 氧化的继续进行；反应式（2-17）仅发生在 1700℃ 高温的铁水液面上；只有反应式（2-18）及式（2-19）在铁液与熔渣界面上正常进行。

在碱性熔渣的情况下，可发生如下反应：

$$[Si]+2(FeO)+2(CaO)=\!=\!=(2CaO \cdot SiO_2)+2[Fe]$$

在酸性熔渣的情况下，(SiO_2) 可被钢液中的 $[C]$ 还原，表示为：

$$(SiO_2)+2[C]=\!=\!=[Si]+2CO$$

硅氧化的主要影响因素有温度、熔渣成分、金属液成分和炉气氧分压。通过前面反应式可以看出：

（1）低温有利于硅的氧化；

（2）熔渣中降低 SiO_2 的含量，有利于硅的氧化；

（3）熔渣氧化能力越强，如增加 CaO、FeO 含量，越有利于硅的氧化；

（4）金属液中增加硅元素含量，有利于硅的氧化；

（5）炉气氧分压越高，越有利于硅的氧化。

硅的氧化是炼钢反应中的重要反应之一。硅在铁液中可按任意比例熔入，它的氧化是用氧炼钢的主要热源之一。在转炉吹炼初期，由于硅大量氧化，熔池温度升高，有利于增加废钢加入量，并使初期渣加快熔化。在钢液脱氧过程中，由于含硅脱氧剂的氧化，可补偿一些钢包的散热损失。总之，硅的氧化有利于保持或提高钢液的温度。

硅氧化反应产物影响熔渣成分，如 SiO_2 降低熔渣碱度，不利于钢液脱磷、脱硫，增加渣料消耗；也对炉衬耐火材料不利。

2.4.1.2 锰的氧化反应

和硅一样，冶炼初期锰便迅速被大量氧化，但氧化程度要低于硅，这是由于锰与氧的结合能力低于硅与氧的结合能力。

锰的氧化反应如下：

$$[Mn]+\frac{1}{2}O_2=\!=\!=(MnO) \qquad \Delta G^{\ominus}=-361495+111.36T \quad J/mol \qquad (2-20)$$

$$[Mn]+[O]=\!=\!=(MnO) \qquad \Delta G^{\ominus}=-244316+106.84T \quad J/mol \qquad (2-21)$$

$$[Mn]+(FeO)\!=\!=\!=(MnO)+[Fe] \qquad \Delta G^{\ominus}=-123307+56.48T \quad \text{J/mol} \qquad (2-22)$$

和硅的氧化一样，影响锰氧化强度的主要因素为温度、熔渣成分、金属液成分和炉气氧分压。通过前面反应式可以看出：

（1）温度。[Mn] 的氧化也是放热反应，但反应热相对 [Si] 的氧化要小。温度低有利于锰的氧化。

（2）熔渣碱度。(MnO) 为碱性氧化物，在低碱度酸性渣中，与 SiO_2 能形成硅酸锰：

$$(MnO)+(SiO_2)\!=\!=\!=(MnO \cdot SiO_2)$$

上述反应将降低 MnO 的活度，故在酸性渣中，[Mn] 的氧化比较彻底，不易发生锰的还原。但在高碱度渣中，MnO 的活度大，在大多数情况下，(MnO) 基本以游离态存在，因为发生如下反应：

$$(MnO \cdot SiO_2)+2(CaO) \longrightarrow (MnO)+2(CaO \cdot SiO_2)$$

如果 $a_{(MnO)}>1.0$，不利于锰的氧化，熔渣中的锰将发生还原。比如，转炉吹炼中期，由于温度升高，熔渣氧化性弱，碱度提高，(MnO) 将被 [C] 还原，而产生回锰现象。

（3）熔渣的氧化性强，有利于 [Mn] 的氧化。

（4）能增加锰元素活度的元素含量增加，有利于锰的氧化。

（5）炉气氧分压越高，越有利于锰的氧化。

锰的氧化也是吹氧炼钢热源之一，但不是主要的。在转炉吹炼初期，锰氧化生成 MnO 可帮助化渣，并减轻初期渣中 SiO_2 对炉衬耐火材料的侵蚀。在炼钢过程中，应尽量控制锰的氧化，以提高钢水残（余）锰量，发挥残锰的作用。

2.4.2　脱碳反应

2.4.2.1　脱碳反应的形式

在吹氧炼钢过程中，金属液中的一部分碳在反应区被气体氧化，一部分碳与溶解在金属液中氧进行氧化反应，还有一部分碳与熔渣中 (FeO) 反应，生成 CO。由于 CO_2 在高温下不稳定，生成量很少，所以一般认为脱碳反应产物主要为 CO。熔池中的碳氧反应可写成如下三种基本形式：

$$[C]+\frac{1}{2}O_2\!=\!=\!=CO \qquad \Delta G^{\ominus}=-136900-43.51T \quad \text{J/mol} \qquad (2-23)$$

$$[C]+[O]\!=\!=\!=CO \qquad \Delta G^{\ominus}=-22364-39.63T \quad \text{J/mol} \qquad (2-24)$$

$$[C]+(FeO)\!=\!=\!=CO+[Fe] \qquad \Delta G^{\ominus}=98799-90.76T \quad \text{J/mol} \qquad (2-25)$$

脱碳反应的有利条件是：

（1）高氧化性。加强供氧，使实际氧含量 $w[O]_{\text{实际}}$ 超过平衡所需要的氧含量 $w[O]_{\text{平衡}}$ 时，脱碳反应才能继续进行。

（2）高温。[C] 的直接氧化反应是"弱"放热反应，温度影响不大，但温度升高，改善了动力学条件，加速 C-O 间的扩散，故有利于脱碳的进行。[C] 与 (FeO) 的间接氧化反应是吸热反应，若加入矿石，由于矿石分解吸热和反应吸热，则强调要在高温下分批加入矿石，如传统电弧炉冶炼氧化期加矿温度一般为 1590℃ 以上。

（3）降低 p_{CO}。如充惰性气体（AOD）、真空处理（RH、VOD）等。

脱碳反应是炼钢过程中极其重要的反应，在现代氧气转炉炼钢中，脱碳反应贯穿于整个冶炼过程，降低钢中的碳是目的；而对于电炉炼钢脱碳反应，降低钢中的碳是手段。炼钢过程中碳的氧化反应不仅完成脱碳任务，而且还具有以下作用：

（1）脱碳反应产生大量的热，促使了熔池内金属温度的升高和前期熔渣的形成；

（2）熔池中排出的 CO 使钢液产生沸腾现象，使熔池受到激烈的搅拌，均匀了熔池内成分和温度；

（3）大量的 CO 气泡通过渣层是产生泡沫渣和气-渣-金三相乳化的重要原因；

（4）上浮的 CO 气泡有利于钢中气体和夹杂物的排出，从而提高钢的质量；

（5）爆发性的碳氧反应会造成喷溅。

2.4.2.2 钢液中 [C]-[O] 之间的关系

熔池中脱碳反应以式（2-24）为主，其反应平衡常数可表示为：

$$K_C = \frac{p'_{CO}}{a_{[C]} \cdot a_{[O]}} = \frac{p'_{CO}}{f_C \cdot f_O \cdot w[C]_\% \cdot w[O]_\%} \tag{2-26}$$

$$\lg K_C = \frac{1160}{T} + 2.003 \tag{2-27}$$

式中，$p'_{CO} = \dfrac{p_{CO}}{p^\ominus}$，$p^\ominus$ 为标准态压力，100kPa。

温度一定，K_C 是定值，令 $m = w[C]_\% \cdot w[O]_\%$，$f_C \cdot f_O = 1$，取 $p_{CO} = 100$kPa，则 $m = 1/K_C$，m 即为碳氧浓度积。当钢液中碳含量不高，温度为 1600℃，$p_{CO} = 100$kPa 时，$K_C \approx 400$，$f_C \cdot f_O = 1$，则 $m = 0.0025$。当达到平衡时，m 为一常数，图 2-14 所示为钢液脱碳过程中 $w[C]_\%$-$w[O]_\%$ 的关系。

由图 2-14 可见，钢中 [C] 和 [O] 存在相互制约的关系：当 $w[C]$ 高时，则 $w[O]_{平衡}$ 低；$w[C]$ 低时，$w[O]_{平衡}$ 高，即熔池（需要的）氧含量主要取决于碳含量。这就是在冶炼超低碳钢时，后期（碳含量已经很低时）供氧速度提不上去，脱碳不下来的一个原因。

钢水终点的碳氧积是评价转炉终点控制效果的一个重要指标，在碳含量一定时，它的高低是衡量钢中氧含量的重要依据。终点碳氧积低有利于降低合金消耗，减少脱氧过程中形成的夹杂物，提高钢水质量。

实际生产过程中，大部分情况下 m 不是真正的平衡值，因为碳和氧的浓度并不等于它们的活度。只有当 $w[C] \rightarrow 0$ 时，$f_C \cdot f_O = 1$，此时 m 才接近平衡态。随着 $w[C]$ 提高时，$f_C \cdot f_O$ 减小，m 值随之增加。如 $w[C] = 1\%$ 时，$m = 0.0036$，$w[C] = 2\%$ 时，$m = 0.0064$。

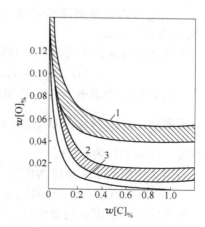

图 2-14 脱碳过程中 $w[C]_\%$-$w[O]_\%$ 的关系

1—与熔渣接触的钢液的氧浓度；
2—熔池实际的氧浓度；3—$p_{CO} = 100$kPa
时的氧浓度 $(m = w[C]_\% \cdot w[O]_\% = 0.0025)$

由于碳氧反应是放热反应，随温度升高，K_C 减小，m 值升高，曲线向右角移动。由于在炼钢过程中存在着：$[Fe] + [O] = (FeO)$，所以钢中实际氧含量比碳氧平衡时氧含量高。如果将与（FeO）平衡的氧含量记作 $w[O]_{FeO}$，则钢中氧含量高于碳氧平衡的氧含量，但低于 $w[O]_{FeO}$。具体的差距要视炼钢的方法、炉子的类型及操作工艺而定。

一般将炼钢熔池中实际的氧含量与碳氧平衡的理论氧含量之间的差，称为过剩氧。炼钢熔池中出现过剩氧，m 值高于理论值的原因有：

（1）炼钢熔池过剩氧与脱碳速度有关，脱碳速度大，过剩氧小；

（2）碳氧平衡的理论氧含量是在 $p_{CO} = 100kPa$ 的条件下得出的，而实际炉中 p_{CO} 大于或小于 $100kPa$。如 LD 炉中 p_{CO} 约为 $120kPa$，而顶底复吹转炉中 p_{CO} 约为 $70kPa$；

（3）熔池中碳含量较低时，钢液的 $w[O]_实$ 还受 $a_{(FeO)}$ 和温度的影响。当钢水中碳含量一定时，氧含量随温度的增加而略有增加。

加快脱碳速率，降低过剩氧，可改善钢液的脱氧条件，减少后序工艺中脱氧剂的用量及脱氧时形成的夹杂物量，从而提高钢的质量。

2.4.2.3　脱碳速率的确定

根据熔池脱碳反应式（2-24），可用式（2-28）计算熔池中与 CO 气泡相平衡的氧浓度。

$$w[O]_{\%平} = \frac{m \cdot p_{CO}/p^{\ominus}}{w[C]_{\%平}} \tag{2-28}$$

气泡中 CO 分压可近似等于外界压力，可用式（2-29）计算：

$$p_{CO} = 101325 + 98066\rho_金 \cdot h_金 + 98066\rho_渣 \cdot h_渣 + 98066 \times \frac{2\sigma}{r_{CO}} \tag{2-29}$$

式中，p_{CO} 为气泡中 CO 的分压，Pa；$h_金$、$h_渣$ 分别为在 CO 气泡上的金属液和渣的高度，m；$\rho_金$、$\rho_渣$ 分别为金属液和熔渣的密度，kg/m^3；σ 为金属液的表面张力，$1 \sim 1.3N/m$；r_{CO} 为气泡半径，m。

当熔体和熔渣相平衡时，$w[O]_\%$ 取决于熔渣中 $a_{(FeO)}$ 和分配系数 L_{FeO}，可表示为：

$$w[O]_{\%渣平} = a_{(FeO)} \cdot L_{FeO} = w(FeO)_\% \cdot f_{FeO} \cdot L_{FeO} \tag{2-30}$$

式中，$w(FeO)_\%$ 为渣中 FeO 的质量百分数；f_{FeO} 为渣中（FeO）的活度系数；L_{FeO} 为 FeO 的分配系数，$\lg L_{FeO} = \lg w[O]_{\%饱和} = 2.734 - \frac{6320}{T}$；$w[O]_{\%饱和}$ 为纯氧化铁渣在铁中的最大溶解度，1600℃时为 0.23。

若熔体中氧的平衡浓度为已知，则可以用式（2-31）来计算渣与钢间的浓度差：

$$\Delta w[O]_{\%渣\text{-}钢} = w[O]_{\%渣平} - w[O]_{\%平均} = a_{(FeO)} \cdot L_{FeO} - w[O]_{\%平均} \tag{2-31}$$

渣钢间氧的浓度差与碳含量及熔渣组成有关，该数值的大小决定了氧的溶解速度，从而决定了炉内脱碳速率。

下面根据单位时间内氧的消耗来建立脱碳速率的计算式。单位时间内氧的消耗与供氧速度 v_{O_2}、碳含量 $w[C]_\%$、氧含量 $w[O]_\%$ 以及渣中的氧量 $w(O)_\%$ 存在着以下关系：

$$v_{O_2} \cdot dt = -\frac{16}{12}dw[C]_\% + dw[O]_\% + dw(O)_\% \tag{2-32}$$

式中，v_{O_2} 为供氧速度；$dw[C]_\%$ 为碳含量的变化值；$dw(O)_\%$ 为渣中氧当量（FeO 折算值）变化值；dt 为单位时间。

忽略过剩氧 $\Delta w[O]_\%$ 的变化，则熔体中氧含量的变化值可用式（2-33）确定：

$$\mathrm{d}w[O]_\% = d\left(\frac{m \cdot p'_{CO}}{w[C]_\%}\right) = -\frac{m \cdot p'_{CO}}{w[C]_\%^2} \cdot \mathrm{d}w[C]_\% \tag{2-33}$$

在 $\mathrm{d}t$ 时间内，渣中氧含量的变化值与（FeO）含量的变化值、Q_s 之间存在以下关系式：

$$\mathrm{d}w(O)_\% = \mathrm{d}w(FeO)_\% \cdot \frac{16}{72}Q_s \tag{2-34}$$

式中，Q_s 为渣量与金属质量之比；而 $w[O]_\% = w(FeO)_\% \cdot f_{FeO} \cdot L_{FeO}$，则：

$$\mathrm{d}w(FeO)_\% = \frac{\mathrm{d}w[O]_\%}{f_{FeO} \cdot L_{FeO}} = -\frac{m \cdot p'_{CO} \cdot \mathrm{d}w[C]_\%}{w[C]_\%^2 \cdot f_{FeO} \cdot L_{FeO}} \tag{2-35}$$

$$\mathrm{d}w(O)_\% = -\frac{16m \cdot p'_{CO} \cdot Q_s}{72w[C]_\%^2 \cdot f_{FeO} \cdot L_{FeO}} \cdot \mathrm{d}w[C]_\% \tag{2-36}$$

将 $\mathrm{d}w[O]_\%$ 和 $\mathrm{d}w(O)_\%$ 的表达式代入氧量平衡式，则可得脱碳速率表达式：

$$-\frac{\mathrm{d}w[C]_\%}{\mathrm{d}t} = \frac{0.75v_{O_2}}{1 + (a/w[C]_\%^2)} \tag{2-37}$$

式中，$a = 0.75m \cdot p'_{CO}\left(1 + \frac{0.222Q_s}{f_{FeO} \cdot L_{FeO}}\right)$，$a$ 值最好由实验确定。

式（2-37）表示的脱碳速率方程只适用于金属液中碳含量比较高的情形，此时氧向熔池中的传输速度是脱碳反应的控制性环节。但随着脱碳的进行，脱碳的机理将逐渐发生改变，当碳量降到 $0.2\% \sim 0.4\%$ 的临界值时，脱碳速率受 [C] 由钢液内到达反应界面的传质所控制，脱碳速率方程可写为：

$$-\frac{\mathrm{d}w[C]_\%}{\mathrm{d}t} = k_C w[C]_\% \tag{2-38}$$

式中，k_C 为碳的传质系数，顶吹氧时约为 $0.015\mathrm{s}^{-1}$，底吹氧时为 $0.017\mathrm{s}^{-1}$。氧气顶吹转炉内的脱碳速率一般为 $(0.2 \sim 0.4)\%/\mathrm{min}$。顶底复吹转炉因动力学条件要好于顶吹转炉，其脱碳速率要高于顶吹转炉。

2.4.3 脱磷反应

在炼钢过程中磷是一个多变的元素，在转炉和电弧炉炼钢过程中主要采用氧化性脱磷，但在冶炼不锈钢过程中也可采用还原性脱磷。

2.4.3.1 氧化性脱磷反应

炼钢过程的脱磷反应是在金属液与熔渣界面进行的，首先是 [P] 被氧化成（P_2O_5），而后与（CaO）结合成稳定的磷酸钙。从 CaO-P_2O_5 相图中可以看出 $3CaO \cdot P_2O_5$ 为最稳定，$4CaO \cdot P_2O_5$ 次之，可以认为存在于碱性渣中的应是 $3CaO \cdot P_2O_5$；而在实验室条件下，达到平衡时的反应产物通常是 $4CaO \cdot P_2O_5$。由于 $3CaO \cdot P_2O_5$ 和 $4CaO \cdot P_2O_5$ 的反应生成自由能值很相近，在热力学分析时，这两种磷酸盐得出的结论基本上是一致的。其反应式可表示为：

$$2[P] + 5(FeO) + 4(CaO) = (4CaO \cdot P_2O_5) + 5[Fe]$$
$$2[P] + 5(FeO) + 3(CaO) = (3CaO \cdot P_2O_5) + 5[Fe]$$

当生成产物为 $4CaO \cdot P_2O_5$ 时，脱磷反应平衡常数可表示为：

$$K_P = \frac{a_{(4CaO \cdot P_2O_5)}}{a_{[P]}^2 \cdot a_{(FeO)}^5 \cdot a_{(CaO)}^5} = \frac{\gamma_{4CaO \cdot P_2O_5} \cdot x_{4CaO \cdot P_2O_5}}{w[P]_\%^2 \cdot f_P^2 \cdot x_{FeO}^5 \cdot \gamma_{FeO}^5 \cdot x_{CaO}^4 \cdot \gamma_{CaO}^4} \tag{2-39}$$

平衡实验时受熔渣和金属熔池成分的影响较大，所以通常在简化实验条件下对脱磷反应进行研究，而且各研究人员的结果也不尽相同，表 2-5 是部分研究者的脱磷平衡研究结果。

表 2-5　部分研究者脱磷反应的热力学平衡实验结果

序号	平　衡　式	实验条件	研究者
1	$\lg \dfrac{1}{a_{[P]}^2 \cdot a_{[O]}^5} = \lg \dfrac{1}{w[P]_\%^2 \cdot w[O]_\%^5} = \dfrac{96600}{T} - 42.9$	含磷熔铁在石灰坩埚中与 H_2O/H_2 气体作用，（CaO）和（$4CaO \cdot P_2O_5$）达到饱和，其活度均为 1	松下幸雄 坂尾弘
2	① $\lg \dfrac{x_{4CaO \cdot P_2O_5}}{w[P]_\%^2 \cdot w[O]_\%^5 \cdot x_{CaO}^4} = \dfrac{71677}{T} - 28.73$ ② $\lg \dfrac{x_{4CaO \cdot P_2O_5}}{w[P]_\%^2 \cdot x_{FeO}^5 \cdot x_{CaO}^4} = \dfrac{40067}{T} - 15.06$	碱性氧化渣与 3kg 熔铁平衡实验，在保护气氛下，于 MgO 坩埚中进行。x_{CaO} 为自由 CaO 摩尔分数	Chipman WenKeLe
3	① $\lg \dfrac{w(P_2O_5)_\%}{w[P]_\%^2 \cdot w(FeO)_\%^5} = 11.80\lg w(\Sigma CaO)_\% - C$ ② $\lg \dfrac{w(P)_\%}{w[P]_\%} = 5.9\lg w(CcO)_\% + 2.5\lg w(FeO)_\% + 0.5\lg w(P_2O_5)_\% - 0.5C - 0.36$ T/K　1823　1858　1908 C　21.13　21.51　21.92	600g 铁水和 250g 渣在电炉内进行平衡实验，脱磷反应假定为：$2[P] + 5(FeO) = (P_2O_5) + 5[Fe]$。近年来，有研究者认为，式②的计算结果比实际磷分配比小	Balajiva Quarrell
4	① 渣中 $w(CaO) > 24\%$ 时： $\lg \dfrac{w(P)_\%}{w[P]_\%} = \dfrac{22350}{T} - 24.0 + 7\lg w(CaO)_\% + 2.5\lg w(TFe)_\%$ ② 渣中 $w(CaO)$ 为 0~饱和时： $\lg \dfrac{w(P)_\%}{w[P]_\%} = \dfrac{22350}{T} - 16.0 + 0.08w(CaO)_\% + 2.5\lg w(TFe)_\%$	对过去脱磷平衡实验进行了总结分析，应用熔渣离子模型，并分析了活度标准态选择中的问题，最后将离子浓度换算成质量百分浓度，以便于应用。$w(TFe)_\%$ 为渣中全铁质量百分数	Healy

磷在渣钢间的分配系数 L_P 可采用：$L_P = \dfrac{w(P)_\%}{w[P]_\%}$、$L_P = \dfrac{w(P_2O_5)_\%}{w[P]_\%^2}$ 或 $L_P = \dfrac{w(4CaO \cdot P_2O_5)_\%}{w[P]_\%^2}$（又称为脱磷指数）之一进行表示。$L_P$ 主要取决于熔渣成分和温度。不管 L_P 采用何种表达，均表明了熔渣的脱磷能力，L_P 越大说明脱磷能力越强，脱磷越完全。

由于实际测定熔渣中磷的活度会遇到很大困难，为了避免这种困难，并着眼于熔渣中的磷具有离子性的特点，因此，Wagner 提出了熔渣磷容量这个概念。

从离子理论脱磷来看，磷在熔渣中以磷氧配离子 PO_4^{3-} 存在，其离子模型表达式为：

$$2[P] + 5(Fe^{2+}) + 8(O^{2-}) \Longrightarrow 2(PO_4^{3-}) + 5[Fe]$$

或写为：

$$2[P] + 5[O] + 3(O^{2-}) \Longrightarrow 2(PO_4^{3-})$$

$$K_P = \frac{a_{PO_4^{3-}}^2}{a_{[P]}^2 \cdot a_{[O]}^5 \cdot a_{(O^{2-})}^3} = \frac{f_{PO_4^{3-}}^2 \cdot w(PO_4^{3-})_\%^2}{f_P^2 \cdot w[P]_\% \cdot a_{[O]}^5 \cdot a_{(O^{2-})}^3} = L_P \cdot \frac{f_{PO_4^{3-}}^2}{f_P^2 \cdot a_{[O]}^5 \cdot a_{(O^{2-})}^3}$$

$$(2\text{-}40)$$

定义 C_P 为磷容量，即 $C_P = K_P \cdot \dfrac{a_{(O^{2-})}^3}{f_{PO_4^{3-}}^2}$，则：

$$C_P = L_P \cdot \frac{1}{f_P^2 \cdot a_{[O]}^5}$$

$$(2\text{-}41)$$

取样分析炉渣和钢水中的磷含量，可得到 L_P，应用氧浓度电池直接测定 $a_{[O]}$，再根据钢水成分和相互作用系数 e_P^i，可求出 f_P，从而最终得到 C_P，这样就简化了热力学的计算，用 C_P 进行定量讨论。因此，C_P 也可以理解为熔渣容纳磷的能力，其大小表示该渣脱磷能力的强弱。

通过前面对脱磷反应的分析，可得出影响脱磷反应强度的因素：

（1）炼钢温度的影响。脱磷反应是强放热反应，如熔池温度降低，脱磷反应的平衡常数 K_P 增大，L_P 增大。因此，从热力学角度来看，低温脱磷比较有利。但是，低温不利于获得流动性良好的高碱度炉渣。

（2）熔渣成分的影响。主要表现为熔渣碱度和熔渣氧化性的影响。P_2O_5 属于酸性氧化物，CaO、MgO 等碱性氧化物能降低它的活度，碱度越高，渣中 CaO 的有效浓度越高，L_P 越大，脱磷越完全（如图 2-15 所示）。但是，碱度并非越高越好，加入过多的石灰，化渣不好，炉渣变黏，影响流动性，对脱磷反而不利。

熔渣中（FeO）含量对脱磷反应具有重要作用，渣中（FeO）是脱磷的首要因素。不同碱度条件下，$w(FeO)$ 对磷分配系数的影响如图 2-16 所示。由于磷首先氧化生成 P_2O_5，然后再与 CaO 作用生成 $3CaO \cdot P_2O_5$ 或 $4CaO \cdot P_2O_5$。作为磷的氧化剂，（FeO）可增大 $a_{(FeO)}$，而作为碱性氧化

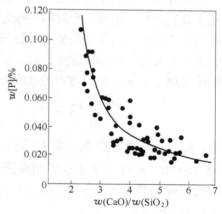

图 2-15　碱度与钢中磷含量关系

物可降低 $\gamma_{P_2O_5}$。因此，随着渣中（FeO）含量增加，L_P 增大，促进了脱磷，但作为渣中的碱性氧化物（FeO）脱磷能力远不及（CaO），当熔渣中的（FeO）含量高到一定程度后，相当于稀释了熔渣中（CaO）的浓度，这样会使熔渣的脱磷能力下降。

（3）金属成分的影响。首先钢液中应有较高的 [O]，如果钢液中 [Si]、[Mn]、

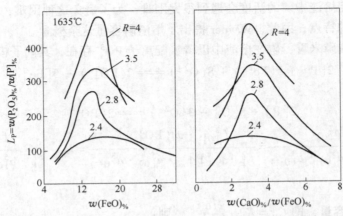

图 2-16 L_P 与 $w(FeO)_\%$ 及 $w(CaO)_\%/w(FeO)_\%$ 的关系

[Cr]、[C] 含量高，则不利于脱磷，因此，只有与氧结合能力强的元素含量降低时，脱磷才能顺利进行。此外，钢液中各元素含量对 [P] 的活度有影响，但通常影响不太大。

(4) 渣量的影响。当钢渣成分一定时（L_P 值一定），增加渣量意味着稀释了炉渣中（P_2O_5）的含量，从而增大了脱磷量，因此，多次扒渣对脱磷有利。

在采用溅渣护炉技术时，由于熔渣中（MgO）含量较高，要注意调整好熔渣流动性，否则对脱磷产生不利影响。

总之，脱磷的条件为：高碱度、高氧化铁含量（氧化性）、流动性良好的熔渣，充分的熔池搅动，适当的温度和大渣量。

2.4.3.2　脱磷动力学

炼钢过程的脱磷反应是渣-金界面反应，对于脱磷反应的效果而言，除了磷容量、磷分配系数表述外，还有一个时间的概念，即脱磷速率。脱磷速率主要取决于 [P] 向反应界面的传质和产物由界面向渣中的传质。在炼钢生产中影响脱磷的因素很多，工艺因素是影响速度的关键。炼钢过程中，磷、硫等元素的反应主要在熔渣-金属液之间进行，可用双膜传质理论来表示脱磷过程的速率方程，即：

$$-\frac{dw[P]_\%}{dt} = \frac{A}{V_m} \cdot \frac{1}{1/k_m + 1/(k_s K)}\left(w[P]_\% - \frac{w(P)_\%}{L_P}\right) \qquad (2\text{-}42)$$

式中，k_m、k_s 分别是磷在金属和熔渣中的传质系数，Oeter 计算出 $k_m = 3.90 \times 10^{-5}\,\mathrm{m/s}$，$k_s = 1.15 \times 10^{-5}\,\mathrm{m/s}$；$A$ 为反应界面面积；V_m 为钢液体积；K 为以物质浓度（$\mathrm{mol/m^3}$）表示的磷的分配系数，即 $K = c_{(P)}/c_{[P]}$；L_P 为以质量百分数表示的磷的分配系数，即 $L_P = w(P)_\%/w[P]_{\%平}$。

若取 $K = 300$，则 $k_m \ll k_s K$，式（2-42）可简化为：

$$-\frac{dw[P]_\%}{dt} = \frac{A}{V_m} \cdot k_m \cdot (w[P]_\% - w[P]_{\%平}) \qquad (2\text{-}43)$$

在氧气顶吹转炉炼钢初期，用统计方法分析脱磷过程得到的脱磷速率方程：

$$-\frac{dw[P]_\%}{dt} = R_P w[P]_\% \qquad (2\text{-}44)$$

式中，R_P为脱磷速率常数，与脱碳速度、氧枪位置、供氧强度等因素有关，一般由实验测定获得。

2.4.3.3　回磷现象

要保证钢水脱磷效果，必须防止回磷现象。回磷是磷从熔渣中又返回到钢中的现象。成品钢中磷含量高于冶炼终点磷含量也属回磷现象。熔渣的碱度或氧化铁含量降低，或石灰化渣不好，或温度过高等均会引起回磷现象。出钢过程中由于脱氧合金加入不当、出钢下渣量过大以及合金中磷含量较高等因素，也会导致成品钢中磷高于终点［P］含量。

由于脱氧不当，使得炉渣碱度和（FeO）含量降低，钢包内有回磷现象，其主要反应式如下：

$$2(FeO) + [Si] === (SiO_2) + 2[Fe]$$
$$(FeO) + [Mn] === (MnO) + [Fe]$$
$$2(P_2O_5) + 5[Si] === 5(SiO_2) + 4[P]$$
$$(P_2O_5) + 5[Mn] === 5(MnO) + 2[P]$$
$$3(P_2O_5) + 10[Al] === 5(Al_2O_3) + 6[P]$$

避免钢水回磷的主要措施有：挡渣出钢，尽量避免下渣；适当提高脱氧前的炉渣碱度；出钢后向钢包渣面加一定量石灰，增加炉渣碱度；尽可能采取钢包脱氧，而不采取炉内脱氧；加入钢包改质剂。

2.4.3.4　还原脱磷

在还原条件下进行脱磷是近些年提出的课题，一般是在金属不宜用氧化脱磷的情况下才使用，如含铬高的不锈钢，采用氧化脱磷则会引起铬的大量氧化。要实现还原脱磷，必须加入比铝更强的脱氧剂，使钢液达到深度还原。通常加入 Ca、Ba 或 CaC_2 等强还原剂，其反应式式如下：

$$3[Ca] + 2[P] === 3(Ca^{2+}) + 2(P^{3-})$$
$$3[Ba] + 2[P] === 3(Ba^{2+}) + 2(P^{3-})$$
$$3CaC_2(s) + 2[P] === 3(Ca^{2+}) + 2(P^{3-}) + 6[C]$$

CaC_2在分解过程中产生的［C］会影响它的分解速率。当$w[C]$小于 0.5%时，CaC_2的分解很快，钙的挥发损失比例大，而$w[C]$大于 1.0%时，CaC_2的分解又较慢，影响到脱磷速率，且分解出来的碳对金属也有增碳作用，对不锈钢的冶炼存在一定的影响。

同样，CaSi 也可用作强还原剂进行脱磷，其反应式如下：

$$3CaSi(s) + 2[P] === 3(Ca^{2+}) + 2(P^{3-}) + 3[Si]$$

CaSi 分解出来的［Si］达到最高值后，基本保持不变，从而有利于反应向右进行，但其分解出来的 Ca 也可与［C］结合，消耗用于脱磷的钙。

还原脱磷加入强还原剂的同时，还需加入 CaF_2、CaO 等熔剂造渣。CaF_2能溶解 Ca 及CaC_2，降低钙的蒸气压，减少钙的挥发损失，并且能降低$a_{(Ca_3P_2)}$，促使CaC_2的分解，有利于脱磷反应进行。还原脱磷后的渣应立即去除，否则渣中的P^{3-}又会重新氧化成PO_4^{3-}而造成回磷。

2.4.4　脱硫反应

钢液的脱硫主要是通过两种途径来实现，即炉渣脱硫和气化脱硫。在一般炼钢操作条件下，熔渣脱硫占主导。从氧气转炉硫的衡算可以得出，熔渣脱硫占总脱硫量的90%左右，气化脱硫占10%左右。

2.4.4.1　渣-钢间的脱硫反应

硫在金属液中存在三种形式，即［FeS］、［S］和［S²⁻］，FeS既溶于钢液，也溶于熔渣。通常以附加不同标记的［S］和S²⁻或（S）分别代表炼钢中参加反应的金属液中和熔渣中的硫。

根据熔渣的分子理论，碱性氧化渣与金属间的脱硫反应为：

$$［S］+（CaO）\Longrightarrow（CaS）+［O］\qquad \Delta G^{\ominus}=98474-22.82T \quad J/mol \qquad (2-45)$$

$$［S］+（MnO）\Longrightarrow（MnS）+［O］\qquad \Delta G^{\ominus}=133224-33.49T \quad J/mol \qquad (2-46)$$

$$［S］+（MgO）\Longrightarrow（MgS）+［O］\qquad \Delta G^{\ominus}=191462-32.70T \quad J/mol \qquad (2-47)$$

渣-钢间的脱硫反应可以认为是这样进行的：钢液中的硫扩散至熔渣中，即［FeS］→（FeS），进入熔渣中的（FeS）与游离的CaO（或MnO）结合成稳定的CaS或MnS。

根据熔渣的离子理论，脱硫反应为：

$$［S］+（O^{2-}）\Longrightarrow（S^{2-}）+［O］ \qquad (2-48)$$

在酸性渣中几乎没有自由的O^{2-}，因此酸性渣脱硫作用很小；而碱性渣则不同，具有较强的脱硫能力。反应式（2-48）的平衡常数可写为：

$$K_S=\frac{a_{(S^{2-})}\cdot a_{[O]}}{a_{[S]}\cdot a_{(O^{2-})}}=\frac{w(S)_\%\cdot f_{S^{2-}}\cdot a_{[O]}}{w[S]_\%\cdot f_S\cdot a_{(O^{2-})}} \qquad (2-49)$$

式中，f_S和$f_{S^{2-}}$分别为金属和熔渣中的硫的活度系数，$a_{[O]}$和$a_{(O^{2-})}$分别为金属和熔渣中氧的活度。

硫的分配系数L_S定义为：

$$L_S=\frac{w(S)_\%}{w[S]_\%}=K_S\cdot\frac{a_{(O^{2-})}}{f_{S^{2-}}}\cdot\frac{f_S}{a_{[O]}} \qquad (2-50)$$

为了更直观地表示熔渣容纳或吸收硫的能力大小，里查森（Richardson）引入硫容量的概念，定义C_S为：

$$C_S=K_S\cdot\frac{a_{(O^{2-})}}{f_{S^{2-}}} \qquad (2-51)$$

C_S仅与熔渣成分和温度有关，将C_S代入式（2-50）中，则可得到：

$$L_S=\frac{w(S)_\%}{w[S]_\%}=C_S\cdot\frac{f_S}{a_{[O]}} \qquad (2-52)$$

由式（2-52）可知，硫在渣-钢间的分配系数主要取决于硫容量、硫的活度系数、氧活度和熔池温度。

取样分析熔渣中和钢液中的硫含量，可求出L_S，应用氧浓度电池可直接测定$a_{[O]}$，根据钢液成分和相互作用系数e_S^i，可算出f_S，从而可以定量确定C_S。

从热力学角度可知，影响脱硫反应进行的主要因素有：

（1）炼钢温度的影响。渣-钢间的脱硫反应属于吸热反应，吸热在108.2~128kJ/mol之间，因此，高温有利于脱硫反应进行。而温度的重要影响主要体现在，高温能促进石灰溶解和提高炉渣流动性。

（2）炉渣碱度的影响。熔渣碱度高，则游离 CaO 多，或 $a_{(O^{2-})}$ 增大，有利于脱硫；但过高的碱度，常导致熔渣黏度增加，反而降低脱硫效果。不同熔渣碱度及氧化性，对渣-钢间硫的分配系数的影响如图 2-17 所示。

（3）熔渣中（FeO）的影响。从热力学角度可以看出，（FeO）含量高不利于脱硫。当熔渣碱度高、流动性差时，熔渣中有一定量的（FeO），有助于化渣。

（4）金属液成分的影响。金属液中 [C]、[Si] 能增加硫的活度系数 f_S，降低氧活度 $a_{[O]}$，有利于脱硫。

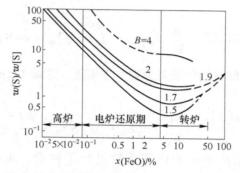

图 2-17　渣中（FeO）、过剩碱（B）对硫分配系数的影响
（$B = n(CaO) + n(MgO) + n(MnO) - 2n(SiO_2) - 4n(P_2O_5) - 3n(Al_2O_3) - n(Fe_2O_3)$）

总之，脱硫的有利条件为：高温、高碱度、低（FeO）含量、良好流动性。

2.4.4.2　气化脱硫

气化脱硫是指金属液中 [S] 以气态 SO_2 的方式被去除，反应式可表示为：

$$[S] + 2[O] = \{SO_2\}$$

在炼钢温度下，从热力学角度来讲，上述反应理应能进行。但在钢水中含有 [C]、[Si]、[Mn] 的条件下，要直接气化脱硫是不可能实现的。只有当钢液中没有 [Si]、[Mn] 或含 [C] 很少时，在氧化性气流强烈流动并能顺利排出的条件下，才有可能气化脱硫。因此，钢水气化脱硫的最大可能是钢水中 [S] 进入熔渣后，再被气化去除。

$$(S^{2-}) + \frac{3}{2}O_2 = \{SO_2\} + (O^{2-})$$

在顶吹氧气转炉熔池的氧流冲击区，由于温度很高，硫以 S、S_2、SO 和 COS 的形态挥发是可能的。在电弧炉炉气中已证明有 COS 存在，所以发生下列的脱硫反应是可能的，即：

$$S_2 + 2CO = 2COS$$

$$SO_2 + 3CO = 2CO_2 + COS$$

但是，在炼钢过程中，炉气的氧势不高，以氧气顶吹转炉而言，炉气的成分范围为 $\varphi(CO_2) = 8\% \sim 18\%$、$\varphi(CO) = 81\% \sim 91\%$、$\varphi(H_2O) = 1.5\% \sim 5\%$。这种混合气体的氧势比较低，实际上不能使钢液的硫氧化。因此，氧气顶吹转炉内，仅在吹炼初期氧枪的最初反应区内，才出现气化脱硫，而气化脱硫的比例未超过 $10\% \sim 20\%$。

2.4.4.3　脱硫反应动力学

在炼钢过程中，脱硫反应主要在渣-钢界面进行反应，钢液的硫传输到熔渣中，渣中的硫增加，脱硫反应的速率方程可表示为：

$$-\frac{\mathrm{d}w[\mathrm{S}]_\%}{\mathrm{d}t} = \frac{A}{W_\mathrm{m}} \cdot \left[\frac{L_\mathrm{S}w[\mathrm{S}]_\% - w(\mathrm{S})_\%}{L_\mathrm{S}/(\rho_\mathrm{m}k_\mathrm{m}) + 1/(\rho_\mathrm{s}k_\mathrm{s})}\right] \tag{2-53}$$

式中，W_m 为钢液质量；A 为反应界面面积；ρ_m、ρ_s 分别为钢液和熔渣的密度；k_m、k_s 分别为硫在钢液和熔渣中的传质系数。

当钢水中硫的传质系数 k_m 很大时，$L_\mathrm{S}/(\rho_\mathrm{m}k_\mathrm{m}) \rightarrow 0$，此时硫的传质阻力集中于熔渣，则脱硫速率方程为：

$$-\frac{\mathrm{d}w[\mathrm{S}]_\%}{\mathrm{d}t} = \frac{A}{W_\mathrm{m}} \cdot \rho_\mathrm{s}k_\mathrm{s} \cdot (L_\mathrm{S}w[\mathrm{S}]_\% - w(\mathrm{S})_\%) \tag{2-54}$$

当 L_S 一定，k_s 很大，即硫的传质阻力集中于钢液，亦即 $1/(\rho_\mathrm{s}k_\mathrm{s}) \rightarrow 0$ 时，则脱硫速率方程变为：

$$-\frac{\mathrm{d}w[\mathrm{S}]_\%}{\mathrm{d}t} = \frac{A}{W_\mathrm{m}} \cdot \rho_\mathrm{m}k_\mathrm{m} \cdot \left(w[\mathrm{S}]_\% - \frac{w(\mathrm{S})_\%}{L_\mathrm{S}}\right) \tag{2-55}$$

不同研究者对渣和钢液中硫的传质系数进行了测定，见图 2-18。随着碱度的增大，k_m 显著增大，而 k_s 由于高碱度渣变黏而有所下降。由于脱硫速度受熔渣组成的影响，可推测熔渣一侧的硫的扩散是控制环节。实验证明，脱硫速率随熔渣碱度增大而增大。

从上面的分析来看，为加快脱硫应采取的措施如下：

（1）增大熔渣的碱度，可使 L_S 增大，且在一定范围内提高了脱硫的传质系数。

（2）提高温度以提高硫在熔渣中的扩散系数。

（3）反应界面面积 A 越大，脱硫速率就越快。熔池沸腾程度、渣-钢间的乳化状况、喷吹搅拌的程度等均对渣-钢界面的大小产生影响。

（4）高碱度及脱氧良好的条件下，可加速脱硫反应的进行。

应该指出，前面的讨论仅仅是单一脱硫反应的动力学，而在实际生产中，脱硫反应进行时，还伴随着其他反应的发生，这些反应之间是相互影响的。

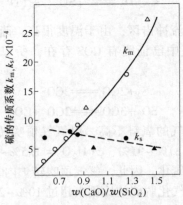

图 2-18　k_m 和 k_s 与碱度的关系

思 考 题

2-1 熔渣在炼钢中的作用体现在哪些方面？

2-2 什么是炉渣的氧化性，在炼钢过程中溶渣的氧化性如何体现？

2-3 炼钢过程的碳氧反应有何作用，碳的氧化方式有哪些？

2-4 什么是碳氧浓度积？

2-5 影响炼钢过程脱磷的因素有哪些？

2-6 什么是硫容量，影响炼钢过程脱硫的因素有哪些？

3 炼钢用原材料

按性质分类，炼钢原材料分为金属料、非金属料和气体。金属料包括铁水、废钢、生铁、铁合金及直接还原铁；非金属料包括石灰、萤石、白云石、合成造渣剂等；气体有氧气、氩气、氮气。按用途分类，原材料分为金属料、造渣剂、氧化剂、冷却剂和增碳剂等。

原材料是炼钢的重要物质基础，实践证明，采用精料（如采用活性石灰、预处理铁水等）并保证质量稳定是提高炼钢各项技术经济指标的重要措施之一，但也要因地制宜充分利用本地区的原料资源。

3.1 金 属 料

3.1.1 铁水

对入炉铁水（hot metal）的要求：

（1）铁水温度。铁水温度是铁水含物理热量多少的标志，一般铁水物理热占转炉热收入的50%，我国炼钢规定入炉铁水温度应大于1250℃，并且要相对稳定，以保证炉内热源充足和成渣迅速。对于小转炉和化学热量不富裕的铁水，保证铁水的高温入炉尤为重要。

（2）铁水成分。铁水成分直接影响炉内的温度、化渣和钢水质量。因此，要求铁水成分符合技术要求，并力求稳定。国家黑色冶金行业标准规定的炼钢用生铁化学成分见表3-1。

表 3-1 炼钢用生铁化学成分标准 （YB/T 5296—2011）

牌 号			L03	L07	L10
化学成分 （质量分数)/%	C		≥3.50		
	Si		≤0.35	>0.35~0.70	>0.70~1.25
	Mn	一组	≤0.40		
		二组	>0.40~1.00		
		三组	>1.00~2.00		
	P	特级	≤0.100		
		一级	>0.100~0.150		
		二级	>0.150~0.250		
		三级	>0.250~0.400		
	S	一类	≤0.030		
		二类	>0.030~0.050		
		三类	>0.050~0.070		

1）Si。硅是重要的发热元素之一，铁水含［Si］量高，炉内的化学热增加。有研究者根据热平衡计算认为，铁水中［Si］含量增加 0.10%，废钢加入量可提高 1.3% ~ 1.5%。但在转炉炼钢过程中，硅几乎完全氧化，使铁水吹损加大，同时也使氧气消耗增加，在同样熔渣碱度条件下，［Si］含量高必然增大石灰耗量（铁水中［Si］含量每增加0.1%，每吨铁水就需多加约 6kg 石灰），使渣量增大，引起渣中铁损增加。铁水［Si］含量高，将使渣中（SiO₂）增多，加剧对炉衬的侵蚀，并有可能造成喷溅。因此，从经济上看，铁水含［Si］高虽然可以提高废钢加入量，但其造成的消耗多和铁损大也是不可低估的。一般认为，铁水［Si］含量以 0.3% ~ 0.6% 为宜，大中型转炉铁水中硅含量偏下限，小型转炉则偏上限。

2）Mn。锰是弱发热元素，铁水中［Mn］氧化后形成的 MnO 能有效地促进石灰溶解，加快成渣，减少助熔剂的用量和炉衬侵蚀。同时，铁水含［Mn］高将使吹炼终点钢水残锰量提高，从而减少合金化时所需的锰铁合金，并在降低钢水［S］含量和硫的危害方面起有利作用。但是，高炉冶炼含［Mn］高的铁水时将使焦炭用量增加，生产率降低。转炉用铁水对锰含量与硅含量的比值要求为 0.8 ~ 1.0，目前使用较多的为低锰铁水，锰含量为 0.20% ~ 0.80%。

3）P。磷是强发热元素，对一般钢种来说也是有害元素，因此要求铁水［P］含量越低越好。根据磷含量的多少，铁水可以分为三类：低磷铁水（$w[P]$ <0.30%），中磷铁水（$w[P]$ = 0.30% ~ 1.50%），高磷铁水（$w[P]$ >1.50%）。一般要求铁水中 $w[P]$ ≤0.20%，铁水磷含量尽可能稳定。如果铁水中的磷含量高，需采用铁水预脱磷处理或双渣操作。

4）S。一般来说，硫是钢中有害元素。转炉炼钢单渣操作，脱硫率只有 30% ~ 40%。我国炼钢技术规程要求入炉铁水的硫含量不超过 0.05%。近年来，为了生产优质低硫钢或超低硫钢，对兑入转炉前的铁水进行脱硫预处理。

（3）铁水带渣量。高炉渣中 S、SiO₂ 和 Al₂O₃ 的含量较高，过多的高炉渣进入转炉内会导致转炉钢渣量大，石灰消耗增加，容易造成喷溅，降低炉衬寿命。因此，兑入转炉的铁水要求带渣量不得超过 0.5%。如果铁水的带渣量过大，则要在铁水兑入转炉前进行扒渣处理。

3.1.2 废钢

转炉和电炉均使用废钢（steel scrap），转炉用废钢量一般占总装入量的 10% ~ 30%。它还是转炉冷却效果比较稳定的冷却剂。

3.1.2.1 废钢的来源与分类

废钢的来源可分为两个方面：一是厂内的返回废钢，来自钢铁厂的冶炼和加工车间，其质量较好，形状较规则，一般都能直接装入炉内冶炼；二是外来废钢，也称购入废钢，其来源很广，一般质量较差，常混有各种有害元素和非金属夹杂，形状尺寸又极不规则，需要专门加工处理。

废钢按其用途分为熔炼用废钢和非熔炼用废钢。熔炼用废钢按其外形尺寸和单件重量分为 5 个型号（见表 3-2）：重型废钢、中型废钢、小型废钢、统料型废钢、轻料型废钢；

按其化学成分分为非合金废钢、低合金废钢和合金废钢。

表 3-2 熔炼用废钢分类（GB 4223—2004）

型号	类别	外形尺寸、重量要求	供应形状	典型举例
重型废钢	1类	≤1000mm×400mm，厚度≥40mm 单重：40~1500kg 圆柱实心体直径≥80mm	块、条、板、型	报废的钢锭、钢坯、初轧坯、切头、切尾、铸钢件、钢轧辊、重型机械零件、切割结构件等
	2类	≤1000mm×500mm，厚度≥25mm 单重：20~1500kg 圆柱实心体直径≥50mm	块、条、板、型	报废的钢锭、钢坯、初轧坯、切头、切尾、铸钢件、钢轧辊、重型机械零件、切割结构件、车轴、废旧工业设备等
	3类	≤1500mm×800mm，厚度≥15mm 单重：5~1500kg 圆柱实心体直径≥30mm	块、条、板、型	报废的钢锭、钢坯、初轧坯、切头、切尾、铸钢件、钢轧辊、火车轴、钢轨、管材、重型机械零件、切割结构件、车轴、废旧工业设备等
中型废钢	1类	≤1000mm×500mm，厚度≥10mm 单重：3~1000kg 圆柱实心体直径≥20mm	块、条、板、型	报废的钢坯及钢材、车船板、机械废钢件、机械零部件、切割结构件、火车轴、钢轨、管材、废旧工业设备等
	2类	≤1500mm×700mm，厚度≥6mm 单重：2~1200kg 圆柱实心体直径≥12mm	块、条、板、型	报废的钢坯及钢材、车船板、机械废钢件、机械零部件、切割结构件、火车轴、钢轨、管材、废旧工业设备等
小型废钢	1类	≤1000mm×500mm，厚度≥4mm 单重：0.5~1000kg 圆柱实心体直径≥8mm	块、条、板、型	机械废钢件、机械零部件、车船板、管材、废旧设备等
	2类	Ⅰ级：密度≥1100kg/m³ Ⅱ级：密度≥800kg/m³	破碎料	汽车破碎料等
统料型废钢		≤1000mm×800mm，厚度≥2mm 单重：≤800kg 圆柱实心体直径≥4mm	块、条、板、型	机械废钢件、机械零部件、车船板、废旧设备、管材、钢带、边角余料等
轻料型废钢	1类	≤1000mm×1000mm，厚度≥2mm 单重：≤100kg	块、条、板、型	各种机械废钢及混合废钢、管材、薄板、钢丝、边角余料、生产和生活废钢等
	2类	≤800mm×600mm×500mm Ⅰ级：密度≥2500kg/m³ Ⅱ级：密度≥1800kg/m³ Ⅲ级：密度≥1200kg/m³	打包件	各种机械废钢及混合废钢、薄板、边角余料、钢丝、生产和生活废钢等

注：1. 经供需双方协议，也可供大于表中要求尺寸的废钢。

2. 冶金生产厂可根据炉子要求，将废钢再加工、分类、分组（合金钢）。

3.1.2.2 废钢的要求与管理

A 对废钢的一般要求

为了使废钢高效而安全地冶炼成合格产品，对废钢有下列要求：

（1）废钢应清洁干燥，不得混有泥砂、炉渣、耐火材料和混凝土块、油污等。

（2）废钢中不得混有铜、铅、锌、锡、锑、砷等有色金属，不得混有爆炸物、易燃物、密封容器和有毒物。

（3）废钢要有明确的化学成分。其中有用的合金元素应尽可能在冶炼过程中回收利用；对有害元素的含量应限制在一定范围内，如磷、硫含量应小于 0.050% 以下。

（4）废钢要有合适的块度和外形尺寸。废钢的外形和块度应能保证从炉口顺利加入转炉。废钢的长度应小于转炉口直径的 1/2，块度一般不应超过 300kg。国标要求废钢的长度不大于 1000mm，最大单件重量不大于 800kg。

对于电炉炼钢，废钢的加工处理方法是：将过大的废钢铁料解体分小；将钢屑及轻薄料等打包压块，使压块密度提高至 2500t/m³ 以上。经加工后的废钢尺寸应与炉容量相配合，如公称容量为 50t 的电炉，其入炉废钢最大截面不超过 800mm×800mm，最大长度不超过 1000mm；100t 电炉的入炉废钢最大截面不超过 2000mm×2500mm，最大长度不超过 2500mm。

B　废钢的管理

废钢的管理工作包括：

（1）废钢进厂后，必须按来源、化学成分、大小分类堆放。

（2）废钢中的密封容器、爆炸物、有毒物、有色金属和泥砂应予以清除和处理。

（3）渣钢中应尽量去除一些残渣。对搪瓷废钢及涂层废钢，可采用挤压加工去除涂层。含有油污、棉丝、塑料和橡胶的废钢，应预先在 800~1100℃ 高温下烧掉。

（4）为使废钢能便于运送、装料和熔化，需将它加工成具有一定的尺寸和密度。

随着废钢多次循环使用以及涂镀层钢铁制品的增加，废钢中有害残留元素不断增加，使钢的塑性、伸长率、冲击韧性降低，还会导致钢的焊接冷裂纹敏感性，在板材上影响成型性。对优质合金结构钢，五害元素（Pb、As、Sb、Bi、Sn）含量应分别控制在不大于 0.02%。为此，可采用以下措施：

（1）在入炉原料中配入一部分直接还原铁和生铁（或热装铁水）起稀释作用。

（2）用机械方法或化学处理工艺去除循环旧废钢中的有害杂质元素，但会增加成本。

去除废钢中有害元素的方法大致可分为物理去除法和化学去除法，其中物理去除法有：低温破碎法（Cu）、溶剂法（融铝去铜）、自动分选法；化学去除法有：热氧化法（Sn、Zn）、选择性氯化法（Cu）、蒸气压法（Zn、Sn）、电化学法（Sn、Zn）、冰铜反应法（Cu）。

3.1.3　生铁

生铁（pig iron）主要在电炉炼钢中使用，其主要目的在于提高炉料或钢中的碳含量，并解决废钢来源不足的困难。由于生铁中含碳及杂质较高，因此炉料中生铁块配比通常为 10%~25%，最高不超过 30%。电炉炼钢对生铁的质量要求较高，一般 S、P 含量要低，Mn 不能高于 2.5%，Si 不能高于 1.2%。

生铁中金属残余元素含量很低，因而含 S、P 较低的生铁也是一种冶炼优质钢的金属炉料。巴西 MJS 公司在 84tUHP 电炉炉料中配加 35% 的冷生铁，效果很好。

3.1.4　直接还原铁

直接还原铁（directly reduced iron，DRI）是以铁矿石或精矿粉球团为原料，在低于炉料熔点的温度下，以气体（CO 和 H_2）或固体碳作还原剂，直接还原铁的氧化物而得到的金属铁产品。直接还原的铁产品有三种形式：

（1）海绵铁：块矿在竖炉或回转窑内直接还原得到的海绵状金属铁。

（2）金属化球团：使用铁精矿粉先造球，干燥后在竖炉或回转窑中直接还原得到的保持球团外形的直接还原铁。

（3）热压块铁（hot bricqueted iron，HBI）：把刚刚还原出来的海绵铁或金属球团趁热加压成型，使其成为具有一定尺寸的块状铁，一般尺寸多为 100mm×50mm×30mm。

直接还原铁特点：含铁高（金属化率为 85%～90%），杂质（Pb、Sn、As、Sb、Bi、Cu、Zn、Cr、Ni、Mo、V 等）通常为痕量，含磷、硫低（硫一般小于 0.01%，磷一般为 0.01%～0.04%。热压块铁略高些，硫约 0.01%～0.04%，磷约 0.07%～0.10%），孔隙度高（其堆密度在 1.66～3.51t/m³）。

电弧炉对直接还原铁的要求为：金属铁（Fe+Fe₃C）含量约 80%，全铁量在 87% 以上，硫含量低于 0.03%，磷含量低于 0.08%，脉石含量应尽可能低。粒度为 8～22mm，堆密度大于 2.7t/m³。

电炉炼钢采用直接还原铁，可缩短电炉精炼期，提高电炉生产率，还可降低钢中氮含量，满足冶炼优质钢的要求。

3.1.5　铁合金

铁合金（ferroalloy）主要用于调整钢液成分和去除钢中杂质，主要作炼钢的脱氧剂和合金元素添加剂。铁合金的种类可分为铁基合金、纯金属合金、复合合金、稀土合金、氧化物合金。

转炉常用的铁合金有：锰铁、硅铁、硅锰合金、硅钙合金、铝、铝铁、钙铝钡合金、硅铝钡合金等。

电炉常用的铁合金有：锰铁、硅铁、铬铁、钼铁、钨铁、钛铁、钒铁、硼铁、铌铁、镍和铝等。

对铁合金总的要求是：合金元素的含量要高，以减少熔化时的热量消耗；有确切而稳定的化学成分，入炉块度应适当，以便控制钢的成分和合金的收得率；合金中含非金属夹杂和有害杂质硫、磷及气体要少。

对铁合金的管理工作包括：

（1）铁合金应根据质量保证书，核对其种类和化学成分，分类标牌存放，颜色断面相似的合金不宜邻近堆放，以免混淆。

（2）铁合金不允许置于露天下，以防生锈和带入非金属夹杂物，堆放场地必须干燥清洁。

（3）铁合金块度应符合使用要求。一般来说，熔点高、密度大、用量多和炉子容积小时，宜用块度较小的铁合金。一般加入钢包中的尺寸为 5～50mm，加入炉中的尺寸为 30～200mm。常用铁合金的熔点、密度及块度要求可参考表 3-3。

表 3-3 铁合金的密度、熔点和块度要求

合金名称	密度/kg·m⁻³	熔点/℃	块度要求	
			尺寸/mm	单重/kg
硅 铁	3500（75%Si） 5150（45%Si）	1300~1330（75%Si） 1290（45%Si）	50~100	≤4
高碳锰铁	7100（76%Mn）	1250~1300（70%Mn、7%C）	30~80	≤20
中碳锰铁	7100（81%Mn）	1310（80%Mn）	30~80	≤20
硅锰合金	6300（20%Si、65%Mn）	1240（18%Si） 1300（20%Si）		
高碳铬铁	6940（60%Cr）	1520~1550（65%~70%Cr）	50~150	≤15
中碳铬铁	7280（60%Cr）	1600~1640	50~150	≤15
低碳铬铁	7290（60%Cr）		50~150	≤15
硅 钙	2550（31%Ca、59%Si）	1000~1245		≤15
金属镍	8700（99%Ni）	1425~1455	<400	
钼 铁	9000（60%Mo）	1750（60%Mo） 1440（36%Mo）	<100	≤10
钒 铁	7000（40%V）	1540（50%V） 1480（40%V） 1080（80%V）	30~150	≤10
钨 铁	16400（70%~80%W）	2000（70%W） 1600（50%W）	<80	≤5
钛 铁	6000（20%Ti）	1580（40%Ti） 1450（20%Ti）	20~200	≤15
硼 铁	7200（15%B）	1380（10%B）	20~100	
铝	2700	约 660	饼状	
金属铬	7190	约 1680		
金属锰	7430	1244		

（4）铁合金使用前必须进行烘烤，以去除铁合金中的气体和水分，同时使铁合金易于熔化，减少吸收钢液的热量。

铁合金烘烤一般分为 3 种情况：1）氢含量高的电解锰、电解镍等，采用高温退火；2）硅铁、锰铁、硅锰合金、铬铁、钨铁、钼铁等熔点较高又不易氧化的铁合金，采用高温烘烤，其中硅铁、锰铁、铬铁应不低于 800℃，烘烤时间应大于 2h；3）稀土合金、硼铁、铝铁、钒铁、钛铁等熔点较低或易氧化的铁合金，采用低温干燥，其中钒铁、钛铁加热近 200℃，时间大于 1h。

3.2　造渣材料

3.2.1　石灰

3.2.1.1　石灰标准和质量

石灰（lime）是碱性炼钢方法的造渣料，通常由石灰石在竖窑或回转窑内用煤、焦炭、油、煤气煅烧而成。它具有很强的脱磷、脱硫能力，不损害炉衬。

要求石灰有效 CaO 含量高，SiO_2 含量低，硫含量应尽可能低，生过烧率低，活性度高，块度合适，此外，石灰还应保证清洁、干燥。

对石灰的具体要求是：$w(CaO) \geqslant 85\%$，$w(SiO_2) \leqslant 3\%$（电炉小于 2%），$w(MgO) \leqslant 5\%$，$w(Fe_2O_3+Al_2O_3) \leqslant 3\%$，$w(S) \leqslant 0.15\%$，$w(H_2O) \leqslant 0.3\%$；一般非喷粉用石灰块度，转炉以 20~50mm 为宜，电炉为 20~60mm。表 3-4 列出了我国冶金石灰质量标准。

表 3-4　冶金石灰规格和产品粒度范围（YB/T 042—2014）

类别	品级	$w(CaO)$ /%	$w(CaO+MgO)$ /%	$w(MgO)$ /%	$w(SiO_2)$ /%	$w(S)$/%	灼减率 /%	活性度, 4mol/mL, 40℃±1℃, 10min
普通冶金石灰	特级	≥92.0	—	<5.0	≤1.5	≤0.020	≤2	≥360
	一级	≥90.0			≤2.5	≤0.030	≤4	≥320
	二级	≥85.0			≤3.5	≤0.050	≤7	≥260
	三级	≥80.0			≤5.0	≤0.100	≤9	≥200
镁质冶金石灰	特级	—	≥93.0	≥5.0	≤1.5	≤0.025	≤2	≥360
	一级		≥91.0		≤2.5	≤0.050	≤4	≥280
	二级		≥86.0		≤3.5	≤0.100	≤6	≥230
	三级		≥81.0		≤5.0	≤0.200	≤8	≥200

用途	粒度范围/mm	上限允许波动范围/%	下限允许波动范围/%	允许最大粒度/mm
电炉	20~100	≤10	≤10	120
转炉	5~80	≤10	≤10	90

石灰极易受潮变成粉末，因此在运输和保管过程中要注意防潮，要尽量使用新焙烧的石灰。电炉氧化期和还原期用的石灰要在 700℃ 高温下烘烤使用。超高功率电炉采用泡沫渣冶炼时可用部分小块石灰石造渣。

3.2.1.2　石灰性质及反应能力

$CaCO_3$ 的分解温度约为 880~910℃，碳酸钙在窑内分解成 CaO 与 CO_2。分解反应的过程是：（1）$CaCO_3$ 微粒破坏，在 $CaCO_3$ 中生成 CaO 过饱和溶体；（2）过饱和溶体分解，生成 CaO 晶体；（3）CO_2 气体解吸，随后向晶体表面扩散。

影响石灰质量的因素很多，其中有石灰石的化学成分、晶体结构及物理性质、装入煅烧窑的石灰石块度、煅烧窑类型、煅烧温度及其作用时间和所用燃料的类型、数量等。

要获得优质石灰，必须选择合适的煅烧温度和缩短高温煅烧期的停留时间。石灰的煅烧温度以控制在 1050~1150℃ 的范围内为宜。图 3-1 为石灰的比表面积、粒度、气孔率、体积密度与煅烧温度的关系。

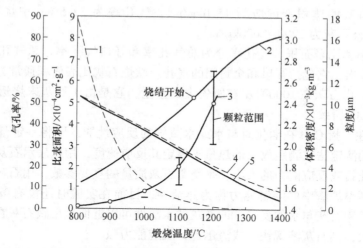

图 3-1　石灰的煅烧温度与各物理性质参数的关系
1—表面积（计算）；2—体积密度；3—平均粒度；
4—气孔率（计算）；5—气孔率（实测）

研究表明，在石灰煅烧过程中，CaO 的晶粒大小、气孔率、反应速度等各项性质之间有密切的关系。若在窑内的停留时间相同，提高温度可导致 CaO 晶体长大，而表面积和气孔率则减小，煅烧温度比煅烧持续时间对石灰质量的影响更大，对每一个煅烧温度都各有一个在窑内的最佳停留时间。

石灰性质包括物理和化学性质，主要有：

（1）煅烧度。根据生产中石灰煅烧程度可分为软烧石灰、中烧石灰和硬烧石灰，其物理性质差别见表 3-5。

表 3-5　不同煅烧度石灰的物理性质

物理性质	软烧石灰	中烧石灰	硬烧石灰
体积密度/kg·m^{-3}	1500~1800	1800~2200	>2200
总气孔率/%	46~55	34~46	<34
比表面积/m^2·g^{-1}	>1.0	0.3~1.0	<0.3
晶粒直径/μm	1~2	3~6	晶粒联结
活性度/mL	>350	150~350	<150

根据石灰的煅烧条件，一般把煅烧温度过高或煅烧时间过长而获得的晶粒粗大、气孔率低和体积密度大的石灰，称为硬烧石灰（过烧石灰）；硬烧石灰大多由致密 CaO 聚集体组成，晶体直径远大于 10μm，气孔直径有的大于 20μm。将煅烧温度在 1100℃ 左右而获得的晶粒细小、气孔率高、体积密度小的石灰，称为软烧石灰；它的绝大部分由最大为 1~2μm 的小晶体组成，绝大部分气孔直径为 0.1~1μm；软烧石灰溶解速度快，反应能力强，又称活性石灰。介于两者性质之间的称为中烧石灰，其晶体强烈聚集，晶体直径为

$3 \sim 6\mu m$，气孔直径约为 $1 \sim 10\mu m$。

（2）体积密度。由于水合作用，很难测定 CaO 的密度，其平均值可认为是 $3350kg/m^3$。石灰的体积密度随煅烧度的增加而提高，如果石灰石分解时未出现收缩或膨胀，那么软烧石灰的体积密度应为 $1570kg/m^3$，气孔率为 52.5%；中烧石灰为 $1800 \sim 2200kg/m^3$，硬烧石灰为 $2200 \sim 2600kg/m^3$。

（3）气孔率和比表面积。气孔率分为总气孔率和开口气孔率。总气孔率可由相对密度和体积密度算出，它包括开口和全封闭的气孔。软烧石灰比表面积通常为 $1.97m^2/g$。

（4）灼减。指石灰在 1000℃ 左右所失去的重量，它是由于石灰未烧透以及在大气中吸收了水分和 CO_2 所致。

（5）水活性。指 CaO 在消化时与水或水蒸气的反应性能，即将一定量石灰放入一定量水中，然后用滴定法或测定放出的热量来评定其反应速度，用以表示石灰的活性。

活性度表征石灰反应能力的大小，是衡量石灰质量的重要参数，用石灰的溶解速度来表示。石灰在高温炉渣中的溶解能力称为热活性，目前在实验时还没有条件测定其热活性。研究表明，用石灰与水的反应，即石灰的水活性可以近似地反映石灰在炉渣中的溶解速度。活性度大，则石灰溶解快，成渣迅速，反应能力强。

石灰活性的检验，世界各国目前均用石灰的水活性来表示。其基本原理是石灰与水化合生成 $Ca(OH)_2$，在化合反应时要放出热量和形成碱性溶液，测量此反应的放热量和中和其溶液所消耗的盐酸量，并以此结果来表示石灰的活性。

1）温升法。把石灰放入保温瓶中，然后加入水，并不停地搅拌，同时测定达到最高温度的时间，并以达到最高温度的时间或在规定时间达到的升温数作为活性度的计量标准。

如美国材料试验协会（ASTM）规定：把 1kg 小块石灰压碎，并通过 3.327mm（6目）筛。取其中 76g 石灰试样加入 24℃ 的 360mL 水的保温瓶中，并用搅拌器不停地搅拌，测定并记录达到最高温度的时间。达到最高温度的时间小于 8min 的才是活性石灰。

2）盐酸滴定法：利用石灰与水反应后生成的碱性溶液，加入一定浓度的盐酸使其中和，根据一定时间内盐酸溶液的消耗量作为活性度的计量标准。

我国石灰活性度的测定采用盐酸滴定法，其标准规定：取 1kg 石灰块压碎，然后通过 10mm 标准筛。取 50g 石灰试样加入盛有（40±1）℃的 2000mL 水的烧杯中，并滴加 1% 酚酞指示剂 $2 \sim 3mL$，开动搅拌器不停地搅拌。用 4mol/L 浓度的盐酸开始滴定，并记录滴定时间。采用 10min 时间中和碱溶液所消耗的盐酸溶液量作为石灰的活性度。我国标准规定，盐酸溶液消耗量大于 300mL 才属于活性石灰。

3.2.2 萤石

萤石（fluorite）的主要成分是 CaF_2，含有 SiO_2、Al_2O_3 杂质。密度约 $3200kg/m^3$，熔化温度约为 930℃。在炼钢生产中，萤石作为助熔剂使用。

它在提高炉渣流动性的同时并不降低炉渣碱度。萤石中的 CaF_2 能与渣中 CaO 组成共晶体，其熔点为 1362℃；萤石能降低 $2CaO \cdot SiO_2$ 的熔点，使炉渣在高碱度下有较低的熔化温度；萤石中的氟离子（F^{2-}）能切断渣中硅氧离子团，降低了炉渣的黏度。由于萤石具有以上属性，故可显著改善炉渣的流动性。

萤石助熔的特点是作用快，但稀释作用时间不长，随着氟的挥发而逐渐消失。萤石用量过多，会严重侵蚀炉衬。另外，转炉过多地使用萤石，还会造成严重的喷溅，因此应限量使用（转炉规定萤石用量不大于 4kg/t）。

炼钢用萤石含 CaF_2 要高，含 SiO_2、S 等杂质要低。萤石的成分范围：$w(CaF_2) \geqslant 85\%$、$w(SiO_2) \leqslant 5\%$、$w(CaO) < 3\%$、$w(S) < 0.10\%$、$w(P) < 0.06\%$。

萤石的块度，转炉为 5~50mm，电炉为 10~80mm。使用前应在 100~200℃ 的低温下干燥 4h 以上，温度不宜过高，否则易使萤石崩裂。萤石需保持清洁干燥，不得混有泥砂等杂物。

近年来，萤石供应不足，各钢厂从环保角度考虑，使用多种萤石代用品，如铁锰矿石、氧化铁皮、转炉烟尘、铁矾土等。转炉吹炼高磷铁水回收炉渣作磷肥时，不允许加入萤石，可用铁矾土代替作熔剂。

3.2.3 白云石

白云石（dolomite）的主要成分为 $CaCO_3 \cdot MgCO_3$。转炉炼钢用白云石作造渣料可提高渣中（MgO）的含量，减少炉渣对炉衬的侵蚀和炉衬的熔损；同时也可保持渣中（MgO）含量达到饱和或过饱和，使终渣达到溅渣操作要求。作为转炉造渣料使用的有生白云石和轻烧白云石（经过 900~1200℃ 焙烧），以轻烧白云石效果最好。对白云石的要求见表 3-6。

表 3-6　对白云石的要求

要求指标	$w(MgO)/\%$	$w(CaO)/\%$	$w(SiO_2)/\%$	灼减率/%	块度/mm
生白云石	≥20	≥29	≤2.0	≤47	5~30
轻烧白云石	≥35	≥50	≤3.0	≤10	5~40

3.2.4 合成造渣剂

合成造渣剂（synthetic slag）是将石灰和熔剂预先在炉外制成的低熔点造渣材料，然后用于炉内造渣。

作为合成造渣剂中熔剂的物质有：氧化铁皮、氧化锰或其他氧化物、萤石等。可用一种或几种与石灰粉一起在低温下预制成型，这种预制料一般熔点较低、碱度高、颗粒小、成分均匀而且在高温下容易碎裂，是效果较好的成渣料。高碱度烧结矿或球团矿也可作合成造渣剂使用，它的化学成分和物理性能稳定，造渣效果良好。用转炉污泥为基料制备复合造渣剂，可取得较好的使用效果和经济效益。

3.2.5 菱镁矿

菱镁矿（magnesite）也是天然矿物，主要成分是 $MgCO_3$，焙烧后用作耐火材料，也是目前转炉溅渣护炉的调渣剂。

3.2.6 火砖块

火砖块（refractory block）是浇注系统的废弃品，其主要成分为 SiO_2 60% 左右、Al_2O_3

35%左右。它的作用也是用于改善电炉炼钢炉渣的流动性，特别是对含 MgO 高的熔渣，稀释作用比萤石好。火砖块中的 Al_2O_3 可改善炉渣的透气性，使氧化渣形成泡沫而自动流出，促进了氧化期操作的顺利进行。在还原期炉渣碱度较高时用一部分火砖块代替萤石是比较经济的，用炭粉还原炉渣时钢液也不易增碳。但因降低炉渣碱度，影响去磷、硫效果，用量不能太大。

在碱性电炉中，有时用部分硅石也可代替萤石，用于调整还原期炉渣的流动性，但由于它会降低炉渣的碱度，对碱性炉衬有侵蚀作用，应控制其用量。

硅石的主要成分是 SiO_2，其含量应不低于 90%。硅石的块度为 15~20mm，使用前需在 100~200℃ 温度下干燥 4h 以上，并要求表面清洁。

3.3　氧化剂、冷却剂和增碳剂

3.3.1　氧化剂

（1）氧气（oxygen）。氧气是转炉炼钢的主要氧源，其纯度应达到或超过 99.5%，氧气压力要稳定，并脱除水分。

氧气是电炉炼钢最主要的氧化剂（oxidant）。电炉炼钢要求氧气纯度高，氧含量不低于 98%，水分少（不高于 $3g/m^3$），熔化期吹氧助熔时氧气压力应为 0.3~0.7MPa，氧化期吹氧脱碳时为 0.7~1.2MPa。

（2）铁矿石（iron ore）。铁矿石中铁的氧化物存在形式是 Fe_2O_3、Fe_3O_4 和 FeO。铁矿石是转炉中较少使用的氧化剂，要求铁含量高（全铁含量大于 56%）、杂质量少、块度合适。

电炉用铁矿石的铁含量要高，有害元素磷、硫、铜和杂质含量要低。要求铁矿石成分为：$w(Fe) \geqslant 55\%$、$w(SiO_2) < 8\%$、$w(S) < 0.10\%$、$w(P) < 0.10\%$、$w(Cu) < 0.2\%$、$w(H_2O) < 0.5\%$，块度为 30~100mm。

铁矿石入库前用水冲洗表面杂物，使用前需在 500℃ 以上高温烘烤 2h 以上，以免使钢液降温过大和减少带入水分。

（3）氧化铁皮（oxide scale），亦称铁鳞，铁含量约 70%~75%。氧化铁皮有助于化渣，也可作冷却剂使用。

电炉用氧化铁皮造渣，可以提高炉渣中（FeO）含量，改善炉渣的流动性，稳定渣中脱磷产物，以提高炉渣的去磷能力。要求氧化铁皮的成分为：$w(TFe) \geqslant 70\%$、$w(SiO_2) \leqslant 3\%$、$w(S) \leqslant 0.04\%$、$w(P) \leqslant 0.05\%$、$w(H_2O) \leqslant 0.5\%$。

氧化铁皮的铁含量高、杂质少，但黏附的油污和水分较多，因此使用前需在 500℃ 以上的高温下烘烤 4h 以上。

3.3.2　冷却剂

为了准确命中转炉终点温度，根据热平衡计算可知，转炉必须加入一定量的冷却剂（coolant）。氧气转炉冷却剂有废钢、氧化铁皮、铁矿石、烧结矿、球团矿、石灰石等，其中主要的是废钢、铁矿石、氧化铁皮和石灰石。

废钢是最主要的一种冷却剂。冷却效果稳定、利用率高、渣量小、不易造成喷溅；缺点是加入时占用冶炼时间，用其调节过程温度不方便。

铁矿石和氧化铁皮既是冷却剂，又是化渣剂和氧化剂。转炉技术规范规定：矿石 $w(\mathrm{TFe}) > 56\%$，氧化铁皮 $w(\mathrm{TFe}) > 72\%$。此外，冷却剂中 SiO_2 和 S 的含量应尽量少，成分和块度力求稳定。

3.3.3　增碳剂

在电炉冶炼过程中，由于配料或装料不当以及脱碳过量等原因，有时造成钢中碳含量没有达到预期的要求，这时要向钢液中增碳。常用的增碳剂（carburant）有：电极粉、石油焦粉、焦炭粉和生铁。

转炉冶炼中、高碳钢种时，使用含杂质很少的石油焦作为增碳剂。对转炉炼钢用增碳剂的要求是：固定碳含量要高，灰分、挥发分和硫、磷、氮等杂质含量要低，且干燥、干净，粒度适中。其组分为：$w(\mathrm{C}) \geqslant 96\%$，$w(\mathrm{S}) \leqslant 0.5\%$，挥发分含量不大于 1.0%，水分不大于 0.5%，粒度为 $1 \sim 5\mathrm{mm}$。

除氧气外，炼钢用气体还有氮气（nitrogen）和氩气（argon）等。氮气和氩气广泛作为复合吹炼转炉的底吹搅拌气体，炼钢生产中要求氮气纯度达 99%，氩气纯度在 95% 以上。

> **思 考 题**

3-1　转炉炼钢与电炉炼钢所用原材料各有哪些？

3-2　转炉炼钢对入炉铁水有何要求？

3-3　废钢的来源有哪些，对废钢的要求是什么？

3-4　什么是活性石灰，它有哪些特点？

4 铁水预处理

铁水预处理工艺（pre-treatment process of hot metal）分为普通铁水预处理和特殊铁水预处理两大类。普通铁水预处理包括：铁水脱硫、铁水脱硅和铁水脱磷。特殊铁水预处理一般是针对铁水中含有的特殊元素进行提纯精炼或资源综合利用，如铁水提钒、提铌、脱铬等预处理工艺。

铁水预处理的优越性主要有：（1）满足用户对低磷、低硫或超低磷、超低硫钢的需求，发展高附加值钢种；（2）减轻高炉脱硫负担，放宽对硫的限制，提高产量，降低焦比；（3）炼钢采用低磷、低硫铁水冶炼，可获得巨大的经济效益。

4.1 铁水预脱硫工艺

研究表明，铁水脱硫条件比钢水脱硫优越，脱硫效率也比钢水脱硫高 4~6 倍，主要原因是：（1）铁水中含有较高的 C、Si、P 等元素，提高了铁水中硫的活度系数；（2）铁水中氧含量低，利于脱硫。

4.1.1 脱硫剂的选择

选择脱硫剂（desulfurization agent）主要从脱硫能力、成本、资源、环境保护、对耐火材料的侵蚀程度、形成硫化物的性状、对操作影响以及安全等因素综合考虑而确定。工业中可采用的铁水脱硫剂种类很多，目前主要有钙基（系）、镁基（系）等。

4.1.1.1 钙基脱硫剂

（1）CaO。CaO 的脱硫反应为：

$$CaO(s) + [S] \Longrightarrow CaS(s) + [O] \qquad \Delta G^{\ominus} = 109070 - 29.27T \quad J/mol \qquad (4-1)$$

因铁水中存在大量的碳，当铁水中 $w[Si] < 0.05\%$ 时，发生的脱硫反应为：

$$CaO(s) + [S] + [C] \Longrightarrow CaS(s) + CO(g) \quad \Delta G^{\ominus} = 86670 - 68.96T \quad J/mol \qquad (4-2)$$

当铁水中 $w[Si] \geqslant 0.05\%$ 时，脱硫反应表示为：

$$2CaO(s) + [S] + \frac{1}{2}[Si] \Longrightarrow CaS(s) + \frac{1}{2}(2CaO \cdot SiO_2)(s)$$

$$\Delta G^{\ominus} = -251930 + 83.36T \quad J/mol \qquad (4-3)$$

从脱硫机理来说，CaO 粒子和铁水中的 [S] 接触生成 CaS 的渣壳，渣壳阻碍了 [S] 和 [O] 的扩散，使脱硫过程减慢。

为了提高 CaO 的脱硫效率和脱硫速度，除了采取减小粒径，增加反应界面面积，加强搅拌，延长粉料颗粒上浮路径与时间外，还应采取措施，以破坏或防止石灰颗粒表面形成致密的 $2CaO \cdot SiO_2$ 反应层。如在用 CaO 对含 Si 铁水进行脱硫时，可在铁水中溶入一定的铝量，使其在石灰表面上生成钙铝酸盐（$3CaO \cdot Al_2O_3$ 和 $12CaO \cdot 7Al_2O_3$），钙铝酸盐具有较大的容硫能力，可以显著地提高石灰的脱硫速度和脱硫效率。

铁水温度高、石灰细磨以及活性高的石灰，对于脱硫有较好的效果，但石灰不能用来进行深度脱硫。石灰一般不单独使用，通常配加添加剂，如金属 Al 或 Mg、电石（CaC_2）、炭粉（C）、萤石（CaF_2）、石灰石（$CaCO_3$）。

（2）CaC_2。CaC_2 在铁水中发生的脱硫反应为：

$$CaC_2(s) + [S] \rightleftharpoons CaS(s) + 2[C] \qquad \Delta G^\ominus = -359245 + 109.45T \quad J/mol \quad (4-4)$$

可以用加强熔池搅拌，提高反应温度和减小碳化钙的粒度等方法来增加反应界面面积和扩散系数，减小界面层厚度，从而增加碳化钙在铁液中的脱硫速度。

虽然 CaC_2 脱硫体系具有很强的脱硫能力，但在实际生产中喷吹 CaC_2 并不能达到深脱硫的效果，这是因为采用 CaC_2 脱硫属于固、液两相反应，反应速度较慢，在实际生产条件下没有足够的时间使其达到期望的深脱硫程度。

碳化钙，又名电石，可与石灰（CaO）、石灰石（$CaCO_3$）、萤石（CaF_2）等配成复合脱硫剂。实际脱硫用的碳化钙是含 CaC_2 约 80% 的工业碳化钙，还含有 16% 的 CaO，其余是 C。CaC_2 和 CaO 一样，吸收铁水中的硫后生成 CaS 的渣壳，脱硫过程被阻滞，所以，碳化钙必须被破碎到极细程度（0.12mm），但太细的碳化钙在铁水温度下又容易烧结结块。为此，常在碳化钙中混入一定量的石灰石粉，让 $CaCO_3$ 分解产生 CO_2，以防止碳化钙烧结现象的出现。

4.1.1.2 镁基脱硫剂

（1）金属镁。金属镁的熔点为 650℃，沸点是 1107℃。铁水炉外脱硫温度一般在 1250~1450℃ 范围内，金属镁在此温度范围内会气化。镁在铁水中的饱和溶解度取决于铁水温度和镁的蒸气压，可写为：

$$\lg w[Mg]_{饱和, \%} = \frac{7000}{T} + \lg p_{Mg} - 5.1 \qquad (4-5)$$

式中，T 是热力学温度；p_{Mg} 是该温度下镁的蒸气压。镁的溶解度会随压力的增加而增大，随铁水温度的上升而大幅度下降。

对于喷吹金属镁进行铁水脱硫的体系，脱硫的反应式为：

$$Mg(s) \longrightarrow Mg(l) \longrightarrow Mg(g) \longrightarrow [Mg] \qquad (4-6)$$

$$Mg(g) + [S] \rightleftharpoons MgS(s) \qquad \Delta G^\ominus = -427367 + 180.67T \quad J/mol \qquad (4-7)$$

$$[Mg] + [S] \rightleftharpoons MgS(s) \qquad \Delta G^\ominus = -372648 + 146.29T \quad J/mol \qquad (4-8)$$

Irons 和 Guthrie 发现，仅 10% 的脱硫反应是由铁水中的硫扩散到气泡界面与镁蒸气发生的脱硫反应。大多数脱硫反应是镁首先溶入铁水内，然后硫与镁扩散到铁水微小夹杂物界面反应生成 MgS，所以加快镁气泡向铁水中溶解的速度，提高铁水中镁的溶解度是关系到镁脱硫效果的关键。

镁粒在铁液中的停留时间与镁粒直径成反比，与喷吹深度 h 成正比（见图 4-1）。如图 4-2 所示，当镁颗粒直径为 1mm，喷吹深度 h 为 2.5m 时，镁粒完全溶解时间为 9.21s，计算的镁粒在铁液中停留时间只有 9.01s。这表明溶解时间大于停留时间，说明此时镁颗粒来不及溶解就上浮了，这样就不会有溶解镁与硫之间的反应：$[Mg] + [S] \rightleftharpoons MgS(s)$，镁的利用率会因此降低。解决该问题的措施是尽量增加喷吹深度（喷枪插入铁水液面以下 2~3m 处），当喷吹深度一定时，减小镁粒直径来缩短镁粒的溶解时间。

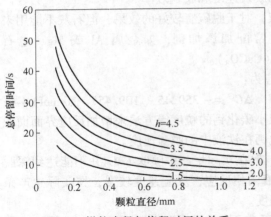

图 4-1　镁粒直径与停留时间的关系

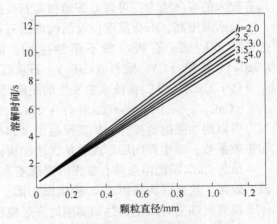

图 4-2　镁粒直径与溶解时间的关系

目前国内工业生产中，镁的利用率为 50% 左右。工业生产中采用"钝化镁粉"和"复合喷吹（如喷吹 Mg/CaO、Mg/CaC₂ 复合脱硫剂）"等工艺均可有效地降低镁的气化速度，这些技术措施对提高镁的利用率是必要的、合理的。

金属镁活性很高，极易氧化，是易燃易爆品。镁粒只有经表面钝化处理后才能安全地运输、储存和使用。经钝化处理后，镁粒表面形成一层非活性的保护膜，如盐钝化的涂层颗粒镁，制备时采用熔融液态镁离心重复分散技术，利用空气动力逆向冷却原理将盐液包敷在镁颗粒外层，形成银灰色均匀的球状颗粒。单吹镁脱硫用的涂层颗粒镁要求：$w(Mg) \geqslant 92\%$；粒度为 0.5~1.6mm，其中粒度大于 3mm 以上的针状不规则颗粒少于 8%。

（2）Mg/CaO 复合脱硫剂。喷吹 Mg/CaO 复合脱硫剂时，铁水中会发生单独喷吹 Mg 与单独喷吹 CaO 脱硫时，相应发生的反应，但平衡时 MgS(s) 不存在。因铁水中会发生如下反应：

$$CaO(s) + MgS(s) = CaS(s) + MgO(s) \qquad \Delta G^\ominus = -100910 + 8.22T \quad J/mol$$

(4-9)

这一反应在 1250~1450℃ 范围内，$\Delta G^\ominus \ll 0$，说明在喷吹 Mg/CaO 脱硫剂的条件下，由于 CaO(s) 的存在，MgS(s) 不稳定，它会与 CaO(s) 反应生成 MgO(s)+CaS(s)。因此，喷入的 Mg+CaO 经脱硫反应后均被消耗转变成最终的脱硫产物 MgO(s) +CaS(s)。脱硫反应式可写为：

$$Mg(g) + [S] + CaO(s) = CaS(s) + MgO(s) \qquad \Delta G^\ominus = -528277 + 188.89T \quad J/mol$$

(4-10)

$$[Mg] + [S] + CaO(s) = CaS(s) + MgO(s) \qquad \Delta G^\ominus = -473558 + 154.51T \quad J/mol$$

(4-11)

理论上喷吹 Mg/CaO 复合脱硫剂时，脱硫极限 a_S（铁水中硫的活度）可达约 $10^{-7}\%$ 数量级。可见从热力学角度来看，喷吹 Mg/CaO 复合脱硫剂比单独喷吹镁进行铁水脱硫更有利，脱硫能力更强。本钢的生产试验表明，镁基粉剂中的钙镁比（$w(CaO)/w(Mg)$）为 2~3 作为石灰、镁粉的喷吹比，效果好。

在金属镁粉中配加一定量的石灰粉（覆膜混合镁粒：含 Mg 30% ~ 80%，其余为

CaO），可提高镁的利用率，缩小镁气泡的直径，减缓气泡的上浮速度。石灰粉能起到一定的脱硫作用，同时也起到镁粉的分散剂作用，避免大量的镁瞬间气化造成喷溅，加入的石灰粉还可以成为大量气泡的形成中心，从而减小镁气泡的直径，降低镁气泡上浮速度，加快镁向铁水中的溶解，提高了镁的利用率。

（3）Mg/CaC_2复合脱硫剂。用CaC_2和镁混合喷吹时，镁脱硫的贡献量和CaC_2脱硫的贡献量是不相同的，其对脱硫速率的影响如图4-3所示。在喷吹的头两分钟内CaC_2的脱硫速率比镁的脱硫速率大得多，然后镁的脱硫速率取得支配作用，直到喷吹结束。因此，最佳的喷吹方式是前几分钟先喷吹CaC_2，然后再引入镁粉进行混合喷吹。通过这种方式，能够利用镁来达到深脱硫的目的，而镁耗量较低。

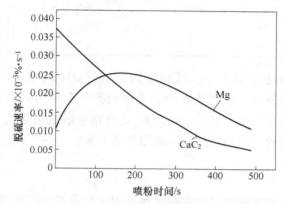

图4-3　CaC_2和镁喷吹时间与脱硫速率的关系

喷吹Mg/CaC_2复合脱硫剂的体系，由于CaC_2与[O]反应生成CaO，根据前面的分析可知，在CaO存在的条件下，MgS不能稳定地存在于该体系中。由于Mg/CaC_2复合脱硫体系与Mg/CaO复合脱硫体系的脱硫平衡反应是相同的，因此对脱硫能力而言，喷吹这两种复合脱硫剂效果是一样的。但是，由于CaC_2比CaO昂贵且不安全，因此从脱硫成本及储运、使用的安全性方面考虑，使用Mg/CaO复合脱硫剂更安全、成本更低。

镁基脱硫剂是最佳的铁水脱硫剂之一。但应采取严格控制喷镁速度、改善镁气化条件、增加插入深度、提高镁在铁水中的溶解度等技术措施，提高镁的利用率，保证镁脱硫工艺的处理成本低于石灰基处理工艺。

4.1.1.3　脱硫能力比较

为了估算各脱硫剂的脱硫能力，在1350℃下，对铁水进行平衡$w[S]$计算。假设铁水成分：$w[C]=4.0\%$，$w[Si]=0.6\%$，$w[Mn]=0.5\%$，$w[P]=0.20\%$，$w[S]=0.04\%$。计算结果如表4-1所示。

表4-1　各种脱硫剂的性能比较

脱 硫 剂	CaO（$w[Si]<0.05\%$）	CaC_2	Mg
反应平衡常数（1350℃）	6.489	6.94×10^5	2.06×10^4
脱硫能力	较强	很强	较强
平衡$w[S]/\%$	3.7×10^{-1}	4.9×10^{-5}	1.6×10^{-3}

续表 4-1

脱硫剂	CaO（$w[Si]$ <0.05%）	CaC_2	Mg
对应式	(4-2)	(4-4)	(4-8)
特点	（1）耗量较大，渣量较大，铁损较大； （2）资源广，价格低，易加工，使用安全； （3）在料罐中下料易"架桥"堵料，且石灰粉易吸水潮解	（1）极易吸潮劣化，生成 C_2H_2，易发生爆炸； （2）运输和保存时要采用氮气密封，单独储存； （3）析出的石墨碳对环境产生污染； （4）生产能耗高，价格较贵	（1）加入后，变成镁蒸气泡，反应区搅拌良好； （2）镁的蒸气压太高，难控制； （3）脱硫渣少，渣中铁含量也低，但扒净率相对低； （4）价格贵，处理成本高

比较各脱硫剂脱硫能力的大小，其顺序为：Mg/CaO（Mg/CaC_2）、CaC_2、Mg、CaO，都被广泛地应用于铁水脱硫。实际生产中，受脱硫剂气化损失以及动力学方面因素的影响，其脱硫能力要低于理论值。另外，Na_2CO_3 具有很强的脱硫能力，很早以前，曾用它作脱硫剂，但由于价格贵，污染又严重，未能坚持下来。

4.1.2 脱硫方法

目前，机械搅拌法和喷吹法是铁水脱硫预处理工艺最基本的两种方法。

4.1.2.1 机械搅拌法

KR 法、DO 法、RS 法和 NP 法等都是机械搅拌法（mechanical rabbling method），其中 KR 法（Kambara Reactor）应用比较广泛，它是日本新日铁广畑制铁所于 1965 年开发的，铁水罐容量可达 200t 以上。该法主要用于脱硫，具有脱硫效率高、脱硫剂耗量少、金属损耗低等特点。

图 4-4 为 KR 法脱硫装置示意图，主体设备包括：升降装置、机械搅拌装置、搅拌桨更换车、熔剂输送装置、扒渣系统等。该设备机械搅拌头是由变量泵配定量油马达组成的恒扭矩调速系统，它能使搅拌头在转速由"0"—低速—高速，或者从高速—低速—"0"的调速过程中，扭矩始终保持恒定。采用这种方式需要大量的液压组件，投资价格高。日本川崎重工及川崎制铁两家公司的机械搅拌装置选择了电动机配减速机传动，并且电动机采用变频调速技术来实现搅拌头的恒扭矩调速。作为已成熟的变频调速技术，投资价格远比液压调速技术低廉。

对于 KR 搅拌法，由于熔剂在叶片上端打散，使这个部件容易受到磨损，所以选择四个叶片的搅拌头最为合适。搅拌头使用 4 个叶片，可以使其旋转时铁水面不易产生波浪，铁水飞溅较少，叶片的磨损情况也小，可以减少搅拌的更换次数，提高使用寿命，降低耐火材料消耗等，处理效果明显好于两个叶片。"十"字形搅拌头为高铝质耐火材料，内骨架为钢结构，寿命为 90~100 次，每使用 3~4 次后需要用耐火材料进行修补。

KR 搅拌法将经过烘烤的搅拌头插入铁水罐液面下一定深处，并使之旋转。当搅拌器旋转时，铁水液面形成"V"形旋涡（中心低，四周高），此时加入脱硫剂后，熔剂微粒在桨叶端部区域内由于湍动而分散，并沿着半径方向"吐出"，然后悬浮，绕轴心旋转和上浮于铁水中，也就是说，借这种机械搅拌作用使熔剂卷入铁水中并与之接触、混合、搅动，从而进行脱硫反应。当搅拌器开动时，在液面上看不到熔剂，停止搅拌后，所生成的干稠状渣浮到铁水面上，扒渣后即达到脱硫的目的。

在处理过程中，搅拌器的转数一般为 $90 \sim 120 r/min$，搅拌器浸入深度为 $1.2 \sim 1.6 m$，对于 $100t$ 罐搅动力矩不大于 $820 kg \cdot m$，搅动功率为 $1.0 \sim 1.5 kW/t$。在搅动 $1 \sim 1.5 min$ 后，开始加入熔剂，搅动时间约为 $13 min$。由于搅拌头的转矩大，铁水获得良好的动力学条件，因而熔剂可以得到充分的利用，处理效率高。

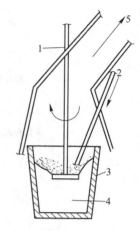

图 4-4　KR 法脱硫装置示意图
1—搅拌器；2—脱硫剂输入；
3—铁水罐；4—铁水；
5—排烟烟道

处理铁水最大允许数量受铁水面至罐口高度的限制，最小处理量受搅拌器的最低插入深度的限制。对于 $100t$ 铁水罐来说，液面至罐口距离应不小于 $350 mm$（因插入搅拌器会引起液面波动 $50 mm$，搅拌器旋转会使液面升高 $30 mm$，液面波动 $100 mm$，预留 $170 mm$ 富余量）。确定搅拌器插入深度时，应注意搅拌头与罐底距离大致等于叶片外缘与罐壁的距离。

处理前铁水内的渣子必须充分扒除，否则会严重影响脱硫效果；处理完毕还需扒渣。

4.1.2.2　喷吹法

喷吹法（injection process）也称喷射法或喷粉法，是将脱硫剂用载气（N_2 或惰性气体）经喷枪吹入铁水深部，使粉剂与铁水充分接触，在上浮过程中将硫去除。可以在混铁车或铁水罐内处理。喷枪垂直插入铁液中，由于铁水的搅动，脱硫效果好。喷枪插入深度和喷吹强度直接关系到脱硫效率。

为了完成这一过程，要求从喷粉罐送出的气粉流均匀稳定，喷枪出口不发生堵塞，脱硫剂粉粒有足够的速度进入铁水，在反应过程中不发生喷溅，最终取得高的脱硫率，使处理后的铁水硫含量能满足低硫钢生产的需要。

由于喷吹法是在喷吹气体、脱硫剂和铁水三者之间充分搅拌混合的情况下进行脱硫的，因此脱硫效率高、处理时间短、操作费用较低，并且处理铁水量大、操作方便灵活。

A　铁水喷粉脱硫过程

铁水喷粉预脱硫过程中，一部分处理熔剂直接分散到铁水中与铁水直接接触，一部分熔剂裹在气泡内或依附在气泡-金属界面，见图 4-5。一般地，认为铁水喷粉脱硫反应是由顶渣与熔池内铁液间的持续脱硫反应（永久脱硫反应）、喷入的脱硫剂在铁液内上浮过程中与铁液间的移动脱硫反应（瞬时脱硫反应）及气泡界面脱硫反应三部分所组成。

颗粒进入铁液后会迅速上浮，其上浮速度与颗粒直径成正比（如图 4-6 所示），与脱硫剂密度成反比。

当喷吹镁脱硫剂时，镁颗粒侵入铁液后会迅速气化变成气泡，镁气泡的上浮速度与镁颗粒直径成正比，与喷吹深度成反比。因此，要提高镁脱硫效果，提高镁脱硫

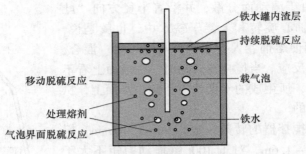

图 4-5　铁水喷粉脱硫过程示意图

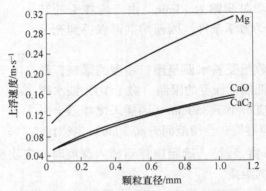

图 4-6　脱硫剂上浮速度与颗粒直径的关系

剂的利用率，就要减小镁气泡的上浮速度，也就要减小镁粒的直径，但过度减小镁粒直径会使镁粒难以侵入铁液中，这是一个矛盾的问题，解决问题的办法是要提高喷枪出口速度。

当采用 CaC_2 和 CaO 脱硫剂时，脱硫反应效率和脱硫剂消耗，受脱硫剂颗粒在铁液中的停留时间的影响。当 CaC_2 和 CaO 颗粒直径为 1mm，喷吹深度为 2.5m 时，颗粒在铁液中停留时间只有 17.6s，当喷吹深度减小时，则颗粒在铁液中的停留时间会缩短，这说明渣-金界面脱硫反应不能忽视。因此，当采用 CaC_2 和 CaO 脱硫剂时，采用搅拌措施使渣、钢充分混合特别重要。

B　喷吹法类型

喷吹法按照脱硫剂加入特点，可分混合喷吹、复合喷吹、顺序喷吹、双通道喷吹和双枪喷吹。

（1）混合喷吹（见图 4-7a）。对于铁水预脱硫，这种模式要求来厂的脱硫剂事先完全混合好。通常混合脱硫剂中 CaC_2 占 5%～15%，其余为金属镁粉或含金属镁 20%～25% 的石灰粉。单一喷吹系统具有易于操作和维护、设备投资低等特点，而且喷粉速度的控制系统比较简单。

（2）复合喷吹（见图 4-7b）。复合喷吹是采用两套相互独立控制的喷粉系统，两种脱硫剂：镁粉和石灰或镁粉和电石粉，分别经由两条输送管并在喷粉枪内汇合，通过一套喷粉枪向铁水内喷吹。这种系统可使操作者更好地控制喷吹过程，进而更好地利用脱硫剂，在提高喷粉速度的同时不会造成喷枪堵塞。

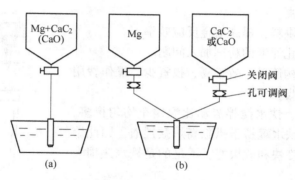

图 4-7　混合和复合喷吹系统示意图

（a）混合喷吹；（b）复合喷吹

（3）顺序喷吹。顺序喷吹是采用各自独立控制的喷粉罐，通过一条输送管道向铁水中喷入 3 种或更多种类的脱硫剂，这将方便用户在更大的范围内选择脱硫工艺。设备配置与复合喷吹系统相同，但控制更复杂一些。这种模式在铁水初始硫含量和温度都很高时采用就会显示出其经济效益。例如，当处理周期的要求并不严格时，可采用镁-石灰脱硫粉剂低速喷粉工艺；如果对处理周期有较严格的规定，则可采用"预喷+二次喷粉"的方法喷吹比较便宜的石灰粉，以提高喷粉的速度。这一工艺方法特别适宜要求全量铁水脱硫处理，而且对处理后硫含量要求严格的炼钢厂采用。

（4）双枪喷吹。双枪喷吹是采用两支独立工作的喷枪，可以提高工厂的脱硫能力，与单喷粉枪工艺相比，该工艺多增加了一套喷粉系统。只要合理地设计两支喷枪的间距，在提高喷粉强度的条件下不会造成金属喷溅的增大。和多孔喷枪相比，两支枪的间距大，气泡在铁水中上浮的角度明显减小，可以形成两个基本分离的混合反应区。此外，工厂生产组织也具有灵活性，一支枪损坏更换时，另一支枪可继续工作。

C　喷吹法的设备

喷吹法的主要设备有：处理容器（混铁车或铁水罐/兑铁罐）、贮料仓、喷粉罐、喷枪支架及喷枪、测温取样装置、铁水罐倾动系统、扒渣机、喷枪存放装置、渣罐及渣罐车，以及配套的电气控制装置、电子秤、液压装置、N_2 等介质系统等。

贮料仓下部设有流态化装置，保证喷粉罐供料时使粉料流态化。喷粉罐顶压控制在 0.17~0.5MPa，流态化气体流量 7~12m³/h（标态），助吹气体流量 100~180m³/h（标态），其下料速度可达 17~60kg/min。

喷枪由中心钢管外衬高铝质耐火材料制成，喷枪孔为直孔型，喷枪上部与喷吹管相连，下部在喷粉时插入钢水约 2m，喷吹可以采用自动，也可以采用手动操作，完成喷粉。铁水包喷吹颗粒镁脱硫见图 4-8，喷枪端部带气化室，工作时利用周围铁水的热量，对预喷出的颗粒镁进行预热，可使镁尽可能在气化室内腔中气化，保证颗粒镁一出喷枪便迅速得到气化并溶入铁水，进入最佳脱硫状态，防止镁的上浮或烧损，以提高镁利用率。但由于气化喷枪耐火材料造型复杂，致使成本相对较高。

测温取样枪可以上升下降完成测温取样工作，探头插入铁水深度 500mm。

D　喷吹法特点

喷吹法具有如下优点：

（1）加快反应速度。

（2）连续、可控供料，提高冶金反应效率。

（3）解决了易氧化元素的粉剂加人问题。

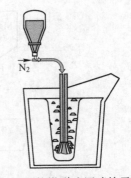

（4）喷粉设备结构简单，效率高，投资少，操作费用也低，因此工序成本低。

铁水罐在喷吹时，铁水搅拌流动比混铁车均匀得多，死区大大降低，以及铁水罐易于扒除高炉酸性渣，因此熔剂利用率高，脱硫速度快和效果好，不足的是铁水热损失较大。

图 4-8　颗粒镁脱硫用喷枪示意图

喷粉技术用于冶金方面又称喷射冶金，其关键技术是流态化、气动输送技术等。粉气比大于 80kg/kg 时，称为浓相输送，目前铁水脱硫多采用浓相输送。

铁水预脱硫也可采用喂线法，俄罗斯和日本均采用过这种处理方法。镁喂线法是用铁皮包裹固定含有规定比例 Mg 的脱硫剂，并且连续往铁水中投放，所以能够稳定供给。

4.1.3　典型的铁水预脱硫工艺

4.1.3.1　单吹颗粒镁脱硫工艺

若铁水初始硫的质量分数较低，能满足钢种冶炼要求，则只进行扒渣处理。品种钢对硫要求较严时，则进行喷镁脱硫。根据钢种要求，喷镁脱硫分深脱与浅脱两种方式，即"深（脱硫）处理"和"轻处理"，处理后目标 $w[S]$ 分别为 0.005%、0.010% 左右。

喷吹钝化镁颗粒铁水脱硫的工艺流程如图 4-9 所示。铁水包（罐）喷吹颗粒镁脱硫包括喷吹、扒渣、除尘及自动化控制等系统，主要设备组成如图 4-10 所示。喷镁脱硫过程采用计算机自动控制，处理前输入铁水初始硫、目标硫、铁水质量、温度等参数，计算机自动计算出该包铁水所需耗镁量，当喷吹到目标耗镁量时，自动提枪。

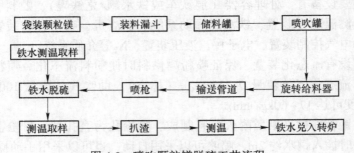

图 4-9　喷吹颗粒镁脱硫工艺流程

一般要求金属镁含量不小于 92.0%，粒径 0.5 ~ 1.6mm，针状颗粒镁含量不大于 5.0%。不同钢厂采用的单吹颗粒镁脱硫工艺参数及处理效果见表 4-2。

4.1.3.2　镁基复合喷吹脱硫工艺

镁基脱硫剂是由镁粉加石灰粉或电石粉及其他添加剂组成。复合喷吹的镁粉和石灰粉（或电石粉）分别存贮在两个喷吹罐内，用载气输送，在管道内混合。通过调节分配器的粉料输送速度来确定两种粉料的比例，对镁粉流动性无要求。镁基复合喷吹脱硫工艺流程如图 4-11 所示。镁基复合喷吹脱硫工艺参数及效果见表4-3。

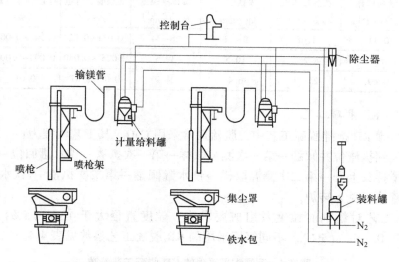

图 4-10 铁水包单吹颗粒镁脱硫工艺系统装备示意图

表 4-2 单吹颗粒镁脱硫工艺参数及处理效果

厂　名	氮气工作压力/MPa	氮气流量（标态）/$m^3 \cdot min^{-1}$	镁单耗/$kg \cdot t^{-1}$	喷镁强度/$kg \cdot min^{-1}$	初始硫含量/$\times 10^{-5}$	终点硫含量/$\times 10^{-5}$	喷吹时间/min	平均温降/℃
国内 A 厂	0.9~1.3	—	0.23~0.48	6~12	35	5	6~15	10
国内 B 厂	0.3~0.35	0.34	0.69	5~7	30~40	20	—	—
国内 C 厂	≥0.6	0.5~1	0.45~0.68	2~6	29~61	4~11	<7	—
国内 D 厂	—	—	0.807	8~10	31	3		11
国内 E 厂	0.4~0.6	—	0.26~0.64	4~12	20~74	5~22	5~10	10

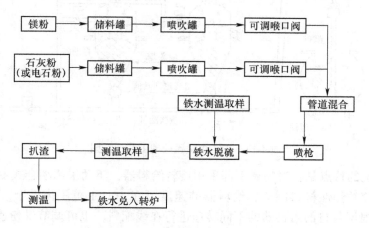

图 4-11 镁基复合喷吹脱硫工艺流程

表 4-3　镁基复合喷吹脱硫工艺参数及效果

厂　名	镁粉单耗 /kg·t⁻¹	石灰粉单耗 /kg·t⁻¹	喷镁强度 /kg·min⁻¹	喷石灰强度 /kg·min⁻¹	处理前硫含量 /%	处理后硫含量 /%	温降 /℃
国内 A 厂	0.447	1.48	9～13	28～34	0.031～0.05	0.004～0.007	—
国内 B 厂	0.5	2	10.5	39.5	0.025～0.040	0.003～0.008	8～10
国内 C 厂	0.491	2.891	6.4	21.9	0.03～0.07	0.01	<15

4.1.3.3　KR 脱硫工艺

采用铁水罐 KR 搅拌脱硫工艺中，脱硫剂常采用 CaO，其工艺流程为：

铁水罐运到扒渣位并倾翻→第一次测温取样→第一次扒渣→铁水罐回位→加脱硫剂→搅拌脱硫→搅拌头上升→第二次测温取样→铁水罐倾翻→第二次扒渣→铁水罐回位→铁水罐开至吊罐位→兑入转炉。

KR 脱硫工艺对粉剂的粒度及组成要求为：粒度直径大于 1mm（5%），0.1～1mm（90%），小于 0.1mm（5%）。不同钢厂采用的 KR 脱硫工艺参数见表 4-4。

表 4-4　不同钢厂采用的 KR 脱硫工艺参数

厂　名	脱硫剂单耗/kg·t⁻¹	脱硫率/%	搅拌时间/min	平均温降/℃
国内 A 厂	3.98～4	94.3	5～8	28
国内 B 厂	9.54	79.57	—	19～22
国内 C 厂	4.2	83	8.3～9.0	18

4.1.3.4　TDS 法铁水脱硫工艺

TDS 法是日本新日铁公司开发的，它将喷枪从上部垂直插入鱼雷罐内，熔剂从喷枪的两侧孔喷入铁水中。TDS 法脱硫处理工艺如图 4-12 所示。

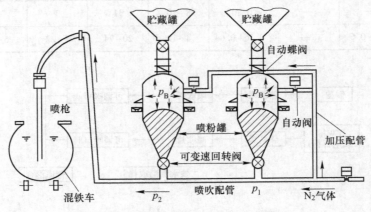

图 4-12　TDS 法脱硫处理工艺示意图

此喷吹系统的特点是：喷粉罐下部采用旋转给料器，驱动采用啮合式变速电动机，叶轮用聚氨酯橡胶类弹性材料制成，给料器的速度可在 10∶1 范围内调节。因此，CaO 和 CaC₂ 的配料可根据各自的给料器的不同转速进行在线配料，也可调节供粉速度。

为了使送粉管内气粉流均匀，采用了较大的氮气流量（420～480m³/h），因而属于粉气比低的稀相输送。送石灰粉时粉气比为 9.17~10.94kg/kg（相应送粉速度为 55~70kg/min），送电石粉时粉气比为 6.40~7.21。送粉管径为 $\phi65mm$，喷枪出口直径为 $\phi32mm$。

主要工艺参数为：日脱硫处理能力为 1.2 万吨；鱼雷罐车装铁水量为 290t 左右；氮气流量 420~480m³/h，其中配入 CaC_2 比例越大流量越小；喷粉罐加压压力 280~320kPa；喷吹压力 200~230kPa；喷吹速度 CaO 为 50~60kg/min，CaC_2 24~45kg/min；喷枪插入深度为 1.2~1.4m；喷吹时间为 5~30min，平均为 21.63min；脱硫剂单耗不大于 5kg/t（其中 CaC_2 控制在 2.0kg/t 以下）；平均脱硫率为 73.1%，处理后硫含量可达 0.001%~0.002%；处理温降 20℃左右。

4.1.3.5　KR 和喷粉技术的比较

表 4-5 列出了国内典型铁水脱硫预处理工艺方法及冶金效果的比较。

表 4-5　各种铁水脱硫预处理工艺方法的比较

工艺方法	处理容器	脱硫剂	脱硫剂消耗/kg·t⁻¹	脱硫率 η_S/%	最低硫含量/×10⁻⁶	纯处理时间/min	处理温降/℃	铁损/kg·t⁻¹	备注
机械搅拌法-KR 法	100t 铁水罐	CaO	4.69	92.5	≤20	5	28	30	武钢二炼
CaO 基喷吹法	280t 混铁车	CaO 基	4.3	75	60	18.4	25.5	—	宝钢一炼
CaC_2 基喷吹法	280t 混铁车	CaC_2 基	10.8	76	50	20.9	37.4	—	宝钢一炼
CaC_2+CaO 喷吹法	140t 铁水罐	50%CaO+50%CaC_2	7.85	81.79	40	—	31	—	攀钢
Mg+CaO 混合喷吹	350t 混铁车	20%Mg+80%CaO	0.88	90	40	—	—	10~13	武钢三炼
Mg+CaO 复合喷吹	300t 铁水罐	Mg+CaO (1:3)	Mg 0.31 CaO 1.05	79.22	21.3	<10	—	—	宝钢
Mg+CaC_2 复合喷吹	300t 铁水罐	Mg+CaC_2 (1:3)	Mg 0.32 CaC_2 1.05	80	28	<10	—	—	宝钢
Mg+CaO 复合喷吹	160t 铁水罐	Mg+CaO (1:(2~3))	Mg 0.447 CaO 1.48	90	≤50	7.55	8~14	—	本钢
纯镁喷吹	100t 铁水罐	Mg	0.33	≥95	≤10	5~8	8.12	7.1	武钢一炼

综合比较，KR 法在深脱硫、总成本和流程影响方面优势突出。对于大中型钢铁企业，从长远考虑并结合生产实际，采用 KR 法铁水预脱硫应该是更具有深远价值的选择。

近些年喷吹法的技术进展趋于平缓，比较混合喷吹法、复合喷吹法和纯镁喷吹法 3 种工艺，纯镁喷吹工艺略显优势。

4.1.3.6　扒渣

经过脱硫处理后的铁水，需将浮于铁水表面上的脱硫渣除去，以免炼钢时造成回硫，因为渣中 MgS 或 CaS 会被氧还原，即发生如下反应：

$$(MgS) + [O] === (MgO) + [S]$$

$$(CaS) + [O] \Longrightarrow (CaO) + [S]$$

因此，只有经过扒渣的铁水才能兑入转炉。钢水硫含量要求越低，相应要求扒渣时扒净率越高，尽量减少铁水的带渣量。

4.2　铁水预脱硅工艺

4.2.1　铁水脱硅的目的

铁水脱硅的目的是：（1）减少转炉石灰用量，减少渣量和铁损；（2）减少脱磷剂用量，提高脱磷脱硫效率；（3）对于含钒和含铌等特殊铁水，预脱硅可为富集 V_2O_5 和 Nb_2O_5 等创造条件。

图 4-13 示出了低硅铁水进行同时脱磷脱硫处理时，石灰系熔剂的消耗量与处理前铁水硅含量的关系。可以看出，随着铁水硅含量的升高，脱磷剂用量急剧增加。

图 4-14 示出铁水脱磷时硅含量与磷含量之间的关系。可见，铁水脱磷前必须优先将硅氧化，当铁水中 $w[Si]$ <0.15%时，铁水中磷含量才迅速降低。通常，用苏打脱磷时，容易形成低熔点的渣，铁水中硅最好低于 0.1%；对于用石灰熔剂脱磷，为促进石灰熔解和增加渣的流动性，铁水硅含量以控制在 0.1%～0.15%为宜。

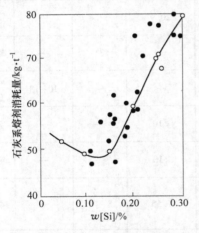

图 4-13　石灰系熔剂消耗量与铁水
$w[Si]$ 的关系

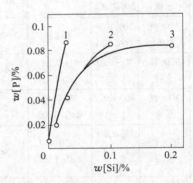

图 4-14　铁水 $w[Si]$ 与 $w[P]$ 的关系
1—$w[Si] = 0.03\%$；2—$w[Si] = 0.10\%$；3—$w[Si] = 0.20\%$

4.2.2　脱硅剂

脱硅剂（desiliconization agent）均为氧化剂，主要有轧钢皮、高碱度烧结矿粉、烧结粉尘、铁矿石粉、铁锰矿、氧气或空气等。各厂家使用的脱硅剂的配比也不一样，例如：

太钢二钢　　轧钢皮90%（<0.147mm，100 目）、10%石灰（<0.542mm，30 目）

日本钢管福山　轧钢皮70%～100%、石灰0～20%、萤石0～10%

日本川崎水岛　烧结矿粉75%、石灰25%

氧化剂加入量太少，供氧不足；加入量太多，搅拌不匀，氧的利用率低。试验表明，合适的固态氧化剂加入量为 15~30kg/t。处理后，铁水中的 $w[Si]$ 可达 0.10%~0.15%。

脱硅剂粒度，用于铁水罐脱硅时较小（0.542~0.147mm），用于出铁场脱硅时小于 5mm。

4.2.3 脱硅基本反应

脱硅的基本反应如下：

$$[Si] + \frac{2}{3}Fe_2O_3(s) = SiO_2(s) + \frac{4}{3}Fe(l) \quad \Delta G^{\ominus} = -287800 + 60.38T \quad J/mol$$

$$(4\text{-}12)$$

$$[Si] + \frac{1}{2}Fe_3O_4(s) = SiO_2(s) + \frac{3}{2}Fe(l) \quad \Delta G^{\ominus} = -275860 + 156.49T \quad J/mol$$

$$(4\text{-}13)$$

$$[Si] + 2(FeO) = SiO_2(s) + 2Fe(l) \quad \Delta G^{\ominus} = -356020 + 130.47T \quad J/mol$$

$$(4\text{-}14)$$

$$[Si] + O_2(g) = SiO_2(s) \quad \Delta G^{\ominus} = -821780 + 221.16T \quad J/mol$$

$$(4\text{-}15)$$

因为脱硅反应产物中有 SiO_2，所以在固体脱硅剂中加入一定量的 CaO 等碱性氧化物，可降低渣中 a_{SiO_2} 值，从而有利于促进脱硅反应的进行。

尽管脱硅反应均为放热过程，但从生产实践和热平衡计算可知，用气体脱硅剂能使熔池温度升高；用固体脱硅剂时，因其熔化吸热，综合效果是使熔池温度下降。井上等在 100t 铁水包中进行了用淹没喷枪吹氧脱硅和表面加 $Fe_3O_4(s)$ 吹氮气搅拌脱硅试验。结果表明，当脱硅量均为 0.4% 时，前者可使熔池温度升高 120℃；而后者使熔池温度下降 50℃。所以，通过调节氧与固体脱硅剂量的比例，可以实现脱硅时铁水温度的调节。

4.2.4 脱硅渣

由于脱硅渣需要不断地排出，因此必须确保渣的流动性。脱硅渣的流动性可用碱度来调整，如果碱度控制在 0.5~1.2 范围，渣就具有较好的流动性，此时不必向渣中加入萤石。

成田等研究了铁水加铁皮时的脱硅机理。研究认为，铁水中硅氧化反应的限制环节与渣中 $w(FeO)$ 有关。当渣中 $w(FeO) > 40\%$ 时，脱硅反应的限制环节是硅在铁水侧的传质，因此加强搅拌和提高温度有利于脱硅反应的进行。若设此时脱硅反应在熔渣-金属界面上达到平衡，则脱硅反应速率可用式（4-16）表示：

$$\ln\frac{w[Si]_i}{w[Si]} = K_{Si} \cdot \frac{A}{V} \cdot t \tag{4-16}$$

式中，$w[Si]_i$、$w[Si]$ 分别为硅的初始浓度和 t 时刻的浓度；K_{Si} 为传质系数；A、V 分别代表反应界面面积和金属体积；t 表示时间（s）。

当渣中 $w(FeO)$ 在 10%~40% 之间时，脱硅反应同时受硅在铁水侧的传质和（FeO）在渣中的传质联合控制；当 $w(FeO) < 10\%$ 时，脱硅反应限制环节可能是（FeO）在渣中

的传质。

脱硅过程中一般伴随有明显的脱硅渣起泡现象。其原因是脱硅过程中伴随有脱碳反应，产生的 CO 气体穿越渣层逸出有一定的难度。为了减少脱硅过程的渣起泡，必须从三方面着手：

（1）减少脱碳量。要求有适宜的供氧速度和强度，使之能与脱硅反应相一致。

（2）改善脱硅渣性能。有好的流动性，低的黏度，适宜的渣碱度（二元碱度 0.5～0.9）；增大渣的表面张力，加一定量的 MnO、Al_2O_3、CaO、MgO 等。

（3）加强搅拌。

4.2.5　铁水预脱硅方法

4.2.5.1　出铁场脱硅

（1）自然投入法。有的脱硅剂以皮带机或溜槽自然落下加入铁水沟，随铁水流入铁水罐进行反应。有的铁水沟有落差，脱硅剂高点加入，过落差点后一段距离设置撇渣器，将脱硅渣分离。落差脱硅，锰含量也相应下降。

（2）顶喷法。喷吹方式一种为喷枪插入铁水，喷枪附近的铁水沟改为圆形反应坑。另一种为喷枪在铁水面上以高速气粉流（可用工作压力为 0.2～0.3MPa 的空气或氮气作载体）向铁水投射。有的投射点在铁水沟，该处改造为较宽较深的反应室，如图 4-15 所示；有的投射点在摆动溜嘴处。

脱硅效果按自然投入法、喷吹法递增。需要指出，为了处理后能有稳定而低的硅含量，最好采用铁液内喷吹法，采用自然投入法要使硅含量降低到 0.1% 以下比较困难。

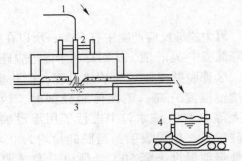

图 4-15　投射法布置在铁水沟脱硅及反应室结构
1—轧钢皮、空气；2—喷枪；3—高炉铁水沟；4—铁水罐

高炉铁水沟内表面加入和喷入脱硅剂的对比试验表明，在脱硅剂用量相同（约 20～30kg/t）时，喷入法的最终硅含量比表面加入法低，而脱硅反应氧的利用率 η_{Si-O}（即与硅反应的氧量占脱硅剂中的全氧的百分比）比表面法高。

4.2.5.2　铁水罐或混铁车脱硅

这种方法的优点是脱硅反应氧的利用率高，工作条件较好，并可克服高炉出铁时铁水硅含量的波动，处理后铁水硅含量稳定；缺点是脱硅处理要占用一定的时间和温度降低较多。这种脱硅在专门的预处理站进行，采用插入铁水的喷枪脱硅；可另加氧枪面吹（如太钢铁水罐脱硅，氧枪距铁水面 200mm），防止温度下降。

4.2.5.3　"两段式"脱硅法

"两段式"脱硅法为前两种方法的结合，先在铁水沟内加脱硅剂脱硅，之后在铁水罐或混铁车中喷吹脱硅。使用两段脱硅操作可使硅含量降到 0.15% 以下。

各种脱硅方式的选择主要根据铁水硅含量、要求处理后的硅含量和已有的设备场地限制等条件来确定。若铁水硅含量低于 0.40%，可采用高炉炉前脱硅。若硅含量大于

0.40%，则所需脱硅剂用量大，泡沫渣严重，适宜采用喷吹法或"两段式"脱硅法。若铁水需预处理脱磷，应先在铁水罐中脱硅，将硅含量降至 0.10%~0.15% 以下。

4.3　铁水预脱磷工艺

4.3.1　脱磷剂

铁水脱磷剂（dephosphorization agent）主要由氧化剂（氧气、氧化铁等）、固定剂（常用的有 CaO、Na_2O）和助熔剂（CaF_2、$CaCl_2$）组成。

工业上使用的氧化铁来源于轧钢皮、铁矿石、烧结返矿、锰矿石等；固定剂有两类：一类为石灰系脱磷剂，它由氧化铁或氧气将磷氧化成 P_2O_5，再与石灰结合生成磷酸钙留在渣中；另一类为苏打（即碳酸钠），它既能氧化磷又能生成磷酸钠留在渣中，即：

$$5Na_2CO_3(l) + 4[P] \longrightarrow 5(Na_2O) + 2(P_2O_5) + 5[C]$$
$$3(Na_2O) + (P_2O_5) \longrightarrow (3Na_2O \cdot P_2O_5)$$

某些脱磷反应式为：

$$\frac{6}{5}CaO(s) + \frac{4}{5}[P] + O_2(g) =\!=\!= \frac{2}{5}(3CaO \cdot P_2O_5)(s) \quad \Delta G^{\ominus} = -828342 + 249.90T \quad J/mol$$

$$(4\text{-}17)$$

$$\frac{8}{5}CaO(s) + \frac{4}{5}[P] + O_2(g) =\!=\!= \frac{2}{5}(4CaO \cdot P_2O_5)(s) \quad \Delta G^{\ominus} = -846190 + 256.58T \quad J/mol$$

$$(4\text{-}18)$$

$$\frac{6}{5}Na_2O(l) + \frac{4}{5}[P] + O_2(g) =\!=\!= \frac{2}{5}(3Na_2O \cdot P_2O_5)(s) \quad \Delta G^{\ominus} = -1017734 + 257.1T \quad J/mol$$

$$(4\text{-}19)$$

就脱磷能力来说，Na_2O 的脱磷能力比 CaO 强。表 4-6 为获得工业应用的脱磷剂及处理效果。

表 4-6　工业用脱磷剂及处理效果

厂　名 （投产时间）		各脱磷剂单耗 /kg·t^{-1}	脱磷剂单耗 /kg·t^{-1}	处理方法与设备	处理效果			
					$\dfrac{w[P]_i}{w[P]_f}$	η_P /%	$\dfrac{w[S]_i}{w[S]_f}$	η_S/%
新日铁君津 "ORP" （1982）		石灰 18，轧钢皮 28，萤石 2.5，$CaCl_2$ 2.5	51.0	290t 鱼雷罐，喷吹氮气	$\dfrac{0.120}{0.015}$	87.5	$\dfrac{0.025}{0.005}$	80.0
川崎	千叶 （1982） 水岛 （1988）	石灰 10.3，轧钢皮 14.4，萤石 0.8，烧结尘 15.6	41.1	250t 鱼雷罐，顶吹氧，熔剂在线混合喷吹	$\dfrac{0.12}{0.02}$	83.3	$\dfrac{0.035}{0.020}$	42.9
		石灰 10，轧钢皮 30，萤石 0.4，苏打 0.5~9	40.9~49.4					

续表 4-6

厂 名 (投产时间)		各脱磷剂单耗 /kg·t^{-1}	脱磷剂单耗 /kg·t^{-1}	处理方法与设备	处理效果			
					$\dfrac{w[P]_i}{w[P]_f}$	η_P /%	$\dfrac{w[S]_i}{w[S]_f}$	η_S/%
神户 (1984 ~ 1985)	神户	石灰 13.8，轧钢皮 13.8，萤石 4.4（苏打 5.8）	32.0	240~300t 鱼雷罐， 吹氧 4~6m³/t（标态） 脱磷，脱硫用氮气作 载气	$\dfrac{0.082}{0.015}$	81.7	$\dfrac{0.040}{0.010}$	75.0
	加古川	石灰 12.8，轧钢皮 16，萤石 3.2（分期脱 硫，CaO+CaC₂ 5.8）	32.0					
住友和歌山 (1986)		转炉渣 25~33，铁矿 石 20~24，萤石 5~8， O₂ 5~15m³/t	50~65	160t 专用转炉 10~ 15min，底吹氮气 0.6~ 0.9m³/t（标态）	$\dfrac{0.100}{0.015\sim0.025}$	75~85		
中国太钢 (1988)		石灰 14.4，轧钢皮 22.6，萤石 4.1，O₂ 2.84m³/t	41.0	55t 专用包，50t 铁 水，用氮气作载气	$\dfrac{0.082}{0.013}$	84.1	$\dfrac{0.030}{0.023}$	23.3
韩国浦项 (1993)		石灰 10.8，轧钢皮 4.0，烧结尘 21.2，苏 打 4.0	40.0	100t 专用包	$\dfrac{0.10}{0.01}$	90.0	$\dfrac{0.022}{0.009}$	60.0

在确定相关参数条件下，典型的铁水预脱磷曲线如图 4-16 所示。铁水中磷含量减小速度随时间变化大致可分为三段：(1) $w[Si]$ 高时，脱磷速度较小区；(2) $w[Si]$ 低至一定值（约 0.01%）脱磷速度增加区；(3) $w[P]$ 低至一定值后，脱磷速度减小区。这是由于硅与氧的亲和能力强，喷入粉剂中的氧首先与硅反应，但由于喷入粉剂在一定时间内的供氧量一定，这就导致在Ⅰ期用于脱磷的氧较少，脱磷速度较小；当硅脱至一定量以后时，用于脱磷的氧开始增加，脱磷速度增加，就出现了脱磷的Ⅱ期曲线；当磷降至一定值后，脱磷速度变缓，这是由于铁水中磷浓度越来越低造成的。

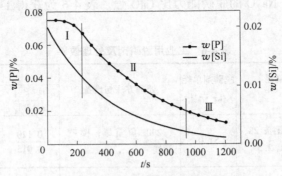

图 4-16　典型的铁水预脱磷曲线

4.3.2　铁水预脱磷的方法

根据工业生产实践，炉外脱磷主要方法有机械搅拌法与喷吹法。

4.3.2.1　机械搅拌法

在铁水包中加入配制好的脱磷剂，然后通过装有叶片的机械搅拌器使铁水搅拌混匀，也可同时吹入氧气。日本某厂曾在 50t 铁水包中用机械搅拌法脱磷，其叶轮转速为 50~70r/min，吹氧量 8~18m³/t，处理时间 30~60min，脱磷率 60%~85%。

4.3.2.2 喷吹法

喷吹法是目前最主要的脱磷方法，它是通过载气将脱磷剂喷吹到铁水包中，使之与铁水混合、反应，达到高效率脱磷。

（1）铁水包喷吹法。它有如下优点：铁水包混合容易，排渣性好；氧源供给可上部加轧钢皮，并配加石灰、萤石等，在强搅拌下加速脱磷反应；气体氧可以调节控制铁水温度；处理量与转炉匹配，转炉可冶炼低磷（<0.010%）钢种，减少造渣剂用量。日本新日铁用氩气作载气，在 100t 铁水包中吹入脱磷剂 45kg/t，喷吹时间 20min，脱磷率达 90%左右。

（2）鱼雷罐喷吹法。以鱼雷罐作为铁水预脱磷设备存在如下问题：鱼雷罐中存在死区，反应动力学条件不好，在相同粉剂消耗下，需要载气量大，且效果不如铁水罐；喷吹过程中罐体振动比较严重，改用倾斜喷枪或 T 形、十字形出口喷枪后有好转；用作脱磷设备后，由于渣量过大，罐口结渣铁严重，其盛铁容积明显降低；每次倒渣都需倒出相当多的残留铁水，否则倒不净罐内熔渣，影响盛铁量和下次处理效果；用苏打作脱磷剂罐衬侵蚀严重，尚无经济适用的方案予以解决。因此，使用这种脱磷容器的厂逐渐减少。

（3）专用炉处理。专用炉处理是在炼钢车间专门用一座预处理炉进行铁水脱磷。它有两种形式：一种是专门建造的一座可倾翻扒渣、容量较大并配有防溅密封罩、喷粉处理的铁水包；另一种是将炼钢车间的转炉稍加改造后专用于铁水脱磷，已有不少厂采用此法，较早采用此法的是日本神户制铁所（其流程如图 4-17 所示）。

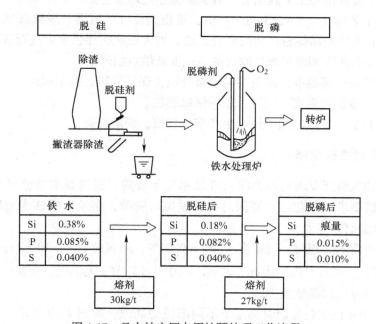

图 4-17 日本神户厂专用炉预处理工艺流程

该工艺称为专用炉（即 H 炉）氧—石灰喷吹脱磷脱硫工艺，即 OLIPS 法。用氮气作载气顶喷脱磷剂，顶吹氧气脱磷，并用少量苏打分期脱硫。

随后，日本住友开发了预炼炉工艺，称为两级转炉串联操作 SRP 工艺，如图 4-18 所示。其中第一级转炉称为脱磷炉（即预炼炉），完成脱磷任务；第二级称为脱碳炉，完成炼钢任务。脱碳炉的转炉渣可配入铁矿石、萤石或加少量石灰作为预炼炉的脱磷剂，充分利用转炉渣的脱磷能力，可节约脱磷剂，降低成本。工艺特点：预炼炉可在 10min 内将铁水磷含量降至 0.011% 以下，同时可加 7% 的废钢；用脱磷铁水可很容易生产磷含量低于 0.010% 的极低磷钢；总的 CaO 消耗量比冶炼普通含磷钢减少 10~18kg/t；由于加锰矿石熔融还原，终点锰含量可提高到 1.5%，因此可减少锰铁合金的用量；顶加脱磷剂（如块状石灰、转炉渣等）代替喷吹脱磷剂，价格便宜。

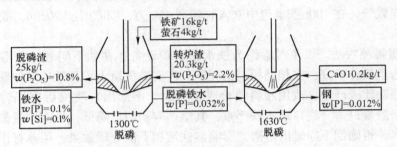

图 4-18　日本住友 SRP 操作工艺

转炉双联工艺进行铁水预处理的特点：

（1）与喷吹法相比，放宽对铁水硅含量要求。采用转炉三脱，控制铁水 $w[Si] \leqslant$ 0.3%，可以达到脱磷要求，而喷吹法脱磷要求铁水 $w[Si] \leqslant 0.15\%$。因此，采用转炉三脱可以和高炉低硅铁冶炼工艺相结合，省去脱硅预处理工艺。

（2）控制中等碱度（$R = 2.5 \sim 3.0$）渣，可得到良好的脱磷、脱硫效果。通常采用的技术有：使用脱碳转炉精炼渣作为脱磷合成渣；增大底吹搅拌强度促进石灰渣化并适当增加萤石量；配加石灰粉和转炉烟尘制成的高碱度低熔点脱磷剂。

（3）严格控制处理温度，避免熔池脱碳升温，保证脱磷，抑制脱碳。

（4）增强熔池搅拌强度，同时采用弱供氧制度。

（5）渣量减少，冶炼时间缩短，生产节奏加快，炉龄提高。

4.3.3　铁水同时脱硫脱磷

铁水脱硫和脱磷所要求的热力学条件是相互矛盾的，脱磷要求熔渣（或金属液）高氧化性，而脱硫要求低氧化性。要同时实现脱硫与脱磷，必须根据铁水脱磷和脱硫的要求，控制合适的氧位才行。

用石灰系脱磷剂处理时，若要求 $w[P] \leqslant 0.01\%$，则氧位 $p_{O_2} \geqslant 10^{-8}$Pa；若要求 $w[S]_f \leqslant 0.005\%$，则 $p_{O_2} \leqslant 10^{-11}$Pa。因此，在 $p_{O_2} = 10^{-8} \sim 10^{-11}$Pa 范围内，在同一氧位下石灰系脱磷剂不同时具有脱磷脱硫能力。

竹内等在 100t 铁水包脱磷时测定了不同部位的氧位，如图 4-19 所示。由图说明，不同部位的氧位不同，可分别具有较强的脱磷和脱硫能力。采用喷吹法时，在喷枪出口处氧位高，有利于脱磷；当粉液流股上升时，其氧位逐渐降低，到包壁回流处氧位低，有利于实现脱硫。因此，在同一反应器内，脱磷反应发生在高氧位区，脱硫反应发生在低氧位区，使铁水磷与硫得以同时去除，但总体过程无法控制。实际上，处理含磷0.1%左右的铁水，工业上已达到90%以上的脱磷率，而脱硫率则为50%左右。要达到深度的脱磷，总氧用量必须大于8.0m³/t（标态）；铁水温度一般控制在1300~1350℃范围。供氧速度由熔剂喷吹速度和吹氧速度来决定，供氧过快，铁水氧位增长过快，不利于脱硫；过慢则不利于脱磷。

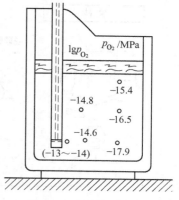

图4-19 铁水包喷吹脱磷时不同部位的氧位

目前铁水同时脱磷脱硫工艺已在工业上应用，如日本的SARP法（Sumitomo Alkali Refining Process，住友碱性精炼工艺）。该法于1982年5月投产，工艺流程示意如图4-20所示。它是将高炉铁水首先脱Si，当$w[\text{Si}]<0.08\%$以后，除渣，然后喷吹苏打粉19kg/t，其结果使铁水脱硫96%，脱磷95%。喷吹苏打粉工艺的特点是：苏打粉熔点低，流动性好；界面张力小易于渣铁分离，使渣中铁损小；实现同时去除硫磷；但对耐火材料侵蚀严重，有气体污染。

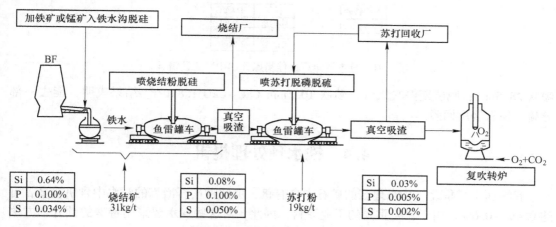

图4-20 SARP生产工艺流程图

另外，以喷吹石灰粉为主的粉料也可实现同时脱磷与脱硫，如日本新日铁公司君津厂的ORP法（Optimising the Refining Process，最佳精炼工艺），如图4-21所示，该法于1982年9月投产。它是把铁水脱硅，当$w[\text{Si}]<0.15\%$后，扒出炉渣，然后喷吹石灰基粉料51kg/t，其结果铁水脱硫率为80%，脱磷率为88%。喷吹石灰基粉料的工艺特点是：渣量大，渣中铁损多；石灰熔点高，需加助熔剂；铁水中氧位低，需供氧；成本低。

脱磷脱硫可以分期处理，这是在脱磷的同时提高脱硫率的最有效办法。分期脱磷脱硫一般是先脱磷后脱硫，也可以先脱硫后脱磷。日本神户在90t专用炉中处理，脱磷期喷吹脱磷剂32kg/t、顶吹氧气3~10m³/t，脱磷剂配比为43%CaO+43%轧钢皮+14%CaF₂，喷吹9min；脱硫期则停吹氧气，喷吹6.5min Na₂CO₃ 5.6kg/t。结果表明，能除去大部分硫，还能继续脱磷。日本加古川厂在300t鱼雷罐中处理，脱磷期喷吹脱磷剂32kg/t，顶吹氧气4~6m³/t，脱磷剂配比为（30%~50%）CaO+（40%~60%）轧钢皮+（5%~15%）CaF₂，

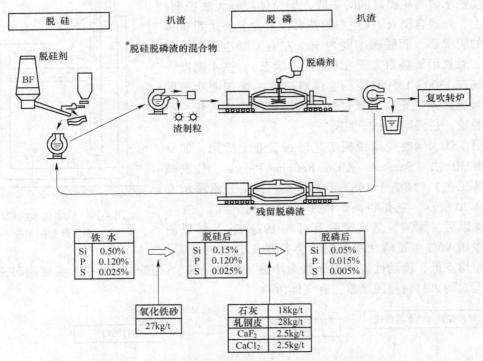

图 4-21　日本君津厂最佳精炼（ORP）工艺流程

喷吹 28.5min；脱硫期停吹氧气，喷吹 10.5min CaC$_2$-CaO 1.8kg/t。结果表明，能去一部分硫，但有轻度回磷。

4.4　铁水预处理提钒

我国西南、华北、华东地区的矿石中含有钒，由此种矿石冶炼的铁水中含钒较高，可达 0.4%~0.6%。由于钒是重要的工业原料，因此，对这些铁水要采用特殊的预处理方法而提取其中的钒。

4.4.1　铁水提钒原理

目前，我国进行含钒铁水提钒，主要采用氧化提钒工艺，即先对含钒铁水吹氧气或富氧空气，使铁水中钒氧化进入炉渣，然后把含钒炉渣富集分离，进一步提炼出钒铁合金。

在吹氧过程中，由于钒与氧有很强的亲和力，钒与氧反应过程主要生成五种氧化物，各反应方程为：

$$2[V] + O_2 === 2VO(s) \qquad \Delta G^\ominus = -761540 + 239.76T \quad J/mol \qquad (4\text{-}20)$$

$$[V] + \frac{3}{4}O_2 === \frac{1}{2}V_2O_3(s) \qquad \Delta G^\ominus = -772050 + 211.22T \quad J/mol \qquad (4\text{-}21)$$

$$[V] + O_2 === \frac{1}{2}V_2O_4(s) \qquad \Delta G^\ominus = -671100 + 193.53T \quad J/mol \qquad (4\text{-}22)$$

$$[V] + O_2 === \frac{1}{2}V_2O_4(l) \qquad \Delta G^\ominus = -609860 + 159.47T \quad J/mol \qquad (4\text{-}23)$$

$$\frac{4}{5}[V] + O_2 === \frac{2}{5}V_2O_5(1) \qquad \Delta G^{\ominus} = -562630 + 163.23T \quad J/mol \qquad (4\text{-}24)$$

通过比较各反应的 $\Delta G^{\ominus}$ 可以看出，在铁水预处理温度和顶渣条件下，酸性的 V_2O_5 最稳定。因此，通常都采用将富含 V_2O_5 的炉渣富集分离的方法来提钒。

在吹氧提钒过程中，要求铁水中的钒尽可能氧化进入渣中，同时为了保证提钒后的铁水（半钢）中有足够的化学热，即保留尽可能高的发热元素碳，必须研究提钒保碳问题。根据选择性氧化原理，为了提钒保碳，可应用以下反应式来确定 [V]、[C] 氧化的转化温度。

$$\frac{2}{3}[V] + CO === \frac{1}{3}(V_2O_3) + [C] \qquad \Delta G^{\ominus} = -255765 + 151.18T \quad J/mol \qquad (4\text{-}25)$$

当反应达到平衡时，$\Delta G = 0$，则：

$$RT\ln\frac{a_{[C]} \cdot a^{\frac{1}{3}}_{(V_2O_3)}}{a^{\frac{2}{3}}_{[V]} \cdot p_{CO}} = 255765 - 151.18T \qquad (4\text{-}26)$$

根据已知铁水成分，计算出各物质的活度，代入式（4-26）就可求出 [V]、[C] 氧化的转化温度。在提钒操作中，只要控制铁水温度低于转化温度，就能达到提钒保碳的目的。通常吹炼温度控制在 1420℃ 以下。

4.4.2 提钒方法

铁水提钒工艺方法有摇包法、转炉法、雾化炉法和槽式炉法，德国、南非主要采用转炉法和摇包法，我国主要采用转炉法和雾化法。

4.4.2.1 雾化提钒

铁水经中间包以一恒定的流股经过雾化器流入雾化室，与此同时经水冷雾化器供给一定压力和流量的压缩空气或富氧空气，在雾化室中铁水流股与高速的空气流股相遇而被粉碎或雾化成小于 2mm 的液滴，它们与氧的接触面积增大，加快了铁水中钒、硅、碳等元素的氧化反应，从而获得半钢和钒渣。雾化提钒工艺流程见图 4-22。

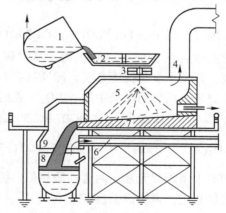

图 4-22 雾化提钒流程图

1—铁水罐；2—中间包；3—雾化器；4—烟道；5—雾化室；
6—副烟道；7—出钢槽；8—半钢罐；9—烟罩

雾化提钒工艺中，当雾化器结构和供气量一定时，铁水流量控制至关重要。铁水流量大，雾化不好，且空气中的供氧不足，钒的氧化少；铁水流量小，雾化充分，供氧过度，将增加碳和铁的氧化，使钒渣中 FeO 多，影响钒渣质量。因此，要控制好铁水流量，保证中间罐铁水液面稳定。雾化提钒过程中不能加入冷却剂，只适用于低硅含钒铁水，且铁水温度不能过高。

4.4.2.2　转炉提钒

转炉提钒是铁水中 Fe、V、C、Si、Mn、Ti、P、S 等元素选择性氧化反应的过程。这些元素的选择性氧化取决于该元素在铁水中的组分变化、与氧的亲和力大小、反应温度以及钒渣的成分变化。因而优化、完善提钒过程的冷却制度、供氧制度和终点控制制度，以确保"提钒保碳"目标的实现，是关键技术难点所在。

转炉提钒有空气侧吹转炉提钒、氧气顶吹转炉提钒和复吹转炉提钒等几种形式。图 4-23 为攀钢氧气顶吹转炉提钒的工艺流程图。提钒过程中为了控制反应温度，在兑入含钒铁水后要兑入一定的冷却剂。冷却剂通常采用生铁块，有的厂家加入部分球团

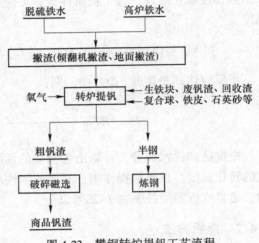

图 4-23　攀钢转炉提钒工艺流程

矿。在顶吹转炉提钒中，氧枪的控制根据钒的氧化环节来调节。据有关研究指出，当铁水钒含量大于 0.20% 时，钒的氧化以渣-铁界面上的间接氧化为主，当铁水钒含量小于 0.20% 时，钒的氧化以熔池内的直接氧化为主。因此，在提钒吹炼中氧枪控制应先高后低。

4.5　铁水预处理提铌

含铌的铁矿石在高炉冶炼时，其中的 $Fe(NbO_3)_2$、$Ca_2Nb_2O_5$ 等被还原，有 70% ~ 80% 的铌进入铁水，使铁水铌含量达到 0.05% ~ 0.1%。为了从含铌铁水中提取金属铌，经过我国冶金工作者的多年研究，开发了氧化提铌方法，即通过在专用的转炉中进行氧化性吹炼，使铁水中的铌氧化进入炉渣，然后回收渣中的 Nb_2O_4。铌的氧化反应为：

$$[Nb] + O_2 === NbO_2(s) \qquad \Delta G^{\ominus} = -798307 + 239.20T \quad J/mol \qquad (4-27)$$

$$[Nb] + O_2 === \frac{1}{2}Nb_2O_4(s) \qquad \Delta G^{\ominus} = -798307 + 231.58T \quad J/mol \qquad (4-28)$$

由于铌与钒在元素周期表中属同族元素，两者性质相似，因此提铌过程同样存在提铌保碳问题，为了防止碳的大量氧化，将提铌温度控制在 [C]、[Nb] 氧化的转化温度以下（通常不超过 1400℃），吹炼过程中采用生铁块或矿石作冷却剂来控制熔池温度。

铌的提取方法与提钒相同，只是采用的设备略有不同，其提取效果也有差异。

思 考 题

4-1 为什么说铁水脱硫条件比钢水脱硫优越？

4-2 用金属镁进行铁水脱硫的机理是什么？

4-3 比较说明各脱硫方法的适应性。

4-4 为何铁水脱磷必须先脱硅？

4-5 如何实现铁水同时脱磷脱硫？

转炉炼钢方法及其冶金特点

氧气转炉炼钢法就是使用转炉（converter），以铁水作为主原料，以纯氧作为氧化剂，靠杂质的氧化热提高钢水温度，一般在 30~45min 内完成一次精炼的快速炼钢法。目前，世界上主要的转炉炼钢法有：氧气顶吹转炉炼钢法（LD 法）、氧气底吹转炉炼钢法（如 Q-BOP 法）和顶底复合吹炼转炉炼钢法（复合吹炼法），如图 5-1 所示。在我国，主要采用 LD 法（小转炉）与复合吹炼法（大中型转炉）。现代转炉炼钢流程如图 5-2 所示。

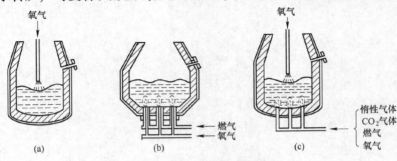

图 5-1　转炉吹炼方法示意图

（a）顶吹法；（b）底吹法；（c）顶底复吹法

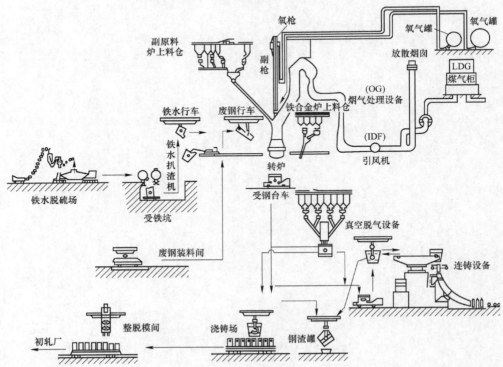

图 5-2　转炉炼钢的主要设备和工艺流程

5.1 氧气顶吹转炉炼钢法

氧气顶吹转炉炼钢法的特点是：（1）吹炼速度快、生产率高；（2）品种多、质量好；（3）原材料消耗少、热效率高、成本低；（4）基建投资省、建设速度快；（5）氧气顶吹转炉容易与精炼及连铸相匹配。

氧气顶吹转炉炼钢法的缺点是：吹损大（达10%左右）、金属收得率低；相对底吹法与复吹法，其氧气射流对熔池搅拌不均匀，从而影响氧气顶吹转炉吹炼强度、吹炼稳定性和生产率的提高，因此大中型氧气顶吹转炉已被顶底复吹转炉所代替。

5.1.1 吹炼过程操作工序

图5-3示出了国外某厂氧气顶吹转炉采用单渣法，吹炼一炉钢的操作过程与相应制度。

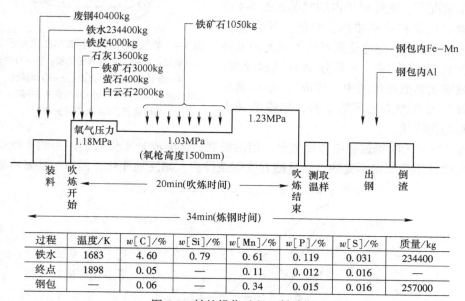

过程	温度/K	$w[C]/\%$	$w[Si]/\%$	$w[Mn]/\%$	$w[P]/\%$	$w[S]/\%$	质量/kg
铁水	1683	4.60	0.79	0.61	0.119	0.031	234400
终点	1898	0.05	—	0.11	0.012	0.016	—
钢包	—	0.06	—	0.34	0.015	0.016	257000

图5-3 转炉操作过程（低碳钢）

上炉钢出完后，检查炉况，进行溅渣护炉（或补炉），倒完残余炉渣，然后堵出钢口。装入废钢和兑铁水后，摇正炉体。下降氧枪的同时，由炉口上方的辅助材料溜槽加入第一批渣料（白云石、石灰、萤石、铁皮、铁矿石），其量约为总渣料量的2/3。当氧枪降至规定枪位时，吹炼正式开始。开吹约4~6min后，初渣形成，再加入第二批渣料（其余1/3）。如果炉内化渣不好，则加入第三批渣料（萤石或其代用品），其加入量视炉内化渣情况决定。

吹炼开始时，氧枪采用高枪位（即氧枪高度），目的是为了早化渣、多去磷、保护炉衬。在吹炼过程中，要适当降低枪位，以利于快速脱碳，熔池均匀升温。吹炼中期脱碳反应激烈，渣中氧化铁含量降低，致使炉渣熔点增高和黏度加大，并可能出现稠渣（即"返干"）现象。此时应适当提高枪位。在吹炼末期要降枪，目的是加强熔池搅拌，均匀钢水成分和温度，便于判断终点；同时降低渣中的铁含量，减少铁损，达到溅渣的要求。

根据火焰状况、供氧量和吹炼时间等因素，按所炼钢种的成分与温度要求，确定吹炼终点，并提枪停止供氧，进行测温、取样操作。根据分析结果，决定出钢或补吹时间。当钢水成分（主要是碳、硫、磷的含量）和温度合格，打开出钢口，倒炉挡渣出钢。当钢水流出总量的四分之一时，向钢包内加入铁合金，进行脱氧和合金化，至此一炉钢冶炼完毕。

通常将相邻两炉钢之间的间隔时间（即从装入钢铁料至倒渣完毕的时间）称为冶炼周期（smelting period）或冶炼一炉钢的时间，一般为 30~45min，它与炉子吨位大小和工艺的不同有关。其中吹氧过程的时间称为供氧时间或纯吹炼时间，通常为 12~18min。

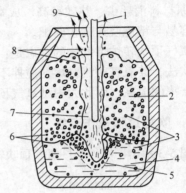

图 5-4　氧气顶吹转炉熔池和乳化相示意图
1—氧枪；2—气-渣-金属乳化相；3—CO 气泡；
4—金属熔池；5—火点；6—金属液滴；
7—由作用区释放出的 CO 气流；8—溅出的
金属液滴；9—离开转炉的烟尘

5.1.2　转炉吹炼过程中金属成分的变化规律

通常情况下，吹炼时炉内的状况如图 5-4 所示。喷枪是埋没在炉渣中的，炉渣由于含有大量 CO 气泡而膨胀。熔池受到氧气射流的强烈冲击和熔池沸腾的作用，一部分钢液飞溅起来，成为金属液滴弥散在熔渣中，形成气-渣-金属乳化相。氧气射流冲击区凹陷下去，和熔池冲击处大致呈抛物线状。

图 5-5 所示为吹炼过程中金属成分、熔池温度、熔渣成分变化实例。当然，吹炼过程中炉内变化并不是固定不变的，而是随着吹炼条件会大幅度地变化，但有一些基本规律。

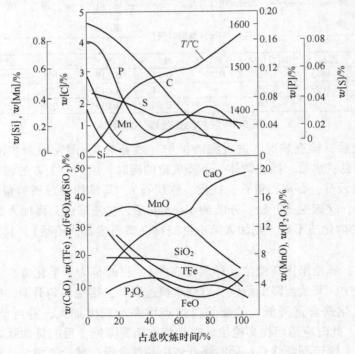

图 5-5　顶吹转炉炉内成分变化

5.1.2.1 [Si] 的氧化规律

在开吹时，铁水中 [Si] 含量高，同时 [Si] 和氧的亲和力大，[Si] 氧化反应为放热反应，低温下有利于反应进行，所以 [Si] 在吹炼初期大量地迅速氧化，一般在 5min 内就被氧化到很低。一直到吹炼终点，不发生硅的还原。[Si] 的氧化图解见图 5-6，反应式中（FeO）为渣中（FeO）和金属珠表面的氧化膜。

$$2(CaO) + (2FeO \cdot SiO_2) = (2CaO \cdot SiO_2) + 2(FeO)$$
$$2(FeO) + (SiO_2) = (2FeO \cdot SiO_2)（产物不稳定，随熔渣碱度提高而转变）$$
$$[Si] + 2(FeO) = (SiO_2) + 2[Fe]$$
$$[Si] + 2[O] = (SiO_2) \qquad （熔池内反应）$$
$$[Si] + \{O_2\} = (SiO_2) \qquad （氧气直接氧化）$$

熔渣
界面
钢水

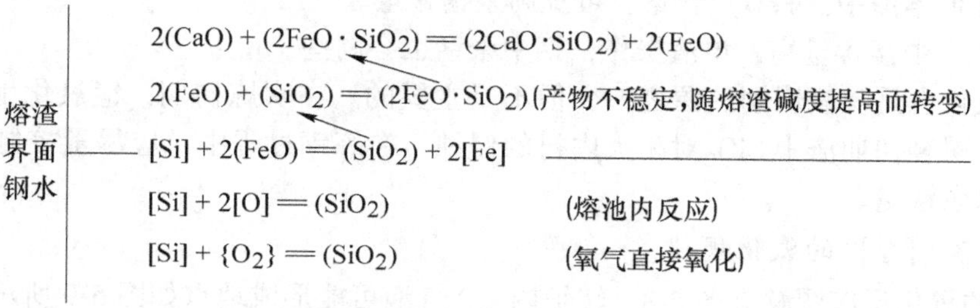

图 5-6 [Si] 的氧化图解

随着吹炼的进行，石灰逐渐溶解，$2FeO \cdot SiO_2$ 转变为稳定的化合物 $2CaO \cdot SiO_2$，SiO_2 活度很低，在碱性渣中 $a_{(FeO)}$ 较高，因此不仅 [Si] 能被氧化到很低含量，而且在 [C] 激烈氧化时，也不会被还原，即使温度高于 1530℃，[C] 与 [O] 的亲和力大于 [Si] 与 [O] 亲和力，终因（CaO）与（SiO_2）结合为稳定的 $2CaO \cdot SiO_2$，[C] 也不能还原（SiO_2）。

[Si] 氧化可使熔池温度升高，硅氧化是吹氧炼钢的主要热源之一。[Si] 氧化后生成（SiO_2），降低熔渣碱度，不利于脱磷、脱硫，侵蚀炉衬耐火材料。熔池中 [C] 的氧化反应只有在 $w[Si] < 0.15\%$ 时，才能激烈进行。

可见，影响 [Si] 氧化规律的主要因素是：[Si] 与氧的亲和力、熔池温度、熔渣碱度和 $a_{(FeO)}$。

5.1.2.2 [Mn] 的氧化规律

[Mn] 在吹炼初期迅速氧化，但不如 [Si] 氧化得快。熔池中 [Mn] 的氧化图解见图 5-7，反应式中（FeO）为渣中（FeO）和金属珠表面的氧化膜。

$$[C] + (MnO) = [Mn] + \{CO\} \qquad （吹炼后期，炉温升高后，(MnO) 被 [C] 或 [Fe] 还原）$$
$$2(CaO) + (MnO \cdot SiO_2) = (MnO) + (2CaO \cdot SiO_2)（在碱性渣中大部分呈游离 (MnO)）$$
$$(SiO_2) + (MnO) = (MnO \cdot SiO_2) \qquad （吹炼前期）$$
$$[Mn] + (FeO) = (MnO) + [Fe]$$
$$[Mn] + [O] = (MnO) \qquad （熔池内反应）$$
$$[Mn] + 1/2\{O_2\} = (MnO) \qquad （氧气直接氧化反应）$$

熔渣
界面
钢水

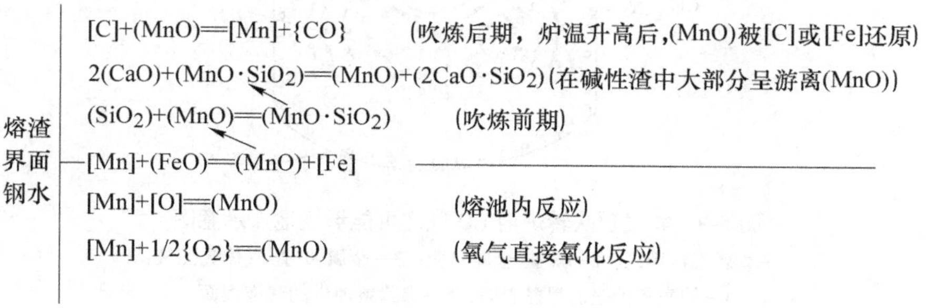

图 5-7 [Mn] 的氧化图解

吹炼终了时，钢中的锰含量也称余锰或残锰（surplus manganese），这是 [Mn] 的氧化规律与 [Si] 的氧化规律不同的地方。

一般认为，钢液中的余锰可防止钢液的过氧化，或避免钢液中含过多的过剩氧，以提高脱氧合金的收得率，降低钢中氧化物夹杂。余锰高，也可以降低钢中硫的危害。但在冶炼工业纯铁时，要求锰含量越低越好，应采取措施降低终点锰含量。影响余锰量的因素有：

（1）炉温高利于（MnO）的还原，余锰含量高。

（2）碱度升高，可提高自由（MnO）浓度，余锰量增高。

（3）降低熔渣中（FeO）含量，可提高余锰含量。

（4）铁水中锰含量高，单渣操作，钢中余锰也会高些。

锰的氧化也是吹氧炼钢热源之一，但不是主要的。在吹炼初期，锰氧化生成 MnO 可帮助化渣，减轻初期渣中 SiO_2 对耐火内衬的侵蚀。在炼钢过程中，应尽量控制锰的氧化，以提高钢水余锰量。

5.1.2.3 ［C］的氧化规律

［C］的氧化反应图解见图 5-8。转炉内 CO 气泡可能形成地点如图 5-9 所示。

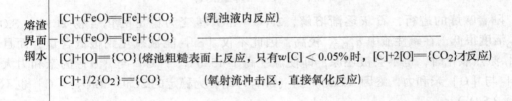

图 5-8 ［C］的氧化反应图解

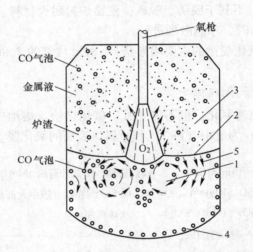

图 5-9 氧气顶吹转炉内 CO 气泡可能形成地点示意图

1—氧射流作用区；2—炉渣-金属界面；3—金属-炉渣-气体乳浊液；
4—炉底和炉壁的粗糙表面；5—沸腾熔池中的气泡表面

C-O 反应主要是在气泡和金属的界面上发生。［C］的氧化规律主要表现为吹炼过程中［C］的氧化速度，其变化规律与主要影响因素之间的关系列于表 5-1。

整个冶炼过程中脱碳速度的变化情况如图 5-10 所示，我们将整个脱碳过程中脱碳速度变化的曲线称为"台阶形曲线"。

表 5-1 ［C］氧化速度的变化规律及其主要影响因素

吹炼时期	碳氧化速度的工艺影响因素				碳氧化速度
	熔池温度	熔池金属成分	熔渣 $w(\Sigma FeO)$	熔池搅动	
前期 （Ⅰ期）	熔池平均温度低于1500℃，［C］处于非活性状态，不利于［C］氧化	［Si］、［Mn］含量高，且与氧亲和力均大于［C］与氧亲和力，不利于［C］氧化	$w(\Sigma FeO)$ 较高，而化渣、脱碳消耗的（FeO）较少	熔池搅动不如中期强烈	初期碳的氧化速度不如中期高
中期 （Ⅱ期）	熔池温度大于1500℃，［C］与氧的化合能力增加	①［Si］、［Mn］含量已降低；②［P］与氧亲和力小于［C］与氧亲和力	［C］氧化消耗较多的（FeO），$w(\Sigma FeO)$ 有所降低	熔池搅动强烈，反应区乳化得较好	碳氧化速度高
后期 （Ⅲ期）	熔池温度很高，大于1600℃	［C］含量比较低	碳氧化速度减慢，$w(\Sigma FeO)$ 增加	熔池搅动不如中期	碳氧化速度比中期低

（1）前期（Ⅰ期）。因钢水中的硅含量很高，而钢水温度较低，所以以硅的氧化为主，而脱碳反应受到抑制。硅的氧化速度由快变慢，而脱碳速率由慢到快，最后达到最大值。

第Ⅰ期脱碳速度为：

$$v_C = -\frac{dw[C]_\%}{dt} = K_1 t \tag{5-1}$$

式中，t 为吹炼时间，min；K_1 为比例系数，与钢水中硅的原始含量、熔池温度等因素有关（见图 5-11）。

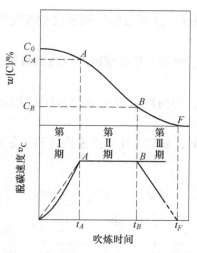

图 5-10 脱碳速度与吹炼时间的关系示意图

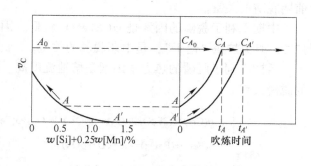

图 5-11 ［Si］、［Mn］对脱碳速度的影响

由图 5-11 看出，$w[Si]+0.25w[Mn]>1.5\%$ 时，初始脱碳速度趋于零。当熔池温度升高到约 1480℃，碳才可能激烈氧化。

（2）中期（Ⅱ期）。这是碳激烈氧化的阶段，脱碳速度始终保持最高水平，几乎为定值，v_C 最大可达 0.3%~0.5%C/min。

第Ⅱ期脱碳速度为：

$$v_C = -\frac{dw[C]_\%}{dt} = K_2 \tag{5-2}$$

式中，K_2 为高速脱碳阶段由氧气流量所确定的常数，氧流量 Q 变化时，$K_2 = k_2 \cdot Q$。脱碳速度受氧的扩散控制，所以供氧强度越大，脱碳速度越大。因此，可以认为，第二期脱碳速度主要决定于供氧强度。

（3）后期（Ⅲ期）。脱碳反应继续进行，但钢水中的碳的浓度已很低，脱碳速度随着钢中碳含量的减少不断下降。

第Ⅲ期脱碳速度：

$$v_C = -\frac{dw[C]_\%}{dt} = K_3 w[C]_\% \tag{5-3}$$

式中，K_3 为由氧气流量、枪位等确定的常数；$w[C]_\%$ 为熔池碳含量。

当碳含量降低到一定程度时，碳的扩散速度减小了，成为反应的控制环节，所以脱碳速度和碳含量成正比。

关于第二阶段向第三阶段过渡时的碳含量 $w[C]_临$ 的问题，有种种研究和观点，差别很大。通常在实验室条件下得出 $w[C]_临$ 为 0.1%~0.2% 或 0.07%~0.1%，而在实际生产中则为 0.1%~0.2% 或 0.2%~0.3%，甚至高达 1.0%~1.2%。$w[C]_临$ 依供氧强度和供氧方式、熔池搅拌强弱和传质系数的大小而定。川合保治指出，随着单位面积的供氧强度的加大，或熔池搅拌的减弱，$w[C]_临$ 有所增高。

5.1.2.4　吹炼过程中 [P] 的变化规律

脱磷反应图解见图 5-12。

[P] 的变化规律主要表现为吹炼过程中的脱磷速度。吹炼各期脱磷速度的变化规律及其与主要影响因素之间的关系列于表 5-2。

前期不利于脱磷的因素是熔渣碱度比较低。因此，如何及早形成碱度较高的熔渣，是前期脱磷的关键。

中期不利于脱磷的因素是 $w(\Sigma FeO)$ 较低。因此，如何控制渣中 $w(\Sigma FeO)$ 达10%~12%，避免炉渣"返干"，是中期脱磷的关键。

后期不利于脱磷的热力学因素是熔池温度高。因此，如何防止终点温度过高，是后期的脱磷关键。

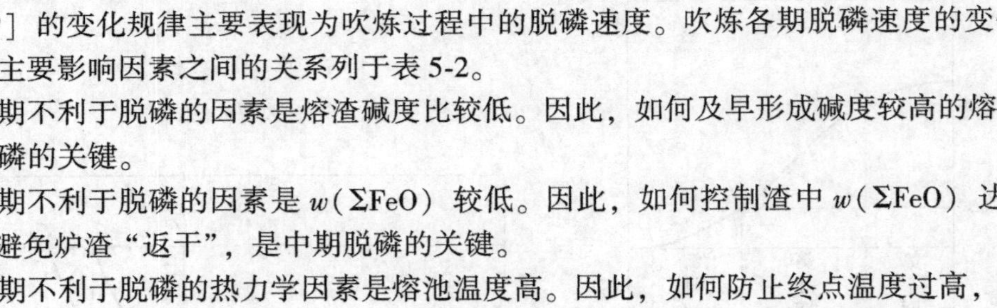

$$n(CaO)+(3FeO \cdot P_2O_5)=(nCaO \cdot P_2O_5)+3(FeO) \qquad （吹炼中、后期）\quad （n为3或4）$$

$$3(FeO)+(P_2O_5)=(3FeO \cdot P_2O_5) \qquad （吹炼前期）$$

熔渣
界面　——$2[P]+5(FeO)=(P_2O_5)+5[Fe]$——
钢水

$$2[P]+5[O]=(P_2O_5)$$

$$2[P]+5/2\{O_2\}=(P_2O_5)$$

图 5-12　脱磷反应图解

表 5-2　脱磷速度的变化规律及其主要影响因素

吹炼时期	脱磷速度的工艺影响因素					脱磷速度
	熔池温度	熔池 $w[P]$	熔渣 $w(\Sigma FeO)$	熔渣碱度	熔池搅动	
前期	温度较低，在热力学上有利于脱磷，但不利于形成碱度高、流动性好的熔渣	熔池金属含磷量比较高	（FeO）含量较高，可帮助化渣，促进脱磷反应进行	碱度平均2.0左右；不易形成高碱度渣	一般搅动强度，不如吹炼中期大	［P］几乎与［C］同时氧化；脱磷速度低于中期
中期	［C］大量氧化，熔池温度比前期提高，从动力学上看，有利于形成高碱度熔渣	熔池金属含磷量比前期低	（FeO）含量比前期低，不利于化渣，也不利于脱磷	熔渣碱度比前期提高，有利于脱磷	［C］大量氧化，脱碳速度高，熔池金属搅拌乳化好，有利于脱磷	关键因素是熔渣碱度；脱磷速度高于初期
后期	熔池温度高，有利于形成高碱度渣	熔池金属含磷量比中期低	脱碳速度降低，（FeO）又较快地升高	由于温度高，石灰进一步溶解，熔渣碱度高	脱碳速度降低，搅动不如中期	后期仍具有一定的脱磷能力，但低于中期

5.1.2.5　吹炼过程中 ［S］ 的变化规律

硫在金属液中存在三种形式，即：［FeS］、［S］和 S^{2-}，FeS 既溶于钢液，也溶于熔渣。碱性氧化渣脱硫反应图解见图 5-13，这是根据熔渣的分子理论写出的脱硫反应式。渣中的（MnO）、（MgO）也可发生脱硫反应。

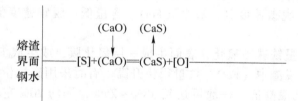

图 5-13　脱硫反应图解

根据熔渣的离子理论，脱硫反应可表示为：

$$[S] + (O^{2-}) \Longrightarrow (S^{2-}) + [O]$$

［S］的变化规律主要表现为吹炼过程中的脱硫速度，吹炼各期脱硫速度的变化规律及其与主要影响因素之间的关系列于表 5-3。

表 5-3　脱硫速度的变化规律及其主要影响因素

吹炼时期	脱硫速度的变化规律及其主要影响因素					脱硫速度
	熔池温度	熔池［S］含量	$w(\Sigma FeO)$	熔渣碱度	脱碳速度 v_C	
前期	温度较低	比中、后期高	较高	碱度较低，流动性差	碳氧化不激烈，熔池搅拌一般	脱硫能力较低，脱硫速度很慢

吹炼时期	脱硫速度的变化规律及其主要影响因素					脱硫速度
	熔池温度	熔池 [S] 含量	$w(\Sigma FeO)$	熔渣碱度	脱碳速度 v_C	
中期	温度逐渐升高	比前期稍低	比前期降低,在热力学上有利于脱硫,不利于化渣	石灰大量熔化,熔渣碱度升高	脱碳速度高,熔池乳化得比较好	脱硫速度比前、后期高,一般是脱硫的最好时期
后期	熔池温度接近出钢温度	比前、中期都低	(FeO) 回升,比中期高	熔渣碱度高,流动性好	v_C 低于中期,搅拌不如中期	脱硫速度低于或稍低于中期

可以看出,氧气顶吹转炉的脱硫特点是,在吹炼各个时期都能脱硫。从氧气转炉硫的衡算可以得出,氧化渣脱硫占总脱硫量的 90%,气化脱硫占 10% 左右。

5.1.3 熔渣成分的变化规律

熔渣成分影响着元素的氧化和脱除的规律,而元素的氧化和脱除又影响着熔渣成分的变化。

5.1.3.1 熔渣中 (FeO) 的变化规律

熔渣中 (FeO) 的变化取决于它的来源和消耗两方面。(FeO) 的来源主要与枪位、加矿量有关;(FeO) 的消耗主要与脱碳速度有关。

(1) 枪位:枪位低时,高压氧气流股冲击熔池,熔池搅动激烈,渣中金属液滴增多,形成渣、金乳浊液,脱碳速度加快,消耗渣中 (FeO),(FeO) 含量降低。枪位高时,脱碳速度低,渣中 (FeO) 含量增高。

(2) 矿石:渣料中加的矿石多,则渣中 (FeO) 含量增加。

(3) 脱碳速度:脱碳速度高,渣中 (FeO) 含量低;脱碳速度低,渣中 (FeO) 含量高。

开始吹氧后,大量铁珠被氧化,表面生成一层氧化膜,或生成 FeO 而进入熔渣,此时脱碳速度又低,所以渣中 (FeO) 含量很快升高。有时采用高枪位操作和加矿石造渣,(FeO) 含量很快达到最高值。一般可达到 18% ~ 25%,平均 20% 左右。中期温度升高,[C] 还原 (FeO) 的能力增强,脱碳速度大,枪位较低。所以中期渣中 (FeO) 含量比前期低,一般可降到 7% ~ 12%。后期脱碳速度降低,熔渣中 (FeO) 含量又开始增加。可见,熔渣中 (FeO) 含量在吹炼过程中由高而低再高,呈"锅底形"变化。

在氧压一定的条件下,改变枪位的高低,可达到操作工艺上所要求的化渣或脱碳的目的(见表 5-4)。

表 5-4 控制枪位的效果

操作工艺要求	控制枪位	控制枪位的效果	
		脱碳速度	$w(FeO)$
化渣	高	降低	增加
脱碳	低	增加	降低

5.1.3.2 熔渣碱度的变化规律

熔渣碱度的变化规律取决于石灰的溶解、渣中 (SiO_2) 和熔池温度。在吹炼各期,石灰的溶解情况、渣中（SiO_2）的来源和温度的高低都不一样，因而熔渣碱度也不一样，形成熔渣碱度在吹炼过程中有一定的变化规律。

吹炼初期，熔池温度不高，渣料中石灰还未大量熔化。而吹炼一开始，［Si］迅速氧化，渣中（SiO_2）很快提高，有时可高达 30%。初期熔渣碱度不高，一般为 1.8～2.3，平均为 2.0 左右。

吹炼中期，熔池温度比初期提高，促进石灰大量熔化。金属熔池中［Si］已氧化完了，SiO_2 来源中断。中期脱碳速度高，熔池搅动比前期强烈。这些因素都有利于形成高碱度熔渣。

吹炼后期，熔池温度比中期进一步提高，接近出钢温度，有利于石灰渣料熔化。在中期熔渣碱度较高的基础上，吹炼后期仍能得到高碱度、流动性良好的熔渣。

5.1.4 熔池温度的变化规律

熔池温度的变化与熔池的热量来源和热量消耗有关。

吹炼初期，兑入炉内的铁水温度一般为 1300℃左右，铁水温度越高，带入炉内的热量就越高，［Si］、［Mn］、［C］、［P］等元素氧化放热，但加入废钢可使兑入的铁水温度降低，加入的渣料在吹炼初期大量吸热。综合作用的结果，吹炼前期终了，熔池温度可升高至 1500℃左右。

吹炼中期，熔池中［C］继续大量氧化放热，［P］也继续氧化放热，均使熔池温度提高，可达 1500～1550℃。

吹炼后期，熔池温度接近出钢温度，可达 1650～1680℃左右，具体因钢种、炉子大小而异。

在整个一炉钢的吹炼过程中，熔池温度约提高 350℃。

5.1.5 炉内反应特征

LD 转炉吹炼过程的特点与操作要点为：

（1）吹炼前期（也称硅锰氧化期）。由于铁水温度不高，［Si］、［Mn］的氧化速度比碳快，开吹 2～4min 时，［Si］、［Mn］已基本上被氧化。同时，铁也被氧化形成 FeO 进入渣中，石灰逐渐熔解，使磷也氧化进入炉渣中。［Si］、［Mn］、［P］、［Fe］的氧化放出大量热，使熔池迅速升温。吹炼前期的任务是化好渣、早化渣，以利磷和硫的去除；同时也要注意减小炉渣对炉衬材料的侵蚀。

（2）吹炼中期（也称碳的氧化期）。铁水中［Si］、［Mn］氧化后，熔池温度升高，炉渣也基本化好，碳的氧化速度加快。吹炼中期是碳氧反应剧烈时期，此间供入熔池中的氧气几乎 100% 与碳发生反应，使脱碳速度达到最大。由于碳氧剧烈反应，使炉温升高，渣中（FeO）含量降低，磷和锰在渣-金间分配发生变化，产生回磷和回锰现象。但此间由于高温、低（FeO）、高（CaO）存在，使脱硫反应得以大量进行。同时，由于熔池温度升高使废钢大量熔化。吹炼中期的任务是脱碳和去硫，因此应控制好供氧制度，防止炉渣返干和喷溅的发生。

（3）吹炼后期（终点控制）。吹炼后期，铁水中碳含量低，脱碳速度减小。这时吹入熔池中的氧气使部分铁氧化，使渣中（FeO）和钢水中［O］含量增加。同时，温度达到出钢要求，钢水中磷、硫得以去除。吹炼后期要做好终点控制，保证温度、[C]、[P]、[S] 含量合乎出钢要求。此外，还要根据所炼钢种要求，控制好炉渣氧化性，使钢水中氧含量合适，以保证钢的质量。

LD 转炉的炉内反应特征是：（1）氧的反应效率高，脱碳反应极快，冶炼时间短；（2）渣-金属的搅拌激烈，从吹炼初期开始，脱磷反应和脱碳反应同时进行；（3）精炼反应中的热效率高，废钢使用量高；（4）由于强有力的沸腾现象，钢水中的氮、氢等气体成分被除去，其含有量低；（5）炉内最高温度部分位于炉中心的火点，因此耐火材料的损伤少。

5.2　氧气底吹转炉炼钢法

1967 年，德国马克希米利安公司与加拿大莱尔奎特公司共同协作试验，成功开发了氧气底吹转炉炼钢法，此法命名为 OBM 法（Oxygen Bottom Blowing Method）。采用同心套管结构的喷嘴，其内层钢管通氧气，该钢管与其外层无缝钢管的环缝中通碳氢化合物，利用包围在氧气外面的碳氢化合物的裂解吸热和形成还原性气幕冷却保护氧气喷嘴。与此同时，比利时、法国都成功研制了与 OBM 法相类似的工艺方法。法国命名为 LWS 法（采用液态的燃料油作为氧气喷嘴的冷却介质）。1971 年美国合众钢铁公司引进了 OBM 法，成功采用喷石灰粉吹炼含磷铁水，命名为 Q-BOP 法（Quiet-BOP）。

氧气底吹转炉炼钢法与氧气顶吹转炉炼钢法相比较，在炉底耐火材料寿命、喷嘴的维护以及由于吹入碳氢化合物造成钢中氢含量增加等方面还存在一定问题，但设备投资低，并适宜于吹炼高磷铁水和利于原有车间改造。目前国外氧气底吹转炉最大容量为 250t（日本川崎钢铁公司千叶厂），供氧强度达 $3.6m^3/(min \cdot t)$。氧气底吹转炉在欧洲、美国和日本得到了进一步的发展。

5.2.1　氧气底吹转炉设备

氧气底吹转炉的炉体结构与氧气顶吹转炉相似，其差别在于前者装有带喷嘴的活动炉底，另外耳轴结构比较复杂，是空心的，并有开口，通过此口将输送氧气、保护介质及粉状熔剂的管路引至炉底与分配器相接。

氧气底吹转炉炉底包括炉底钢板、炉底塞、喷嘴、炉底固定件和管道固定件等（见图 5-14）。喷嘴装在炉底塞上。当炉底塞砌砖或打结耐火材料时，在预定位置埋入钢管。开炉前，将套管式喷嘴插入预埋钢管内，用螺纹活接头与炉底钢板连接。氧气底吹转炉炉底喷嘴布置有三种形式：一是喷嘴均匀布置于以炉底中心为圆心的圆周上；二是大致均匀布置于整个炉底上；三是布置在半个炉底上。喷嘴数量因吨位不同而不同，一般为 6~22 个，例如 230t 氧气底吹转炉有 18~22 个喷嘴，150t 底吹转炉有 12~18 个喷嘴；喷嘴的供气截面面积以平方厘米表示时其数值应为转炉公称容量的 1~3 倍；喷嘴的直径约为熔池深度的 1/35~1/15。若底吹石灰粉时，应使喷嘴直径稍大一些，以防止堵塞。

套管式喷嘴为直筒形，由内外两层金属管构成，材料可用铜管、不锈钢管或碳素钢管。内管吹氧气或氧气加石灰粉的混合物。内外管之间的环缝通入保护介质。保护介质为气体或液体燃料，如丙烷、天然气、柴油、煤油等。为保持内外管之间的环缝固定不变和保护介质均匀分布，可采用多种结构方案（见图5-15）。

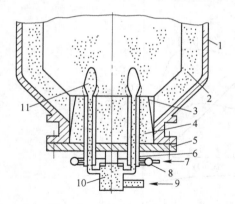 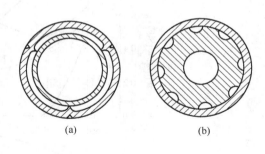

图 5-14　氧气底吹转炉炉底结构示意图
1—炉壳；2—炉衬；3—环缝；4—炉底塞；
5—炉底钢板；6—套管式喷嘴；7—保护介质；
8—保护介质分配环；9—氧和石灰粉；
10—氧和石灰粉分配箱；11—舌状气袋

图 5-15　喷嘴内外套管间隙结构方案
（a）外管内壁设突出点；（b）内管外壁开槽

高压（ $(6\sim10)\times10^5$Pa）氧气和保护介质喷入熔池后，流股将膨胀成舌状气袋。氧气进入熔池时的速度为声速或接近声速，气袋中心的速度最高，沿四周逐渐降低，至边缘处其速度趋于零。氧气离开舌状气袋时，将以气泡形式扩散到熔池内，并与金属液混合参加反应或为熔池吸收。保护介质喷出后，在靠近炉底处包围着氧气袋，并在高温作用下立即吸热裂解成碳和氢。裂解所生成的碳，一部分沉积于炉底，一部分进入熔池；而另一产物氢，其一部分随CO气泡上浮排除，一部分被金属液吸收。保护介质对喷嘴和炉底能起保护作用，一方面是因为它的裂解吸热而使喷嘴和炉底受到冷却，另一方面是由于它包围着氧气袋，使喷嘴附近氧与金属液的反应速度减慢。在吹炼过程中，喷嘴始终淹没在金属液内，所以喷嘴随炉衬消耗而消耗。

5.2.2　熔池反应的基本特点

5.2.2.1　吹炼过程中钢水成分的变化

吹炼过程中钢水和熔渣成分的变化如图5-16所示。

吹炼初期，铁水中 [Si]、[Mn] 优先氧化，但 [Mn] 的氧化只有30%~40%，这与LD转炉吹炼初期有70%以上锰氧化不同。

吹炼中期，铁水中碳大量氧化，氧的脱碳利用率几乎是100%，而且铁矿石、铁皮分解出来的氧，也被脱碳反应消耗，这体现了氧气底吹转炉比氧气顶吹转炉具有熔池搅拌良好的特点。由于良好的熔池搅拌贯穿整个吹炼过程，所以渣中的 (FeO) 被 [C] 还原，渣中 (FeO) 含量低于LD转炉，铁合金收得率高。

A　[C]-[O] 平衡

氧气底吹转炉和氧气顶吹转炉吹炼终点钢水 w[C] 与 w[O] 的关系，如图5-17所示。

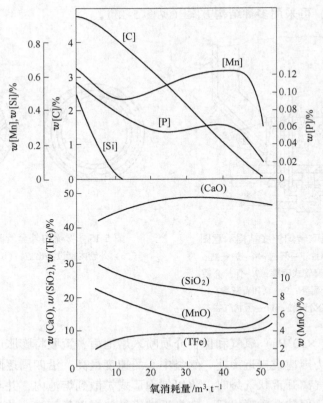

图 5-16 吹炼过程中钢水和熔渣成分的变化

在钢水中 $w[C]>0.07\%$ 时，氧气底吹转炉和氧气顶吹转炉的 [C]-[O] 关系，都比较接近 p_{CO} 为 0.1MPa、1600℃ 时的 [C]-[O] 平衡关系，但当钢水中 $w[C]<0.07\%$ 时，氧气底吹转炉内的 [C]-[O] 关系低于 p_{CO} 为 0.1MPa 时 [C]-[O] 平衡关系，这说明氧气底吹转炉和氧气顶吹转炉在相同的钢水氧含量下，与之相平衡的钢水碳含量，底吹转炉碳含量比顶吹转炉的要低。究其原因是底吹转炉中随着钢水碳含量的降低，冷却介质分解产生的气体对 [C]-[O] 反应的影响大，使 [C]-[O] 反应的平衡的 CO 分压低于 0.1MPa。

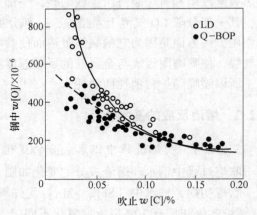

图 5-17 吹炼终点 [C] 和 [O] 的关系图

此外，研究发现，底吹转炉与顶吹转炉控制脱碳机理发生改变的临界碳含量不同，底吹转炉中由供氧速率的控制性环节向钢水中的碳扩散成为控制性环节转变的碳量要低。如 230t 底吹转炉为 0.3%~0.6%，而 180t 顶吹转炉为 0.5%~1.0%。因此，底吹转炉具有冶炼低碳钢的特长。

B 锰的变化规律

氧气底吹转炉熔池中 [Mn] 的变化有两个特点：(1) 吹炼终点钢水残 [Mn] 比顶

吹转炉高，如图 5-18 所示；（2）［Mn］的氧化反应几乎达到平衡，如图 5-19 所示。

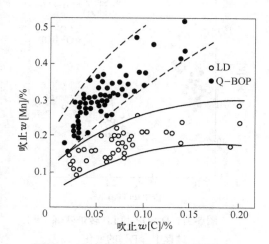 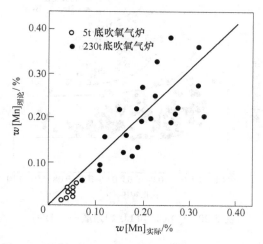

图 5-18　氧气底吹转炉与氧气顶吹转炉　　　　图 5-19　钢水中 w［Mn］的理论值和实际值的比较
吹炼终点钢水残［Mn］和［C］的关系

　　底吹转炉钢水残［Mn］高于顶吹转炉的原因是氧气底吹转炉渣中（FeO）含量低于顶吹转炉，而且其 CO 分压（约 0.04MPa）低于顶吹转炉的 CO 分压（0.1MPa），相当于顶吹转炉中的［O］活度高于底吹转炉的 2.5 倍。此外，底吹转炉喷嘴上部的氧压高，易产生强制氧化，Si 氧化为 SiO_2 并被石灰粉中 CaO 所固定，这样 MnO 的活度增大，钢水残锰增加。

　　底吹转炉钢水中的［Mn］含量取决于炉渣的氧化性，其反应式可写为：

$$（FeO）+［Mn］\Longrightarrow（MnO）+［Fe］ \tag{5-4}$$

$$\lg K = \lg \frac{x_{MnO}}{w［Mn］_\% \cdot x_{FeO}} = \frac{6440}{T} - 2.95 \tag{5-5}$$

按照式（5-5）计算的钢水中［Mn］含量与实际［Mn］含量见图 5-19，可以看出两者的变化趋势比较一致。

　　C　铁的氧化和脱磷反应

　　（1）低磷铁水条件下，铁的氧化和脱磷反应。［P］的氧化与渣中（TFe）含量密切相关。如图 5-20 所示，氧气底吹转炉渣中（TFe）含量低于氧气顶吹转炉，这样不仅限制了氧气底吹转炉不得不以吹炼低碳钢为主，而且也使脱磷反应比氧气顶吹转炉滞后进行，但渣中（TFe）含量低，金属的收得率就高。

　　图 5-21 所示为 Q-BOP 和 LD 转炉吹炼过程中［P］的变化。从中可以看出在低碳范围内，氧气底吹转炉的脱磷并不逊色于 LD。其原因可归纳为在底吹喷嘴上部气体中 O_2 分压高，产生强制氧化，［P］被氧化成 PO（气），并被固体石灰粉迅速化合为 $3CaO \cdot P_2O_5$，从而具有 LD 转炉所没有的比较强的脱磷能力。在 LD 转炉火点下生成的 $Fe_2O_3 \cdot P_2O_5$ 则比较稳定，再还原速度缓慢，尤其是在低碳范围时，脱磷明显，也说明了这个问题。为了提高氧气底吹转炉高碳区的脱磷能力，通过炉底喷入铁矿石粉或返回渣和石灰粉的混合料，已取得明显的效果。

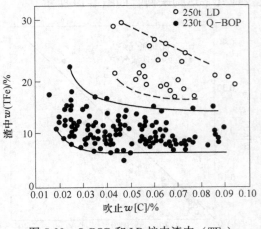

图 5-20　Q-BOP 和 LD 炉内渣中（TFe）

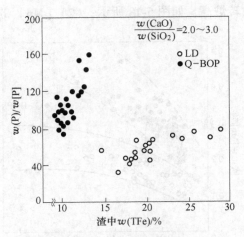

图 5-21　Q-BOP 和 LD 转炉吹炼
过程中［P］的变化

（2）高磷铁水条件下脱磷反应。可采用留渣法吹炼高磷铁水，将前炉炉渣留在炉内一部分，前期吹入石灰总量的 35% 左右，后期吹入 65% 左右造渣，中期不吹石灰粉。前期可脱去铁水磷含量的 50%，吹炼末期的炉渣为 CaO 饱和，供下炉吹炼用。

D　脱硫反应

230t 底吹转炉吹炼过程中，当熔池中的碳含量达到 0.8% 左右时，$w[S]$ 达到最低值，说明吹炼初期固体 CaO 粉末有一定的直接脱硫能力。但随着炉渣氧化性的提高，熔池有一定量的回硫，吹炼后期随着流动性的改善，熔池中［S］又降低。

图 5-22 表示的是 230t 氧气底吹转炉内渣钢间硫的分配比与炉渣碱度的关系。与顶吹相比，氧气底吹转炉具有较强的脱硫能力，特别是炉渣碱度在 2.5 以上时表现得更明显。即使在钢水低碳范围内，氧气底吹转炉仍有一定的脱硫能力，原因是其内的 CO 分压比顶吹的低，而且熔池内的搅拌一直持续到吹炼结束。

E　钢中的［H］和［N］

氧气底吹转炉钢中［H］比顶吹转炉的高，其原因是底吹转炉用碳氢化合物作为冷却剂，分解出来的氢被钢水吸收。如某厂氧气顶吹转炉钢水中平均［H］含量为 2.6×10^{-6}，而氧气底吹转炉平均则为 4.5×10^{-6}。

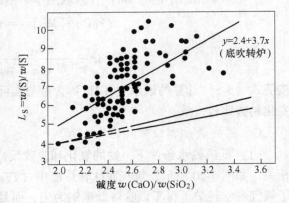

图 5-22　230t 氧气底吹转炉内渣钢间硫的
分配比与炉渣碱度的关系

（原始硫含量：0.025%~0.031%；温度：
1630~1680℃；CaO 含量：45~55kg/t）

图 5-23 所示为氧气底吹转炉内终点［C］与［N］的关系，从中可以看出底吹转炉钢水的［N］含量，尤其是在低碳时比顶吹转炉的低，原因是底吹转炉的熔池搅拌一直持续到脱碳后期，有利于脱气。

5.2.2.2 熔渣成分的变化

在吹炼过程中熔渣成分的变化见图 5-16。吹炼前期 SiO_2 含量高，随着石灰的溶解而降低。FeO 的含量在吹炼前期一直很低，在吹炼后期提高很快。采用喷吹石灰粉操作，可使吹炼过程中保持较高的 CaO 含量，有利于稳定脱磷。

若不喷吹石灰粉，将使初期渣中 CaO 含量大大降低，而 P_2O_5 的含量也会在后期才稳定，但最终的炉渣脱磷仍然是令人满意的。

总之，"底吹法"与"顶吹法"的比较，有如下优点：

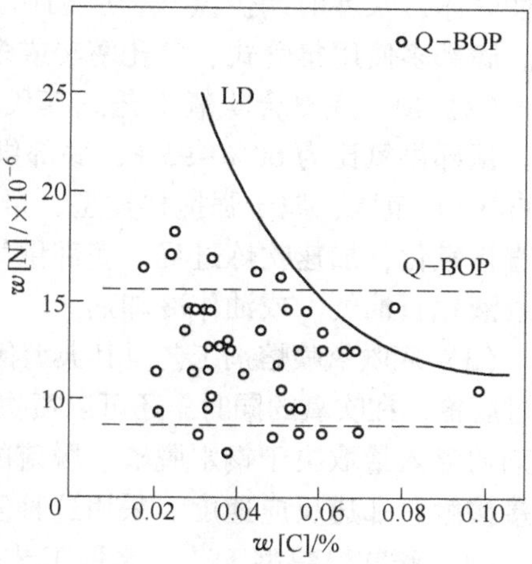

（1）搅拌能力大，渣-金属间反应动力学条件改善，氮含量低；

（2）没有渣的过氧化，金属收得率高；

（3）脱氧剂消耗量降低，合金收得率较高；

（4）石灰消耗量降低；

（5）氧耗降低；

（6）脱碳速度快，冶炼周期短，生产率高；

（7）喷溅少，烟尘生成少；

其缺点有：

（1）炉底材料寿命低；

（2）渣中 $\Sigma(FeO)$ 含量低，化渣比较困难；为了前期去磷，喷入石灰粉，工艺复杂；

（3）钢中氢含量较高。

图 5-23　吹炼终点 [C] 与 [N] 的关系

5.3　氧气顶底复吹转炉炼钢法

氧气顶吹转炉（LD 法）可通过软吹化渣，有利于快速成渣，提高渣中（FeO）含量，促进脱磷反应，这是其突出优点。但熔池搅拌不充分（尤其是大型炉子），特别是在低碳区 CO 的发生量减少导致搅拌力减小；金属中 [O] 增大，铁、锰的氧化损失较大。而氧气底吹转炉，冶炼过程更加平稳，搅拌能力大，促进了炉内的反应，脱碳能力强，金属收得率也高，脱磷脱硫也更接近平衡；采用喷吹石灰粉操作，使底吹转炉提前脱磷，可适应吹炼高磷铁水，但工艺复杂。而复合吹炼法具备两者的优点，因此，自 20 世纪 70 年代初开发以来，得到了迅速普及。

5.3.1　顶底复吹转炉炼钢工艺类型

自顶底复吹转炉投产以来，已命名的复吹方法达数十种之多，按照吹炼工艺目的来划分，主要分为四种类型：

（1）顶吹氧、底吹惰性气体的复吹工艺。其代表方法有 LBE、LD-KG、LD-OTB、NK-CB、LD-AB 等，顶部 100%供氧气，并采用二次燃烧技术以补充熔池热源；底部供给惰性气体，吹炼前期供氮气，后期切换为氩气，供气强度在 $0.03\sim0.12m^3/(min\cdot t)$ 范围。底部多使用集管式、多孔塞砖或多层环缝管式供气元件。

（2）顶、底复合吹氧工艺。其代表方法有 BSC-BAP、LD-OB、LD-HC、STB、STB-P 等，顶部供氧比为 60%～95%，底部供氧比为 40%～5%，底部的供氧强度在 $0.2\sim2.5m^3/(min\cdot t)$ 范围，属于强搅拌类型，目的在于改善炉内动力学条件的同时，使氧与杂质元素直接氧化，加速吹炼过程。底部供气元件多使用套管式喷嘴，中心管供氧，环管供天然气或液化石油气、或油作冷却剂。

（3）底吹氧喷熔剂工艺。其典型代表有 K-BOP。这种类型是在顶底复合吹氧的基础上，通过底枪，在吹氧的同时，还可以喷吹石灰等熔剂，吹氧强度一般为 $0.8\sim1.3m^3/(min\cdot t)$，熔剂的喷入量取决于钢水脱磷、脱硫的量。除加强熔池搅拌外，还可使氧气、石灰和钢水直接接触，加速反应速度。采用这种复吹工艺可以冶炼合金钢和不锈钢。

（4）喷吹燃料型工艺。这种工艺是在供氧同时喷入煤粉、燃油或燃气等燃料，燃料的供给既可从顶部加入，也可从底部喷入。通过向炉内喷吹燃料，可使废钢比提高，如 KMS 法可使废钢比达 40%以上；而以底部喷煤粉和顶底供氧的 KS 法还可使废钢比达 100%，即转炉全废钢冶炼。

各种类型转炉的吹炼条件见表 5-5。

表 5-5 各种类型转炉的吹炼条件

工艺方法	LD	LBE；LD-KG	STB；LD-OB	K-BOP	KMS	Q-BOP
类　　型	顶吹	复吹搅拌	复合吹氧	复吹石灰粉	复吹燃料	底吹
底吹气体	—	N_2，Ar	CO_2，O_2	O_2	O_2	O_2
底吹强度/$m^3\cdot(t\cdot min)^{-1}$	—	0.01～0.10	0.15～0.25，0.3～0.8	0.8～1.3	4.0～5.0	4.5～6.0

5.3.2 复吹转炉的底吹气体和供气元件

5.3.2.1 底吹气体

在复吹转炉中，底吹气体的冶金行为主要表现在三个方面：强化熔池搅拌，均匀钢水成分、温度；加速炉内反应，使渣-钢反应界面增大，元素间化学反应和传质过程更加趋于平衡，冷却保护供气元件，使供气元件使用寿命延长。

迄今为止，已用于复吹转炉的底吹气体有 N_2、Ar、CO_2、CO、O_2 和天然气等气体。如何选择底吹气体种类，应该综合考虑底吹气体对钢水质量、生产成本、耐火材料寿命的影响，以及气体来源等因素。

底吹氧气时，由于氧气供入炉内要与铁水中的元素发生放热反应，可使熔池温度升高几百度，因而底吹氧气时必须用冷却剂保护供气元件。同时，底吹氧气时，将发生 O_2+[C]→2CO 反应，产生较大的搅拌力。一般认为，其搅拌力是底吹 N_2 或 Ar 时的二倍；当熔池金属液 w[C]<0.06%时，其搅拌力与底吹 N_2 或 Ar 时相当。

底吹 CO_2 气体，也会与熔池中的碳发生 CO_2+[C]→2CO 反应，所以 CO_2 气体也是搅拌力较强的气体。使用 CO_2 气体由于其氧化性较弱不会影响钢的质量，并且自身具有较强的冷却作用（见表 5-6），底吹时可不用冷却剂，而且在冶炼过程中对底吹喷嘴轻微堵塞有着疏通的作用。但对镁碳质供气元件侵蚀较严重，同时提纯 CO_2 的设备需要一定的投资。

表 5-6　底吹气体在 1600℃时的物理吸热与化学反应热

气体种类和反应	Ar	N_2	CO	CO_2	$CO_2+[C]$	$CO_2+[Fe]$	$CO_2+[Si]$	$CO_2+[Mn]$
物理吸热或化学 反应热/$kJ \cdot mol^{-1}$	32.97	51.21	51.65	82.60	139.61	36.53	-390.00	-128.03
熔池温度变化 /$℃ \cdot (m^{-3} \cdot t^{-1})$	-0.176	-0.273	-0.275	-0.44	-0.744	-0.196	+2.08	+0.683

底吹 N_2、CO 和 Ar，一般认为它们属中性或惰性气体，供入铁水中不参与熔池内的反应，只起搅拌作用。Ar 对钢水质量和耐火材料寿命无不良影响，在钢水精炼工艺上被普遍采用，但成本较高。N_2 成本低廉，来源广泛，对耐材寿命无不良影响，但易造成钢水增氮，对钢水质量影响较大。以氮气和氩气作为底吹气体，通过合理的切换综合使用是目前较理想的方式。

5.3.2.2　底部供气元件的类型

底吹供气元件是炉底吹入气体的装置，底吹供气元件既要满足吹炼工艺要求，又要使用安全可靠，并且希望具有与炉衬同步的使用寿命。

A　喷嘴型供气元件

（1）单管式喷嘴。早期使用的供气元件是单管式喷嘴。单管式喷嘴用于喷吹不需要冷却剂保护的那些气体，如 N_2、Ar、CO_2、天然气等气体。使用单管式喷嘴当气体出口速度小于声速时，将出现气流脉动引起的非连续性气流中断，造成钢水黏结喷嘴和灌钢，而且气体流股射向液体金属会产生非连续反向脉冲，将加速对元件母体耐火材料的侵蚀。

（2）套管式喷嘴。双层套管式喷嘴由双层无缝钢管组成（见图 5-24），其中心管通氧气和石灰粉，外层套管内通入冷却剂。外层套管引入速度较高的气浪，以防止内管的黏结堵塞。后来的发展是在喷嘴出口处嵌装耐火陶瓷材料，以提高使用寿命。双层套管的工作好坏不仅与环缝和内管间的压力和面积有关，而且与管壁厚度有关。双层套管式喷嘴的主要缺点是气量调节幅度很小，冶炼中、高碳钢时脱磷困难；流股射入熔池后产生的反坐力仍会对炉底耐火材料造成损坏。

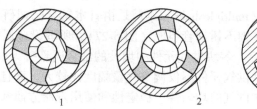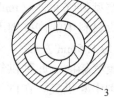

图 5-24　双层套管喷嘴结构示意图

1—内管外壁拉筋；2—固定块；3—外管内壁拉筋

（3）环缝式喷嘴。也称 SA 型喷嘴（single ammular tuyere），这种喷嘴气量调节范围较大，适用于喷吹具有自冷却能力的气体。此种喷嘴由双层套管式喷嘴将内管用泥料堵塞，只由环缝供气，环缝宽度一般 0.5~5.0mm，与套管喷嘴相比，最大气量与最小气量比值由 2.0 增加至 10.0，喷嘴蚀损速度由 0.7~1.2mm/炉降为 ≤0.6mm/炉。环缝式喷嘴的主要问题是如何保持双层套管的同心度，以使环缝均匀，保证供气稳定。

B　砖型供气元件

（1）砖缝型透气砖。最初的砖型供气元件是由法国 IRSID 和卢森堡 ARBED 联合研制成功的弥散型透气砖。砖内为许多呈弥散分布的微孔（约 100 目，即 150μm 左右）。因砖的气孔率高，致密度差，气流绕行阻力大，故寿命低。后又研制出砖缝组合型供气元件（也称钢板包壳砖），见图 5-25，它是由多块耐火砖以不同形式拼凑成各种砖缝并外包不锈钢板而成，气体经下部气室通过砖缝进入炉内。由于耐火砖比较致密，寿命比弥散型高。但存在炉役期内钢壳易开裂漏气以及砖与钢板壳间的缝隙不均造成供气不均匀，供气不稳定的缺点。

（2）直孔型透气砖。在发展砖缝型透气砖的同时，奥钢联及北美相继出现直孔型透气砖（图 5-26）。此种砖内分布很多贯通的直孔道。此孔道是在制砖时埋入的许多细的易熔金属丝（直径 1mm 左右），在焙烧过程中熔出而形成的。因此砖的致密度比弥散型好，同时气流由直孔道进入炉内，比通过砖层的阻力要小。

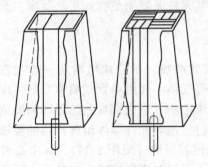

图 5-25　砖缝型透气砖

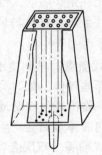

图 5-26　直孔型透气砖

砖型供气元件的最大优点是可调气量范围大，具有能允许气流间断的优点，但耐火材质和气流磨损对其使用寿命影响较大，也不适用于吹氧及喷粉，目前已很少用于复吹转炉。

C　细金属管多孔塞式供气元件

最早的多孔塞型供气元件（multiple hole plug）是由日本钢管公司研制成功的。它是由埋设在母体耐火材料中的许多细不锈钢管组成（图 5-27）。所埋设金属管的内径一般为 1~3.0mm（通常为 1.5mm 左右）。每块供气元件中埋设的细金属管数为 10~150 根。各金属管焊装在一个集气箱内。此种供气元件不仅调节气量幅度比较大，而且通过适当控制供气压力也可以做到中断供气。在供气的均匀性、稳定性和使用寿命方面都比较好。

经过反复生产实践及不断改进，又出现一种新式细金属管砖式供气元件——MHP–D 型金属管砖（见图 5-28）。此种结构是在砖体外层细金属管处多增设一个专门供气箱，因而把一块元件分别通入两路气体，在用 CO_2 气源供气时，可在外侧通以少量 Ar，以减轻多孔砖与炉底接缝处由 CO_2 气体造成的腐蚀。

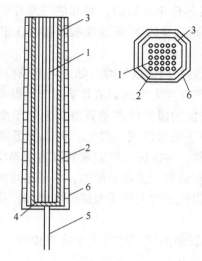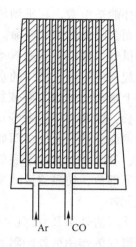

图 5-27 细金属管多孔塞型供气元件　　　　图 5-28 细金属管砖式供气元件

1—金属管；2—耐火材料；3—芯砖；4—气室；

5—供气管；6—钢板外壳

细金属管多孔砖的出现是喷嘴型和砖型两种基本元件综合发展的结果。它既有管式元件的特点，又有砖式元件的特点。细金属管型供气元件是比较好的一种供气元件。

5.3.2.3　底部供气元件的布置

底部供气元件的分布应根据转炉装入量、炉型、氧枪结构、冶炼钢种及溅渣要求采用不同的方案，主要应获得如下效果：

（1）保证吹炼过程的平稳，获得良好的冶金效果；

（2）底吹气体辅助溅渣以获得较好的溅渣效果，同时保持底部供气元件较高的寿命。

常见较为典型的几种可能分布方式如图 5-29 所示。

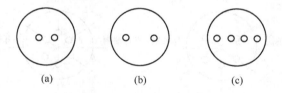

图 5-29　供气元件在底部分布

（a）底部供气元件所在圆周位于氧气射流火点以内；（b）底部供气元件所在圆周位于氧气射流火点以外；

（c）底部供气元件既有位于氧气射流火点以内的，也有位于氧气射流火点以外的

从吹炼角度考虑，采用图 5-29a 方式，渣和钢水的搅拌特性更好，而且由于火点以内钢水搅拌强化，这部分钢水优先进行脱碳，能够控制 [Mn] 和 [Fe] 的氧化，因此图 5-29a 方式能获得较好的冶金效果，且吹炼平稳，不易喷溅，但要获得较高的脱磷效率比较困难。采用图 5-29b 方式能获得较高的脱磷效率，但吹炼不够平稳，容易喷溅。采用图 5-29c 方式如果能将内外侧气体吹入适当地组合，能同时获得图 5-29a、b 方式各自的优点。

从溅渣角度考虑，底部供气元件的分布应该满足底吹 N_2 辅助溅渣工艺的要求。

当底部供气元件位于溅渣 N_2 流股冲击炉渣形成的作用区以内，底部供气元件吹入气体产生的搅拌能被浪费，起不到辅助溅渣的作用，而且导致 N_2 射流流股直接冲击底部供气元件，从而会降低其使用寿命。

当底部供气元件位于溅渣 N_2 流股冲击炉渣形成的作用区以外时，如采用低枪位操作，冲击区飞溅起来的渣滴或渣片的水平分力对底部供气元件上方的炉渣几乎不产生影响。底部供气元件上覆盖的炉渣主要依靠底部供气元件提供的搅拌能在垂直方向上处于微动状态，时间一长，微动的炉渣逐渐冷却凝固黏附在炉子底部供气元件上，覆盖渣层厚度增加，甚至堵塞底部供气元件。而如果采用高枪位操作，冲击区飞溅起来的渣滴或渣片的水平分力很大，其水平分力给予底部供气元件上方的炉渣很大的水平推力，两者之间的合力指向渣线上下部位，使溅渣量减少，也容易使底部供气元件上覆盖渣层厚度增加，甚至堵塞底部供气元件。

因此，从溅渣效果及底部供气元件寿命考虑，底部供气元件应位于合理枪位下 N_2 流股冲击炉渣形成的作用区外侧附近。

从上面分析可知，底部供气元件的布置必须兼顾吹炼和溅渣效果。在确定布置方案之前，应结合水模实验进一步加以认定。不同钢厂有不同的布置方案，如图 5-30 所示。

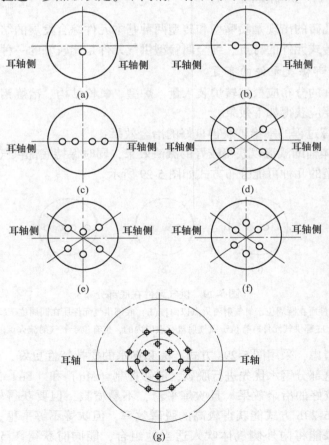

图 5-30　底部供气元件布置图例

（a）本钢 120t 转炉；（b）鞍钢 180t 转炉；（c）日本加古川 250t 转炉；（d）武钢二炼钢 90t 转炉；
（e）日本京浜制铁所 250t 转炉；（f）武钢一炼钢 100t 转炉；（g）武钢三炼钢 250t 转炉

鞍钢 180t 复吹转炉两支底部供气元件，镶嵌在炉底位于 $0.4D$ 圆周上且平行于耳轴方向（见图 5-30b）。武钢二炼钢有 3 座炉容量为 90t 的顶底复合吹炼转炉，底部供气元件采用武钢公司自产的多孔定向式镁碳质供气砖，四块供气元件布置在 $0.6D$（D 为炉底内径）的圆周上（如图 5-30d 所示），并与耳轴连线成 30°夹角，与耳轴保持对称。梅钢 150t 复吹转炉（顶枪为 6 孔）底吹透气元件 8 个，对称布置在 $0.53D$ 圆周上。

5.3.3 复吹转炉内的冶金反应

复吹转炉内钢水和熔渣成分的变化见图 5-31，虽然基本成分的变化趋势与顶吹转炉差不多，但由于复吹转炉的熔池搅拌加强，使渣-钢间的反应更加趋于平衡，因而具有一定的冶金特点。

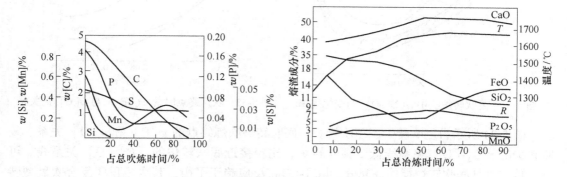

图 5-31　复合吹炼转炉炉内成分变化

5.3.3.1 成渣速度

复吹转炉与顶吹、底吹两种转炉相比，熔池搅拌范围大，而且强烈，若从底部喷入石灰粉造渣，成渣速度快。通过调节氧枪枪位化渣，加上底部气体的搅动，形成高碱度、流动性良好和一定氧化性的炉渣，需要的时间比顶吹转炉或底吹转炉的都短。

5.3.3.2 渣中 Σ(FeO)

顶底复吹转炉在吹炼过程中，渣中的 Σ(FeO) 的变化规律和 Σ(FeO) 含量与顶吹转炉、底吹转炉有所不同，这是它炉内反应的特点之一。

复吹转炉渣中 Σ(FeO) 的变化如图 5-32 所示。从图中可看出，从吹炼初期开始到中期渣中 Σ(FeO) 含量逐渐降低，中期变化平稳，后期又稍有升高，其变化的曲线与顶吹转炉有某些相似之处。

图 5-33 所示为吹炼终点渣中全铁含量与钢中碳的关系，相对于同一 $w[C]$ 的 $w(TFe)$ 值，按照 LD 法>LD-KG>K-BOP>Q-BOP 的顺序变化。由此可知就渣中 Σ(FeO) 含量而言，顶吹转炉（LD）>复吹转炉（LD/Q-BOP）>底吹转炉（Q-BOP），复吹转炉炉渣的 $w(\Sigma FeO)$ 低于顶吹转炉的原因主要为：（1）从底部吹入的氧，生成的 FeO 在熔池的上升过程中被消耗掉；（2）有底吹气体搅拌，渣中 Σ(FeO) 低，也能化渣，在操作中不需要高的 Σ(FeO)；（3）上部有顶枪吹氧，所以其 Σ(FeO) 含量比底吹氧气转炉的还高。

5.3.3.3 钢液中的碳

吹炼终点的 [C]-[O] 关系和脱碳反应不引发喷溅，也反映了复吹转炉的冶金特点。

复吹转炉钢水的脱碳速度高而且比较均匀，原因是从顶部吹入大部分氧，从底部可吹入少量的氧，供氧比较均匀，脱碳反应也就比较均匀，使渣中 $\Sigma(FeO)$ 含量始终不高。在熔池底部生成的 FeO 与 [C] 有更多的机会反应，FeO 不易聚集，从而很少产生喷溅。

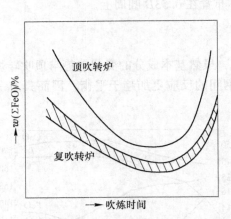

图 5-32　复吹转炉渣中 $w(\Sigma FeO)$ 的变化规律　　图 5-33　吹炼终点时的 $w(TFe)$ 与 $w[C]$ 的关系

　　图 5-34 所示为复吹转炉、顶吹转炉、底吹转炉吹炼终点的 $w[C]$ 和 $w[O]$ 关系。复吹转炉的 [C]-[O] 关系线低于顶吹转炉，比较接近底吹转炉的 [C]-[O] 关系线。可见，首先氧气底吹转炉搅拌最充分，[C]-[O] 反应趋于平衡；其次是顶底复合吹氧型转炉的 [C]-[O] 反应接近平衡。说明随着搅拌的强化，供给的氧被有效地用于脱碳。在相同碳含量下，复吹转炉金属收得率高于顶吹转炉。

　　图 5-35 所示为 65t 复吹转炉，底部吹入惰性气体前后钢水中 [C]-[O] 关系的变化。吹入惰性气体后，钢水中 [C]-[O] 的关系线下移，原因是吹入熔池中的 N_2 或 Ar 小气泡降低气相中 CO 的分压，同时还为脱碳反应提供场所。因此，在相同碳含量的条件下，复

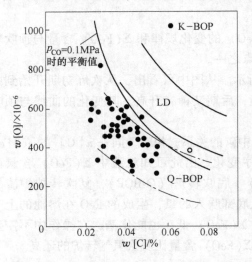

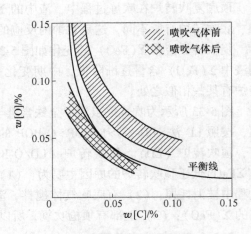

图 5-34　吹炼终点 $w[C]$ 与 $w[O]$ 的关系　　　　　图 5-35　吹惰性气体后对钢水中
　　　　　　　　　　　　　　　　　　　　　　　　　　　　　$w[C]$ 和 $w[O]$ 的影响

吹转炉钢水中的氧含量低于顶吹转炉钢水。特别是在低碳时，复吹转炉降低钢水中的溶解氧有明显的效果，对冶炼低碳钢特别有利。

5.3.3.4 钢液中的锰

在复吹转炉中，由于底吹气体的搅拌作用，使钢液中［O］含量和渣中 Σ(FeO) 减少，在吹炼初期，钢水中的［Mn］只有 30%~40% 被氧化，待温度升高后，在吹炼中期的后段时间，又开始回锰，所以出钢前钢水中的余锰较顶吹转炉高（见图 5-36），脱氧合金化时锰铁消耗降低。

5.3.3.5 钢液中的磷

复吹转炉熔池搅拌加强，虽然钢液中［O］和渣中（FeO）含量有所降低，但熔池搅拌也加大了渣-钢反应界面，促进磷的传质过程，使脱磷反应的动力学条件改善，从而提高了磷的分配比，使磷的去除更有利。

在吹炼初期，脱磷率可达 40%~60%，以后保持一段平稳时间；吹炼后期，脱磷又加快。各种转炉冶炼中磷的分配比如图 5-37 所示，复吹转炉磷的分配系数相当于底吹转炉，而比顶吹转炉高得多。随着底吹供气强度提高，磷的分配比增大；当采用底吹石灰粉工艺时，磷的去除效果更好。

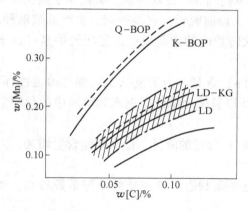 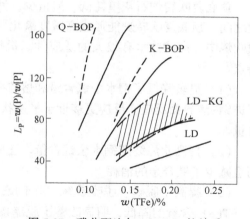

图 5-36　吹炼终点 $w[Mn]$ 与 $w[C]$ 的关系　　图 5-37　磷分配比与 $w(TFe)$ 的关系

5.3.3.6 钢液中的硫

顶底复吹转炉脱硫条件较好，表现在 3 个方面：

（1）当底部喷石灰粉、顶吹氧时，能及早形成较高碱度的炉渣；

（2）复吹转炉钢水中含氧低，渣中 $w(\Sigma FeO)$ 比顶吹转炉低；

（3）熔池搅拌好，反应界面大，也有利于改善脱硫反应动力学条件。

图 5-38 示出了不同类型转炉中硫的分配比与炉渣碱度的关系，由图可见，熔池搅拌能力弱的复吹工艺 LD-KG 与顶吹转炉 LD 工艺的硫分配比没有大的差别，底吹石灰粉的 K-BOP 工艺和 Q-BOP 工艺的硫分配比较大。

5.3.3.7 钢液中的氮

在复吹转炉中，若是底吹气体全过程应用氮气，必然引起钢水中 $w[N]$ 增加，底吹供氮气强度越大，钢水中 $w[N]$ 越多。为了防止钢水中氮含量增加，要求在吹炼后期把底吹氮气切换为氩气，并增大供气强度，以去除钢水中［N］，这样才能保证钢水中w［N］符合技术要求。在吹炼后期，底吹供氩强度的大小对排氮速度影响较大，因此，较高强度的底吹供氩有可能使终点钢中w［N］比较低强度底吹供氩时稍低。若在吹炼中采用其他气体，将有助于降低钢水中氮含量。

5.3.3.8　钢液中的氢

钢液中的［H］通常由水分带入。但在复吹转炉中，若是底部吹氧而采用碳氢化合物作冷却剂，则钢液中的［H］含量有所增加。同样的原因，若是底吹天然气，也会由于CH_4裂变后增加钢液中的［H］含量。若是底吹其他气体，将有助于降低钢液氢含量而不会影响钢的质量。

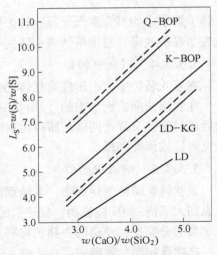

图 5-38　硫分配比与碱度的关系

5.3.4　冶金特点

顶底复吹转炉石灰单耗低、渣量少，铁合金单耗相当于底吹转炉，氧耗介于顶吹与底吹之间。顶底复吹转炉能形成高碱度氧化性炉渣，提前脱磷，直接拉碳，生产低碳钢种，对吹炼中、高磷铁水有很大的适应性。根据复吹转炉内的冶金反应，复吹转炉具有以下特点：

（1）显著降低了钢水中氧含量和熔渣中（TFe）含量。由于复吹工艺强化熔池搅拌，促进钢-渣界面反应，反应更接近于平衡状态，所以显著地降低了钢水和熔渣中的过剩氧含量。

（2）提高吹炼终点钢水余锰含量。渣中（TFe）含量的降低，钢水余锰含量增加，因而也减少了铁合金的消耗。

（3）提高了脱磷、脱硫效率。由于反应接近平衡状态，磷和硫的分配系数较高，渣中（TFe）含量的降低，明显改善了脱硫条件。

（4）吹炼平稳减少了喷溅。复吹工艺集顶吹工艺成渣速度快和底吹工艺吹炼平稳的双重优点，吹炼平稳，减少了喷溅，改善了吹炼的可控性，可提高供氧强度。

（5）更适宜吹炼低碳钢种。终点碳可控制在不大于 0.03% 的水平，适于吹炼低碳钢种。

综上所述，复吹工艺不仅提高钢质量，降低消耗和吨钢成本，更适合供给连铸优质钢水。一些转炉炼钢厂采用顶底复吹工艺的冶金效果见表5-7。

表 5-7　复吹与顶吹工艺冶金效果对比

方法与厂家	金属收得率 /%	终点 w［Mn］ /%	铁合金消耗 /kg·t^{-1}	渣料消耗 /kg·t^{-1}	氧气消耗 /m³·t^{-1}	底吹气消耗 /m³·t^{-1}
K-BOP	+1.0	+0.07	−1.2	−5	−1.2	
STB	+0.7~1.0	+0.10	−0.8	−11.8	−0.8	

方法与厂家	金属收得率 /%	终点 w [Mn] /%	铁合金消耗 /kg·t^{-1}	渣料消耗 /kg·t^{-1}	氧气消耗 /m^3·t^{-1}	底吹气消耗 /m^3·t^{-1}
LD-KG	+0.54	+0.04			-1.64	+0.88
LBE	+1.0	+0.03	-0.9	-(5~20)		+(0.2~1.5)
鞍钢	+0.34	+0.02	-0.9	-15.8	-1.0	+8.52
武钢	+1.56	+0.03	-0.84	-10.43	-1.43	+0.96

思 考 题

5-1 氧气顶吹转炉吹炼各阶段有何特点，操作要点是什么？

5-2 顶底复吹转炉有哪几种工艺类型，底吹气体有哪些？

5-3 顶底复吹转炉底吹供气元件有哪些类型？

5-4 顶吹法、底吹法与复吹法各有何冶金特点？

6 转炉炼钢工艺

转炉炼钢是当今世界上最主要的炼钢方法，目前我国转炉炼钢采用顶吹法与顶底复吹法。国内复吹转炉一般采用弱搅拌工艺（底吹 N_2/Ar 等），在操作上除炉底全程供气和顶吹氧枪枪位适当提高外，冶炼工艺制度基本上与顶吹法相同。本章着重阐述顶吹法与顶底复吹法冶炼工艺。提高转炉生产效率，积极推广低成本炼钢技术，是当前转炉炼钢技术发展的主要方向。

6.1 装 入 制 度

装入制度的内容包括确定转炉合理的装入量及合适的铁水、废钢比。装入量是指转炉冶炼中每炉次装入的金属料总重量，主要包括铁水和废钢量。铁水、废钢配比应根据热平衡计算，以及铁水成分、温度、炉龄期长短、废钢预热等情况，确定铁水配入的下限值和废钢加入的上限值。铁水比一般在 75%~90% 之间，废钢加入量约为 100~150kg/t（应小于总装入量的 30%）。

6.1.1 装入量的确定

在确定装入量时，必须考虑下列因素：

（1）炉容比。炉容比一般是指转炉新砌砖后炉内自由空间的容积 V 与金属装入量 T 之比，以 V/T 表示，量纲为 m^3/t。顶吹转炉炉容比一般为 0.85~1.0 m^3/t。通常在转炉容量小、或铁水含磷高、或供氧强度大、喷孔数少、用铁矿石或氧化铁皮作冷却剂等情况下，炉容比选取上限；反之则选取下限。由于复吹转炉炉容比比顶吹转炉小（通常为 0.85~0.95 m^3/t），其装入量比顶吹转炉大。国内一些钢厂转炉的炉容比见表 6-1。

表 6-1 顶吹转炉炉容比

炉容量/t （厂名）	50 （太钢）	80 （原首钢）	120 （攀钢）	120 （本钢）	180 （鞍钢）	210 （原首钢）	300 （宝钢）
炉容比/$m^3 \cdot t^{-1}$	0.97	0.84	0.90	0.91	0.86	0.97	1.05

（2）熔池深度。合适的熔池深度 h 必须大于氧气射流对熔池的最大穿透深度 L，一般认为 $L/h \leq 0.7$ 是合理的（通常选取 $L/h \approx 0.4 \sim 0.6$）。不同公称吨位转炉熔池深度为：300t（1949mm），210t（1650mm），100t（1250mm），80t（1190mm），50t（1050mm）。

（3）炉子附属设备。应与钢包容量、行车的起重能力、转炉的倾动力矩大小、连铸机的操作等相适应。

6.1.2 装入制度

装入制度大体上有3种方式：

（1）定深装入。为了保证比较稳定的熔池深度，在整个炉役期，随着炉膛的不断扩大，装入量逐渐增加。这种装入制度的优点是氧枪操作稳定，有利于保持较大供氧强度和减少喷溅，并可保护炉底和充分发挥转炉的生产能力，但其缺点是装入量和出钢量变化频繁。由于生产组织困难，现已不使用。

（2）定量装入。在整个炉役期，每炉的装入量保持不变。这种装入制度的优点是生产组织简便，原材料供给稳定，有利于实现过程自动控制，适宜于大型转炉。不足之处是炉役后期熔池较浅，转炉的生产能力没有很好发挥。转炉容量越小，钢水熔池变浅越突出，因此对小转炉不是很适合。

（3）分阶段定量装入。在整个炉役期间根据炉膛扩大程度划分几个阶段，每个阶段定量装入铁水废钢。这种装入制度适应性较强，为各厂普遍采用（见表6-2）。顶底复吹转炉的装入制度与顶吹转炉相同，常用的是分阶段定量装入制度。

表 6-2　某厂装入制度

炉容量/t	80		120		
炼钢炉数/炉	1~10	>10	1~3	4~50	>50
金属装入量/t	90±2	98±2	135	135~150	140~160
出钢量/t	80±2	88±2	120	120~135	127~146

6.1.3 装料次序

一般先装废钢，后兑铁水。如果采用炉内留渣操作，则先加部分石灰，再装废钢，最后兑铁水。炉役末期以及废钢装入量比较多的转炉，一般是先兑铁水，后装废钢。开新炉前3炉，一般不加废钢，全铁炼钢。补炉后的第一炉钢可先兑铁水后加废钢。

在兑铁水入炉时，应先慢后快，以防兑铁水过快时引起剧烈的碳氧反应造成铁水大量飞溅，酿成事故。

6.1.4 "一罐到底"技术

高炉全部铁水通过铁包运输，可以解决好铁包受铁、计量、运输、脱硫、转炉兑铁等技术问题。

"一罐到底"技术，也称"一罐制"铁-钢界面技术（或铁水"一包到底"技术），在京唐公司取得了全面成功（见图6-1），铁水到站温度可达1380℃左右，高铁水温度为KR脱硫创造了极其有利的条件，同时减少了能源损失。通过对铁包包沿加强管理，每次尽量把铁水兑净，同时提高铁水装准水平，转炉装准率（目标量±2t）达到80%以上，实现了采用"一罐到底"技术的准确装入。从现有数据看，"一罐到底"流程简洁、设备简化、污染小、能耗低、成本低。

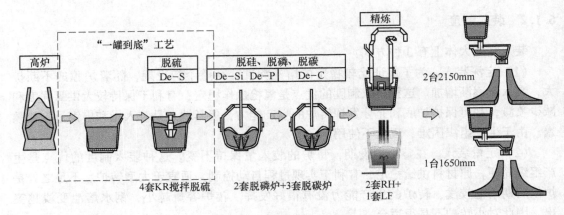

图 6-1　首钢京唐钢铁公司工艺流程

6.2　供氧制度

供氧是指如何最合理地向熔池供给氧气，创造炉内良好的物理化学条件，完成吹炼任务。供氧制度是指根据生产条件确定恰当的供氧强度，选择和确定喷头结构、类型和尺寸，制定合理的氧枪操作方法。当氧枪的结构、类型和尺寸确定后，吹炼过程中能调节的供氧参数是枪位和工作氧压。

6.2.1　顶吹氧射流与熔池的相互作用

顶吹供氧是通过氧枪喷头向熔池吹入超声速氧气射流来实现的，采用超声速射流（supersonic jet flow）可提高供氧强度，加快氧的传输，提高传质动量，加强熔池搅拌。同时又使氧枪喷头距熔池液面较远，以提高氧枪喷头的使用寿命。

6.2.1.1　转炉炉膛内的射流特征

由喷嘴流出的超声速射流可以分为三个区段（如图 6-2 所示）。从喷嘴出口处到一定长度内，射流各点均保持出口速度不变，这一区段称为超声速等速核心区。从核心段继续向前流动，由于边界上发生传动和传质，使射流减速，减速过程由周界向射流轴线方向扩展，从而使轴线上的

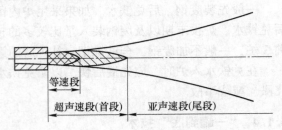

图 6-2　自由流股示意图

速度渐减，到某一距离，轴线上的速度降为声速。连接该点与诸断面上的声速点，构成射流的超声速区。该区域内各点均大于声速，该区周界上各点等于声速，区域之外为亚声速区。流股的流量不断增加，横截面不断扩大，同时流速不断降低，此现象称作流股的衰减。在同一横截面上速度的分布特点是流股中心轴线上的速度最大。而随着流股截面的增大，在同一截面上，离中心轴线越远，各点的速度逐渐降低直至为零。在速度等于零的地方称为流股的界面。流股中心速度的减小速率称为流股的衰减率，流股截面直径增大速率称为流股扩展率，这两个参数是自由流股的基本特征参数。

习惯上把等速核心区与超声速区合称为射流的首段，而把亚声速区称为射流的尾段。超声速区段的长度，即超声速区段沿射流轴线的长度，标志着射流的衰减速度，其长度约为喷嘴喷孔直径的 6 倍。氧气射流首段的扩张角为 10°~20°，尾段的扩张角为 22°~26°。

对超声速射流，人们习惯于用射流的马赫数（Ma）来表示其速度。马赫数 Ma 即喷头出口速度 v 与当地声速 a 之比。目前，国内推荐喷头马赫数为 1.9~2.1；国外有马赫数到 2.3 多的。顶吹转炉里的氧射流在喷头出口处应该是超声速的，能够实现这种速度转换的氧枪喷头应设计成拉瓦尔（Lavel）型，即先收缩

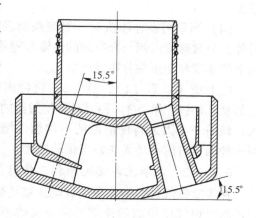

图 6-3　六孔喷头

后扩张型喷头，中间一段为过渡段（即喉口段）。而且喷头出口处的氧气压强 $p_{出}$ 与进口处的氧气压强 p_0 之间应符合一定的比例关系：$p_{出}/p_0 < 0.5283$。同时，在生产中通常使用多孔氧枪喷头（如图 6-3 所示），80t 以上转炉均采用四孔及四孔以上喷头，转炉喷头参数选择范围见表 6-3。多孔喷头的设计思想是增大流量，分散射流，增加流股与熔池液面的接触面积，使气体逸出更均匀，吹炼更平稳。

表 6-3　转炉喷头参数选择范围

转炉吨位/t	喷孔数目/个	马赫数
<80	3~4	1.85~2.0
90~180	4~5	1.90~2.1
200~300	4~7	1.98~2.2

国内的氧枪喷头制作有铸造喷头和锻造组装喷头。铸造喷头目前仍占大多数，其中真空熔铸工艺所生产的喷头纯度高、导热性良好。鞍山热能院开发的大锥度氧枪在减少粘枪方面有较好的效果。

氧气射流是具有反向流的、非等温的、超声速的湍流射流，流动规律复杂，归纳起来有如下几个方面特征：

（1）在超声速射流的边界层里，除了发生氧与周围介质之间的传质和传动之外，还要抽引炉膛里的烟尘、渣滴和金属滴，有时还会受到炉内喷溅的冲击，这将会降低射流的流速并且减小其张角。

（2）转炉里存在着自下而上流动的、以 CO 为主的反向流，它会使氧射流的衰减加快。这种影响在强烈脱碳期最大，而以一次反应区的阻碍作用最强。

（3）氧射流自喷嘴喷出时温度很低，而周围介质温度则高达 1600℃ 或更高，在二者发生传质的过程中，射流将被加热。与此同时，反向射流中的 CO 与射流相遇时会部分燃烧（$2CO + O_2 = 2CO_2$）放热，而且射流距喷出口越远，所含 CO_2 越高，黑度越大，吸热能力也越强。所以可把氧气顶吹转炉里的氧射流看做是一股高温火炬。

介质的加热和 CO 燃烧等各种作用的综合效果是使射流膨胀，射流的射程和张角均

增大。

（4）当采用多孔喷头时，射流截面及射流与介质的接触面积增大，传输过程加剧。另外，每股射流内侧与介质间的传输过程弱于外侧，因而内侧的衰减较慢。这将使射流断面上的速度和动压头分布发生变化。

综上所述，第（1）、第（2）两种因素使射流的衰减加快；第（3）种因素会使射流的射程增大；最后一个因素将使射流的不均衡性增加，而每一种因素目前都还无法做定量的描述。

6.2.1.2 氧射流与熔池的相互作用

在顶吹氧气转炉中，高压氧流从喷孔流出后，经过高温炉气以很高的速度冲击金属熔池，在熔池中心（即氧射流和熔池冲击处）形成一个凹坑状的氧流作用区。这样，熔池内的铁水产生环流运动，起到对熔池的搅拌作用，见图6-4。使用单孔喷枪、多孔喷枪时，熔池运动情况如图6-5及图6-6所示。

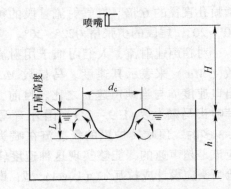

图 6-4　熔池运动示意图
H—枪高；h—熔池深度；L—凹坑深度；d_c—凹坑直径

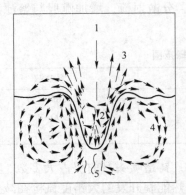

图 6-5　使用单孔喷枪时熔池运动情况
1—氧射流；2—氧流流股；3—喷溅；
4—钢水的运动；5—停滞区

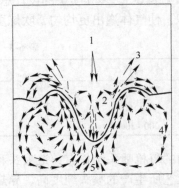

图 6-6　使用多孔喷枪时熔池运动情况
1—氧射流；2—氧流流股；3—喷溅；
4—钢水的运动；5—停滞区

A　氧气射流冲击下的熔池凹坑

（1）冲击深度（impact depth）。氧射流到达液面后的冲击深度又称穿透深度，它是指从水平液面到凹坑最低点的距离。冲击深度是凹坑的重要标志，也是确定转炉操作工艺的重要依据。

利用 Fllin 公式可以计算单孔氧枪射流对熔池的冲击深度：

$$L = \frac{346.7 \times p_0 \times d_t}{\sqrt{H}} + 3.81 \tag{6-1}$$

式中，L 为冲击深度，cm；p_0 为滞止氧压，MPa；d_t 为喷头喉口直径，cm；H 为氧枪高度，cm。

对于多孔喷头，所计算的冲击深度应乘以 $\cos\alpha$，其中 α 为喷孔倾角。

通常冲击深度 L 与熔池深度 h 之比选取 $L/h \approx 0.5 \sim 0.75$ 左右。实践证明，当 $L/h <$ 0.4 时，即冲击深度过浅，则氧气利用率和脱碳速度大为降低，还会导致出现终点成分及温度不均匀的现象；当 $L/h > 0.75$ 时，即冲击深度过深，有可能冲坏炉底并喷溅严重。对于 $100 \sim 130t$ 的氧气顶吹转炉，3、4 孔喷枪的冲击深度为 $35 \sim 40cm$。

（2）凹坑表面积。在冶炼过程中，一般把氧气射流与静止熔池接触时的流股截面积称为冲击面积（impact area），但这个冲击面积并不是氧射流与金属液真正接触的面积，能较好代表氧射流与金属液接触面积的应是凹坑表面积。凹坑在吹炼过程中的变化是无规律的。研究表明，炉气温度对凹坑形状有很大影响，如图 6-7 所示（图中 D 为到凹坑中心的距离，L 为冲击深度）。可见随着炉气温度的增加，凹坑表面积和冲击深度都有所增加。

（3）冲击区的温度。氧气射流作用下的金属熔池冲击区即凹坑区，是熔池中温度最高区，其温度可达 $2200 \sim 2600℃$，界面处的温度梯度高达 $200℃/mm$。冲击区的温度取决于氧化反应放出热量的多少以及因熔池搅动而引起的传热速度。供

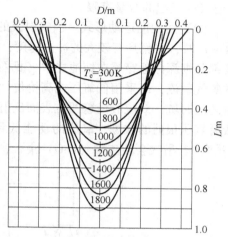

图 6-7　炉气温度 T_e 对凹坑形状的影响
（$p_0 = 0.8MPa$；$H = 1.6m$；$d_t = 5cm$）

氧增加，元素氧化放热增多，冲击区温度升高；加速脱碳和增强熔池搅拌，使热交换过程加速，冲击区温度降低。

B　熔池的运动

（1）熔池的搅拌。在顶吹转炉内，由于氧射流的直接和间接作用，造成了熔池的强烈运动，使熔池强烈运动的能量一部分是射流的动能直接传输给熔池，另一部分是在氧射流作用下发生碳氧反应生成的 CO 气泡提供的浮力，另外还有温度差和浓度差引起的少量对流运动。因此，熔池搅拌运动的总功率是这些能量提供的功率之和，即：

$$N_\Sigma = N_{O_2} + N_{CO} + N_{T \cdot C} \tag{6-2}$$

1）氧射流提供的功率 N_{O_2}。氧射流与熔池金属液相遇时，其作用是按非刚性物体碰撞和能量守恒定律来分析的。在一般情况下，氧射流的动能消耗于以下几个方面：①搅拌熔池所耗能量 E_1；②克服炉气对射流产生的浮力 E_2；③射流冲击液体时非刚性碰撞时的能量消耗 E_3；④把液体破碎成液滴时的表面生成能量 E_4；⑤供给反射流股的能量 E_5。

据有关研究和资料计算，E_4 和 E_5 值一般很小，约为氧射流初始动能 E_0 的 3%，而非刚性碰撞的能量消耗 E_3 为 $70\% \sim 80\%$，克服浮力的能量 E_2 为 $5\% \sim 10\%$，搅拌熔池的能量消耗 E_1 为 20% 左右。

由于氧射流用于熔池搅拌的能量只为初期动能的 20%，即氧射流提供的搅拌比功率 N_{O_2}（kW/t）为：

$$N_{O_2} = 0.2E_0 W_{O_2} \tag{6-3}$$

式中，W_{O_2} 为每吨金属消耗的氧的质量流量，$kg/(s \cdot t)$。

2）CO 气泡提供的搅拌功率 N_{CO}。氧射流进入熔池将发生碳氧反应产生大量 CO 气泡，一般认为，CO 气泡搅拌熔池的能量等于气泡上浮过程中浮力所做的膨胀功。

有人通过测算和比较 N_{O_2} 与 N_{CO} 后指出，在熔池搅拌中，CO 气泡提供的功率对熔池运动起决定性作用。因此，顶吹转炉的缺点之一就是吹炼前期和末期搅拌不足，因为此时产生 CO 气泡的数量有限。

（2）熔池的运动形式。当氧射流的动能较大时，即在高氧压或低枪位"硬吹"（hard blow）时，射流具有较大的冲击深度，射流边缘部分会发生反射和液体飞溅，而射流的主要部分则深深地穿透在熔池之中（见图 6-8a），整个熔池处于强烈的搅拌状况。动能较小的氧气射流，即采用低氧压或高枪位"软吹"（soft blow）时，射流将液面冲击成表面光滑的浅凹坑，氧流股沿着凹坑表面反射并流散（见图 6-8b），熔池搅拌不强烈。枪位过高或者氧压很低的吹炼，氧流的动能低到根本不能吹开熔池液面，只是从表面掠过，这叫"吊吹"。吊吹会使渣中（FeO）集聚，易产生爆发性喷溅，应严禁"吊吹"。

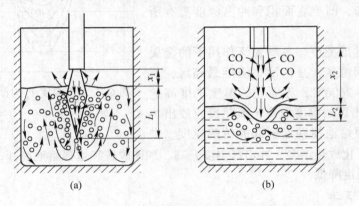

图 6-8　氧气流股与熔池作用示意图
（a）硬吹；（b）软吹
x—枪位；L—冲击深度

根据热模型试验中的现象，氧流作用区的形态示意如图 6-9 所示。向铁水吹氧时，氧流穿入熔池到某一深度并构成火焰状的作用区。作用区是由呈椭圆形、光亮较强的中心Ⅰ，即一次反应区（温度在 2473~2973K 的范围）和光亮较弱的狭窄的外围Ⅱ，即二次反应区两个部分所组成。由于在金属液面以上有金属液滴溅出并在氧流中燃烧，光亮的中心区（Ⅰ）可向上延伸到金属液面以上一定高度处。整个作用区处于不断脉动状态，在作用区周围由于碳氧反应产生的 CO 气体沿作用区的边缘上升，使作用区及其周围发生循环运动。

在氧射流冲击液面形成凹坑时，由于凹坑形状是不断变化的，因而熔池内的运动形式也有变化。软吹时沿流股中心形成两个环流区，硬吹时形成四个环流区。同时，由于射流和凹坑的不稳定，还会在熔池内产生凹坑振荡运动，其运动形式见图 6-10。

C　熔池与射流间的相互破碎与乳化

在氧气顶吹转炉吹炼过程中，有时炉渣会起泡并从炉口溢出，这就是吹炼过程中发生的典型的乳化和泡沫现象。由于氧射流对熔池的强烈冲击和 CO 气泡的沸腾作用，使熔池上部金属、熔渣和气体三相剧烈混合，形成了转炉内发达的乳化和泡沫状态，如图 6-11 所示。

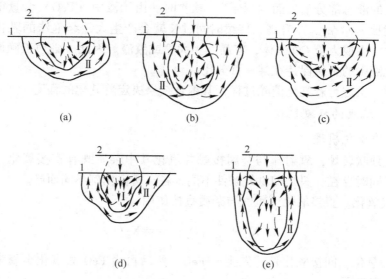

图 6-9 高温下氧流作用区的形态

（a）生铁；（b）2.0%C；（c）1.0%C；（d）0.5%C；（e）<0.1%C

1—熔池静止状态金属水平面；2—喷头位置

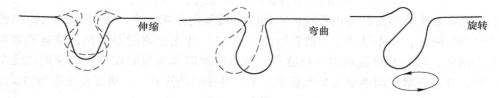

图 6-10 熔池的振荡运动

乳化（emulsification）的概念：它是指金属液滴或气泡弥散在炉渣中，若液滴或气泡数量较少而且在炉渣中自由运动，这种现象称为渣-钢乳化或渣-气乳化；若炉渣中仅有气泡，而且数量少，气泡无法自由运动，这种现象称为炉渣泡沫化（slag foaming）。由于渣滴或气泡也能进入到金属熔体中，因此转炉中还存在金属熔体中的乳化体系。

渣-钢乳化是冲击坑上沿流动的钢液被射流撕裂成金属液滴所造成的。通过对 230t LD 转炉乳液的取样分析，发现其中金属液滴比例很大。吹氧 6~7min 时占 45%~80%，10~12min 时占 40%~70%，15~17min 时占 30%~60%。可见，吹炼时金属和炉渣混合充分。

研究表明，金属液滴比金属熔池的脱碳、脱磷更有效。金属液滴尺寸愈小，脱除量愈多。而金属

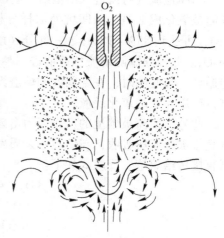

图 6-11 顶吹氧气时熔池的乳化现象

液滴的硫含量比金属熔池的硫含量高，金属液滴尺寸越小，硫含量越大。生产实践表明，冶炼中期硬吹时，由于渣内富有大量的 CO 气泡以及渣中氧化铁被金属液滴中的碳所还原，导致炉渣的液态部分消失而"返干"。软吹时，由于渣中（FeO）含量增加，并且氧化位（即浓度比 $c_{Fe^{3+}}/c_{Fe^{2+}}$）升高，持续时间过长就会产生大量起泡沫的乳化液，乳化的金属量非常大，生成大量 CO 气体，容易发生大喷或溢渣。因此，必须正确调整枪位和供氧量，使乳化液中的金属保持在某一百分比。

与此同时，也进行着乳化消除过程，其综合结果决定着乳化的程度。

6.2.1.3　熔池的传氧机理

A　杂质的氧化机理

对于氧气顶吹转炉，氧射流与金属接触并氧化其中杂质既有直接氧化，也有间接氧化，应该说是同时存在，只是随供氧条件不同，各自所占比例不同而已。

（1）直接氧化。直接氧化即氧气与杂质直接作用：

$$m[X] + \frac{n}{2}\{O_2\} = X_mO_n$$

（2）间接氧化。间接氧化是首先生成 FeO，然后再由 FeO 去氧化金属液中的杂质元素，其反应步骤如下：

$$2[Fe] + \{O_2\} = 2(FeO)$$
$$(FeO) = [FeO]$$
$$m[X] + n[FeO] = X_mO_n + n[Fe]$$

目前大多数人认为在氧气顶吹转炉中是以间接氧化方式为主。理由是：（1）氧流是集中于作用区附近，而不是高度分散在熔池中；（2）作用区附近温度高，使硅和锰对氧的亲和力减弱；（3）从反应动力学角度看，熔池中碳向氧气泡表面传质的速度比化学反应速度慢，并且在氧气同熔池接触的表面上大量存在的是铁原子，所以首先应当和铁结合成 FeO。

B　氧气顶吹转炉里氧的传输

当高速氧气射流进入熔池后，射流周围凹坑中的金属表面以及卷入射流中的金属液滴表面被氧化成 FeO（从凹坑处取样分析，发现该处金属液主要为铁的氧化物，大部分为FeO，可达到 85%~98%），一部分（FeO）与射流中的部分氧直接接触可以进一步氧化成 Fe_2O_3。载氧液滴随射流急速前进，参与熔池的循环运动，将氧传给金属成为重要的氧的传递者。与此同时，在金属液和熔渣界面上可以发生 Fe_2O_3 的还原反应，将氧传给金属和进行杂质元素的氧化反应。

此外，射流被熔池的反作用力击碎产生的小氧气泡除参与熔池的循环运动外，有一部分直接被金属所吸收，与熔池中杂质发生反应；射流中的部分氧直接与熔渣接触，也会将氧直接传给熔渣。反应式如下：

$$\{O_2\} = 2O_{吸附} = 2[O]$$
$$[O] + [C] = \{CO\}$$
$$2[O] + [Si] = (SiO_2)$$
$$[O] + [Mn] = (MnO)$$

$$1/2\{O_2\}+2(FeO)=\!=\!=(Fe_2O_3)$$

射流的动压头越小，这种通过熔渣的传氧方式所占的比例越大。

在"硬吹"情况下，化学反应快，而且氧化铁上浮入渣所经历的路程远，其结果是氧化铁在熔池中消耗掉的量多而上浮入渣量少，而消耗掉的氧化铁主要用于 C—O 反应，因而进一步地加强对熔池的搅拌。凡此种种都使渣中的氧化铁含量下降。

在"软吹"条件下，射流对熔池的冲击深度较小，搅拌微弱，氧化铁在熔池中消耗的量少，而且上浮入渣的路程短，加之射流对于熔渣的氧化作用增强，因而使熔渣中的氧化铁含量增高。

C 炉渣的氧化作用

在炼钢炉内，熔渣中的（FeO）与氧化性气体接触时，被氧化成高价氧化物。除了氧气以外，CO_2 也可使低价氧化铁氧化。而在与金属接触时，高价氧化铁又被还原成低价氧化铁，所以气相中的氧可透过熔渣层传递给金属熔池，其过程如图 6-12 所示。在氧气顶吹转炉低氧压或高枪位操作时，都具有这种传氧特征。

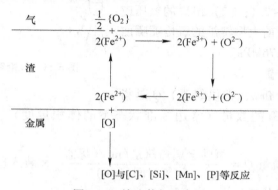

图 6-12 熔渣传氧示意图

应该指出，氧气顶吹转炉中氧流下面的高温反应区内，氧流可以直接和金属液相作用，形成一层氧化膜，但很快被高速气流排除。在这种情况下，炉渣不再是传氧的媒介。

D 铁矿石传氧

向炉内加入的铁矿石沉于钢–渣界面，矿石中的部分 Fe_2O_3 溶于熔渣，增加了渣中氧化铁的含量，部分 Fe_2O_3 直接熔于钢液内，进行如下反应：

$$Fe_2O_3+[Fe]=\!=\!=3(FeO)$$

矿石中的高价氧化铁也可吸热分解变为低价氧化亚铁，即：

$$Fe_2O_3=\!=\!=2(FeO)+\frac{1}{2}\{O_2\}$$

氧化亚铁由熔渣向钢液的反应区扩散转移：

$$(FeO)=\!=\!=[Fe]+[O]$$

钢液中溶解的氧可与其他元素在反应区进行反应。

综上所述，氧气顶吹转炉的传氧载体有以下几种：金属液滴传氧、乳化液传氧、熔渣传氧，以及铁矿石传氧。顶吹转炉的传氧主要靠金属液滴和乳化液进行，所以冶炼速度快，周期短。

6.2.2 供氧参数

6.2.2.1 氧气压力

工作氧压是指测定点的压力，或称为使用压力 $p_用$。测定点位于软管前的输氧管上，与喷头前有一定的距离（如图6-13所示），所以有一定的压力损失，一般允许 $p_用$ 偏离设计氧压+20%。

设计工况氧压又称理论计算氧压，它是指喷头进口处的氧气压强，近似等于滞止氧压（绝对压力）。喷嘴前的氧压用 p_0 表示，出口氧压用 p 表示。通常选用 $p=0.118\sim0.123$MPa。

喷嘴前氧压 p_0 值的选用应根据以下因素考虑：（1）氧气流股出口速度要达到超声速（450~530m/s），即 $Ma=1.8\sim2.1$；（2）出口的氧压应稍高于炉膛内气压。目前大型转炉的氧枪喷嘴前氧压选择为 $0.784\sim1.176$MPa。

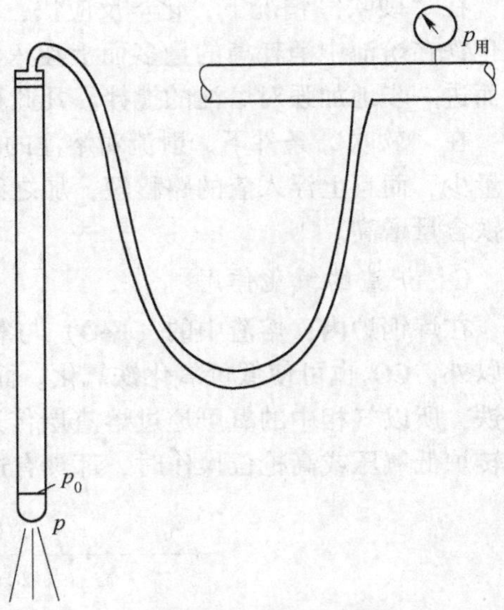

图 6-13　氧枪氧压测定点示意图

6.2.2.2 氧气流量

氧气流量（oxygen flow，即供氧量）Q 是指单位时间内向熔池供氧的数量（常用标准状态下的体积量度），其量纲为 m^3/min 或 m^3/h。

$$氧气流量\ Q=\frac{每吨金属需氧量(m^3/t标态)}{吹氧时间(min)}\times 装入量(t) \tag{6-4}$$

还可按照下述简单公式计算：

$$氧气流量\ Q=\frac{(w[C]_铁\times铁水比-w[C]_{终点})\times0.933}{氧气脱碳效率\times供氧时间}\times装入量 \tag{6-5}$$

式中，$w[C]_铁$ 为铁水中的碳含量；铁水比为金属料中铁水所占的百分比，一般大于70%；$w[C]_{终点}$ 为吹炼终点钢水中的碳含量；0.933即每1kg碳氧化时需0.933m^3氧气，$0.933=22.4/(2\times12)$。

氧气脱碳效率 η_{O_2} 定义为：$\eta_{O_2}=\frac{0.933\times碳氧化量}{实际供氧量}\times100\%$。考虑到其他元素的氧化，$\eta_{O_2}$ 取70%~75%。

一般钢液的实际氧耗量约为50~60m^3/t。据统计，国内大型转炉（公称容量≥150t），氧耗量平均为56.71 m^3/t；中型转炉（80~150t），氧耗量平均为56.74 m^3/t；小型转炉（<80t），氧耗量平均为58.9 m^3/t。

6.2.2.3 供氧强度

供氧强度（oxygen supply intensity）I 是指单位时间内每吨钢的供氧量，其量纲为 $m^3/(min\cdot t)$。

$$供氧强度\ I=\frac{氧气流量(m^3/min)}{装入量(t)} \tag{6-6}$$

目前，国内中、小型转炉的供氧强度为 $2.5 \sim 4.5 \text{m}^3 /(\min \cdot t)$（标态），120t 以上转炉的供氧强度为 $2.8 \sim 3.6 \text{m}^3 /(\min \cdot t)$；国外转炉供氧强度波动范围为 $2.5 \sim 4.0 \text{m}^3 /(\min \cdot t)$。

6.2.2.4 枪位

氧枪高度即枪位（lance height），是指氧枪喷头与静止熔池表面之间的距离，不考虑吹炼过程实际熔池面的剧烈波动。

A 枪位高低对熔池的影响

根据氧气射流特性可知，枪位越低，氧气射流对熔池的冲击动能越大，熔池搅拌加强，氧气利用率越高，其结果是加速了炉内脱硅、脱碳反应，使渣中（FeO）含量降低。同时，由于脱碳速度快，缩短了反应时间，热损失相对减少，使熔池升温迅速。但枪位过低，则不利于成渣，也可能冲击炉底。而枪位过高，将使熔池的搅拌能力减弱，造成表面铁的氧化，使渣中（FeO）含量增加，导致炉渣严重泡沫化而引起喷溅。枪位高低对熔池的物理作用和化学作用影响很大，概括于表 6-4 中。由此可见，只有合适的枪位才能获得良好的吹炼效果。

表 6-4 枪位高低对熔池的物理作用和化学作用

枪位	对熔池的物理作用		对熔池的化学作用			调节枪位
	冲击面积	冲击深度	脱磷、脱硫、脱碳	化渣	喷溅	
过高	过大	过浅	提高脱磷、脱硫速度，脱碳速度低	化渣快，能促进脱磷、脱硫	渣中（FeO）多，易引起喷溅	降低枪位
过低	过小	过深	影响脱磷、脱硫速度，搅动好，供氧足，脱碳速度高	化渣慢，影响早期脱磷、脱硫	氧气流股对熔池冲击力过大，易引起喷溅	提高枪位

B 转炉枪位控制

（1）经验公式计算。枪位的确定，主要考虑两个因素，一是氧射流要有一定的冲击面积；二是氧射流应有一定的冲击深度，但保证不能冲击炉底。枪位 $H(\text{mm})$ 可先根据经验公式确定，再根据操作效果加以校正。经验公式为：

$$\text{多孔喷头} \quad H = (35 \sim 50)d_t \tag{6-7}$$

式中，d_t 为喷头喉口直径，mm。利用穿透深度与熔池深度之比的经验值可确定不同吹炼阶段的枪位高度。

（2）仪表监控枪位。

声纳仪：这种仪器的原理是氧射流的噪声强度与浸入熔渣内的深度有关。氧枪喷头位于渣面之上时，利用声纳仪较为灵敏。当喷头位于渣面之下，声纳仪就失去作用了。

氧枪振动仪：其原理是氧枪浸入渣层的深度增加，枪体受横向推力加大。在枪尾的应变片所测出枪体受力的大小可表示炉内渣面高度。

利用炉气定碳技术控制枪位：根据吹炼过程中所测得的转炉烟气成分及烟气量可以计算出每一时刻炉渣中所蓄积的氧气量，用以控制渣中氧化铁合理含量。

（3）用自动控制模型控制枪位。用静态模型按所炼钢种的要求，设定吹炼过程的枪位高度。在吹氧量达到总供氧量的约 85% 时，根据副枪所测得的熔池碳和温度值进行终点前的动态修正，并把氧枪降到喷头所能承受的最低枪位。国内外多数大型转炉采用这种技术。

（4）由操作人员根据经验控制枪位。由每个氧枪工根据自己的经验控制供氧操作。其结果是吹炼过程的成渣状况和吹炼终点钢水成分、温度波动太大。对某钢厂进行 1 个月的统计，对于低碳钢吹炼终点命中率平均为 35% 左右（ $w(\Delta[C]) = \pm 0.02\%$，$\Delta t = \pm 12℃$ ）。

C　影响枪位变化的因素

枪位变化受多种因素影响，其基本原则是早化渣，化好渣，减少喷溅，有利于脱碳和控制终点。

（1）铁水成分。铁水中含 ［Si］、［P］ 较高时，若采用双渣操作，可采用较低枪位，以利快速脱硅、脱磷，然后倒掉酸性渣。若采用单渣操作，则可高枪化渣，然后降枪去磷。铁水含 ［Si］、［P］ 较低时，为了化好渣，应提高枪位。

（2）铁水温度。铁水温度低时，应低枪提温，待温度升高后再提枪化渣，此时降枪时间不宜太长，一般为 2min 左右。若铁水温度高，则可直接高枪化渣，然后降枪脱碳。

（3）炉内留渣。炉内留渣时，由于渣中（FeO）含量高，有利石灰熔化，吹炼前期应适当降枪，防止渣中（FeO）过多而产生泡沫渣喷溅。

（4）炉龄。开新炉，炉温低，应适当降低枪位；炉役前期液面高，可适当提高枪位；炉役后期装入量增加，熔池面积增大，不易化渣，可在短时间内采用高低枪位交替操作以加强熔池搅拌，利于化渣；炉役中、后期装入量不变时，熔池液面降低，应适当调整枪位。

（5）渣料加入。在吹炼过程中，通常加入二批渣料后应提枪化渣。若渣料配比中氧化铁皮、矿石、萤石加入量较多时，或石灰活性较高时，炉渣易于化好，也可采用较低枪位操作。使用活性石灰成渣较快，整个过程的枪位都可以稍低些。

（6）装入量变化。炉内超装时，使熔池液面升高，相应的枪位也应提高，否则不易化渣，还可能因枪位过低而烧坏氧枪。

（7）碳氧化期。冶炼中期是碳氧化期，脱碳速度受供氧限制，通常情况下采用低枪位脱碳。若发现炉渣返干现象时，则应提枪化渣或加入助熔剂化渣，以防止金属喷溅。

（8）停吹控制。没有实现自动控制的转炉在停吹前，一般都降枪吹炼，其目的是充分搅拌钢液，提高温度，同时也有利于炉前操作工观察火焰，确定合适的停吹时间。

枪位的变化除上述因素外还受冶炼钢种、炉龄期变化等影响，总之应根据生产实际情况，灵活调节，以保证冶炼的正常进行。

6.2.3　氧枪操作

氧枪操作是指调节氧压或枪位。目前氧枪操作有两种类型，一种是恒压变枪操作，即在一炉钢的吹炼过程中，其供氧压力基本保持不变，通过氧枪枪位高低变化来改变氧气流股与熔池的相互作用，以控制吹炼过程。另一种类型是恒枪变压，即在一炉钢吹炼过程中。氧枪枪位基本不动，通过调节供氧压力来控制吹炼过程。也有一些转炉采用变压变枪操作，但正确进行控制要求更高的技术水平。目前，我国广泛采用的是分阶段恒压变枪操作。但随着炉龄增长、熔池体积增大、装入量增多，应适当提高供氧压力，做到分期定压操作，以便使不同装入量时供氧强度大致相同，吹炼时间相差不大，使生产管理稳定，并可增加产量。

开吹枪位的确定原则是早化渣、多去磷。过程枪位的控制原则是化好渣、不喷溅、快速脱碳、熔池均匀升温。吹炼后期枪位操作要保证达到出钢温度，拉准碳。由于各厂的转炉吨位、喷嘴结构、原材料条件及所炼钢种等情况不同，氧枪操作也不完全一样。下面介绍几种氧枪操作方式。

(1) 恒枪位操作。在铁水中 [P]、[S] 含量较低时，吹炼过程中枪位基本保持不变，这种操作主要是依靠多次加入炉内的渣料和助熔剂来控制化渣和预防喷溅，保证冶炼正常进行。

(2) 低—高—低枪位操作。铁水入炉温度较低或铁水中 $w[Si]+w[P]>1.2\%$ 时，吹炼前期加入渣料较多，可采用前期低枪提温，然后高枪化渣，最后降枪脱碳去硫。这种操作是用低枪点火，使铁水中 [Si]、[P] 快速氧化升温，然后提枪增加渣中 (FeO) 来熔化炉渣，待炉渣化好后再降枪脱碳。必要时还可以待炉渣化好后倒掉酸性渣，然后重新加入渣料，高枪化渣，最后降枪脱碳去硫，在碳剧烈氧化期，加入部分助熔剂防止炉渣"返干"。

(3) 高—低—高—低枪位操作。在铁水温度较高或渣料集中在吹炼前期加入时可采用这种枪位操作。开吹时采用高枪位化渣，使渣中含 $w(FeO)$ 达 $25\%\sim30\%$，促进石灰熔化，尽快形成具有一定碱度的炉渣，增大前期脱磷和脱硫效率，同时也避免酸性渣对炉衬的侵蚀。在炉渣化好后降枪脱碳，为避免在碳氧化剧烈反应期出现"返干"现象，适时提高枪位，使渣中 $w(FeO)$ 保持在 $10\%\sim15\%$，以利磷、硫继续去除。在接近终点时再降枪加强熔池搅拌，继续脱碳和均匀熔池成分和温度，降低终渣 (FeO) 含量。

(4) 高—低—高的六段式操作。图 6-14 表明，开吹枪位较高，及早形成初期渣；二批料加入后适时降枪，吹炼中期炉渣"返干"时又提枪化渣；吹炼后期先提枪化渣后降枪；终点拉碳出钢。

(5) 高—低—高的五段式操作。五段式操作的前期与六段式操作基本一致，熔渣"返干"时可加入适量助熔剂调整熔渣流动性，以缩短吹炼时间，见图 6-15。

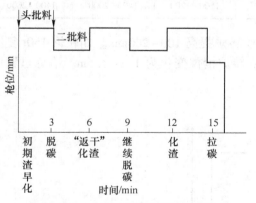

图 6-14 六段式氧枪操作示意图

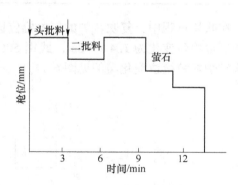

图 6-15 五段式氧枪操作示意图

以上介绍了几种典型的氧枪操作模式，但在实际生产中则应根据原材料条件和炉内反应，灵活调节枪位。

例如：铁水条件 $w[Si]$ 0.7%，$w[P]$ 0.5%，$w[S]$ 0.04%，温度 1280℃。冶炼低碳镇静钢，其操作枪位如何确定？

分析：根据铁水成分，冶炼中的主要矛盾是考虑去磷，并且铁水温度低，应先提温后化渣。考虑采用双渣法操作，可用低—高—低氧枪操作模式。采用单渣法，要防止炉渣"返干"造成回磷，故应采用低—高—低—高—低的多段式氧枪操作。其枪位变化见图6-16。

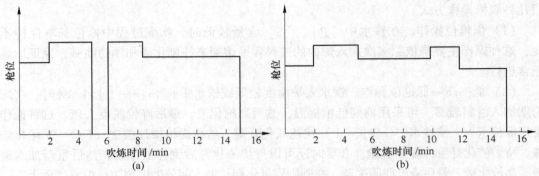

图 6-16   氧枪操作图
（a）双渣法低—高—低式；（b）单渣法多段式

顶底复吹转炉的熔池搅拌主要依靠底部吹气和 CO 气体产生的搅拌能来实现，因此其顶吹氧枪的供氧压力有所降低，枪位有所提高。就目前国内大多数顶底复吹转炉来说，属于底吹气体（如 N_2/Ar）的弱搅拌型复吹转炉，仍然采用恒压变枪操作（见表6-5），在一个炉役期内氧压变化不大。

表 6-5   某厂供氧制度

炉容量/t	80		120		
炼钢炉数/炉	1~50	>50	1~5	6~150	>150
氧气流量/$m^3 \cdot h^{-1}$	16000~18500	16500~20000	27000~28000	28000~29000	29000~34000
枪位/mm	1200~1700	1000~1700	1500~1700	1400~2000	1400~2000

在吹炼过程中，复吹转炉的氧枪枪位比顶吹转炉提高 100~200mm。如鞍钢 150t 复吹转炉氧枪枪位变化为 1.4~1.8m，武钢 50t 复吹转炉枪位变化为 1.2~1.6m。冶炼过程中复吹转炉氧枪枪位变化实例见图6-17。

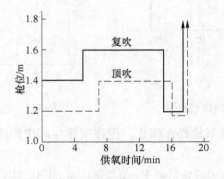

图 6-17   50t 复吹转炉枪位变化

6.3 底吹工艺

6.3.1 底吹气体对熔池的作用

对于顶底复合吹炼转炉，气体从炉底吹入熔池属于浸没式射流运动。从底部喷入炉内的气体，一般属亚声速。气体喷入熔池的液相内，除在喷孔处可能存在一段连续流股外，喷入的气体将形成大小不一的气泡，气泡在上浮过程中将发生分裂、聚集等情况而改变气泡体积和数量。

喷入熔池内的气体分散形成气泡时，残余气袋在距离喷孔相当于喷孔直径 2 倍的距离处，受到液体的挤压而断裂，气相内回流压向喷孔端面，这个现象称为气泡对喷孔的后坐。油田隆果研究测定出气泡后坐力可达 1MPa。李远洲经测定和分析认为：这样大的反推力包括气体射流的反作用力和后坐力两部分，实际后坐力只有 0.01~0.024MPa，但后坐的氧化性气体对炉衬仍有很大的破坏作用。由此可见，气泡后坐现象不论是后坐力或是氧化性气氛，都可能对炉衬和喷孔的损坏带来不良影响。研究认为，采用缝隙型和多金属管型底吹供气元件能有效地消除后坐现象。

肖泽强等人在底吹小流量气体的情况下描述了底吹气体的流股特征（如图 6-18 所示）。他认为：气流进入熔池后立即形成气泡群而上浮，在上浮过程中造成湍流扰动，全部气泡的浮力都驱动金属液向上运动，同时也抽引周围液体。液体的运动主要依靠气泡群的浮力，而喷吹的动量几乎可以忽略不计。因此，在熔池内垂直方向上的液体速度 u_z 与流量有关，在气体流量为 $0.05 \sim 0.30 \mathrm{m}^3/\mathrm{min}$ 时，其关系为：

$$\bar{u}_z = 0.97 Q^{0.239} \tag{6-8}$$

式中，$\bar{u}_z$ 为两相流上升区近顶面平均轴向速度，m/s；Q 为底吹氩量。

吹入熔池的气体将对熔池产生搅拌作用。气体对熔池所做的功有：（1）膨胀功 W_1，即气体在喷嘴附近由于温度升高引起体积膨胀而做功；（2）

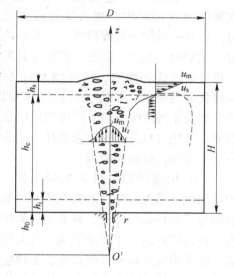

图 6-18　气体喷吹搅拌时的流股特征

浮力功 W_2，即气泡在上升过程中因浮力和膨胀做功；（3）动力功 W_3，即喷吹时气体流股的动能做功；（4）静压力功 W_4，即气体喷出时残余静压力使气体膨胀做功。气体搅拌熔池的总功率为：$W_{\mathrm{sum}} = W_1 + W_2 + W_3 + W_4$。

由于气体动能很大一部分消耗在喷口，气体流股所具有的动能在喷孔附近急剧衰减，能对液体做功的效率只有 5% 左右。同样，气体膨胀功和静压力功也只在喷孔附近作用，故只对喷孔周围的液体产生搅拌作用。对熔池搅拌起主要作用的是浮力功。

复吹转炉有效地把熔池搅拌和炉渣氧化性统一起来。顶吹氧枪承担向熔池供氧的任务，而底吹气体则发挥搅拌熔池的功能。在转炉复合吹炼中，熔池的搅拌能由顶吹和底吹气体共同提供。

6.3.2　底吹供气强度的确定

在复吹转炉中，底吹气体量的多少，决定熔池内搅拌的强弱程度，它与气体种类、炉容大小和冶炼钢种等因素有关，波动范围较大，而底吹供气强度则反映了单位条件下的供气量。在确定底吹供气强度时，要考虑以下因素：

（1）获得最佳搅拌强度，使熔池混合最均匀。实验研究表明，熔池的混匀程度与搅拌强度有关，而搅拌强度受供气量和底吹元件布置的影响。由顶吹及底吹带入转炉内钢液的搅拌能的供给速率（也称比搅拌功率）$\dot{\varepsilon}$（W/t）与均匀混合时间 τ（s）、底吹喷嘴数（N）的关系式为：

$$\tau = 800\dot{\varepsilon}^{-0.4}N^{1/3} \tag{6-9}$$

图 6-19 归纳了各种顶底复吹转炉的底吹气体量与均匀混合时间 τ（s）的关系。一般来说，顶吹转炉的熔池混匀时间为 100～150s，复吹转炉为 20～70s，底吹转炉为 20s左右。

（2）根据吹炼过程调节供气强度。在顶底复吹转炉中，加入渣料需要化渣时，底吹采用较小强度供气，以保证渣中有一定量的（FeO）存在；在冶炼后期为了进一步脱碳和脱硫，则可增大供气量，以强化熔池搅拌，加速炉内反应和传质；当炉渣发生泡沫喷溅时，可增大底吹供气强度，加快（FeO）的反应消耗，减少渣中活性物质，以抑制喷溅。

（3）根据原料条件和冶炼钢种，合理使用供气强度。底吹 CO_2 气体时，冶炼

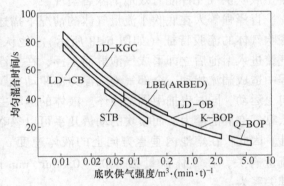

图 6-19　底吹供气强度与均匀混合时间的关系

前期为了保护供气元件，宜采用较大供气强度，而在中期则可减小供气强度。而铁水含磷高，在冶炼前期为了化渣去磷，宜采用较小供气强度。若铁水含磷、硫低，可采用少渣吹炼，宜采用较大底吹供气强度，加快脱碳进行。若铁水含硫高，则前期宜采用较大底吹供气强度，以快速升温和化渣，待炉渣化好后，宜增大底吹供气强度，强化脱硫。

若冶炼低碳钢，在吹炼前期采用小底吹供气强度，以保证化渣去磷；待磷去除后，则加大底吹供气强度，强化脱碳和脱硫，加快冶炼速度。若冶炼高碳钢，则全程采用较小强度底吹供气，以保证化渣和使磷、硫、碳同时满足冶炼要求，使吹炼终点有一定的碳含量。因此，不同钢种的冶炼终点不一致时，其相应的底吹工艺也会略有变化（见表6-6）。

总的来说，底吹供气强度小，则熔池搅拌强度弱，渣中 $w(FeO)$ 较高，化渣容易；底吹供气强度大，则熔池搅拌强，脱碳速度快，渣中 $w(FeO)$ 低，升温快。

搅拌型复吹转炉的底吹供气强度小于 $0.1m^3/(min \cdot t)$，而复合吹氧型复吹转炉的底吹供气强度不小于 $0.20m^3/(min \cdot t)$。目前，国内传统复吹转炉一般采用弱搅拌工艺（底

吹 N_2/Ar），底吹供气强度波动在 $0.02\sim0.15m^3/(min\cdot t)$ 的范围内，考虑到要克服喷吹阻力，供气压力需达到 $1.0\sim1.5MPa$。

表 6-6 不同钢种的底吹工艺

钢水终点 $w[C]$ /%	前期供氮气强度 /$m^3\cdot(min\cdot t)^{-1}$	后期供氩气强度 /$m^3\cdot(min\cdot t)^{-1}$	适用钢种
<0.06	0.02~0.04	0.07~0.10	低碳镇静钢
0.06~0.10	0.02~0.04	0.05~0.08	中碳镇静钢
≥0.10	0.02~0.04	0.03~0.06	高、中碳钢

6.3.3 底部供气模式

以改善熔池混合状态，增强物质传递速度，促进钢-渣反应接近平衡状态为目的的复吹工艺，在底部供气元件、元件数目和位置等底部供气参数确定之后，就要根据原料条件、钢种冶炼的要求，确定达到最佳冶金效果的供气强度与流量，即确定供气模式。

在底吹工艺条件下，需要对顶吹工艺参数进行调整。在有底吹的条件下，顶枪枪位比仅有顶吹时高出 $100\sim200mm$，供氧流量在冶炼前期为仅有顶吹时的 90%，在后期可调整到 100%。这样不仅避免了前期的喷溅，也缓解了后期的"返干"。

根据吹炼不同时期的特点，合理制定复吹工艺模式。武钢第二炼钢厂（80t 复吹转炉）底吹控制模式示于图 6-20。

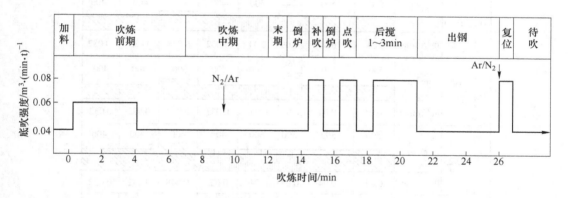

图 6-20 武钢 80t 转炉底吹供气模式

（1）吹炼初期。熔池升温速度随底吹供气强度的增加而降低，其值为每增加底吹供气强度 $0.01m^3/(min\cdot t)$，熔池升温速度则降低 $2.3\sim6.5℃/min$，通过试验发现，这部分热损耗是由于底吹供气强度的增加使金属熔池上下部位热交换加速，加快了位于炉子底部废钢的熔化所致。同时，底吹供气强度对泡沫渣层的厚度控制和促进石灰溶解均起到了有效的调节作用。如吹炼中当底吹供气强度小于 $0.03m^3/(min\cdot t)$ 时，常发生泡沫渣溢渣现象，而底吹供气强度不小于 $0.045m^3/(min\cdot t)$ 时，底吹气体供给的能量较大，将抑制泡沫渣的形成。因此将前期底吹供气强度确定为 $0.06m^3/(min\cdot t)$。

（2）吹炼中期。由于碳氧反应激烈，渣中 $w(\Sigma FeO)$ 含量迅速下降。如果底吹供气强度控制不当，极易使炉渣"返干"造成钢-渣界面反应困难。随着底吹供气强度增大，渣中 $w(\Sigma FeO)$ 明显降低，对冶炼去磷不利，故在这一时期采用较小的底吹供气强度。武钢在冶炼中期的底吹供气强度约为 $0.03\sim0.04m^3/(min\cdot t)$，同时配合较高的氧枪枪位和加入适量的铁皮或铁矿石等操作，吹炼过程基本保持平稳。

N_2-Ar 切换时期应选择在炉内搅拌最好，钢水中［N］含量最低时为佳。N_2-Ar 切换在吹炼 10min 左右进行。

（3）吹炼末期。吹炼末期，由于渣中 $w(\Sigma FeO)$ 迅速升高，为进一步提高转炉吹炼的冶金效果，在此期间宜采用较大的底吹供气强度。武钢在吹炼末期的底吹供气强度约为 $0.08m^3/(min\cdot t)$。通过对比试验得出，在吹炼过程中，底吹供气采取后段提高供气强度的方法，可以保证终渣熔化均匀，对于去磷、硫和降碳都有明显的效果，并使钢-渣界面反应更趋平衡，熔池钢液成分相对更加稳定。

为了进一步降低钢水中氧含量，复吹转炉采用了在氧枪停吹氧后用底吹 Ar 的后搅拌工艺。后搅拌操作使钢水中氧含量降低，渣中 $w(TFe)$ 也降低 2% 左右。当加大后搅拌供气强度时，钢水有一定的温降，并可使钢水中［C］含量进一步降低。

转炉停止炼钢及溅渣过程时，不能关闭底吹气体，而需将底吹总流量调到一定的流量范围，使单个吹气单元不致因渣等原因而堵塞。

某厂的 210t 复吹转炉底部供气模式，如图 6-21 所示。

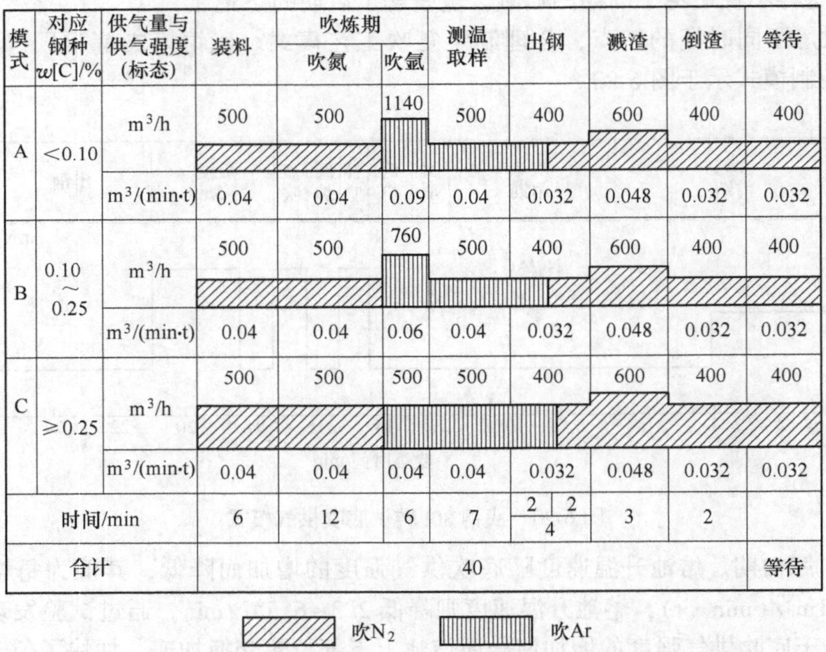

模式	对应钢种 $w[C]$/%	供气量与供气强度（标态）	装料	吹炼期		测温取样	出钢	溅渣	倒渣	等待
				吹氮	吹氩					
A	<0.10	m^3/h	500	500	1140	500	400	600	400	400
		$m^3/(min\cdot t)$	0.04	0.04	0.09	0.04	0.032	0.048	0.032	0.032
B	0.10~0.25	m^3/h	500	500	760	500	400	600	400	400
		$m^3/(min\cdot t)$	0.04	0.04	0.06	0.04	0.032	0.048	0.032	0.032
C	≥0.25	m^3/h	500	500	500	500	400	600	400	400
		$m^3/(min\cdot t)$	0.04	0.04	0.04	0.04	0.032	0.048	0.032	0.032
时间/min			6	12	6	7	2｜2 / 4	3	2	
合计						40				等待

吹 N_2　　　　吹 Ar

图 6-21　某厂 210t 转炉复吹工艺底部供气模式

6.4 造渣制度

造渣制度就是要确定合适的造渣方法、渣料的加入数量和时间，以及如何加速成渣。成渣速度主要指的是石灰熔化速度。所谓快速成渣主要指的是石灰快速溶解于渣中。

转炉炼钢造渣的目的是：去除磷硫、减少喷溅、保护炉衬、减少终点氧。

6.4.1 熔渣的形成

转炉冶炼期间，要求熔渣具有一定的碱度，合适的氧化性，良好的流动性，合适的 $w(\mathrm{TFe})$ 和（MgO）含量，正常泡沫化。转炉成渣过程见表6-7。

表6-7 转炉成渣过程

吹炼时期	要 求	成渣过程	渣的组成
初 期	熔渣 $\Sigma(\mathrm{FeO})$ 稳定在25%~30%，以促进石灰熔化，迅速提高熔渣碱度，尽量提高前期去磷率和避免酸性渣侵蚀炉衬，防治熔渣过稀	熔渣主要来自铁水中硅、锰、铁的氧化产物。石灰块由于温度低，表面形成冷凝外壳，造成熔化滞止期，块度为40mm左右的石灰，渣壳熔化需数十秒。氧化反应使炉温升高，促进了石灰熔化，炉渣碱度逐渐提高	主要矿物为钙镁橄榄石（2MnO·SiO₂、2FeO·SiO₂和2CaO·SiO₂的混合晶体）和玻璃体（SiO₂）。通常玻璃体不超过7%~8%，渣中自由氧化物相（RO）很少
中 期	熔渣氧化性不得过低，$w(\Sigma\mathrm{FeO})$ 保持在10%~16%，以避免炉渣"返干"；中期渣黏度要适宜	脱碳反应速度加快导致渣中（FeO）逐渐降低，使石灰熔化速度有所减缓，但炉渣泡沫化程度则迅速提高。化渣条件恶化，易出现"返干"现象	石灰与钙镁橄榄石和玻璃体作用，生成CaO·SiO₂，3CaO·2SiO₂，2CaO·SiO₂和3CaO·SiO₂等产物
末 期	保证熔渣高碱度，控制好终渣氧化性（避免过弱或过强），如冶炼 $w[\mathrm{C}]\geqslant0.10\%$ 的镇静钢，终渣 $w(\Sigma\mathrm{FeO})$ 应不大于20%；末期渣要化透做黏	脱碳速度下降，渣中（FeO）再次升高，石灰继续熔化并加快了熔化速度。同时，熔池中乳化和泡沫现象趋于减弱和消失	RO 相急剧增加，生成的3CaO·SiO₂分解为2CaO·SiO₂和CaO，并有 2CaO·Fe₂O₃生成

6.4.1.1 石灰的渣化机理

吹炼初期，各元素的氧化产物 FeO、$\mathrm{SiO_2}$、MnO、$\mathrm{Fe_2O_3}$ 等形成了熔渣。加入的石灰块就浸泡在初期渣中，初期渣中的氧化物从石灰表面向其内部渗透，并与 CaO 发生化学反应，生成一些低熔点的矿物，引起石灰表面的渣化。这些反应不仅在石灰块的外表面进行，而且也在石灰气孔的内表面进行。

但是在吹炼初期，$\mathrm{SiO_2}$ 易与 CaO 反应生成钙的硅酸盐，沉积在石灰块表面上。如果生成物是致密的、高熔点的 2CaO·SiO₂（熔点2130℃）和 3CaO·SiO₂（熔点2070℃），则将阻碍石灰的进一步渣化熔解。如生成 CaO·SiO₂（熔点1550℃）和 3CaO·2SiO₂（熔点1480℃）则不会妨碍石灰熔解。

在吹炼中期，碳的激烈氧化消耗大量的（FeO），熔渣的矿物组成发生了改变，由 2FeO·SiO₂→CaO·FeO·SiO₂→2CaO·SiO₂，熔点升高，石灰的渣化有所减缓。

吹炼末期，渣中（FeO）有所增加，石灰的渣化加快，渣量又有增加。

石灰在渣中的熔化是复杂的多相反应，反应过程伴随有传热、传质及其他物理化学过程。根据多相反应动力学的概念，石灰在熔渣中的溶解过程至少包括3个环节：

（1）液态熔渣经过石灰块外部扩散边界层向反应区扩散，并沿着石灰块的孔隙向石灰块内部渗透。

（2）在石灰块外表面和石灰块的孔隙的表面上液态熔渣与石灰进行化学反应，并形成新相。大致有：$CaO \cdot FeO \cdot SiO_2$（熔点 1208℃）、$2FeO \cdot SiO_2$（熔点 1205℃）、$CaO \cdot MgO \cdot SiO_2$（熔点 1485℃）、$CaO \cdot MnO \cdot SiO_2$（熔点 1355℃）、$2MnO \cdot SiO_2$（熔点 1285℃）、$2CaO \cdot SiO_2$（熔点 2130℃）等。

（3）反应产物离开反应区通过扩散边界层向渣层中扩散。

终渣游离氧化钙含量是衡量转炉造渣制度是否正确的尺度之一。炉渣中游离氧化钙即渣料中的未熔石灰，其含量过高会使炉渣变稠，恶化脱磷、脱硫反应。终渣游离氧化钙的质量分数在 4%~6% 范围内是正常的。其含量过高的原因包括：石灰质量不好、氧化铁含量过低、渣料配比不正确或末批石灰加入过晚等。

6.4.1.2 影响石灰溶解速度的因素

欲使石灰在吹炼过程中快速溶解，必须知道石灰溶解速度的影响因素，以便在操作中正确掌握和控制。影响因素主要有：

（1）熔渣成分。有资料报道，在转炉冶炼条件下，石灰的溶解速度与熔渣成分之间的统计关系为：

$$J_{CaO} \approx k[w(CaO)_\% + 1.35w(MgO)_\% - 1.09w(SiO_2)_\% + \\ 2.75w(FeO)_\% + 1.9w(MnO)_\% - 39.1] \tag{6-10}$$

式中，J_{CaO} 为石灰在渣中的溶解速度，$kg/(m^2 \cdot s)$；$w(CaO)_\%$、$w(MgO)_\%$ 等表示渣中相应氧化物的质量百分数；k 为比例系数。

由式（6-10）可见，（FeO）对石灰溶解速度影响最大，它是石灰溶解的基本溶剂。其原因是：

1）它能显著降低熔渣黏度，加速石灰溶解过程的传质；

2）它能改善熔渣对石灰的润湿和向石灰孔隙中的渗透；

3）FeO 和 CaO 同属立方晶系，而且 Fe^{2+}、Fe^{3+}、O^{2-} 离子半径不大（$r_{Fe^{2+}} = 0.083nm$，$r_{Fe^{3+}} = 0.067nm$、$r_{O^{2-}} = 0.132nm$），有利于氧化铁向石灰晶格中迁移并与 CaO 生成低熔点的化合物，促进石灰的熔化；

4）它能减少石灰块表面 $2CaO \cdot SiO_2$ 的生成，研究证实，FeO、Fe_2O_3 有穿透 C_2S 的作用，使 C_2S 壳层松动，有利于 C_2S 壳层的溶解。

在实际生产中，渣中氧化铁的含量主要是通过调节喷枪高度进行控制的，可见供氧操作对成渣速度的重要作用。此外，在吹炼过程中加氧化铁皮、铁矿石等，对保持渣中合理的氧化铁含量，加速石灰的溶解也有较好的效果。

渣中（MnO）对石灰溶解速度的影响仅次于（FeO），故在生产中可在渣料中配加锰矿；而在熔渣中加入 6% 左右的（MgO）也对石灰溶解有利，因为 $CaO\text{-}MgO\text{-}SiO_2$ 系化合物的熔点都比 $2CaO \cdot SiO_2$ 低。

（2）温度。熔池温度高，高于熔渣熔点以上，可以使熔渣黏度降低，加速熔渣向石灰块内的渗透，使生成的石灰块外壳化合物迅速熔融而脱落成渣。转炉冶炼的实践已经证明，在熔池反应区，由于温度高而且（FeO）多，石灰的溶解加速进行。

（3）熔池的搅拌。加快熔池的搅拌，可以显著改善石灰溶解的传质过程，增加反应界面，提高石灰溶解速度。

（4）石灰质量。表面疏松，气孔率高，反应能力强的活性石灰，有利于熔渣向石灰块内渗透，也扩大了反应界面，加速了石灰溶解过程。目前世界各国转炉炼钢中都提倡使用活性石灰，以利快速成渣，成好渣。

（5）铁水成分。铁水中［Mn］高（0.6%~1.0%）时，初期渣形成快，中期渣"返干"现象减轻。铁水中［Si］过低，不利石灰溶解。

（6）助熔剂。欲使石灰快速溶于初渣中，就应尽力避免过早地生成 C_2S 壳层，设法改变 C_2S 在渣中的溶解度或设法改变 C_2S 壳层的结构和分布，使它重溶于渣中。方法之一是加入能够降低 C_2S 熔点的组元，如 CaF_2、Al_2O_3、Fe_2O_3、FeO（即萤石、铝矾土、铁矿石、氧化铁皮等熔剂），使 C_2S 的形态发生改变，形成分散的聚集体状态直至解体。无论上述何种助熔剂，其用量必须合适。

（7）渣料的加入方法。应根据炉内温度和化渣情况，正确地确定渣料的批量和加入时间。渣料加得过早或批量过大，都影响炉温，不利于化渣。

采用声纳化渣技术，可随时了解熔渣情况，并进行调整。噪声强度的大小取决于枪位的高低和熔渣液面的高度。当枪位一定时，渣面高度与声强成反比。如果化渣好，渣层厚，则炉渣的消音能力强，炉内发生的声音水平低。

6.4.2 成渣路线

在转炉冶炼的条件下，可以用 CaO-FeO_n-SiO_2 三元相图来研究冶炼过程中的成渣路线，其他次要组分可按性质归入这 3 个组分中。如图 6-22 所示（单渣操作时），转炉吹炼初期，炉渣成分大致位于图中的 A 区，为酸性初渣区。通常终渣碱度为 3~5，渣中（FeO）含量为 15%~25%，其位置大致在 C 区。

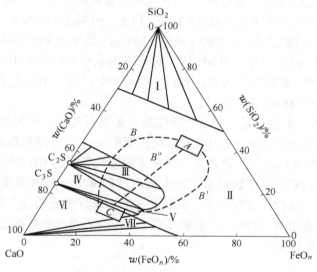

I—L+SiO$_2$；II—L；III—L+C$_2$S；IV—L+C$_2$S+C$_3$S；
V—L+C$_3$S；VI—L+C$_3$S+CaO；VII—L+CaO

图 6-22 转炉冶炼过程中炉渣成分的变化

由初渣到终渣可以有 3 条路线，即 ABC、$AB'C$ 和 $AB''C$。按成渣时渣中（FeO）含量可将 $AB'C$ 称为铁质成渣途径（也称高氧化铁成渣途径），ABC 称为钙质成渣途径（也称低氧化铁成渣途径）。介于两者间的 $AB''C$ 成渣途径最短，要求冶炼过程迅速升温，容易导致激烈的化学反应和化渣不协调，一般很少采用。

（1）钙质成渣途径（ ABC ）。通常采用低枪位操作。由于脱碳速度大，渣中（FeO）含量降低很快，炉渣成分进入多相区较早，石灰块周围易生成致密的 C_2S 外壳层，炉渣处于返干阶段较久。直到吹炼后期碳氧化缓慢时，渣中（FeO）含量才开始回升，炉渣成分走出多相区，最后达到终点成分 C 。这种操作的优点是炉渣对炉衬侵蚀较小，但前期去磷、硫的效果较差，适用于低磷（ $w[P] < 0.07\%$ ）、硫原料吹炼低碳钢。

吹炼初期渣中 $w(\mathrm{TFe}) = 4\% \sim 10\%$ ， $w(\mathrm{MnO}) = 1.5\% \sim 3.0\%$ ，炉渣碱度 $1.5 \sim 1.7$ 。炉渣中的矿相以镁硅钙石为主，占总量的 50% ，玻璃相（钙镁橄榄石）占 $40\% \sim 50\%$ ，并有少量未熔石灰。吹炼中期炉渣碱度 $2.0 \sim 2.7$ ， $w(\mathrm{TFe}) = 5\% \sim 10\%$ ，炉渣矿相组成以硅酸二钙为主，占总矿相的 $60\% \sim 65\%$ ，其余为钙镁橄榄石和少量游离 MgO 。

"钙质成渣路线"吹炼过程中较为平稳，喷溅较少，但炉渣易返干；炉渣对炉衬的化学侵蚀较轻，但容易产生炉底上涨。太钢、本钢以及其他几个低磷铁水炼钢的转炉厂均采用钙质成渣路线。

（2）铁质成渣途径（ $AB'C$ ）。通常采用高枪位操作。炉渣中（FeO）含量在较长时间内一直比较高，所以石灰溶解比较快，炉渣成分一般不进入多相区，直至吹炼后期渣中（FeO）含量才下降，最后到达终点成分 C 。由于高（FeO）炉渣泡沫化严重，容易产生喷溅，同时炉渣对炉衬侵蚀较严重。但是在吹炼初、中期去磷、硫效果较好，因而这种操作适用于较高磷、硫原料吹中碳钢或高碳钢。

吹炼初期渣中 $w(\mathrm{TFe})$ 约 $20\% \sim 25\%$ ， $w(\mathrm{MnO}) = 8\% \sim 12\%$ ，炉渣碱度 $1.2 \sim 1.6$ 。渣中的矿相以铁锰橄榄石为主。这种炉渣在熔池温度较低的情况下，脱磷率可达 70% 。吹炼中期炉渣碱度升高，炉渣中 $w(\mathrm{FeO}) = 10\% \sim 18\%$ ， $w(\mathrm{MnO}) = 6\% \sim 10\%$ 。炉渣的矿相组成主要是 $40\% \sim 50\%$ 的镁硅钙石（ $3\mathrm{CaO} \cdot \mathrm{MgO} \cdot 2\mathrm{SiO}_2$ ）和约 30% 的橄榄石，还出现约 $8\% \sim 10\%$ 的硅酸二钙（ $2\mathrm{CaO} \cdot \mathrm{SiO}_2$ ）和 RO 相。吹炼终点渣中 $w(\mathrm{TFe})$ 在 $18\% \sim 22\%$ 范围内，终渣矿相以硅酸三钙、硅酸二钙为主，各占 $35\% \sim 40\%$ ，尚有 10% 左右的铁酸钙、RO 相和少量未熔 MgO 。炉渣碱度 $3.0 \sim 3.5$ 。

"铁质成渣路线"的特点是：炉渣活性度高，未熔石灰少，石灰消耗低，有较高的脱磷能力。在铁水 $w[P] = 0.07\% \sim 0.10\%$ 时，终点钢中 $w[P]$ 可降低到 0.012% 以下。宝钢转炉，日本、欧洲的大型转炉多数采用"铁质成渣路线"，转炉生产优质深冲钢。

梅钢 150t 复吹转炉冶炼中磷铁水，整个成渣过程基本上是铁质成渣路线，即在整个吹炼过程中 $w(\mathrm{FeO})$ 保持在 20% 以上，保证炉渣具有良好的流动性和促进石灰快速溶解。吹炼前期 $w(\mathrm{FeO})$ 在 $35\% \sim 40\%$ ，炉渣碱度在 2.0 左右；而在吹炼终点 $w(\mathrm{FeO})$ 在 $20\% \sim 25\%$ ，炉渣碱度在 $3.5 \sim 4.0$ 。

6.4.3 泡沫渣

转炉吹炼过程中，由于氧气射流的冲击和熔池搅拌，使金属液—熔渣—炉气间产生大量乳化液，而乳化液导致泡沫渣形成。泡沫渣（foaming slag）是由弥散在熔渣中的气泡和气泡之间的液体渣膜所构成的发泡熔体。

泡沫渣最主要的特点是熔渣中停留有许多小气泡。渣膜将小气泡紧紧包围住，小气泡只在熔渣中浮动而不能排出到熔渣外面，看上去很像熔渣发泡。泡沫渣中的气泡总体积大于熔渣总体积,可使熔渣体积增大,高出液面1~2m,造成炉口溢渣。悬浮于泡沫渣中的金属液滴,多达30%~70%。

熔渣的σ_s/μ值降低是形成泡沫渣的必要条件。σ_s(熔渣的表面张力)小意味着生成气泡的能耗小,气泡易于形成;而μ(熔渣的黏度)大,则意味着气泡的稳定性高。

在泡沫渣中生成气泡,产生一个新的气泡表面,需要对它做功,这个功的供给者是:

(1)脱碳反应放出的CO气体上浮到熔渣中;

(2)氧气流股冲击渣面和熔池被击碎的小气泡存在于熔渣中;

(3)熔渣中铁滴中的[C]和(FeO)反应,生成CO,即:

$$[C]_{铁滴} + (FeO) \Longrightarrow [Fe] + \{CO\}$$

所生成的气泡的压力(泡沫渣中的气泡压力)和外界介质的作用力平衡时,气泡可稳定地存在于泡沫渣中。气泡少而小,熔渣表面张力低,熔渣黏度大,温度低,泡沫容易形成并稳定地存在于渣中,生成泡沫渣。

根据泡沫渣的生成条件、影响因素,结合炉内的实际情况,分析吹炼过程泡沫渣的形成情况,概括于表6-8中。由表可见,生成泡沫渣的可能性,前期较大。

在泡沫化程度适中的泡沫渣下吹炼,较厚的渣层能将氧气流冲击起来的铁滴留在渣中,分散在熔渣中的铁滴与熔渣、炉气之间,有很大的反应面积,加快了炉内反应速度,特别有利于脱磷。

氧气顶吹转炉的泡沫化程度应控制在合适范围内,以达到喷溅少、拉准碳,温度合适、碳到磷硫除的最佳吹炼效果。

表6-8 吹炼过程泡沫渣的形成情况

吹炼时期	脱碳速度	熔渣			泡沫渣
		碱度	$w(\Sigma FeO)$	表面活性物质	
前期	脱碳速度低,气泡小而无力,易停留于渣中	石灰未很好溶解,碱度不高	$w(\Sigma FeO)$较高,有利于渣中铁滴生成CO气泡	有SiO_2、P_2O_5和Fe_2O_3	易起泡沫
中期	脱碳速度高,CO气泡能冲破渣层而排出	碱度提高	$w(\Sigma FeO)$较低	SiO_2、P_2O_5表面活性物质的活度降低	易起泡沫的条件不如吹炼初期多
后期	脱碳速度降低,产生的CO减少	(CaO)多,碱度进一步提高	$w(\Sigma FeO)$较高,但$w[C]$较低,产生CO少	表面活性物质SiO_2、P_2O_5的活度比中期进一步降低	使泡沫稳定的因素大为减弱,泡沫渣趋于消除

6.4.4 造渣方法

根据铁水成分和所炼钢种来确定造渣方法。常用的造渣方法大致有:单渣法、双渣法、双渣留渣法。

6.4.4.1 单渣法

单渣法(single-slag method)指的是在一炉钢的吹炼过程中从开吹到终点中间不倒渣的操作。这种造渣方法适用于铁水含[Si]、[P]、[S]较低,或对磷、硫含量要求不高的钢种，以及低碳钢种。单渣法操作工艺简单，冶炼时间短，劳动条件较好，其脱磷率在90%左右，脱硫率约35%。

6.4.4.2 双渣法

双渣法（double-slag method）就是换渣操作，即在吹炼过程中需要倒出或扒出部分炉渣（约1/2~2/3），然后重加渣料造渣。根据铁水成分和所炼钢种的要求，也可以多次倒渣造新渣。在铁水磷含量大于0.5%，或原料磷含量小于0.5%，但要求生产低磷的中、高碳钢时，在铁水硅含量高（大于1.0%）时为防止喷溅，或者在吹炼低锰钢种时为防止回锰等，均可采用双渣操作。此法去除磷、硫效果较高，其脱磷率可达92%~95%，脱硫率为50%左右。但双渣操作会延长吹炼时间，增加热量损失，降低金属收得率，也不利于过程自动控制。其操作的关键是决定合适的倒渣时间。双渣法倒渣时间安排如下：

（1）吹氧开始后3~5min，初期渣形成之后即倒渣。此时炉渣碱度较低（1~1.5），渣中 $w(TFe) = 6\% \sim 10\%$，倒渣量约为40%~50%。熔池中 $w[C] = 2.8\% \sim 3.2\%$。熔池脱磷率40%~45%。由于炉渣碱度低，此时倒渣的去磷效果并不很高。

（2）吹炼到 $w[C] = 1\% \sim 1.2\%$ 左右时进行倒渣，此时熔渣 $w(TFe) > 10\%$，碱度2.0~2.5，熔池温度1580~1600℃。脱磷率可达到70%~80%。倒渣前要控制好枪位，使炉渣有较高的泡沫状态，倒渣量应达到50%~60%。倒渣后加入石灰，调整枪位，形成新的熔渣。

6.4.4.3 双渣留渣法

双渣留渣法（double slag and slag-remaining method）是将上一炉冶炼的终渣在出钢后留一部分在转炉内，若溅渣，采用定量留渣—溅渣—全部留渣法（或部分留渣），供下一炉冶炼作部分初期渣使用，然后在吹炼前期结束时倒出，重新造渣。由于终渣碱度高，渣温高，（FeO）含量较高，流动性好，有助于下炉吹炼前期石灰熔化，加速初期渣的形成，提高前期脱磷、脱硫率和炉子热效率；同时还可以减少石灰的消耗、降低铁损和氧耗。

采用留渣操作应注意：

（1）如前一炉终渣氧化铁含量过高，溅渣后炉渣仍有较高的流动性，本炉可不留渣。

（2）采用留渣操作，开始兑铁水速度应缓慢，兑铁量超过1/2时可按正常速度兑铁。可事先加一批石灰稠化熔渣，或加一些还原剂（如炭质材料等）降低熔渣氧化性，然后再兑铁水。

（3）兑铁时，与操作无关人员应离开现场。

（4）兑铁吊车应增添防火措施。

（5）采用留渣操作，初期渣成渣加快，应适当降低吹炼初期枪位，防止渣中氧化铁含量过高造成喷溅。

如果是前一炉的终渣在溅渣之后留在炉内，由于转炉采用溅渣护炉技术之后，留在炉内的炉渣活性很低，因此基本消除了留渣操作的不安全因素。

双渣留渣法适用于吹炼中、高磷（$w[P] > 1\%$）铁水。其脱磷率可达95%左右，脱硫率也可达60%~70%。

复吹转炉造渣：复吹转炉化渣快，有利磷、硫去除，通常在吹炼中采用单渣法冶炼，终渣碱度控制在2.5~3.5。当铁水 $w[Si+P] > 1.4\%$ 或 $w[S]$ 较高，单渣法不能满足脱磷、脱硫要求时，可采用双渣或双渣留渣操作。

6.4.5　白云石造渣

采用生白云石或轻烧白云石代替部分石灰造渣，对提高渣中（MgO）含量，减少炉渣对炉衬的侵蚀具有明显效果。白云石造渣的作用是：

（1）增加渣中（MgO）含量，减少熔渣对炉衬的侵蚀，提高炉衬寿命。MgO 在低碱度渣中有较高的溶解度，采用白云石造渣，由于初期渣中（MgO）浓度提高，就会抑制熔渣溶解炉衬中的 MgO，减轻初期低碱度渣对炉衬的侵蚀（因此早加为好）。同时，随着熔渣碱度的提高，前期过饱和的 MgO 将会从熔渣中逐渐析出，使后期渣变黏，当条件适当时，可以使终渣挂在炉衬表面上，形成炉渣保护层，有利于提高炉龄。

（2）在保证渣中有足够的 $w(\Sigma FeO)$、渣中 $w(MgO)$ 不超过 6% 的条件下，增加初期渣中（MgO）含量，有利于早化渣并推迟石灰块表面形成高熔点致密的 $2CaO \cdot SiO_2$ 壳层。在 $CaO\text{-}FeO\text{-}SiO_2$ 三元系炉渣中增加了 MgO，有可能生成一些含镁的矿物，如镁黄长石（$2CaO \cdot MgO \cdot 2SiO_2$，熔点 1450℃）、镁橄榄石（$2MgO \cdot SiO_2$，熔点 1890℃）、透辉石（$CaO \cdot MgO \cdot 2SiO_2$，熔点 1370℃）和镁硅钙石（$3CaO \cdot MgO \cdot 2SiO_2$，熔点 1550℃）。它们的熔点均比 $2CaO \cdot SiO_2$ 熔点低很多，因此，有利于吹炼初期石灰的熔化。

采用白云石造渣应注意白云石的加入量和加入时间，防止产生炉底上涨和粘枪现象。

6.4.6　渣料加入量与加入时机

加入炉内的渣料量主要指石灰和白云石数量，还有少量助熔剂。

6.4.6.1　石灰加入量确定

石灰加入量主要根据铁水中［Si］、［P］含量和炉渣碱度来确定，对于含［Si］、［P］量较低的铁水和半钢，则可能根据含硫量来确定。

（1）炉渣碱度确定。碱度高低主要根据铁水成分而定，一般来说，铁水含［P］、［S］量低，炉渣碱度控制在 2.8~3.2；中等［P］、［S］含量的铁水，炉渣碱度控制在 3.2~3.5；［P］、［S］含量较高的铁水，炉渣碱度控制在 3.5~4.0。

（2）石灰加入量计算。

1）铁水 $w[P] < 0.30\%$，石灰加入量（W，kg/t）为：

$$W = \frac{2.14w(\Delta[Si])}{w(CaO)_{有效}} \times R \times 1000 \tag{6-11}$$

式中，$w(\Delta[Si])$ 为炉料中硅的氧化量；R 为所要求的熔渣碱度，$R = w(CaO)/w(SiO_2)$；$w(CaO)_{有效}$ 为石灰中有效 CaO 含量，$w(CaO)_{有效} = w(CaO)_{石灰} - R \cdot w(SiO_2)_{石灰}$；2.14 为 SiO_2 的相对分子质量与 Si 的相对原子质量之比，表示 1kg 硅氧化后，生成 2.14kg 的 SiO_2。

2）铁水 $w[P] > 0.30\%$ 时，$R = w(CaO)/w(SiO_2 + P_2O_5)$，石灰加入量（$W$，kg/t）为：

$$W = \frac{2.2\{w(\Delta[Si]) + w(\Delta[P])\}}{w(CaO)_{有效}} \times R \times 1000 \tag{6-12}$$

式中，$2.2 = \frac{1}{2}[x(SiO_2)/x(Si) + x(P_2O_5)/x(2P)]$，即相对分子质量之比的平均值。

3）加入铁矿石等辅助材料，铁水带渣，都应该补加石灰。若采用部分铁矿石为冷却剂时，每千克矿石需补加石灰量（$W_补$，kg）为：

$$W_补 = \frac{w\,(SiO_2)_{矿石} \times R}{w\,(CaO)_{有效}} \tag{6-13}$$

石灰加入总量应是铁水需石灰加入量与各种原料需补加石灰量的总和，再除以石灰熔化率。

（3）半钢吹炼。某厂铁水经过提钒预处理后，其半钢中 [Si]、[P] 含量很低，因此石灰的加入量（W，kg/t）按铁水中硫含量来确定。

$$W = a \cdot w[S] \times 1000 \tag{6-14}$$

式中，a 为造渣系数，变化在 0.9～1.1 之间。

6.4.6.2　白云石加入量确定

白云石加入量根据炉渣中所要求的（MgO）含量来确定，一般炉渣中（MgO）含量控制在 6%～8%。炉渣中的（MgO）含量由石灰、白云石和炉衬侵蚀的 MgO 带入，故在确定白云石加入量时要考虑它们的相互影响。

（1）白云石应加入量（$W_白$，kg/t）。

$$W_白 = \frac{渣量\% \times w(MgO)}{w\,(MgO)_白} \times 1000 \tag{6-15}$$

式中，$w\,(MgO)_白$ 为白云石中 MgO 含量。

（2）白云石实际加入量 $W'_白$。白云石实际加入量中，应减去石灰中带入的 MgO 量折算的白云石数量 $W_灰$ 和炉衬侵蚀进入渣中的 MgO 量折算的白云石数量 $W_衬$。

$$W'_白 = W_白 - W_灰 - W_衬 \tag{6-16}$$

在生产实际中，由于石灰质量不同，白云石入炉量与石灰之比可达 0.20～0.30。

6.4.6.3　助熔剂加入量

转炉造渣中常用的助熔剂是氧化铁皮、铁矿石和萤石。萤石化渣快，效果明显，但对炉衬有侵蚀作用，而且价格也较高，所以应尽量少用或不用，规定萤石用量应小于 4kg/t。氧化铁皮或铁矿石也能调节渣中（FeO）含量，起到化渣作用，但它对熔池有较大的冷却效应，应视炉内温度高低确定加入量，一般铁矿或氧化铁皮加入量为装入量的 2%～5%。

6.4.6.4　渣料加入时机

单渣操作，顶吹转炉渣料一般分两批加入。第一批渣料在兑铁水前或开吹时加入，加入量为总渣量的 1/2～2/3，并将白云石全部加入炉内。第二批渣料加入时间是在第一批渣料化好，铁水中硅、锰氧化基本结束，碳焰初起时。第二批渣料可以一次加入，也可以分小批多次加入，其加入量为总渣量的 1/3～1/2。

若是双渣操作，则是倒渣后加入第二批渣料。第二批渣料通常是分小批多次加入。多次加入对石灰溶解有利，也可用小批渣料来控制炉内泡沫渣的溢出。第三批渣料视炉内磷、硫去除情况而决定是否加入，其加入数量和时间均应根据吹炼实际情况而定。无论加几批渣，最后一小批渣料必须在拉碳前 3min 加完，否则来不及化渣。

复吹转炉渣料的加入通常可根据铁水条件和石灰质量而定：当铁水温度高和石灰质量好时，渣料可在兑铁水前一次性加入炉内，以早化渣，化好渣。若石灰质量达不到要求，渣料通常分两批加入，第一批渣料要求在开吹后 3min 内加完，渣料量为总渣量的 2/3~3/4，第一批渣料化好后加入第二批渣料，且分小批量多次加入炉内。

6.4.7 吹损与喷溅

6.4.7.1 吹损

在转炉吹炼过程中，出钢量总是比装入量少，这些吹炼过程中损失的金属量称为吹损（blow loss）。吹损一般用装入量的百分数来表示：

$$吹损 = \frac{装入量 - 出钢量}{装入量} \times 100\% \tag{6-17}$$

吹损由化学损失、烟尘损失、渣中铁珠和氧化铁损失、喷溅损失等几部分组成。

（1）化学损失。将铁水和废钢吹炼成钢水，需去除碳、磷、硫，而硅和锰也会发生氧化。

（2）烟尘损失。吹炼过程中氧枪中心区的铁被氧化，生成红棕色烟尘随炉气排出而损失，烟尘损失一般为金属装入量的 0.8%~1.3%。

（3）渣中氧化铁损失。炉渣中含有氧化铁，除渣时倒出造成铁损失。

（4）渣中铁珠损失。转炉渣中，有一部分金属液滴悬浮于炉渣中形成铁珠，倒渣时随渣倒出造成铁损。

（5）喷溅损失。转炉吹炼中，若操作控制不当将会产生喷溅，有可能使部分金属随炉渣一起喷出炉外，造成金属损失。喷溅量随原料条件和操作水平高低而变，一般约占装入量的 0.5%~2.5%。

吹损的主要部分是化学损失，其次是炉渣铁损和喷溅损失。化学损失是不可避免的，而渣中铁损和喷溅损失则可以设法减少。

6.4.7.2 喷溅

喷溅（splash）是顶吹转炉操作过程中经常见到的一种现象。喷溅的类型有爆发性喷溅、泡沫性喷溅和金属喷溅。实践表明，喷溅会造成大量铁损和热量损失，使温度及成分难以控制，并且污染环境。

A 爆发性喷溅

（1）产生的原因。熔池内碳氧反应不均衡发展，瞬时产生大量的 CO 气体，这是发生爆发性喷溅的根本原因。

如果由于操作上的原因使熔池骤然冷却，温度下降，抑制了正在迅速进行的碳氧反应，供入氧气生成了大量 FeO，并开始积聚。一旦熔池温度升高到一定程度（一般在 1470℃ 以上），$w(TFe)$ 积聚到 20% 以上时，碳氧反应重新以更猛烈的速度进行，瞬间排出大量具有巨大能量的 CO 气体，从炉口逸出。同时，还挟带着大量的钢水和熔渣，造成较大的喷溅。例如二批渣料加得不合适，在加入二批料之后不久，随之而来的大喷溅，就是由于这种原因造成的。可以认为在熔渣氧化性过高、熔池温度突然冷却的情况下，就有可能发生爆发性喷溅。

（2）预防和处理原则：

1）控制好熔池温度。前期温度不过低，中后期温度不过高，均匀升温，严禁突然冷却熔池，碳氧反应得以均衡地进行，消除爆发性的碳氧反应。

2）控制好熔渣中（TFe）含量，保证（TFe）不出现积聚现象，以避免造成炉渣过分发泡或引起爆发性的碳氧反应。

B　泡沫性喷溅

（1）产生原因。在铁水 [Si]、[P] 含量高，渣中（SiO_2）、（P_2O_5）含量较高，渣量大时，再加上熔渣内（TFe）较高，熔渣表面张力降低，熔渣泡沫太多，阻碍着 CO 气体通畅排出，使渣层厚度增加，严重时能够上涨到炉口。此时，只要有一个不大的冲击力，就能把熔渣从炉口推出，熔渣所夹带的金属液也随之而出，造成较大的喷溅。同时泡沫渣对熔池液面覆盖良好，对气体的排出有阻碍作用。因此严重的泡沫渣就是造成泡沫性喷溅的原因。

（2）预防措施：

1）控制好铁水中的 [Si]、[P] 含量，最好是采用铁水预处理进行"三脱"，如果没有铁水预处理设施，可在吹炼过程倒出部分酸性泡沫渣，采用二次造渣技术可避免中期泡沫性喷溅。

2）控制好熔渣中（TFe）含量，不出现（TFe）积聚现象，以免熔渣过分发泡。

C　金属喷溅

（1）产生原因。渣中（TFe）过低，熔渣流动性不好，氧气流直接接触金属液面，由于碳氧反应生成的 CO 气体排出时，带动金属液滴飞出炉外，形成金属喷溅。飞溅的金属液滴黏附于氧枪喷嘴上，严重恶化了氧枪喷嘴的冷却条件，导致喷嘴损坏。金属喷溅又称为返干性喷溅。当长时间低枪位操作、二批料加入过早、炉渣未化透就急于降枪脱碳等，都有可能产生金属喷溅。

（2）预防措施：

1）分阶段定量装入制度应合理增加装入量，避免超装，防止熔池过深。溅渣护炉引起的炉底上涨应及时处理；经常测量炉内液面，以防枪位控制不当。

2）控制好枪位，化好渣，避免枪位过低、（TFe）含量过低，均有利于预防金属喷溅。

6.5　温　度　制　度

温度控制是指吹炼过程熔池温度和终点钢水温度的控制。过程温度控制的目的是使吹炼过程升温均衡，保证操作顺利进行，以达到要求的终点温度。终点温度控制的目的是保证合适的出钢温度。

6.5.1　热量来源和热量消耗

6.5.1.1　热量来源

转炉炼钢最突出的优点是不需要外加热源。其热量来源主要是铁水的物理热和化学热。物理热是指铁水带入的热量，取决于铁水温度与铁水比；化学热是铁水中各元素氧化后放出的热量，它与铁水化学成分直接相关。在炼钢温度下，各元素氧化放出的热量各异，它可以通过各元素氧化放出的热效应来计算确定。

碳的发热能力随其燃烧的完全程度而异，完全燃烧时的发热能力比硅、磷高。氧气顶吹转炉内一般只有15%左右的碳完全燃烧成CO_2，而大部分的碳没有完全燃烧。但因铁水中碳含量高，因此，碳仍然是主要热源。

发热能力大的元素是 Si 和 P，它们是转炉炼钢的主要发热元素。Mn 和 Fe 的发热能力不大，不是主要热源。

铁水中究竟哪些元素是主要发热元素，不仅要看元素氧化反应的热效应的大小，而且与元素的氧化总量有关。吹炼低磷铁水时，供热最多的元素是碳，其次是硅，其余元素不是主要的。吹炼高磷铁水时，供热最多的则是碳和磷。

6.5.1.2 热量消耗

习惯上，转炉的热量消耗可分为两部分。一部分直接用于炼钢的热量，即用于加热钢水和熔渣的热量；一部分未直接用于炼钢的热量，即废气、烟尘带走的热量，冷却水带走的热量，炉口炉壳的散热损失和冷却剂的吸热等。

现以冶炼 Q235 钢为例，以 100kg 铁水为基础，选定铁矿石的加入量为金属料装入量的1%，铁水的入炉温度为1250℃，废钢及其他原料的温度为25℃，炉气和烟尘的温度为1450℃，计算得出转炉吹炼过程中的热量平衡（见表6-9）。

表 6-9　热平衡表

热　量　收　入			热　量　支　出		
项　目	热量/kJ	%	项　目	热量/kJ	%
铁水物理热	114553.4	53.20	钢水物理热	129770.1	60.27
氧化热和成渣热	94135.7	43.72	炉渣物理热	31079.9	14.43
其中：C 氧化	54558.7	25.34	废钢物理热	16463.0	7.65
Si 氧化	24066.9	11.18	矿石分解吸热	4242.5	1.97
Mn 氧化	2878.2	1.34	烟尘物理热	2614.7	1.21
P 氧化	2554.6	1.19	炉气物理热	17337.3	8.05
Fe 氧化	4145.7	1.93	渣中铁珠物理热	1602.3	0.75
SiO_2 成渣热	4355.3	2.02	喷溅金属物理热	1450.1	0.67
P_2O_5 成渣热	1576.3	0.73	其他热损失	10766.3	5.00
烟尘氧化热	6304.4	2.93			
炉衬中碳的氧化热	332.7	0.15			
合　计	215326.2	100.00	合　计	215326.2	100.00

6.5.1.3 转炉热效率

转炉的热效率（thermal efficiency）是指有效热（钢水物理热、炉渣物理热、废钢物理热、矿石分解吸热）占总热量的百分比。LD 转炉热效率比较高，一般在 75% 以上。这是因为 LD 转炉的热量利用集中，吹炼时间短，冷却水、炉气热损失低。LD 转炉提高热效率有它特殊的意义：使用冷却剂的范围可扩大，冷却效果大的或小的冷却剂都能使用；作为 FeO 来源的铁矿石的使用量可增加，从而扩大了在造渣过程中起重要作用的 FeO 的来源。

6.5.2 出钢温度的确定

出钢温度需保证浇注温度高于所炼钢种凝固温度 60~100℃（小炉子偏上限，大炉子偏下限）。此外，开新炉第一炉要求提高 20~30℃；连铸第一炉提高 20~30℃；一般钢种出钢温度为 1660~1680℃；高碳钢为 1590~1620℃。

出钢温度可用式（6-18）计算：

$$T = T_f + \Delta T_1 + \Delta T_2 \tag{6-18}$$

式中，ΔT_1 为钢水过热度，它与钢种、坯型有关，如低合金钢方坯取 20~25℃，板坯取 15~20℃；ΔT_2 为出钢、精炼、运输（出钢完毕至精炼开始之前、精炼完毕至开浇之前）过程温降，以及钢水从钢包至中间包的温降，其中出钢温降包括钢流温降和加入合金温降；T_f 为钢水凝固温度，与钢水成分有关，除可用式（2-4）计算外，还可用式（6-19）计算：

$$T_f = 1538 - \Sigma(w[i]_\% \cdot \Delta T_i) \tag{6-19}$$

式中，1538 为纯铁的凝固点；$w[i]_\%$ 为钢中某元素的质量百分数；ΔT_i 为 1%的 i 元素使纯铁凝固温度降低的降低值，其数据见表 6-10。

表 6-10 溶解于铁中的元素为 1%时，纯铁凝固点的降低值

元 素	适用范围/%	凝固点降低值/℃	元 素	适用范围/%	凝固点降低值/℃
C	<1.0	65	Ti		18
	1.0	70	Sn	0~0.3	10
	2.0	75	Co		1.5
	2.5	80	Mo	0~0.3	2
	3.0	85	B		90
	3.5	91	Ni	0~9.0	4
	4.4	100	Cr	0~18.0	1.5
Si	0~3.0	8	Cu	0~0.3	5
Mn	0~1.5	5	W	18（0.66%C）	1
P	0~0.7	30	As	0~0.5	14
S	0~0.08	25	H_2	0~0.003	1300
Al	0~1.0	3	O_2	0~0.03	80
V	0~1.0	2	N_2	0~0.03	90

6.5.3 冷却剂的种类及其冷却效应

6.5.3.1 冷却剂的种类和比较

转炉炼钢通常使用的冷却剂有 3 种：废钢、铁矿石和氧化铁皮（见表 6-11）。它们可以单独使用，也可以相互搭配使用。有时也可用石灰或石灰石作冷却剂。如果加白云石造

渣，白云石也起冷却剂的作用。

表6-11　常用冷却剂的比较

冷却剂	废　钢	铁　矿　石	氧化铁皮
优点	杂质少，渣量少，喷溅小，冷却效应稳定，因而便于控制熔池温度	不需占用装料时间，增加渣中$w(TFe)$，有利于化渣，还能降低氧气和钢铁料的消耗，吹炼过程调整方便	成分稳定，杂质少，因而冷却效果比较稳定
缺点	必须用专门设备，占用装料时间，不便于过程温度的调整	渣量增加，操作不当时，易引起喷溅，同时由于铁矿石成分的波动，会引起冷却效应的波动	氧化铁皮的密度小，在吹炼过程中容易被气流带走
结论	为了准确控制过程及终点温度，用废钢作冷却剂效果最好；但为了促进早化渣，提高去磷效率，也可以搭配一部分铁矿石或氧化铁皮		

　　铁矿石用量不宜过多，否则会造成喷溅和大渣量操作；但在吹炼中、高碳钢时，为了促进化渣，可以少加或不加废钢，大部分或全部用铁矿石作冷却剂。目前转炉炼钢主要采用定废钢调矿石或定矿石调废钢等冷却方式。

6.5.3.2　冷却剂的冷却效应

　　转炉获得的热量除用于各项必要的支出外，通常有大量富余热量，需加入一定数量的冷却剂。

　　冷却剂的冷却效应（单位为 kJ/kg）是指为加热冷却剂到一定的熔池温度所消耗的物理热和冷却剂发生化学反应所消耗的化学热之和。

　　（1）铁矿石的冷却效应。铁矿石的冷却作用包括物理作用和化学作用两个方面。物理作用是指冷铁矿石加热到熔池温度所吸收的热量；化学作用是指铁矿石中的氧化铁分解时所消耗的热量。

$$Q_{矿} = M_{矿}\left[c_{矿} \times \Delta t + \lambda_{矿} + w(Fe_2O_3) \times \frac{112}{160} \times 6456 + w(FeO) \times \frac{56}{72} \times 4247\right]$$

$$(6-20)$$

式中，$Q_{矿}$ 为铁矿石的冷却效果，kJ；$M_{矿}$ 为铁矿石量，kg；$\lambda_{矿}$ 为铁矿石的熔化潜热，$\lambda_{矿} = 209kJ/kg$；$c_{矿}$ 为铁矿石比热容，一般取 $1.02kJ/(kg \cdot ℃)$；Δt 为铁矿石加入熔池后的温升，℃；160 为 Fe_2O_3 相对分子质量；112 为两个铁原子的相对原子质量；6456、4247 分别为 Fe_2O_3 和 FeO 分解成1kg 的铁时吸收的热量，kJ/kg。

　　例如，如果铁矿石成分中含 70% 的 Fe_2O_3、10% 的 FeO，那么 1kg 铁矿石的冷却效果是：

$$Q_{矿} = 1 \times (1.02 \times 1610 + 209 + 70\% \times \frac{112}{160} \times 6456 + 10\% \times \frac{56}{72} \times 4247) = 5345kJ$$

　　即铁矿石的冷却效应是 5345kJ/kg。从上面的计算可以看出，铁矿石的冷却作用主要靠 Fe_2O_3 的分解。

　　（2）废钢的冷却效应。

$$Q_{废} = M_{废}\left[c_{固}(t_{熔} - t_0) + \lambda + c_{液}(t_{出} - t_{熔})\right] \qquad (6-21)$$

式中，$Q_{废}$ 为废钢的冷却效果，kJ；$M_{废}$ 为废钢加入量，kg；$c_{固}$ 为从常温到熔化温度的平均比热容（$c_{固}=0.699\text{kJ}/(\text{kg}\cdot\text{℃})$）；$t_{熔}$为废钢熔化温度（对低碳废钢可取1500℃）；$t_0$为室温，可取25℃；$\lambda$为熔化潜热，$\lambda=272\text{kJ/kg}$；$c_{液}$为液体钢的比热容（$c_{液}=0.837\text{kJ}/(\text{kg}\cdot\text{℃})$）；$t_{出}$为出钢温度，℃。

对于1kg废钢，当出钢温度为1680℃时，代入上式可得：

$$Q_{废}=1\times[0.699\times(1500-25)+272+0.837\times(1680-1500)]=1454\text{kJ}$$

（3）氧化铁皮的冷却效应。如果氧化铁皮成分中含50%的FeO、40%的Fe_2O_3，计算方法与铁矿石相同，那么1kg氧化铁皮的冷却效果为：

$$Q_{铁}=1\times(1.02\times1610+209+40\%\times\frac{112}{160}\times6456+50\%\times\frac{56}{72}\times4247)=5311\text{kJ}$$

可见，氧化铁皮的冷却效应和铁矿石相近。从上面计算的结果来看，如果以废钢的冷却效应为1时，则铁矿石为5345/1454=3.68；氧化铁皮为5311/1454=3.65。由于各种冷却剂成分有波动，因此它们之间的比例关系也有一定的波动范围。各种冷却剂的冷却效应的换算值分别为：废钢1.0，铁矿石3.0~4.0，氧化铁皮3.0~4.0，烧结矿3.0，石灰石3.0，石灰1.0，生铁块0.7，菱镁矿1.5，生白云石2.0。

6.5.4　温度控制

影响熔池温度的因素主要有：铁水硅含量、铁水装入量、铁水温度、终点碳含量、相邻炉次间隔时间、空炉时间。此外，出钢温度、造渣情况、喷溅情况以及铁水其他元素的含量变化等，也对熔池温度有影响。

在吹炼过程中，不是忽高忽低地而是均衡地升温，同时应满足各期的温度要求。开吹前，对铁水装入量，铁水温度，铁水[Si]、[P]、[S]含量，一定要做到心中有数，才能正确地控制吹炼过程温度。开吹以后，应根据各个吹炼时期工艺特点进行温度控制，现概括于表6-12中。

表6-12　各吹炼时期温度控制

吹炼时期	前　　期	中　　期	后　　期
控制温度	前期结束温度为1450~1550℃，大炉子、低碳钢取下限，小炉子、高碳钢取上限	1550~1600℃，中、高碳钢取上限，因后期挽回温度时间短	1600~1680℃，取决于所炼钢种
调节原则	为了前期脱磷，温度可适当低些；为了脱硫，温度可适当高些，少加些冷却剂	为了脱磷，温度可低些；为了脱硫，温度可高些。但温度过低不利于脱硫；温度过高，不利于脱磷	均匀升温，达到钢种要求的出钢温度。温度过高，钢水中气体含量增高，炉子寿命降低；温度过低，不能形成高碱度流动性良好的熔渣

温度控制的办法主要是适时加入需要数量的冷却剂，以控制好过程温度，并为直接命中终点温度提供保证。冷却剂的加入时间因条件不同而异。由于废钢在吹炼时加入不方便，通常是在开吹前加入。利用铁矿石或铁皮作冷却剂时，由于它们同时又是化渣剂，加入时间往往与造渣同时考虑，多采用分批加入方式。

一炉钢冷却剂的加入量，应根据铁水用量、成分和温度，吹炼终点钢水的成分和温度，熔剂的用量以及炉子的热损失等因素，通过物料平衡和热平衡计算来确定。多数厂家常根据一般冷却剂的降温效果进行简单计算，确定冷却剂调整数量。加入 1% 冷却剂，熔池降温值为：废钢 8~12℃，铁矿石 30~40℃，氧化铁皮 35~45℃，石灰 15~20℃，白云石 20~25℃，石灰石 28~38℃。

当吹炼后期出现熔池温度过高时，可以加铁矿石、氧化铁皮、石灰或白云石降温。如果发现温度过低时，可加入适量的提温剂，如 Fe-Si 或 Fe-Al。在加入 Fe-Si 时必须补加石灰，以防止钢水回磷。若发现温度低、碳含量也低时，可兑入适量的铁水再吹炼，但在兑铁水前必须倒渣，并加 Fe-Si 防止产生喷溅。

6.6 终点控制

6.6.1 终点控制的内容

终点控制（endpoint control）主要是指终点温度和成分的控制，具体的目标是：
(1) 钢中碳含量达到所炼钢种的要求；
(2) 钢中磷、硫含量低于规格下限以下一定范围；
(3) 出钢温度能保证顺利进行精炼和浇注；
(4) 达到钢种要求控制的氧含量。

由于脱磷、脱硫比脱碳操作复杂，因此总是尽可能提前使磷、硫去除到终点要求的范围。这样，终点控制便简化为脱碳和钢水温度控制。出钢时机的主要根据是钢水碳含量和温度，所以终点也称作"拉碳"。

终点控制不准确，会造成一系列的危害。例如拉碳偏高时，需要补吹，也称后吹，渣中（TFe）高，金属消耗增加，降低炉衬寿命。若拉碳偏低，不得不改变钢种牌号或增碳，这样既延长了吹炼时间，也打乱了车间的正常生产秩序，并影响钢的质量。若终点温度偏低，也需要补吹，这样会造成碳偏低，必须增碳，渣中（TFe）高，对炉衬不利；终点温度偏高，会使钢水气体含量增高，浪费能源，侵蚀耐火材料，增加夹杂物含量和回磷量，造成钢质量降低，所以准确拉碳是终点控制的一项基本操作。

6.6.2 终点经验控制

6.6.2.1 经验控制方法

经验控制常采用"拉碳法"和"增碳法"，常用的辅助手段为测温定碳和炉前取样快速分析。

A 拉碳法

拉碳法分一次拉碳法和高拉补吹法。

一次拉碳法是指按出钢要求的终点碳和终点温度进行吹炼，当达到要求时提枪。这种方法要求终点碳和温度同时到达目标，否则需补吹或增碳。一次拉碳法要求操作技术水平高，一般只适终点碳为 0.08%~0.20% 的控制范围。其优点如下：(1) 终点渣（TFe）含量低，钢水收得率高，对炉衬侵蚀小；(2) 钢水中有害气体少，不加增碳剂，钢水洁净；(3) 余锰高，合金消耗少；(4) 氧耗量小，节约增碳剂。

高拉补吹法是指当冶炼中、高碳（$w[C] > 0.40\%$）钢时，终点按钢种规格稍高些进行拉碳，待测温、取样后，按分析结果与规格的差值决定补吹时间。

B　增碳法

在吹炼平均碳含量不小于 0.08% 的钢种时，均吹炼到 $w[C]$ = 0.05% ~ 0.06% 时提枪，然后按钢种规范要求在钢包内增碳。增碳法所用炭粉要求纯度高，硫和灰分要很低，否则会玷污钢水。其优点如下：（1）操作简单，生产率高；（2）操作稳定，易于实现自动控制；（3）废钢比高。

6.6.2.2　人工判断方法

A　碳的判断

a　看火焰

碳氧化生成大量的 CO 气体，从炉口排出时，与周围的空气相遇（燃烧法）立即氧化燃烧，形成了火焰。炉口火焰的颜色、亮度、形状、长度随炉内脱碳量和脱碳速度有规律地变化。在吹炼前期熔池温度较低，碳氧化得少，所以炉口火焰短，颜色呈暗红色；吹炼中期碳开始激烈氧化，生成 CO 量大，火焰白亮，长度增加，也显得有力。当碳进一步降低到 0.20% 左右时，由于脱碳速度明显减慢，CO 气体显著减少，火焰收缩、发软、打晃且稀薄。

b　看火花

从炉口被炉气带出的金属小粒，遇到空气后被氧化，其中碳氧化生成 CO 气体，由于体积膨胀，金属粒爆裂成若干碎片。碳含量越高（$w[C]$ > 1.0%），爆裂程度越大，表现为火球状和羽毛状，弹跳有力。随碳含量的不断降低，依次爆裂成多叉、三叉、二叉的火花，弹跳力逐渐减弱。当碳很低（$w[C]$ < 0.10%）时，火花几乎消失。

c　取钢样

在正常吹炼条件下，吹炼终点拉碳后取钢样。将样勺表面的覆盖渣拨开，根据钢水沸腾情况也可判断终点碳含量。

$w[C]$ = 0.3% ~ 0.4% 时，钢水沸腾，火花分叉较多且碳花密集，弹跳有力，射程较远。

$w[C]$ = 0.18% ~ 0.25% 时，火花分叉较清晰，一般分 4 ~ 5 叉，弹跳有力，弧度较大。

$w[C]$ = 0.12% ~ 0.16% 时，碳花较稀，分叉明晰可辨，分 3 ~ 4 叉，落地呈"鸡爪"状，跳出的碳花弧度较小，多呈直线状。

$w[C]$ < 0.10% 时，碳花弹跳无力，基本不分叉，呈球状颗粒。

$w[C]$ 再低，火花呈麦芒状，短而无力，随风飘摇。

d　结晶定碳

在钢水凝固的过程中连续地测定钢水温度，当到达凝固点时，由于凝固潜热补充了钢水降温散发的热量，所以温度随时间变化的曲线出现了一个水平段，这个水平段所处的温度就是钢水的凝固温度，根据凝固温度可以反推出钢水的碳含量。因此吹炼中、高碳钢时终点控制采用高拉补吹，就可使用结晶定碳来确定碳含量。

在实际生产中，可根据火焰、火花的变化情况，结合供氧时间和耗氧量，综合判断终点碳含量。同时，采用红外碳硫分析仪、直读光谱等成分快速测定手段，可以验证经验判断碳的准确性。

B 温度的判断

a 热电偶测定温度

目前广泛使用消耗式热电偶来测量钢水温度,它的整个测量头见图6-23。测温时将测量头插在测温枪(图6-24)的头部。与消耗式热电偶测量头配套的还有专门的钢水温度测量仪,内装微型计算机,精度高,有大型数字显示装置,读数醒目,并能自动保存;能把测量结果和时间打印出来;操作方便;有通信接口,可与过程计算机相连。目前我国和国外都使用资源较丰富和价格较低的钨铼丝代替铂铑丝制造消耗式热电偶。

b 火焰判断

熔池温度高时,炉口的火焰白亮而浓厚有力,火焰周围有白烟;温度低时,火焰透明淡薄、略带蓝色,白烟少,火焰形状有刺无力,喷出的炉渣发红,常伴有未化的石灰粒;温度再低时,火焰发暗,呈灰色。

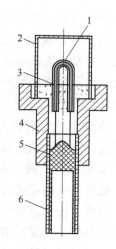

图 6-23 消耗式热电偶测量头结构图
1—热电偶;2—铝帽;3—石英管;
4—耐火座;5—插接件;6—保护管

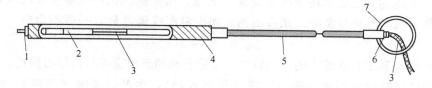

图 6-24 测温枪示意图
1—测温头;2—测温头接插件;3—补偿导线;4—纸管;5—测温枪管;6—补偿导线接插件;7—保护环

c 取样判断

取出钢样后,样勺内覆盖渣很容易拨开,样勺周围有青烟,钢水白亮,倒入样模内,钢水活跃,结膜时间长,说明钢水温度高。如果覆盖渣不容易拨开,钢水暗红色,混浊发黏,倒入模内钢水不活跃,结膜时间也短,说明钢水温度低。

d 通过氧枪冷却水温度差判断

在吹炼过程中可以根据氧枪冷却水出口与进口的温度差来判断炉内温度的高低。如果相邻的炉次枪位相仿,冷却水流量一定时,氧枪冷却水的出口与进口的温度差和熔池温度有一定的对应关系。若温差大,反映熔池温度较高;温差小,则反映熔池温度低。

e 根据炉膛情况判断

倒炉时可以观察炉膛情况帮助判断炉温。温度高时,炉膛发亮,往往还有泡沫渣涌出。如果炉内没有泡沫渣涌出,熔渣不活跃,同时炉膛不那么白亮,说明炉温低了。

6.6.3 自动控制

6.6.3.1 转炉炼钢自动控制系统

采用电子计算机可以在很短时间内,对吹炼过程的各种参数进行快速、高效率的计算和处理,并给出综合动作指令,准确地控制过程和终点,获得合格的钢水。

转炉计算机自动控制执行过程如下：

（1）在上一炉次的终点或出钢时启动本炉次的装料计算。根据装料模型计算出本炉装入的铁水质量和废钢种类及质量，分别在铁水站（混铁炉）和废钢场准备铁水和废钢。称量铁水质量，取样分析和测量铁水温度；按要求的废钢类别称量废钢质量，将这些实际数据输入计算机。

（2）在铁水和废钢装入转炉后，启动副原料和终点控制模型，计算出本炉所需的石灰、白云石、萤石、铁矿石等原料的质量以及吹氧量。

（3）氧枪降入炉内开吹，按钢种要求选择规定的供氧和枪位制度（模式）、副原料加料制度和底吹供气制度进行吹炼。这些标准吹炼制度是随吹炼时间变更的。由于各炉氧耗量不同，为统一操作通常用"氧步"来表示时间，即将氧耗量分成若干等份，每吹一个等份为一个氧步，如某厂取每炉氧耗量的 1/25 为一个氧步。

（4）吹炼到达终点前 2~3min（供氧量占总量的 80%~90% 时），下降副枪测试钢水温度和碳含量。

（5）根据副枪测得的数据，按动态模型计算出为同时命中终点目标应补吹的氧耗量和补加的冷却剂（铁矿石或氧化铁皮等）。

（6）吹炼达到上述氧耗量时自动提升氧枪，用副枪测试终点温度和终点碳。如二者在命中范围内就为同时命中，允许出钢。如果温度或碳含量有一项不命中，需进行再吹处理。

（7）收集和汇总吹炼中的实际数据，对静态和动态模型进行自学习修正。

炼钢计算机控制系统一般分三级（见图 6-25）：生产管理级（三级）、过程控制级（二级）和基础自动化级（一级）。过程控制级与生产管理级和基础自动化级通过基于以太网（Ethernet）且采用 TCP/IP 协议的网络系统相连接，同时采用应用软件对基础自动化级进行管理和操作。

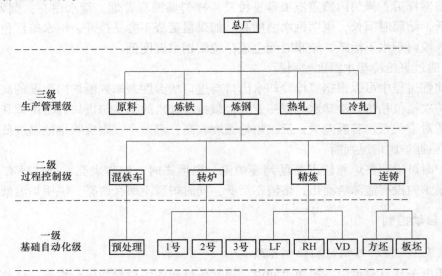

图 6-25　计算机控制系统分级示意图

生产管理级计算机系统，也称为厂级管理系统，其主要功能有：作业计划编制，质量设计，物流跟踪，质量跟踪，生产管理，人事管理，财务管理，查询。主要负责生产信息的管理，并将这些信息加工处理后下传给过程控制级，同时接收由过程控制级反馈回来的有关数据，完成数据的分析、存储、查询等操作。

过程控制级主要是对冶炼过程进行监督和控制，完成过程控制模型的计算，并将计算结果和设定值下装到基础自动化级，同时与生产管理级进行数据交换，接收来自基础自动化级的过程数据。主要控制功能有：（1）从管理计算机接收炼钢生产订单和生产计划；（2）向上传输一级系统的过程数据；（3）向一级系统下装设定值；（4）从化学分析室接收铁水、钢水和炉渣的成分分析数据，并存入数据库；（5）原料分析数据管理；（6）完成转炉装料计算；（7）完成转炉第二阶段吹炼的控制计算；（8）生成冶炼记录与日志；（9）将生产数据传送到管理计算机。图6-26是武钢三炼钢计算机（二级）炼钢主要控制功能模块图。

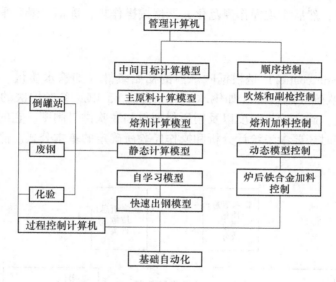

图 6-26 计算机炼钢主要控制功能模块

基础自动化级主要由 PC 机、可编程逻辑控制器（PLC）或分布式控制系统（DCS）及各种检测设备组成，它是整个控制系统的硬件保证。一级系统包括废钢供应、铁水供应和转炉操作三部分，其主要功能是接收过程控制级下装数据，以完成冶炼过程中各种操作，并将采集到的过程信息传给过程控制级。

转炉自动化控制的具体要求：

（1）根据目标钢种要求和铁水条件，能确定基本命中终点的吹炼工艺方案。

（2）能精确命中吹炼终点，通常采用动态校正方法修正计算误差，保证终点控制精度和命中率。

（3）具备容错性，可消除各种系统误差、随机误差和检测误差。

（4）响应迅速，系统安全可靠。

6.6.3.2 转炉终点控制方法

终点控制的主要环节：

（1）原材料准备的精料控制，即所谓的起控制；

（2）炉料和供氧量的静态控制，即吹炼过程的始态控制；

（3）吹炼过程主要冶金反应的标准轨道跟踪，即吹炼过程中的动态控制；

（4）吹炼中间对钢水直接检测和后期修正；

（5）出钢时进行反馈计算，为最后补救措施和以后炉次的控制打下基础；

（6）作为补救措施的炉外微调控制。

控制的策略是逐步逼近，即：通过原料的精、准、稳，保证一定精度的炉料和供氧量静态模型控制；再通过吹炼过程动态模型来提高控制的精度；最后通过中间检测和后期修正模型来达到高精度的终点目标命中率；对于少数未达到高精度终点目标命中的炉次采用微调来挽救。

提高终点控制精度方法：首先是加强原材料的管理，实现精料方针，提高入炉原材料的质量和稳定程度，准确了解入炉的有关信息；其次测量仪表要齐全、可靠，能满足数学模型所要求的精度；然后实现操作规范化，严格按操作规程炼钢，最后采用高质量的控制模型。

A　静态控制

静态控制（static control）是根据吹炼前的初始条件（如铁水质量、温度、成分，废钢质量、种类）、吹炼终点目标（如钢水成分、温度），以及参考炉次的参考数据，计算出本炉次的氧流量，确定枪位制度以及副原料加料和底吹供气制度。它的依据是物料平衡和热平衡原理，同时还要参考统计分析和操作经验所确定的基本公式。静态模型工作概况见图 6-27。

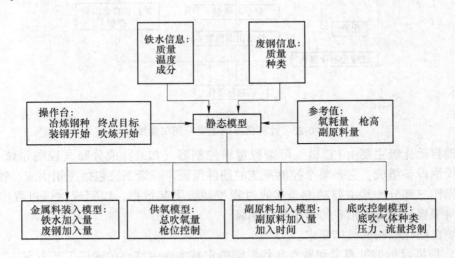

图 6-27　静态模型工作概况

静态控制属预测控制类型，根据建模方法的不同，有 3 种数学模型：

（1）机理模型。即以热力学参数反映炉内反应，它根据物料平衡和热平衡方程，参考生产实际，并在一系列假设下推导得出并建立模型。虽然具有一定的通用性，但其实用效果并不好。

（2）统计模型。应用数理统计方法，例如多元回归法等，对大量生产数据进行统计分析来建立模型。

（3）经验模型。经验模型在结构形式上有纯量和增量方式两种。为减小系统误差的影响和提高模型的适应能力，许多厂家采用以参考炉为基准的增量方式，即建立本炉与参考炉各参数之差的增量模型。

转炉炼钢的静态控制模型主要有金属料装入模型、供氧模型（枪位控制）、副原料加入模型（造渣制度）、底吹模型等。

a 金属料装入模型

转炉装入制度有三种可供选择，即定量装入、定深装入和分阶段定量装入制度。其中，作为主原料的铁水比，随着铁水温度、成分、炉子容量及冶炼钢种等操作条件不同而异，我国大多数转炉钢厂的铁水比为 75%~90%。在已知入炉料的成分和温度，以及钢的目标成分和温度时，可通过物料平衡及热平衡来计算废钢及铁水的加入量。

物料平衡方程为：

$$\Sigma(W_i \cdot S_i) = 1 \tag{6-22}$$

热平衡方程为：

$$Q_L + \Sigma(W_i \cdot Q_i) = 0 \tag{6-23}$$

式中，W_i 为炼 1t 钢所需物料 i 的吨数，可为变量，也可为已知量；S_i 为每吨物料 i 的产钢量，是已知量；Q_i 为 1t 物料 i 在吹炼过程中产生或吸收的热量，是已知量；Q_L 为每生产 1t 钢的热损失，是已知量。

将式（6-22）和式（6-23）联立，可以解出两个变量的 W_i 值，但其他诸 W_i 值必须固定。分三种情况说明：

（1）铁水和废钢的用量没有限制，则铁矿石和燃料等于零，联立式（6-22）和式（6-23）可求出铁水和废钢的用量。

（2）废钢供应短缺情况下求解。这时应固定废钢和废铸铁的量，不用燃料而求解铁水与铁矿石的量。

（3）当铁水供应短缺，而废钢供应充分时，为维持生产，需补充燃料。这时铁水量是已知的，只剩下废钢和燃料作为变量，通过解式（6-22）和式（6-23）的联立方程，可以求出废钢与附加燃料的量。

金属料装入送给计算机的数据包括：铁水质量、铁水温度、铁水成分、废钢质量、废钢种类。

b 供氧模型

供氧模型包括氧流量和枪位制度的确定、枪位的计算。氧流量是总结现场工艺操作经验，对不同钢种按不同装入量和炉役期确定一定的模式，在吹炼中按此模式改变。氧枪的枪位则是根据铁水成分、温度、炉龄期、副原料、废钢情况以及参考炉次的参考数据和本炉次的冶炼品种等因素来决定。决定枪位的办法，一是根据经验按氧耗进程来确定，如图 6-28 给出了某钢厂冶炼某钢种的枪位模型；另一种办法是根据钢水液面高度加上氧枪间隙值（即氧枪喷口与液面的相对距离）来确定，如式（6-24）所示。其中氧枪间隙值是按工艺要求制定的变更模式，钢水液面高度按照每班实测的装入铁水后的液面高度，考虑装入量和炉役期不同用模型逐炉计算。

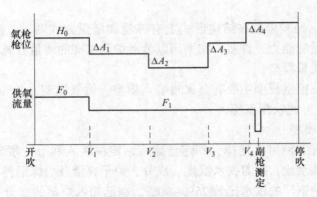

图 6-28　吹炼中氧枪和供氧量变化举例

$$h = h_0 \pm h_1 \times (W_1 - W_0) \tag{6-24}$$

式中，h_0 为装入量为 W_0 时，实测的在标尺高度 $H(\mathrm{m})$ 时的喷头距熔池距离；h_1 为每吨金属料装入时液面升高的高度，m；W_1 为装入的金属料的质量，t。

　　c　造渣模型

造渣模型包括两部分：

（1）根据铁水中 Si、P 的含量和装入量以及炉渣碱度的要求，对操作数据进行统计分析，得出石灰、白云石、萤石等造渣料加入量的计算公式。

　　例如，石灰加入量的计算公式如下：

$$W_\mathrm{s} = \frac{2.2(w[\mathrm{P}]_0 + w[\mathrm{Si}]_0)(W_0 + W_\mathrm{f})R}{w(\mathrm{CaO})_{有效}} + D - 0.5W_\mathrm{z} \tag{6-25}$$

式中，$w[\mathrm{P}]_0$ 为铁水磷含量；$w[\mathrm{Si}]_0$ 为铁水硅含量；W_0 为铁水质量；W_f 为废钢质量；W_z 为返渣质量；R 为熔渣碱度，$R = 4.7 - 1.5w[\mathrm{Si}]_{\%0}$；$D$ 为钢种系数（当出钢碳含量 $w[\mathrm{C}]_\mathrm{s} \geqslant 0.10\%$ 时，$D = 0$；若 $0.05\% \leqslant w[\mathrm{C}]_\mathrm{s} \leqslant 0.09\%$，$D = 0.6$；若 $w[\mathrm{C}]_\mathrm{s} \leqslant 0.045\%$，$D = 1.0$）；$w(\mathrm{CaO})_{有效}$ 为有效 CaO 含量。

（2）副原料加料制度：总结操作经验按不同钢种确定副原料的加入批数、时间和各批料的加入量，如图 6-29 所示。

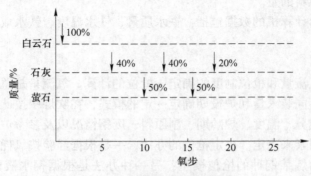

图 6-29　副原料加料模式举例

　　d　底吹模型

底吹模型是根据底部供气工艺研究和总结操作实践提出的底部供气制度，包括供气种类、压力、流量以及气体的切换时刻等，如图6-30所示。

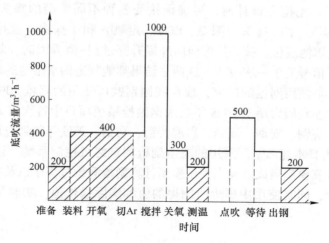

图 6-30 底吹供气模式举例

静态控制只考虑始态与终态的变量关系，不考虑变量随时间的变化，其吹炼轨迹在吹炼过程中不能得到修正，其终点碳、温度同时命中率不高，一般为50%~60%，它无法适应吹炼中炉子不断变化的特点要求，很难达到较高的控制精度。

B 动态控制

动态控制（dynamic control）是在静态控制的基础上，根据吹炼过程中检测到的炉内成分、温度和熔渣状况等结果，采用统计分析和总结操作经验方法，建立动态模型，对吹炼过程进行干预，使转炉冶炼终点命中率提高，实现对过程的计算机控制。动态控制的关键在于，要迅速、准确地取得吹炼过程中的信息。

a 转炉动态信息检测

（1）副枪测量系统。副枪（auxiliary lance）是判断吹炼终点最成熟的方法，副枪的功能随探头的不同而不同，可以在不倒炉情况下快速测定钢液温度、碳含量或氧含量，并具有取样的功能，根据需要还能测定熔池液面高度和渣层厚度。

副枪主要由传动机构、枪体和探头三部分构成，其探头结构如图6-31所示。此外，还包括探头自动装卸和回收机构及其他附属装置。副枪设备可从预热过的贮头箱中自动选头，将探头装到副枪头部，并在转炉上方移动，可从烟罩上方的专门开孔下降至钢水熔池内。通过探头内热电偶

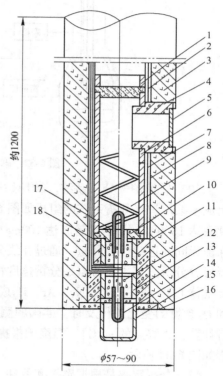

图 6-31 副枪探头结构

1—压盖；2—样杯盖；3—大纸管；4—进钢水样嘴；5—挡板；6—样杯；7—样杯保护纸管；8—保护纸；9，17—脱氧剂；10—样杯底座；11，13—小纸管；12，16—快干水泥；14—U 形石英管；15—保护罩；18—中纸管

和氧气电池发出有效信号，供静态和动态控制模型和操作人员使用，并取钢水样送至检化验室进行检测分析。副枪在设计时，可确保接受各种不同类型的探头，比如 TSC 探头（测温、取样、定碳）、TSO 探头（测温、取样、定氧）和 T 探头（仅用于测温）。其中，TSO 探头可以测定熔池液位，探头从熔池向外提升穿过钢-渣界面时，氧含量的信号将发生一次跳跃，温度信号发生一次改变，这两个结果都能判定钢水熔池的深度和渣层厚度。

宝钢是我国最早使用副枪的厂家，现在我国钢铁厂使用的副枪 80% 以上是由达涅利康力斯提供的。达涅利康力斯于 1998 年在武钢副枪系统项目中首次打入中国市场，又先后在梅钢、本钢、济钢、安钢、湘钢、兴澄特钢、马钢、天铁等得到应用。

图 6-32 所示为日本鹿岛钢厂采用的典型副枪测定终点控制系统，该系统由一个动态模型和一个反馈计算模型组成。动态控制模型计算副枪测量过程中以及吹炼结束时所需要的氧量和冷却剂量，同时使用由副枪所测得的值和实际操作值，实时估算钢水温度和碳含量。

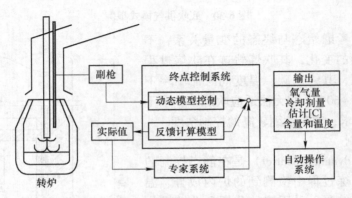

图 6-32　副枪测量的转炉终点控制系统

（2）转炉炉气分析系统。转炉炉气分析系统由气体取样系统、质谱仪和专用计算机组成，某厂炉气分析系统的组成如图 6-33 所示。LOMAS 烟气采集和处理系统可以采集温度高达 $1800℃$、烟尘含量高达 $100mg/m^3$ 的气体。分析系统借助每一转炉上的两个探头来保证无间断连续性的测量，通过在线分析质谱仪对 LOMAS 系统采集处理后的转炉烟气进行成分分析。其主要特点是分析速度快、精度高，同时分析不同流量的转炉烟气中六种主要气体 CO、CO_2、O_2、N_2、Ar、H_2 成分的周期小于 $1.5s$。由于能对转炉烟气中 CO、CO_2 和 O_2 含量的变化进行及时、准确的测定，所以便于动态模型对吹炼后期脱碳速率变化进行计算，为终点的 $w[C]$、温度预报提供准确的计算依据。烟气分析动态控制系统计算流程如图 6-34 所示。

炉气分析定碳是根据碳平衡原理，通过测定炉气量和炉气中 CO 和 CO_2 成分，由炉气成分和炉气流量的乘积来求脱碳速度，然后将脱碳速度在吹炼期间积分，求出脱碳量。最后由初始入炉碳含量减去脱碳量，即可求出终点碳含量。

熔池中瞬时脱碳速度可以表示为：

$$-\frac{dw[C]_{\%}}{dt} = 0.1 \times Q_{gas}(x_{CO} + x_{CO_2}) \times \frac{12}{22.4} \times \frac{1}{W_{ST}} \tag{6-26}$$

式中，Q_{gas} 为烟气流量，m^3/s；x_{CO} 为烟气中 CO 的摩尔分数；x_{CO_2} 为烟气中 CO_2 的摩尔分数；W_{ST} 为熔池中钢水质量，t；$-\dfrac{\mathrm{d}w[C]_\%}{\mathrm{d}t}$ 为熔池的脱碳速度，$\%/s$。

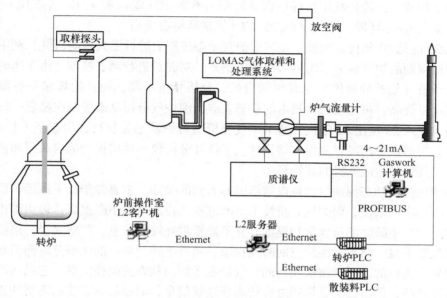

图 6-33　炉气分析系统组成

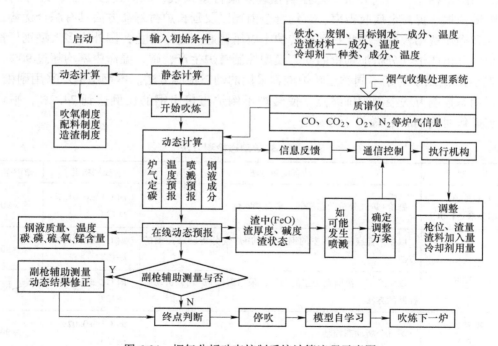

图 6-34　烟气分析动态控制系统计算流程示意图

对脱碳速度进行积分，即可得到从计时开始到 t 时刻连续脱碳量的总和，再结合入炉时的碳含量就可以计算出熔池中动态的碳含量。

$$w[C]_{\%终} = w[C]_{\%0} - \int_0^t \left(\frac{dw[C]_{\%}}{dt}\right)dt \qquad (6\text{-}27)$$

式中，$w[C]_{\%终}$、$w[C]_{\%0}$分别为 t 时刻铁水碳含量和铁水初始碳含量。

在动态控制中，若是利用吹炼过程某时刻 t_1 时测定的碳含量 $w[C]_{\%1}$ 取代 $w[C]_{\%0}$，积分时间变为 $t_1 \to t$ 区间，则式（6-27）的计算精度将会提高。

早在 20 世纪 60 年代，国外已在转炉炉气动态控制上进行了大量的研究，利用转炉冶炼过程中检测到的炉气成分、温度和流量等信息，对转炉进行动态控制。由于当时使用的炉气分析设备（红外分析仪）延时时间过长，分析精度不高，而且冶炼水平有限，终点控制精度难以提高；再加上副枪技术的快速发展，使炉气分析动态控制在随后一段时间里发展缓慢。进入 20 世纪 90 年代，基于炉气分析的转炉动态控制再次引起了人们的关注，用于炉气分析的设备已经普遍由质谱仪替代了红外分析仪。质谱仪的响应时间和精度大幅度提高，而且还能适应恶劣的炼钢环境。

转炉炉气分析动态控制技术得以重新引起人们的关注，主要源于以下原因：副枪命中率的提高有一定的限度，而炉气分析技术不断进步，控制精度不断提高；转炉副枪工艺只能提供吹炼过程中瞬时的碳含量和温度，并不能提供连续的信息，严格来说，副枪仍然是一种静态控制手段，只不过距终点的时间很短，实质上转炉生产的大部分时间仍是在静态模型的指导下进行的。而质谱仪获得的炉气信息是炉内状态的间接信息，它虽然没有直接信息的可靠性高，但给出的是炼钢过程的闭环连续信息，而全程动态控制需要的正是这种信息。与副枪相比，炉气分析动态控制在终点碳含量预报、成渣过程控制、锰与磷的控制、喷溅预报、提高金属收得率、节约合金消耗以及延长炉衬寿命方面具有综合优势，并且投入和操作费用较低，因此在国外转炉中应用普遍。迄今为止，国外许多大型钢厂都采用了炉气分析或炉气分析加副枪的动态模型控制转炉生产，碳、温命中率均超过 90%。

表 6-13 给出了对于不同类型转炉推荐采用的动态检测方法。本钢炼钢厂采用副枪+炉气分析动态控制方法控制吹炼终点，使转炉不倒炉直接出钢的比例达到 74.2%，平均缩短终点操作时间 7min，效果十分显著。

表 6-13 转炉动态检测方法

炉 型	动态检测方法	控制精度	命中率/%
大型转炉 （公称容量≥150t）	副枪+炉气分析动态控制，全自动吹炼	$w[C]$ ±0.015% t±12℃	≥90
中型转炉 （80~150t）	以生产低碳板材为主的钢厂，采用炉气分析动态控制的方法	$w[C]$ ±0.015% t±12℃	≥90
	以生产中、高碳钢为主的钢厂，采用副枪+炉气分析动态控制的方法	$w[C]$ ±0.05% t±12℃	≥90
小型转炉 （<80t）	炉气分析动态控制	$w[C]$ ±0.02% t±12℃	≥90

b　动态控制模型

动态模型的任务是（这里以某钢厂动态模型为例）：当转炉吹氧量达到氧耗量的 90%

左右时，停止吹氧。副枪开始测温、定碳，并把测到的温度值及碳含量送入计算机。计算机根据副枪测到的实际值，作为初值，以后每吹 100m³ 的氧气量，启动一次动态计算，计算出达到目标温度和目标碳含量所需补吹的氧量及冷却剂量。当温度和碳含量都进入目标范围时，发出停吹命令。转炉动态控制模型的设计思想如图 6-35 所示。

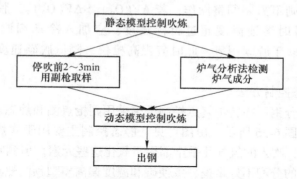

图 6-35　转炉动态控制模型的设计思想

动态控制模型包括脱碳速率模型、钢水升温模型和冷却剂加入量模型等，这些模型的建立，每个厂的思路和构建的方法都可能不一样，所以各钢厂的动态模型不一。以下列举动态模型仅供参考。

（1）脱碳速度模型。转炉吹炼后期脱碳和升温是有规律的，吹炼后期脱碳规律呈指数衰减方式，其指数方程为：

$$R = -\frac{\mathrm{d}w[\mathrm{C}]_\%}{\mathrm{d}V(\mathrm{O}_2)} = R_\mathrm{p}\{1 - \exp[-K(w[\mathrm{C}]_\% - w[\mathrm{C}]_{\%0})]\} \tag{6-28}$$

式中，R 为瞬时脱碳速度；R_p 为冶炼过程中最大脱碳速度；K 为常数；$w[\mathrm{C}]_\%$ 为脱碳速度为 R 时的熔池碳含量；$V(\mathrm{O}_2)$ 为氧气量，m³；$w[\mathrm{C}]_{\%0}$ 为 R 外推到零时的熔池碳含量。

将式（6-28）整理成如下形式：

$$w[\mathrm{C}]_\% = \frac{-\ln(1 - \dfrac{R}{R_\mathrm{p}})}{K} + w[\mathrm{C}]_{\%0} \tag{6-29}$$

根据冶炼过程中获得的气体分析和流量数据，可以计算脱碳速度 R；式中的 R_p 以吹炼中期测得的 R 平均值代替；由式（6-29）逐次迭代算出熔池碳含量。

将式（6-28）整理并积分，可求出达到目标碳含量 $w[\mathrm{C}]_{\%\mathrm{f}}$ 时所需的氧量：

$$\Delta V(\mathrm{O}_2)_\mathrm{C} = \int_{w[\mathrm{C}]_\%}^{w[\mathrm{C}]_{\%\mathrm{f}}} \frac{1}{R_\mathrm{p}\{1 - \exp[-K(w[\mathrm{C}]_\% - w[\mathrm{C}]_{\%0})]\}} \mathrm{d}w[\mathrm{C}]_\% \tag{6-30}$$

（2）钢水升温模型。用一个独立的系统来测定熔池温度，并把测温数据代入下面经验线性方程，以确定终点温度。

$$T_\mathrm{f} = T_\mathrm{b} + A\Delta V(\mathrm{O}_2)_\mathrm{T} \tag{6-31}$$

式中，T_f 为终点温度，K；T_b 为测得的溶池实际温度，K；A 为单位吹氧量的升温值，可根据现场数据回归分析得出，K/m³；$\Delta V(\mathrm{O}_2)_\mathrm{T}$ 为从测温时起到目标温度时应吹入的氧量，m³。

（3）冷却剂加入量模型。按式（6-32）计算：

$$W_{CL} = K_{CL}\left[T_b + A\Delta V(O_2)_T - T_E\right] \tag{6-32}$$

式中，T_E 为终点温度目标值；K_{CL} 为系数。

过程控制计算机对模型计算得到的达到目标碳含量和目标温度所需的氧气量 $\Delta V(O_2)_C$ 和 $\Delta V(O_2)_T$ 进行比较，若 $\Delta V(O_2)_C = \Delta V(O_2)_T$，即达到目标碳含量和目标温度所需的氧气量相等，则不需要调整操作；若 $\Delta V(O_2)_C > \Delta V(O_2)_T$，脱碳用氧多于升温用氧，达到目标碳含量时熔池温度超过目标温度，应加入冷却剂调温；若 $\Delta V(O_2)_C < \Delta V(O_2)_T$，升温用氧多于脱碳用氧，此时应提高枪位，降低脱碳速度，使终点碳和温度同时命中目标。

c 转炉终点动态控制方法

目前，我国大部分钢厂在转炉终点控制上多采用副枪点测和静态、动态相结合的终点控制方法，其过程如图 6-36 所示。由图可见，静态控制主要用于吹炼前半期，此时熔池中的 C、Si 浓度较高，吹入的氧气几乎全部用于氧化这些元素。但到吹炼后期，有一定量氧用于铁的氧化，氧的分配不好掌握，致使碳和温度偏离模型预测轨道，因此用动态控制进行修正。动态控制主要有轨道跟踪法、动态停吹法等。

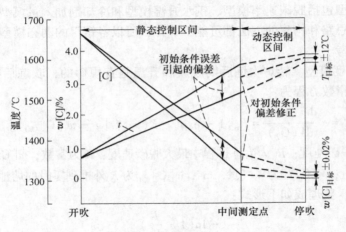

图 6-36 终点控制过程

（1）轨道跟踪法（基于炉气分析动态控制技术）。参照转炉冶炼过程中的典型脱碳、升温曲线，利用数学模型将检测到的碳含量和温度等信息输入到计算机进行计算，得出预测曲线。若预测曲线与实际曲线相差较大，计算机则发出指令进行动态校正，调整吹炼工艺。再利用检测设备测取新的信息，输入计算机得到新的预测曲线并与实际曲线相比较。这样反复多次，越接近终点，预测的曲线越接近实际曲线，轨道跟踪法示例见图 6-37。

（2）动态停吹法（基于副枪测量控制技术）。转炉吹炼后期，根据对生产转

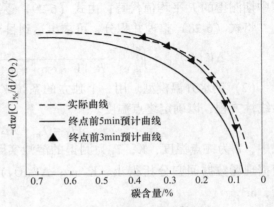

图 6-37 轨道跟踪法示例

炉的冶炼过程进行回归分析，建立脱碳速度、升温速度与氧气消耗、碳含量相关的数学模型。通过检测到的钢水碳含量和温度等信息输入计算机，判断最佳停吹点，停吹后按需要做相应的修正动作。作为最佳停吹点应满足下面两个条件之一，钢水碳含量和温度同时命中，或两者中必有一项命中，另一项不需后吹，只经某些修正动作即可达到目标要求。

图 6-38 是动态停吹法示意图，轨迹 1 是停吹时碳含量和温度同时命中；轨迹 2 或 3 是停吹时碳含量和温度不能同时命中，此时则应采取合适的修正手段。控制轨道修正手段（如图 6-39 所示）：

1）温度、碳合适（①线），按原轨道控制；

2）温度低、碳低（②线），脱碳升温，当温度合适，终点碳低时，加增碳剂；

3）温度高、碳高（③线），脱碳升温，当终点碳合适，终点温度太高时，加冷却剂。

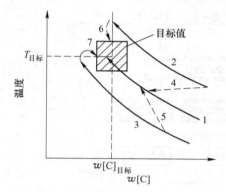

图 6-38 动态停吹法示意图

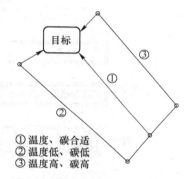

图 6-39 控制轨道修正示意图

C 全自动吹炼控制

尽管动态控制校正了静态控制的计算误差，能提高终点 [C]、温度的控制精度和命中率，但还存在以下不足：

（1）不能对造渣过程进行有效监测和控制，不能降低转炉喷溅率；

（2）不能对终点 [S]、[P] 进行准确控制，由于 [S]、[P] 不符合成分要求而增加后吹次数；

（3）不能实现计算机对整个吹炼过程进行闭环在线控制。

为了解决以上问题，日本从 19 世纪 80 年代开始着手开发转炉全自动冶炼控制技术并获得成功。采用全自动冶炼控制技术，可以很好地校正炼钢过程产生的系统误差（检测仪表带来的）、随机误差（不确定影响因素引起）、操作误差（操作者引起），确保控制精度和系统的稳定性。从过程上讲，全自动冶炼控制技术通常包括以下控制模型：

（1）静态模型。确定吹炼方案，保证基本命中终点。

（2）吹炼控制模型。利用炉气成分信息，校正吹炼误差，全程预报熔池成分（C、Si、Mn、P、S）和熔渣成分变化。

（3）造渣控制模型。利用炉渣检测信息，动态调整顶枪枪位和造渣工艺，避免吹炼过程"喷溅"和"返干"。

（4）终点控制模型。通过终点副枪校正或炉气分析校正，精确控制终点，保证命中率。

转炉全自动吹炼技术即采用人工智能技术，提高模型的自学习和自适应能力。利用机器模仿人脑从事推理、规划、设计、思考、学习等思维活动，解决需要专家才能处理好的复杂问题。

日本钢管福山厂在原有的以静态模型、副枪动态控制模型、废气信息模型为中心的自动吹炼系统的基础上，建立了预测和判断化渣状态及终点成分估计的专家系统，构造了一个新型的全自动吹炼控制系统。该系统的整体功能构成如图 6-40 所示，其特点是：能在理论上模型化的功能尽可能用数学模型表示；对定量化和模型化困难的功能，则采用专家系统模型。为此，该系统增加如下功能：1）吹炼前根据吹炼条件决定最佳控制模式的吹炼设计功能；2）吹炼中根据吹炼状态变化的吹炼调整功能；3）吹炼末期的调整指示以及停吹后判断可否出钢的出钢判断功能。

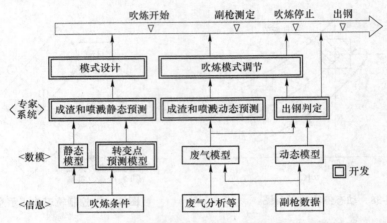

图 6-40　日本钢管福山厂转炉全自动控制模型概要图

吹炼设计功能，由反应转变点预报模型和应用专家系统的静态化渣喷溅预报模型构成。用前者计算出现转变点的时间，根据后者得出的参数决定操作量。反应转变点预报模型将吹炼过程分为脱硅期、脱碳期和低碳期三个反应期，计算它们各自的转变点；同时将整个过程分成 15 点作为控制变更的定时，并用数学模型分别估计各点的钢水温度，用于静态化渣喷溅预报模型中。应用专家系统的静态化渣喷溅预报模型，根据铁水等静态吹炼的初期信息分别用 5 级来评价化渣好坏和喷溅的可能性。图 6-41 示出了化渣喷溅预报知识库的构成，根据这些评价值的组合从矩阵表中抽出每个反应期的吹炼模式。

吹炼调整功能，首先对来自传感器的信息和废气模型计算结果进行平滑处理，然后用动态化渣喷溅预报模型，分别以 5 级来评价化渣是否良好和喷溅的可能性。根据这些评价值由矩阵表确定应调整的对象和操作量。调整操作的对象有氧枪高度、顶枪氧量、底吹气体量和种类、副原料投入量、矿石加入速度、炉口压力、烟罩高度等。该模型从其中自动地选择几个最佳的操作对象进行调整。

出钢判断功能的知识库构成如图 6-42 所示。它根据吹炼中副枪测试数据和动态模型计算结果判定停吹前是否需要吹炼调整指导以及停吹后有无必要用副枪测试，同时在终点使用副枪测试时判定可否出钢。

表 6-14 综合了静态、动态及全自动冶炼控制模型的特点，并对它们的控制精度和命中率进行了对比。

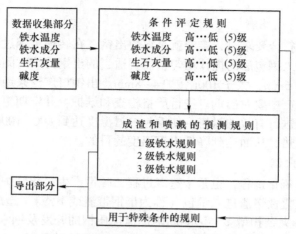

图 6-41 化渣喷溅预报知识库构成示意图

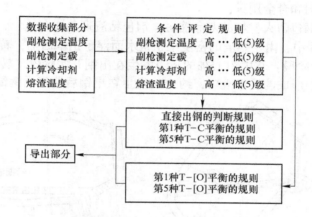

图 6-42 出钢判定框图和规则构成

表 6-14 静态、动态及全自动冶炼控制模型的对比

控制方式	检测内容	控制目标	控制精度	命中率
静态控制	铁水成分、温度和质量，辅原料成分、质量，氧气流量和枪位	根据终点碳、温度要求，确定吹炼方案、供氧时间和原辅料加入量	$w[C]$ ±0.03% t±10℃	≤50%
动态控制	静态检测内容全部保留，增加副枪测温、定碳，取钢水样的步骤	静态模型预报副枪检测点，根据碳、温度检测值修正计算结果，预报达到终点的供氧量和冷却剂加入量	$w[C]$ ±0.02% t±5℃	≥90%
全自动吹炼控制	动态检测内容全部保留，增加：①炉渣状况检测；②炉气全程分析；③熔池 $w[Mn]$ 在线连续检测	在线计算机闭环控制：①顶吹供氧工艺；②底吹搅拌工艺；③造渣工艺；④预报终点碳、硫、磷含量和温度，全程预报碳含量和温度	$w[C]$ ±0.02% t±10℃	≥95%

6.6.4　出钢

当转炉吹炼终点符合要求时，接着就是摇炉出钢。在转炉出钢过程中，为了减少钢水吸气和有利于合金加入钢包后的搅拌均匀，需要适当的出钢持续时间。转炉出钢持续时间为：50~100t 转炉 3~6min，大于 100t 转炉 4~8min。出钢口广泛采用镁碳质的出钢口套砖或整体出钢口，在生产中要对出钢口进行严格检查和维护，并定期更换。

出钢前需对钢包进行有效的烘烤，使钢包内衬温度达到 800~1000℃，做到红包出钢，以减小钢包内衬的吸热，从而达到降低出钢温度的目的。

6.6.4.1　挡渣出钢

转炉炼钢过程是氧化过程，也是个造渣过程，吨钢产生氧化性炉渣约 100~150kg，出钢过程中，部分高氧化性熔渣进入钢包（称为出钢带渣或下渣），造成诸多不利影响：

（1）钢水回磷，夹杂物增多，影响高附加值优质钢的开发及钢水质量的提高；

（2）增加精炼工序负担，精炼效率降低，合成渣用量增多；

（3）增加脱氧剂和合金用量；

（4）出钢口和钢包耐火材料的寿命缩短，钢包粘渣现象增多。

在转炉出钢过程中，由于熔渣的密度小于钢水而浮于钢水面上，转炉出钢过程的下渣（见图 6-43）分 3 个阶段：其中约 15% 的下渣发生在出钢开始阶段（转炉倾动 38°~50°），约 60% 被出钢过程中形成的旋涡吸出，约 25% 发生在出钢后期至出钢结束阶段。

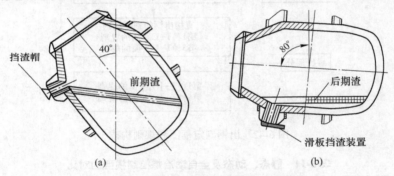

图 6-43　前期下渣和后期下渣示意图

（a）前期下渣；（b）后期下渣

A　挡渣方法

为了限制熔渣进入钢包，目前国内外广泛采用挡渣出钢技术。常用挡渣方法及其比较见表 6-15。阻挡一次下渣用挡渣帽法；阻挡二次下渣采用挡渣球法、挡渣塞法、气动挡渣器法、气动吹渣法、电磁挡渣法、闸板挡渣法等。

表 6-15　常用挡渣方法比较

挡渣方法	示　意　图	挡渣原理	不足之处
挡渣帽法		出钢前挡渣帽放置于出钢口内，出钢倾炉时，挡住液面浮渣，随后钢水流出时又能将挡渣帽冲掉或熔化，使钢水流入钢包中	铁皮挡渣帽表面硬而光滑，放在出钢口内不牢固，且熔点低，易熔化。轻质耐材挡渣帽（见左侧示意图）加工成本较高

续表 6-15

挡渣方法	示 意 图	挡渣原理	不足之处
挡渣球法	BOF转炉 挡渣球 渣 钢水	挡渣球由耐火材料和铁块制成。其密度介于钢、渣之间（4200～5000kg/m³），在出钢结束前1min左右加入，堵住出钢口以阻断渣流入钢包内	投入时机难把握，准确性不好控制，受熔渣黏度变化、出钢口侵蚀变形影响，挡渣效果的稳定性较差
挡渣塞法	转炉 挡渣塞 钢水 挡渣塞 出钢口	挡渣塞的结构由塞杆和塞头组成，其材质与挡渣球相同，密度与挡渣球相近。伴随着出钢过程逐渐堵住出钢口，实现抑制涡流和挡渣的作用，应用较普遍	该技术依然存在加入时机和定位准确性方面的问题。挡渣塞反应速度慢，初期和末期下渣较多
气动挡渣法	渣 高压空气 高压空气 钢水	出钢将近结束时，由机械装置从转炉外部用挡渣器喷嘴向出钢口内喷射气流，阻止炉渣流出。采用炉渣流出检测装置，通过二次线圈产生电压的变化，即可测出钢水通过出钢口的流量变化，准确控制挡渣时间	此法对出钢口形状和位置要求严格，挡渣设备处于恶劣的高温状态下，易于损坏，不便维修，且费用较高，同时，气源、管线在炉身、耳轴中布置不便
气动吹渣法	气动吹渣装置	为防止出钢后期产生涡流，或者即便有涡流产生，采用高压气体将出钢口上部钢液面上的钢渣吹开挡住，达到除渣的目的	定位比较难，吹渣时机难以掌握，挡渣效果不理想
电磁挡渣法	渣 钢 初级线圈 次级线圈 钢流方向 全钢水时的磁场 混有钢渣时的磁场	在出钢口外围安装电磁线圈，转炉出钢时通电，线圈产生的磁场使钢流变细不发散，减弱涡流，下渣量大大减小，挡渣效果显著	由于钢流细，出钢时间太长，需要15～20min，生产效率大大降低
闸板挡渣法	内滑板 出钢口外端1号砖 外滑板 出钢口砖 出钢口填灌料 外水口 内水口 出钢口围砖 滑板机构 炉壳 滑板机构基板、连接板	滑动水口挡渣闸阀装置安装在出钢口的外端，其开闭采用液压驱动方式，由PLC自动采集转炉倾动角度信号及红外下渣检测信号，在0.5s内自动完成滑动水口的全开或全闭，实现对前期渣和后期渣最有效的阻挡	闸板挡渣反应快，效果较好，是目前转炉出钢挡渣效果最佳的方法，但成本较高，安装和更换不方便

国内目前有些钢厂采用电磁感应检测转炉出钢下渣，该技术采用高温材料隔离开初级、次级线圈，并整体封装。根据钢水和炉渣的电导率不同，测量电磁场的变化来检测下渣，得到警报后，送关闭信号到闸板系统，封闭出钢口，此法反应较为敏捷，控制下渣的效果良好。缺点是：寿命波动大，维修不方便，测量消耗电能。

红外摄像检测下渣技术（如图6-44所示）是控制转炉下渣比较理想的手段。该技术利用红外摄像进行熔渣检测，通过与闸板系统相结合（闸板挡渣过程如图6-45所示；不采用闸板的转炉一般配备快速倾动技术，或者气动挡渣，挡渣塞），最大程度地减少下渣量。其原理是：利用熔渣与钢水在红外频率范围内不同的辐射行为，通过摄像、显示评估装置实时监控出钢过程，根据系统设定，检测到下渣时，立即发出警报，并启动封板堵上出钢口（或快速摇炉）。该技术能够连续实时检测出钢状况，精准区别炉渣和钢水，响应速度快，能够及时判定钢水和炉渣的转变。

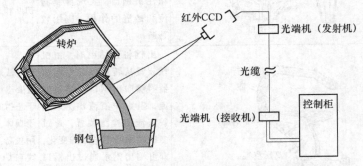

图6-44　转炉红外钢渣探测控制系统结构原理图

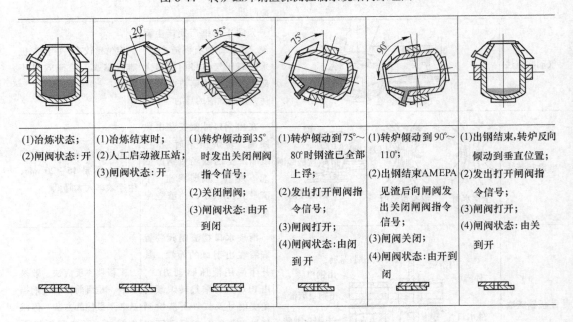

(1)冶炼状态； (2)闸阀状态：开	(1)冶炼结束时； (2)人工启动液压站； (3)闸阀状态：开	(1)转炉倾动到35°时发出关闭闸阀指令信号； (2)关闭闸阀； (3)闸阀状态：由开到闭	(1)转炉倾动到75°～80°时钢渣已全部上浮； (2)发出打开闸阀指令信号； (3)闸阀打开； (4)闸阀状态：由闭到开	(1)转炉倾动到90°～110°； (2)出钢结束AMEPA见渣后向闸阀发出关闭闸阀指令信号； (3)闸阀关闭； (4)闸阀状态：由开到闭	(1)出钢结束,转炉反向倾动到垂直位置； (2)发出打开闸阀指令信号； (3)闸阀打开； (4)闸阀状态：由关到开

图6-45　闸板挡渣法工作原理

B　挡渣效果

转炉采用挡渣出钢工艺后，不同挡渣方法的挡渣效果见表6-16。

表 6-16 不同挡渣方法的挡渣效果

挡渣工艺	挡渣成功率/%	下渣到钢包渣厚/mm	挡渣效果	备 注
锥形铁皮挡渣帽+挡渣球挡渣	60	100~120	一般	
锥形铁皮挡渣帽+气动挡渣	60	90~100	好	
锥形铁皮挡渣帽+挡渣塞挡渣	80	70~80	较好	AMEPA 红外下渣检测技术辅助判渣
滑动水口+AMEPA 红外下渣检测技术	100	≤40	最好	全自动挡渣

6.6.4.2 钢包顶渣改质

钢包顶渣主要来自 3 个方面：一是转炉出钢带下的转炉终渣（一般占 80%以上）；二是钢包耐火材料的侵蚀；三是脱氧合金化过程中的氧化产物。为此在提高挡渣效率的同时，应开发和使用钢包渣改质剂。其目的一是降低熔渣的氧化性，减小其影响；二是形成合适的脱硫、吸收上浮夹杂物的精炼渣。

在出钢过程中加入预熔合成渣，经钢水混冲，完成炉渣改质和钢水脱硫的冶金反应，此法称为渣稀释法。改质剂由石灰、萤石、铝矾土或电石等材料组成。另一种炉渣改质方法是渣还原处理法，即出钢结束后，添加如 $CaO+Al$ 粉或 $Al+Al_2O_3+SiO_2$ 等改质剂。

钢包渣改质后的成分是：碱度 $R \geq 2.5$；$w(FeO+MnO) \leq 3.0\%$；$w(SiO_2) \leq 10\%$；$w(CaO)/w(Al_2O_3) = 1.2~1.5$；脱硫效率为 30%~40%。

钢包渣中（FeO+MnO）含量的降低，形成还原性熔渣，是吸附夹杂良好的精炼渣，为最终达到精炼效果创造了条件。

6.6.4.3 覆盖渣

挡渣出钢后（以及精炼后），为了钢水保温和有效处理钢水，应根据需要配制钢包覆盖渣（覆盖剂），在出完钢后加入钢包中。其作用为：（1）绝热保温，减少钢水输送或浇注过程中钢水温降；（2）隔绝空气，防治钢水二次氧化；（3）吸收钢水面上浮的非金属夹杂物。

钢包覆盖渣应具有保温性能良好，含磷、硫量低的特点。生产覆盖渣常用的碱性原料有：石灰、硅灰石、白云石、轻烧白云石、苦菱土、轻烧镁粉等。常用的保温材料有：膨胀珍珠岩、膨胀蛭石、膨胀石墨、硅藻土、漂珠等，膨胀珍珠岩、膨胀蛭石和膨胀石墨还可提高覆盖渣铺展性。

首钢使用的覆盖渣由铝渣粉 30%~35%，处理木屑 15%~20%，膨胀石墨、珍珠岩、萤石粉 10%~20%组成，使用量为 1kg/t 左右。这种渣在浇完钢后仍呈液体状态，易于倒入渣罐。在生产中广泛使用炭化稻壳作为覆盖渣，保温性能好，密度小，质量轻，浇完钢后不粘挂在钢包上，因而在使用中受到欢迎。根据高洁净度钢水的要求，可采用复合型覆盖渣，即由多种矿物组成的机械混合物，具有良好的保温性能和冶金性能。

6.7　脱氧及合金化制度

6.7.1　不同钢种的脱氧

　　向钢中加入一种或几种与氧亲和力比铁大的元素，夺取钢中过剩氧的操作称为脱氧（deoxidation）。

　　炼钢是氧化精炼过程，冶炼终点钢中氧含量较高（0.02%～0.08%），为了保证钢的质量和顺利浇注，冶炼终点钢必须脱氧。脱氧的目的是把氧含量脱除到钢种要求范围，排除脱氧产物和减少钢中非金属夹杂数量，以及改善钢中非金属夹杂的分布和形态；此外，还要考虑细化钢的晶粒。

　　按钢的脱氧程度不同可分为镇静钢（killed steel）、沸腾钢（rimmed steel）和半镇静钢（semi-killed steel）三大类（见表6-17），图6-46表示了这种分类。

表 6-17　镇静钢、沸腾钢和半镇静钢的比较

钢　种	脱氧剂	氧含量	钢　的　特　点
镇静钢	Fe-Mn、Fe-Si、Si-Al合金等加入钢包内	小于0.002%，脱氧较完全	冷凝过程，钢水较平静，没有明显的气体排出。凝固组织致密，化学成分及力学性能比较均匀。但铁合金消耗多，钢锭头部有集中的缩孔，切头率约为15%。对力学性能要求高的钢种，都是镇静钢
沸腾钢	Fe-Mn加入钢包内，出钢时加少量铝调整钢水氧化性	0.03%～0.045%，脱氧不完全，只能模铸	凝固过程有碳氧反应产生沸腾现象。凝固结构气体分布有规律，有一定厚度坚壳带，钢锭无缩孔，切头率为3%～5%，成本低。沸腾钢碳含量为0.05%～0.27%，锰含量为0.25%～0.70%，耐冲压性能好
半镇静钢	用少量Fe-Si或Mn-Si在钢包内脱氧，然后视情况在锭模内加铝脱氧	0.015%～0.020%	结晶过程有气体排出，比沸腾钢微弱，缩孔比镇静钢大为减少，切头率比镇静钢低。力学性能与化学成分较均匀，接近于镇静钢。其脱氧程度难控制，质量不够稳定。目前国内外的半镇静钢产量很少

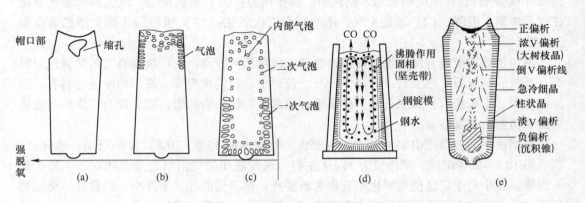

图 6-46　钢锭的内部形状

（a）镇静钢；（b）半镇静钢；（c）沸腾钢；（d）沸腾作用；（e）镇静钢锭的宏观组织

6.7.2 脱氧方法

脱氧方法有三种：沉淀脱氧、扩散脱氧和真空脱氧（见表6-18）。转炉炼钢普遍采用沉淀脱氧法。随着炉外精炼技术的应用，根据钢种的需要，钢水也可采用真空脱氧。

表 6-18 脱氧方法特点比较

方　法	特　　　点	备　注
沉淀脱氧	铁合金直接加入到钢水中，脱除钢水中的氧。脱氧效率较高，耗时短，合金消耗较少，但脱氧产物容易残留在钢中造成内生夹杂物	预脱氧、喂线终脱氧
扩散脱氧	脱氧剂加到熔渣中，降低熔渣（FeO）含量，使钢水中氧向熔渣中转移扩散，达到脱氧的目的。钢中残留夹杂少，但脱氧时间长，脱氧剂消耗多	电炉还原期、炉外精炼
真空脱氧	真空条件下，降低CO分压，使碳继续反应，达到脱氧目的。不消耗合金，脱氧产物CO不污染钢液，可脱氢、脱氮，但需专门的真空设备	炉外精炼

6.7.3 合金的加入原则

6.7.3.1 脱氧剂的加入顺序

A　脱氧剂的选择原则

脱氧剂的选择应满足下列原则：

（1）脱氧元素与氧的亲和力比铁、碳大。

（2）脱氧剂熔点比钢水温度低，以保证合金熔化，均匀分布，均匀脱氧。

（3）脱氧产物易于从钢水中排出。要求脱氧产物熔点低于钢水温度，密度要小，在钢水中溶解度小，与钢水界面张力大等。

（4）残留于钢中的脱氧元素对钢性能无害。

（5）脱氧剂应该来源广，价格便宜。

沉淀脱氧可以用元素单独脱氧法和复合脱氧法。元素单独脱氧是指脱氧过程向钢水中只加单一脱氧元素，常用脱氧剂主要为 Fe-Mn、Fe-Si、Al 等。近年来，碳化硅脱氧剂替代硅铁，电石脱氧剂部分替代铝脱氧，在确保产品质量的同时，还大大降低了炼钢成本。

利用两种或两种以上的脱氧元素组成的脱氧剂使钢液脱氧，称为复合脱氧（complex deoxidization）。复合脱氧剂会使脱氧常数下降，因而脱氧能力提高，同时脱氧产物的熔点比单一氧化物低。常使用的复合脱氧剂有 Si-Mn、Si-Ca、Si-Al、Si-Mn-Al、Al-Si-Ca、Si-Al-Ba 等。若各种脱氧元素用量比例适当，可以生成低熔点脱氧产物，易于从钢水中排出；能提高易挥发性 Ca、Mg 等元素在钢水中的溶解度。生产现场没有现成的复合脱氧剂时，则应按一定比例加入几种脱氧剂。

Si-Mn 脱氧：形成的脱氧产物有纯 SiO_2（固体）、$MnO \cdot SiO_2$（液体）、$MnO \cdot FeO$（固溶体）。控制合适的 $w(Mn)/w(Si)$ 比，得到液相 $MnO \cdot SiO_2$ 容易上浮排除（图 6-47）。但往往由于脱氧不良，铸坯会产生皮下气孔。

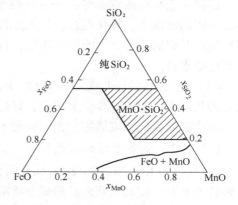

图 6-47　$FeO-MnO-SiO_2$ 三元相图

Si-Mn-Al 脱氧：形成的脱氧产物可能有蔷薇辉石（$2MnO \cdot 2Al_2O_3 \cdot 5SiO_2$）、$Al_2O_3$、锰铝榴石（$3MnO \cdot Al_2O_3 \cdot 3SiO_2$），见图 6-48。

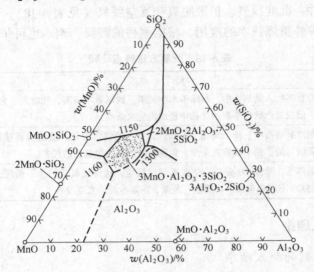

图 6-48　MnO-SiO_2-Al_2O_3 相图

要把夹杂物成分控制在相图中的阴影区，则必须控制钢中 $w[Al]_s$，从而使钢水可浇性好，不堵水口，铸坯又不产生皮下气孔。

过剩 Al 脱氧：对于低碳铝镇静钢，钢中 $w[Al]_s = 0.02\% \sim 0.04\%$ 时，则脱氧产物全部为 Al_2O_3。Al_2O_3 熔点高（2050℃），在钢水中呈固态。钢水可浇性差，易堵水口。Al_2O_3 可塑性差，不变形，影响钢材性能。可通过吹氩搅拌加速 Al_2O_3 上浮排出，或者钙处理（喂 Si-Ca 线、Ca 线，改变 Al_2O_3 形态）。

B　脱氧剂的加入顺序

在常压下脱氧剂加入的顺序有两种：

（1）先加脱氧能力弱的，后加脱氧能力强的脱氧剂。这样既能保证钢水的脱氧程度达到钢种的要求，又使脱氧产物易于上浮，保证质量合乎钢种的要求。因此，冶炼一般钢种时，脱氧剂加入的顺序是：Fe-Mn、Fe-Si、Al。

这种工艺存在两点不足：一是在高氧位下使用了相对较贵的 Fe-Mn、Fe-Si 合金；二是由于铝的密度小、氧化性强，加入过程中在钢液表面燃烧，造成钢中的 $w[O]$、$w[Al]_s$ 不稳定以及铝的浪费，影响铸坯质量，且当 $w[Al]_s$ 大于 0.003% 时，可能因生成 Al_2O_3 夹杂而堵塞水口。

（2）先强后弱，即 Al、Fe-Si、Fe-Mn。实践证明，这样可以大大提高并稳定 Si 和 Mn 元素的收得率，相应减少合金用量，好处很多，可是脱氧产物上浮比较困难，如果同时采用钢水吹氩或其他精炼措施，钢的质量不仅能达到要求，而且还有提高。

6.7.3.2　合金化剂加入次序

含 V、Ti、Cr、Ni、B、Zr 等元素的合金都是用于钢水合金化的。向钢中加入一种或几种合金元素，使其达到成品钢成分要求的操作称为合金化。脱氧和合金化操作不能截然分开，而是紧密相连。合金化操作的重要问题是合金化元素的加入次序，一般是：

（1）脱氧元素先加，合金化元素后加。

（2）易氧化的贵重合金应在钢水脱氧良好的情况下加入。如 Fe-V、Fe-Nb、Fe-B 等合金，应在 Fe-Mn、Fe-Si、Al 等脱氧剂全部加完以后再加，以减少其烧损。为了成分均匀，加入的时间也不能过晚。微量元素还可以在精炼时加入。

（3）难熔的、不易氧化的合金如 Fe-Cr、Fe-W、Fe-Mo、Fe-Ni 等应加热后加在炉内。若 Fe-Mn 用量大，也可以加入炉内，其他合金均加在钢包内。

6.7.4 脱氧操作

目前大多数钢种采用钢包内脱氧，即在出钢过程中，将全部合金加到钢包内。合金加入时间，一般在钢水流出总量的 1/4 时开始加入，到流出 3/4 时加完。为保证合金熔化和搅拌均匀，合金应加在钢流冲击的部位或同时钢包吹氩搅拌。出钢过程中应避免下渣，还可在钢包内加一些干净的石灰粉，以避免回磷。其后，静置数分钟，再进行浇注操作。如果脱氧生成物分离不好，则将作为非金属夹杂物残留在钢材中，使钢材性能降低。

生产高质量的钢种时，脱氧合金化是在出钢时钢包中进行预脱氧及预合金化，在精炼炉内（包括喂线）进行终脱氧与成分精确调整（合金化）。为使精炼过程中成分调整顺利进行，要求预合金化时被调成分不超过规格中限。

对于特殊钢种，如果采用真空精炼方法，对于加入量大的、难熔的 W、Mn、Ni、Cr、Mo 等合金可在真空处理开始时加入，对于贵重的合金元素 B、Ti、V、Nb、RE 等在真空处理后期或处理完毕再加，一方面能极大地提高合金元素吸收率，降低合金的消耗，同时也可以减少钢中氢的含量。

6.7.5 合金加入量的确定

6.7.5.1 脱氧剂加入量的计算

脱氧时，脱氧剂加入量为加入的脱氧剂元素 M 使钢液中的初始氧 $w[O]_0$ 降低到规定的最后氧 $w[O]$ 所需的量 M_1，及与钢液中规定的 $w[O]$ 平衡所需的量 M_2（或满足于钢种规定的 $w[M]$ 所需的量 M_2）之和。可用式（6-33）计算脱氧剂加入量（kg/炉）。

$$脱氧剂加入量(kg) = 脱氧所耗脱氧剂量(kg) + \frac{w[M]_{规格中限} - w[M]_{终点残余}}{w[M]_{脱氧剂} \times \eta} \times 出钢量(kg)$$

$$(6-33)$$

加入钢液中的脱氧元素，一部分与溶解在金属和熔渣中的氧发生脱氧反应，变成脱氧产物而消耗掉（通称烧损），剩余部分被钢液所吸收，满足成品钢规格对该元素的要求。因而脱氧元素或其脱氧剂的实际加入量应计入烧损值。脱氧元素被钢液吸收的部分与加入总量的比，称为脱氧元素的收得率（η）。

脱氧剂的收得率受钢水和炉渣氧化性，钢水温度，出钢的下渣状况，脱氧剂块度、密度、加入时间和地点、加入次序等多方面影响。脱氧前钢液氧含量越高，终渣的氧化性越强，元素的脱氧能力越强，则该元素的烧损量越大，收得率越低。

在一般情况下，顶吹转炉炼钢的脱氧合金加入钢包中，其收得率为硅铁 70%~80%、锰铁 80%~90%。复吹转炉冶炼中，由于钢水含氧低，使合金收得率有所提高，通常合金的收得率硅铁为 75%~85%、锰铁为 85%~95%，视钢水碳含量和合金加入量多少而变化。钢水碳含量高和加入合金数量较多时取上限，钢水碳含量低时取下限。

6.7.5.2 合金化剂加入量的计算

冶炼一般合金钢和低合金钢时，合金加入量的计算方法，由于加入的合金种类往往繁多，因而必须考虑其他各种合金所带入的合金元素的量，即：

$$合金加入量（kg/炉）= \frac{w[M]_{规格中限} - (w[M]_{残余} + w[M]_{其他合金带入})}{w[M]_{合金} \times \eta_M} \times 出钢量（kg）$$

$$(6\text{-}34)$$

若使用 Mn-Si 合金、Fe-Si 合金化时，先按钢中 Mn 含量中限计算 Mn-Si 加入量，再计算各合金增硅量；最后把增硅量作残余成分，计算硅铁补加数量。当钢中 $\dfrac{w[Mn]_{中限} - w[Mn]_{残余}}{w[Si]_{中限}}$ 比值低于硅锰合金中 $\dfrac{w[Mn]}{w[Si]}$ 比值时，根据硅含量计算 Mn-Si 合金加入量及补加 Fe-Mn 量。

$$Mn\text{-}Si\ 合金加入量（kg/炉）= \frac{w[Mn]_{成分中限} - w[Mn]_{残余}}{w[Mn]_{硅锰合金} \times \eta_{Mn}} \times 出钢量（kg）$$

$$Mn\text{-}Si\ 合金加入\ w[Si] = \frac{硅锰合金加入量（kg） \times w[Si]_{硅锰合金} \times \eta_{Si}}{出钢量（kg）} \times 100\%$$

$$Fe\text{-}Si\ 补加量（kg/炉）= \frac{w[Si]_{成分中限} - w[Si]_{硅锰合金带入}}{w[Si]_{硅铁} \times \eta_{Si}} \times 出钢量（kg）$$

$$合金收得率\ \eta = \frac{合金元素进入钢中质量}{合金元素加入总量} \times 100\% \qquad (6\text{-}35)$$

$$合金增碳量 = \frac{合金加入量（kg） \times 合金碳含量\% \times 碳收得率\%}{出钢量（kg）} \times 100\% \qquad (6\text{-}36)$$

由于 Fe-Mn 的加入，增加钢水的碳含量，为此终点拉碳应考虑增碳量或者用中碳 Fe-Mn 代替部分高碳 Fe-Mn 脱氧合金化。

冶炼高合金钢时，合金加入量很大，因此，加入的合金量对于钢液量和终点成分的影响就不可忽略。其详细计算方法可参阅电炉炼钢的有关部分。

各种合金元素，应该根据它们与氧的亲和力的大小，熔点的高低以及其他物理特性，决定其合理的加入时间、地点和必须采用的助熔或防氧化措施。

6.7.6 钢的微合金化

微合金化钢是在普通的 C-Mn 钢或低合金钢中，添加微量的强碳、氮化物形成元素进行合金化，通过高纯洁度炼钢工艺（脱气、脱硫及夹杂物形态控制），在加工过程中施以控轧控冷等工艺，在热轧状态下获得高强度、高韧性等最佳力学性能配合的工程结构材料。

钢的微合金化（microalloying of steel）是指合金元素在钢中的含量较低，通常低于 0.1%（质量分数）。微合金化元素通常是 Nb、V、Ti，有时还包括 B、Al、RE（稀土）。

添加量随微合金化的钢类及品种的不同而异，相对于主加合金元素是微量范围的，如非调质结构钢中一般加入量在 0.02%~0.06%，在耐热钢和不锈钢中加入量在 0.5% 左右，而在高温合金中加入量高达 1%~3%。微合金化钢限定在热轧低碳（$w[C]$ <0.15%）和超低碳的钢种，其成分规格明确列入需加入一种或几种碳、氮化物形成元素，如 GB/T 1591—94 中 Q295-Q460 的钢，规定：$w[Nb]$ = 0.015%~0.06%；$w[V]$ = 0.02%~0.15%（0.20%）；$w[Ti]$ = 0.02%~0.20%。

有时为了弥补生产厂在装备和工艺技术方面的不完善，在冶炼时添加小于 0.015% Nb 或小于 0.05% V，小于 0.02% Ti 的非合金钢和低合金钢，称为微处理钢，依加入碳、氮化物形成元素种类，习惯上称为微 Nb 处理、微 Ti 处理等，交货时不要求做该成分的检验。

合金化元素与微合金化元素不仅在含量上有区别，而且其冶金效应也各有特点：合金化元素主要影响钢的基体，而微合金化元素除了溶质原子的拖曳作用外，几乎总是通过第二相的析出而影响钢的显微组织结构。

微合金元素的强化作用主要有两种方式：一是细小碳、氮化物的析出强化；二是碳、氮化物阻止晶粒长大的细晶强化。

6.7.6.1 微合金化原理

A 碳、氮化物溶解、析出行为

在低合金钢中，Nb、V、Ti 碳化物、氮化物的存在状态取决于它们在不同温度下固溶度积。碳化物和氮化物在奥氏体和铁素体中的溶解度以微合金化元素和碳、氮的质量百分数的溶解度积来表示。表达溶解度积温度函数的关系式如下：

$$\lg K_s = \lg(w[M]_\% \cdot w[X]_\%) = A - B/T \qquad (6\text{-}37)$$

式中，K_s 为平衡常数；$w[M]_\%$ 为微合金元素的固溶量（质量百分数）；$w[X]_\%$ 为碳或氮的固溶量（质量百分数）；A 和 B 为常数；T 为绝对温度。图 6-49 所示为各种微合金碳化物、氮化物在奥氏体中的溶解度。

根据溶解度数据，可以了解不同微合金元素的作用。TiN 的溶解度低，非常稳定，在轧钢再加热或焊接加热的高温条件下不溶解，可以抑制奥氏体晶粒长大。铌的碳化物和氮化物的溶解度较低，会在热轧过程中析出，阻止变形奥氏体再结晶。从图 6-49 中还可看到，氮化物比相应的碳化物溶解度低，对 V、Ti 尤为明显。

B 析出强化

在微合金化钢中，通过沉淀析出，可获得沉淀相质点。通过钢中细小的、弥散的沉淀相，与位错发生交互作用，造成对位错运动的障碍，使钢的强度得以提高的强化方式，称为析出强化（也称沉淀强化）。它是微合金钢的重要强化手段之一。

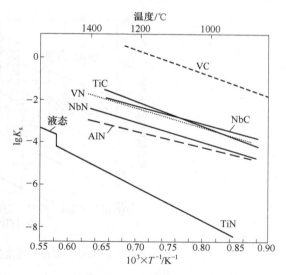

图 6-49 微合金化碳化物和氮化物的溶解度

钢中常见的缺陷主要有：空位、间隙原子、晶界、位错等。位错是指在晶体中某处有一列或若干列原子发生了有规律的错排现象，它是一种"线性"的不完整结构。晶体中的位错，在运动的前方遇到沉淀相时，表现为两种不同类型的交互作用，如图6-50所示。一种是位错不进入质点，只是绕过它，并在其周围留下位错环，称为绕行机制或奥罗万（Orowan）机制；另一种是位错切过质点，称为切过机制。

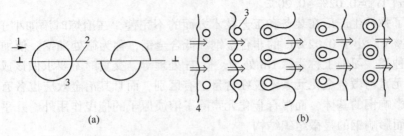

图6-50 位错与沉淀相质点交互作用示意图

（a）位错切过第二相质点；（b）位错绕过第二相质点

1—柏氏矢量；2—滑移面；3—第二相质点；4—位错线

根据格拉德曼（Gladman）等人的理论，对奥罗万模型进行了修正，析出强化对强度的影响可表达为：

$$\sigma_{ph} = \frac{5.9\sqrt{f}}{\bar{x}} \cdot \ln \frac{\bar{x}}{2.5 \times 10^{-4}} \tag{6-38}$$

式中，σ_{ph}为析出强化增量，MPa；f为沉淀粒子的体积分数，%；$\bar{x}$为沉淀粒子的平均直径，μm。

微合金元素Nb、V、Ti在微合金钢中主要以沉淀相的形式存在，并产生显著的析出强化的效果。其析出强化的效果与沉淀相的尺寸和体积分数的关系如图6-51所示。

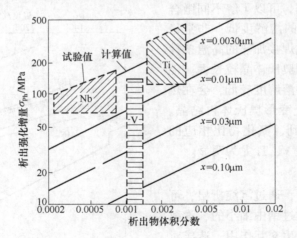

图6-51 微合金元素的析出强化效应

由公式（6-38）和图6-51可见，沉淀相引起的强化，随质点尺寸的减小和质点体积分数的增加而增大。

C 细晶强化

钢铁材料都是多晶体。多晶体中不同晶粒之间的交界面称为晶界。晶界是位错运动的最大障碍。晶粒越细，晶界越多，晶粒阻碍位错运动的作用就越大，钢材的强度也越高。采用细化晶粒来提高强度的方法，称为细晶强化。霍尔-佩奇（Hall-Petch）提出了屈服强度与晶粒尺寸的关系式：

$$\sigma_s = \sigma_0 + K_y d^{-1/2} \tag{6-39}$$

式中，K_y 为与材料有关，而与晶粒尺寸无关的常数，$MPa \cdot mm^{1/2}$；d 为晶粒直径，mm；σ_0 为点阵之间摩擦力，MPa。

这一关系式，适用于晶粒在 $0.3 \sim 400 \mu m$ 之间的铁素体钢。可见，随着晶粒细化，σ_s 提高。如果晶粒尺寸减小 1 个数量级，那么将导致晶粒强化项的增量达到先前的 $\sqrt{10}$ 倍。目前，我国一般钢厂所生产钢材的铁素体晶粒尺寸约为 $14 \sim 20 \mu m$，其晶粒度相当于 $9 \sim 8$ 级；采用控轧控冷工艺生产的 C-Mn 钢的晶粒尺寸可达 $5 \sim 7 \mu m$，铁素体晶粒度相当于 $12 \sim 11$ 级。在实验室内，采用最佳的控制轧制工艺时，其最小的平均铁素体晶粒尺寸可达 $1 \sim 2 \mu m$。

晶粒细化既可以提高钢的强度，又能提高钢的韧性。细化晶粒之所以能提高钢的韧性，是因为如下原因：

（1）由于晶粒细小，其外力可以由更多的晶粒所承担，晶粒内部和晶界附近的应变程度相差小，材料受力均匀，应力集中较小，不易形成裂纹；

（2）由于晶粒细小，即使产生了微裂纹，但晶界较多，当塑性变形或微裂纹由一个晶粒穿越晶界进入另一晶粒时，塑性变形或微裂纹将在晶界处受阻；

（3）由于晶粒细小，一旦塑性变形或微裂纹穿过晶界后，其滑移方向或裂纹扩展方向发生改变，必然消耗更多的能量。

可见，晶粒细化将提高裂纹的形成和扩展的能量，即提高裂纹的变形功和断裂功。所以，细化晶粒将提高钢的韧性。

韧脆转变温度的高与低，表征了钢的韧性的好与坏。铁素体晶粒尺寸 d 与韧脆转变温度 T_c 之间的关系可用 Petch 确立的关系式表示：

$$T_c = a - bd^{-1/2} \tag{6-40}$$

式中，a、b 均为常数。

其中常数 a 为除晶粒直径外，其他所有因素对韧脆转折温度的影响，而 $bd^{-1/2}$ 为晶粒直径对脆转温度的影响。一般来说，$b = 11.5 ℃/mm^{1/2}$。当铁素体直径由 $20 \mu m$ 细化到 $5 \mu m$ 时，可使 T_c 下降 81℃。在低合金钢中，铁素体晶粒尺寸与钢的屈服应力和韧脆转变温度之间的关系，如图 6-52 所示。

微合金元素通过阻止加热时奥氏体晶粒的长大、抑制奥氏体形变和再结晶等途径，细化钢的晶粒。

a　阻止加热时奥氏体晶粒的长大

含有不同微合金元素的钢，加热时奥氏体晶粒的长大特征示于图 6-53。由图 6-53 可见，钛具有最佳的阻止奥氏体晶粒长大的作用，铌次之，而钒对阻止轧制或锻造加热时奥氏体晶粒长大的作用是最小的，因此钒细化晶粒的作用较弱。对于低氮钒微合金钢，其晶粒粗化特征与非微合金钢是一样的。对于高氮钒钢，阻止晶粒长大的温度约在 1050℃ 以下。但含有一定数量钛和氮的钢，其奥氏体晶粒粗化温度可达 1250℃ 以上。

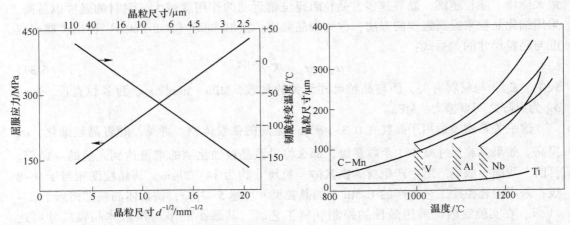

图 6-52 晶粒度对屈服应力和韧脆转变温度的影响   图 6-53 钢中奥氏体晶粒长大特征

由图 6-53 还可以看出，当含钒钢的加热温度超过其奥氏体晶粒粗化温度时，晶粒要发生异常长大。也就是说，此时含钒钢的奥氏体晶粒，要比不含钒的 C-Mn 钢的晶粒还要粗大。因此，在不能采用控制轧制的情况下，必须采取相应的技术措施或者是加入足够量的铝或微量的钛，以起到阻止晶粒长大的作用；或者是严格控制含钒钢的加热温度，使奥氏体晶粒不至于过分粗化。否则，将影响其力学性能，特别是冲击韧性。

b 阻止形变的再结晶和再结晶奥氏体晶粒的长大

在微合金钢控制轧制的过程中，因应变而诱导析出的微合金碳、氮化物，可通过其质点钉扎晶界和亚晶界的作用，显著地阻止形变奥氏体的再结晶，从而通过未再结晶奥氏体发生的相变而获得具有细小晶粒的相变组织。

在微合金钢控制轧制时和轧制之后，这些应变诱导析出的微合金碳、氮化物，以及固溶体中溶质原子的拖曳作用，可有效地钉扎奥氏体晶界，使其晶粒不会长大，达到细化晶粒的目的。

微合金元素对热轧过程中奥氏体再结晶的影响有很大差异，见图 6-54。铌的溶解度较低，热轧时在奥氏体中析出细小的 Nb（C，N）对晶界的钉扎力大于再结晶的驱动力，可提高再结晶的终止温度，它对奥氏体再结晶有强烈的延迟作用。从图 6-54 可以看出，铌含量达 0.03% 即可将再结晶终止温度提高到 950℃ 左右，从而显著降低控制轧制对轧机负荷的要求。

微合金元素 Nb、V、Ti 均具有阻止或抑制形变过程中奥氏体晶粒长大的作用，其中 Nb 的作用最强，Ti 的作用次之，而 V 的作用最弱。

上述表明，采用微合金化技术，通过上述各种机制，可有效地细化钢的晶粒。Nb、V、Ti 微合金元素，对热轧状态下低碳钢铁素体晶粒大小的综合影响，示于图 6-55。可见，Nb、V、Ti 均具有细化晶粒的作用。与 Ti 和 Nb 相比，对于热轧状态下的低碳钢来说，V 细化晶粒的作用是比较弱的。

D 微合金元素强韧化作用的综合评价

微合金元素 Nb、V、Ti 通过细化晶粒和析出强化引起强度的增量和韧性的变化，示于图 6-56 和图 6-57。

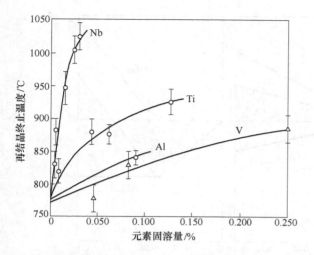

图 6-54　0.07C-0.225Si-1.40Mn 钢中微合金元素
固溶量与再结晶终止温度间的关系

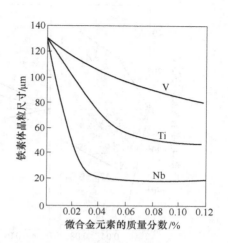

图 6-55　微合金元素对低碳钢晶粒
大小的影响

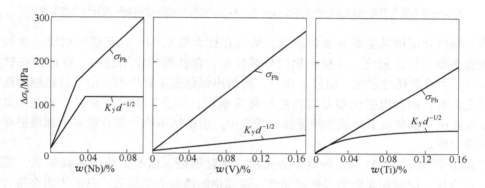

图 6-56　微合金元素通过细化晶粒和析出强化所引起的强度增量

　　由图 6-56 可见，微合金元素 V、Ti、Nb 均具有析出强化作用和细晶强化作用。强化作用的大小，随微合金元素数量的增多而提高。由图 6-56 还可明显地看出，钒的析出强化作用比铌、钛的强化作用要大，而细晶强化的作用较小。

　　由图 6-57 可见，微合金碳、氮化物的析出强化都使钢的韧脆转变温度上升，钢的韧性下降。而微合金碳、氮化物的细化晶粒作用，均使钢的韧脆转变温度下降，钢的韧性得到提高。但微合金元素 V、Ti、Nb 各自对钢的强度和韧性作用的大小是不同的。铌的碳、氮化物晶粒细化作用所引起韧脆转变温度的下降，抵消了该种化合物析出强化而引起的韧脆转变温度的提高。由于两者的幅度不同，总的效果是铌降低了韧脆转变温度，提高钢的韧性。钛的作用与铌相同，随着钛含量的增加，钢的韧脆转变温度下降，韧性提高，但超过某一数量时（质量分数约为 0.12%），其韧性将随钛含量的增加而下降。钒的析出强化作用较强，引起韧性的下降较大，而细化晶粒的作用较弱，对提高韧性的贡献相对较小，不能抵消析出强化引起韧性的下降。因而，总的效果是随钒含量的增加，其韧性下降的幅度增大。

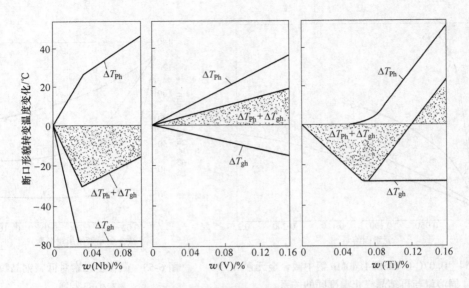

图 6-57　微合金元素通过细化晶粒和析出强化引起韧脆转变温度的变化

ΔT_{Ph}—析出强化引起钢的韧脆转变温度的变化；ΔT_{gh}—晶粒细化引起钢的韧脆转变温度的变化

含铌钢的强度增量主要靠晶粒细化，而且在铌含量 0.04% 以下增加很快。含钒钢的强度增量主要靠析出强化，晶粒细化的分量较小。含钛钢的作用居中，特点是在钛含量 0.08% 以下主要靠晶粒细化，超过 0.08%，则析出强化起主要作用。由于晶粒细化能降低脆性转变温度，而析出强化则是提高脆性转变温度，综合影响的结果是：铌在 0.03% ～ 0.04% 和钛在 0.08% 以下降低钢的脆性转变温度。但是钒不论是其含量多少都将提高钢的脆性转变温度。

正是由于 Nb、V、Ti 这三种微合金元素，在对钢强、韧的影响上各具特点，因而采用复合合金化，同时提高钢的强度和韧性，提高钢的综合力学性能，已成为当今微合金钢的发展方向。研究表明，Nb+V+Ti 复合微合金化对改善钢的强韧性有明显的效果。

Nb、V、Ti 微合金化效果及问题见表 6-19。在对钢的组织和性能的综合影响方面，铌和钛都优于钒和硼，但钛对 O、N、S、C 具有更强的亲和力，而铌的合金化不需要以高纯净钢水为前提。

表 6-19　Nb、V、Ti 微合金化效果及问题

项　目		微合金化元素		
		Nb	V	Ti
强韧化效果	晶粒细化			
	析出强化			○
	固氮效果	○		
	控轧操作性			○
	控冷有效性			○

项　　目		微合金化元素		
		Nb	V	Ti
普遍问题	强度难控性	○		●
	合金化难度	○	○	
	浇注困难	○	○	
	铸坯裂纹		○	○
综合性能				

注： ●—影响显著； ●—有效； ○—不明显。

E　微合金化元素在其他一些钢种中的作用

除了 HSLA 钢使用微合金化元素 Nb、V、Ti 外，其他一些合金钢也加入它们来改善某些性能：

（1）为消除铬镍奥氏体不锈钢因 $Cr_{23}C_6$ 析出所造成的晶间腐蚀，一种常用的方法是向钢中加入微量的强碳化物形成元素，如 Ti、Nb 等。

由于这些元素与碳的结合力比铬大得多，因此，当这些元素的量足够时，只形成 TiC 或 NbC 等稳定性碳化物，不再会出现 $Cr_{23}C_6$。而且，TiC 或 NbC 在 1050℃ 以下不溶于奥氏体，这就排除了在低温形成 $Cr_{23}C_6$ 的可能性，从而消除了由于 $Cr_{23}C_6$ 析出所造成的晶界腐蚀。

（2）IF（Interstitial-Free）钢中加入 Ti、Nb。

1）Ti、Nb 往往作为合金化元素加入，因为它们只要超过化学计量比加入钢中，在热力学上能满足完全固定碳、氮原子的要求；

2）这样的无间隙原子钢具有如下特征：无时效性及无析出强化效应；

3）由于自由间隙原子从铁基体中消除以及不存在析出相的共格应力，减小了形变过程中位错必须克服的摩擦力，从而使钢具有优良冷成型性能。

（3）高速钢和重轨钢中加 Nb、V。

1）主要利用 V 与碳强的相互作用，形成微细、弥散而且稳定性大的 VC，这样使高速钢的红硬性和耐磨性显著提高；

2）往碳素钢轨中加适量的 Nb，可以形成 NbC，明显提高其韧性和抗疲劳性能。

6.7.6.2　微合金化技术

微合金化钢冶炼（转炉或电弧炉）类同于低碳钢，所不同的是更要注意钢的脱氧和脱硫，研究合金料的加入顺序，以提高收得率。对于不同用途的钢材品种，应当针对性选择有效的精炼制度。

微合金化钢的精炼工序是不可缺少的，根据不同的成分规范和钢材品种，选用合适的精炼条件的组合，尤其要防止钢水二次氧化和连铸过程产生的各种缺陷。钢水的洁净化、夹杂物的形态控制，以及微合金化和成分微调，都是精炼工序的任务。

A　铌微合金化钢

采用普通级铌铁冶炼铌微合金化钢（如铌微合金化钢筋）。

（1）块状铌铁可在出钢时加入钢包，考虑到铌对氧的亲和力（Nb 对氧的亲和力要比

V、Ti、Mn 低）和铌铁的价格，铌铁应在锰铁、硅铁和铝之后加入。必须注意采用无渣出钢，以防止块度小的铌铁进入钢渣。

大于 300t 大型钢包，铌铁块度 20~80mm；常用钢包，铌铁块度 5~50mm；小于 50t 小型钢包，铌铁块度 5~30mm；结晶器添加，铌铁块度 2~8mm；喂线，铌铁粒度小于 2mm。

（2）在钢包精炼期间加入铌铁是常用的方法。钢包吹氩有利于铌在钢水中的均匀分布，尤其是对于铌含量较低的钢种。这也是对铌含量进行微调的常用方法。

（3）喂铌铁芯线法是进行成分微调的有效方法。由于铌铁颗粒细小，其溶解速度很快。

根据国内研究结果，Nb 的合金化也可以采用加入 Nb 渣的方法或在长枪中喷射 Nb 精矿的方式。

　　B　钒微合金化钢

钒微合金化的目的在于固定钢中的游离氮，减轻钢的时效倾向，同时 VN 的析出又是高强度所需要的。

由于氮与钒更强的亲和力，氮的加入增加了 V(C, N) 析出的驱动力，促进了 V(C, N) 的析出。随钢中氮含量的增加，钢中 V(C, N) 析出相数量增加，颗粒尺寸和间距明显减小。为了发挥 V 在钢中的析出强化作用，使钢中 V 和 N 的化学成分比接近 3.6，以钒氮合金的形式进行 V 微合金化，其成分见表 6-20。钒氮合金与钒铁相比，具有更有效的强化和晶粒细化作用；节约钒的添加量，降低成本；钒、氮收得率稳定；减小钢的性能波动；尺寸均匀，包装便利；钒回收率可达 90% 以上，氮的回收率是 65%。经验显示，每添加 0.01% 的钒氮 12，氮的回收量是 10×10^{-6}；含氮较高的钒氮 16，氮的回收量是 13×10^{-6}。

表 6-20　三种典型钒氮合金添加剂的化学成分（质量分数）　　　　　　　　　%

合金种类	V	N	C	Si	Al	P	S
Nitrovan16	78.5	16	3.5	0.07	0.10	0.02	0.20
Nitrovan12	79	12	7	0.07	0.10	0.02	0.20
80%FeV	80	—	0.25	1.0	1.5	0.095	0.05

V 对氧的亲和力比 Nb 强，所以要充分预脱氧，并且要确保在铝、硅铁、锰铁加入之后添加。为了获得最大的收得率，Nitrovan 应在钢包中钢水未到 1/3 时就加入。

Nitrovan 加入时应保证钢包中无渣，并充分搅拌。为保证氮的高加入量，Nitrovan 不能在真空中添加，而应在氮的分压为 1 个大气压的情况下加入。

生产 400MPa Ⅲ 级热轧钢筋，Nb-V 复合微合金化兼有二者单一微合金化的效果，综合结果使析出强化的作用有所降低，而晶粒细化的作用得到加强，这有利于钢筋屈服强度的增强和延性的改善。Nb-V 复合比 V-N 复合微合金化的综合性能更优。

　　C　钛微合金化钢

Ti 在钢中与 O、N 的亲和力远比 Nb、V 强，Ti 在钢中一般以 Ti、TiN、TiS、$Ti_4C_2S_2$

及 TiC 的化合物形式存在。在 20 世纪 60 年代以前，普遍认为含 Ti 的钢是不洁净的，含有大量的 O、N、S 的夹杂物。只是在精炼技术用于生产之后，Ti 微合金化钢得到了肯定。

Ti 微金合化趋向于低 Ti（0.02%~0.03%）或微 Ti（<0.015%），还必须选择适宜的连铸保护渣，以防止结瘤和改善连铸坯表面质量。

6.8　低成本炼钢关键工艺技术

钢铁工业作为重要的基础产业，近三十年来发展非常迅速，其中尤为中国钢铁工业的崛起令人瞩目。在高度重视可持续发展的今天，钢铁工业在节约资源、能源和减少炉渣、烟尘等固体废弃物排放方面，面临着巨大压力和挑战，并且钢铁产能严重过剩，钢铁行业竞争性急剧增加。因此，降低炼钢成本，提高综合竞争力是各个钢铁厂追寻的目标。

6.8.1　少渣炼钢技术

少渣炼钢工艺是随着对铁水进行"三脱"这一举措而产生的。所谓铁水"三脱"，是指在预处理阶段对铁水实现脱硅、脱磷和脱硫。炼钢转炉主要完成调温和脱碳的任务。随着转炉任务的简单化，炼钢渣的量也会减少，从而形成了少渣炼钢的冶炼工艺。少渣炼钢工艺在炼钢的过程中所使用的铁水硅的含量相对较低，造渣所用的石灰等溶剂也随之减少，有效地降低了渣料的消耗以及对能源的消耗，进而减少了对环境造成的污染。

6.8.1.1　少渣炼钢工艺路线

目前，常见的转炉炼钢工艺路线主要有以下 4 种：

第一种是传统的炼钢工艺，欧美各国的炼钢厂多采用这种模式，即铁水先脱硫预处理后，再转炉炼钢。通常转炉炼钢渣量占金属量的 10% 以上，转炉渣中（FeO）含量在 17% 左右。此外，渣中还含有约 8% 的铁珠，该工艺钢铁料消耗高。

第二种炼钢工艺是先在铁水沟、混铁车或铁水罐内进行铁水"三脱"预处理，然后在复吹转炉进行少渣炼钢，这种工艺的不足之处是脱磷前必须先脱硅，废钢比低（≤5%），脱磷渣碱度过高，难于利用。

第三种炼钢工艺是 20 世纪 90 年代中后期日本各大钢厂试验研究成功的转炉铁水脱磷工艺，该工艺解决了超低磷钢的生产难题。与第二种工艺路线的明显区别是脱磷预处理移到转炉内进行，转炉内自由空间大，反应动力学条件好，生产成本较低。具体工艺是采用两座转炉双联作业，一座脱磷，另一座接受来自脱磷炉的低磷铁水脱碳，即"双联法"。典型的双联法工艺流程为：高炉铁水→铁水预脱硫→转炉脱磷→转炉脱碳→炉外精炼→连铸。由于受设备和产品的限制，也有在同一座转炉上进行铁水脱磷和脱碳的操作模式，类似传统的"双渣法"。

第四种炼钢工艺是对第三种炼钢工艺进行了改进，与第三种工艺的明显不同是将部分脱碳渣（约 8%）返回脱磷转炉，脱磷后的铁水进入脱碳转炉脱碳，该工艺流程如图 6-58 所示。该工艺是目前渣量最少、最先进的转炉生产纯净钢的工艺路线。

在上述 4 种转炉炼钢工艺路线中，后三种炼钢工艺铁水经过"三脱"预处理后再脱

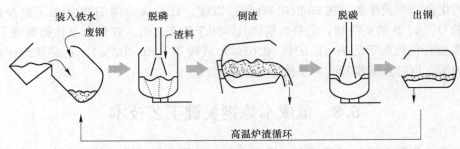

装入铁水   脱磷   倒渣   脱碳   出钢

废钢   渣料

高温炉渣循环

图 6-58 转炉少渣炼钢工艺流程

碳炼钢，能够做到少渣操作。四种转炉炼钢工艺路线的渣量比较见图 6-59。从图 6-59 可以看出，后三种炼钢工艺的吨钢渣量低于 70kg/t。

国外专家认为，少渣炼钢是在转炉炼钢时，每吨金属料加入的石灰量低于 20kg，脱碳炉每吨钢水的渣量低于 30kg。值得指出的是，如果将脱磷转炉每吨金属料产生的 20~40kg 脱磷渣也视为炼钢渣，那么少渣炼钢工艺流程的总渣量约为 50~70kg。

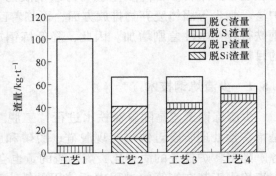

图 6-59 不同转炉炼钢工艺的渣量比较

总之，转炉少渣炼钢必须以铁水预处理为前提条件。铁水"三脱"预处理后，铁水中的硅、磷和硫含量基本上达到了炼钢吹炼终点的要求。对少渣炼钢脱碳转炉操作而言，操作任务发生了变化，工艺制度也要进行调整。

6.8.1.2 工艺制度调整

A 供气制度

少渣炼钢脱碳转炉全过程顶吹氧枪枪位采用"高-低-低"三段式控制较为合理。由于入炉铁水硅、锰含量较低，碳氧反应提前，渣量很少，前期枪位低会造成金属喷溅。同时硅的减少给炼钢初期成渣带来困难，采用较高枪位操作便于快速成渣，增加吹炼前期渣中氧化铁的含量，然后根据化渣情况逐步降低枪位。与常规吹炼相比，少渣吹炼前期氧气流量应适当降低，吹炼后期加大底吹气体流量有利于减少铁损和提高锰的收得率。

B 造渣制度

转炉少渣吹炼时，生石灰及其他造渣材料在吹炼开始或吹炼中期投入。一般不加萤石，转炉化渣不良时，可投少量萤石帮助化渣，如铁水硅没有达到控制目标，则配加适量的软硅石。通常，少渣吹炼需结合留渣操作配合使用，即将前一炉的高温、高碱度、高氧化性的终渣留一部分于炉内，然后加入少量石灰或白云石，并兑入铁水进行冶炼。

日本 NKK 福山厂开发的少渣炼钢技术，其渣量控制在吨钢 30kg。新日铁室兰钢厂使用"三脱"铁水炼钢，吨钢石灰消耗 20kg，转炉总渣量减少了 50%。我国宝钢和太钢采用"三脱"铁水进行少渣炼钢试验，结果总渣量减少了 50%。但是，神户制钢在进行少渣吹炼时，发现连续 3 炉以上均采用吨钢渣量小于 20kg 的少渣量操作，炉衬上几乎不附着熔渣，耐火材料易受到侵蚀，从而影响转炉炉龄。因此，神户制钢将渣量控制在每吨钢40kg 左右。

C 温度制度

采用"三脱"铁水吹炼时，确定温度制度的关键在于合理选用造渣料和废钢用量，以平衡因铁水温度降低和放热反应元素（硅和磷等）减少而导致的热量改变。一般通过减少造渣料和废钢用量就可实现热平衡。

D 炉内部分合金化

应用"三脱"铁水实现少渣炼钢后，造渣料消耗大幅度减少，如果有富余的热量，可实现锰矿或铬矿直接合金化。如日本钢管公司采用的炉内锰矿合金化工艺，通过控制碱度，降低渣中 $w(FeO)$，使低碳钢水终点锰含量达到 1%，锰的收得率大于 70%。另外，日本的新日铁、JFE、住友金属和神户制钢的炼钢厂在生产含锰低于 1.5% 的合金钢时，采用锰矿直接代替全部锰铁合金，取得了较好的经济效益。

6.8.2 石灰石造渣技术

目前氧气转炉炼钢使用的活性石灰主要用各式竖窑、套筒窑或回转窑生产，整个煅烧过程历时几小时到十几小时，石灰冷却后再送到转炉厂使用。这一过程一方面损失了石灰煅烧过程获得的高温物理热；另一方面，石灰石（limestone）分解消耗的热量来自燃气或燃煤的燃烧，燃气或燃煤的燃烧额外排放出大量的 CO_2、SO_2 和 NO_x。因此，传统的"煅烧石灰-转炉炼钢"工艺并不符合低碳和节能减排的要求。

如果改变煅烧石灰的位置，把原来在石灰窑里进行的过程改在转炉中进行，这样就形成了一种新的炼钢方法，由"石灰造渣炼钢法"转变为"石灰石造渣炼钢法"，即由图6-60 的过程改变成了图 6-61 的过程。

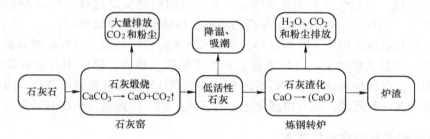

图 6-60 现行石灰造渣炼钢法的煅烧石灰-转炉炼钢过程

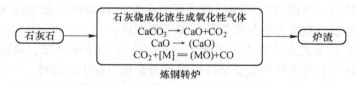

图 6-61 新的石灰石造渣炼钢法的石灰煅烧-转炉炼钢过程

采用石灰石造渣炼钢的主要意义在于：

（1）使原来在两个反应器中进行的反应：$CaCO_3$ 的分解反应和 CaO 的化渣反应合并

在 1 个反应器中完成，因而减少了生产工序；

（2）石灰石在转炉里急速加热完成石灰煅烧，仅需要 1~2min，因此相对于在石灰窑中数小时的煅烧，热的无功耗散可忽略不计；

（3）石灰石在铁水面上分解出的 CO_2 可参与铁水中元素的氧化反应，生成的 CO 可作为能源回收；

（4）石灰石在转炉内煅烧生成石灰后无须出炉转运，不再浪费生成石灰所携带的物理热；

（5）石灰石直接装入转炉，与现行的"煅烧石灰-转炉炼钢"过程相比，需要增加转炉热量供给，可通过增加铁水装入、减少冷铁料装入以维持热平衡的方法来解决。

2009 年北京科技大学李宏和曲英两位教授申请了关于"一种在氧气顶吹转炉中用石灰石代替石灰造渣炼钢的方法"的发明专利，并分别在出钢量为 40t 和 60t 的转炉上进行了数十炉试验，石灰石代替石灰的比例范围为 25%~100%，铁水温度为 1300℃左右，冷铁料加入量为 0~12%，供氧强度与不加石灰石一样。从吹炼过程看，开吹 3min 左右加入两批渣料后，炉口溢出了泡沫渣，可见用石灰石造渣，有促进化渣、提高炉渣氧化性的作用。从吹炼结果看，随石灰石代替石灰的比例增加，终点 L_p 升高幅度较大，吹氧至终点所需时间与石灰造渣法大致相等，转炉回收煤气有所增加。

但由于"石灰石造渣炼钢法"与"石灰造渣炼钢法"存在很大的区别。采用石灰石造渣时，石灰几乎未经预热而直接升温到 1350~1500℃，实现超高温快速煅烧（煅烧时间小于 10min），而这一煅烧温度又远高于传统活性石灰的适宜煅烧温度 1050~1200℃。因此，在使用过程中存在的疑问，主要集中在以下两个方面：

（1）安全性：当大量使用石灰石时，超高温快速煅烧是否存在因快速升温而使石灰石产生严重爆裂，及因石灰石高速分解引起熔池喷溅；

（2）有效性：高温快速煅烧获得的石灰是否会因煅烧温度过高使 CaO 晶粒长大、气孔率下降而被"死烧"，从而没有足够高的活性参与转炉前期造渣脱磷。

采用石灰石造渣法炼钢，既可以为企业带来巨大的经济利益，也可以因节能、减排粉尘和 CO_2 而带来巨大的社会、环境效益，宜大力推广。然而，目前用石灰石代替活性石灰炼钢的钢厂，在转炉造渣过程中需要的 CaO 中的仅 15%~20%来自石灰石，而进一步提高替代比还存在一些问题，还有很多理论上和实践上的工作需要进一步的研究完成。

6.8.3　氧化物矿直接合金化技术

近年来矿物直接合金化炼钢工艺因其显著的节能减排、降低生产成本等优点越来越受到社会的关注。目前，采用金属矿物进行直接合金化的合金种类越来越多。各种研究表明，使用金属矿物进行直接合金化炼钢具有如下共性点：

（1）直接合金化工艺由于省去了传统工艺中铁合金的冶炼环节，将金属还原过程转移到炉内完成，从而节约了从铁合金冶炼到进行合金化过程中的能耗。

（2）由于省去了铁合金冶炼的中间工序过程，从而降低了环境污染，减轻了环境负荷。

（3）由于省去了铁合金冶炼过程，降低了能耗，减少了对环境的污染，使得合金化的成本大幅度降低。

下面将根据目前关于矿物直接合金化方面的研究成果，对几种研究较多且进行工业使用的直接合金化工艺进行简单介绍。

6.8.3.1 铬矿直接合金化

使用铬矿和焦炭进行熔融还原，是用于冶炼不锈钢母液和铬铁合金的主要方法。从20世纪80年代开始，日本率先进行了大量的铬矿熔融还原方面的研究，并应用于工业生产。在资源环境与冶炼成本的双重压力下，铬矿直接还原逐渐被用于低铬合金钢的冶炼中。

铬矿的主要矿物包括：铬尖晶石 $FeO \cdot (Cr、Al)_2O_3$ 和铬铁矿 $(Mg、Fe)O \cdot Cr_2O_3$。在炼钢温度下铬矿分解为 Cr_2O_3。Cr_2O_3 还原反应为：

$$(Cr_2O_3) + 3C = 2[Cr] + 3CO$$
$$2(Cr_2O_3) + 3[Si] = 4[Cr] + 3(SiO_2)$$

家田幸冶等人在175t的顶底复吹转炉上进行了铬矿还原试验，在转炉兑入铁水并升温到一定温度时向炉内加入铬矿和焦炭，然后继续吹氧熔炼，在吹炼过程中尽量保持钢液温度不变。试验结果表明：当转炉温度保持在1550℃以上时铬矿中铬的还原率大于90%，因此转炉内进行铬矿直接还原是完全可行的。岸田达在70t转炉中用铬矿粉代替铬铁冶炼不锈钢，该工艺先把铬矿粉加入转炉，然后加入废钢和脱磷铁水进行吹炼，使得不锈钢的冶炼成本有了大幅度的降低。

原上钢三厂在电炉内用铬矿代替铬铁冶炼不锈钢的实践证明：随着碱度增加，$w(Cr)/w[Cr]$ 降低，铬的回收率提高，铬的回收率达81%~84%，吨钢成本降低10~35元。

6.8.3.2 钼矿直接合金化

在国外利用氧化钼代替钼铁进行直接合金化已经被广泛应用。1974年美国在炼钢过程中氧化钼与钼铁的消耗比率已达到3:1。日本电炉冶炼含钼合金钢，氧化钼用量占80%以上，并且随着技术的推广，这个比例不断增加，钼铁只占很小的比例。

氧化钼的还原过程实际上是一个脱氧的过程，在不同的条件下氧化钼存在的形式多样，主要有 MoO_2、Mo_4O_{11}、MoO_3 及 Mo_9O_{26} 等形式。由于氧化钼的不同存在形式使得其还原过程变得复杂。一般认为氧化钼的还原是一个不断将氧置换出来的过程。Hegedus研究C还原 MoO_3 时，将反应容器连接气相色谱仪用来分析气体产物 CO 和 CO_2 的量。该研究者认为，C 与 MoO_3 反应分为两个阶段完成：第一步是 MoO_3 被C还原为 MoO_2，第二步还原产物 MoO_2 被进一步还原成 Mo_2C。通过分析反应器中的 CO 和 CO_2 气体量，得出如下反应式：

$$MoO_3 + 0.52C = MoO_2 + 0.48CO_2(g) + 0.04CO(g)$$
$$2MoO_2 + 4.175C = Mo_2C + 2.35CO(g) + 0.825CO_2(g)$$

从20世纪80年代开始我国开展了氧化钼直接合金化相关试验工作，但由于 MoO_3 熔点为795℃，到沸点1150℃升华剧烈，炼钢过程中容易随粉尘排出。研究表明，当电炉炼钢直接加入 MoO_3 时，7.2%的钼挥发随粉尘流失，2.8%进入渣池，只有90%能被还原进入钢液。目前氧化钼直接合金化法在我国依然未能得到广泛应用。

高运明等人在实验室中模拟了转炉出钢过程中的氧化钼直接合金化过程，试验在氮气保护气氛下进行，模拟铁水中碳含量为 1.8%~3.5%，将粉状的 MoO_3 在 1300~1500℃下使用不同的加入方式进行还原试验。试验结果表明：当炉内不加入顶渣时，MoO_3 的还原收得率主要取决于铁中碳含量，当铁水碳含量约在 2% 时，钼的收得率可达到 90%。而当加入顶渣时，熔体温度对 MoO_3 的还原收得率影响较大，当温度达到 1500℃ 以上时钼的收得率达到 100%。陈伟庆等人在 100kg 氧气顶吹热模拟转炉中使用 MoO_3 进行了直接合金化试验，在吹炼终点钼的收得率与采用钼铁合金化的收得率相近，均可达到 91% 以上。研究表明：钼的收得率与渣的氧化性和 MoO_3 的挥发有直接关系，应该尽量降低熔渣氧化性，并尽快造高碱度渣促使 MoO_3 形成 $CaMoO_4$ 以减少挥发。

原上钢三厂在 20t 电弧炉冶炼 ZU60CrMnMo 和 35CrMo 时，采用氧化钼烧结块代替钼铁进行合金化，冶炼过程中采用炭粉和硅钙粉使熔渣一直保持白渣，冶炼终点钼的收得率达到 86.55%，与使用钼铁基本一致。

6.8.3.3 钒渣直接合金化

通常在冶炼含钒合金钢时，主要采用钒铁进行合金化，但是成本相对较高。而使用工业 V_2O_5 进行合金化，由于 V_2O_5 具有一定的毒性，会导致现场操作条件恶劣，并造成严重污染。因此，采用钒渣进行直接合金化是电炉、转炉以及钢包炉冶炼过程中的主要研究方向。苏联在 20 世纪 60 年代就开始了这个方面的研究，并在电炉和平炉炼钢过程中广泛采用。他们在用还原剂与钒渣混合进行直接合金化时，钢中 [S]、[P]、[O] 和夹杂物含量显著降低，钒的收得率可达到 83%。

钒渣内钒的氧化物主要有 V_2O_5、V_2O_4、V_2O_3、VO 和 V_2O 五种存在形式，在高温条件下，以 V_2O_5 和 V_2O_3 形式存在的氧化物最为稳定，当加入 C 为还原剂进行还原反应时，主要的化学反应式有：

$$2/5(V_2O_5) + 2C = 4/5[V] + 2CO$$

$$2/5(V_2O_5) + 14/5C = 4/5[VC] + 2CO$$

$$2/5(V_2O_5) + [Si] = 4/5[V] + (SiO_2)$$

20 世纪 80 年代，北京科技大学和攀枝花钢铁公司合作，使用钒渣在 120t 转炉上采取直接合金化工艺成功生产了 16MnSiVN、22MnSiV、09V 等钢种，钒合金化费用降低了 40%。

承德钢厂电弧炉炼钢，在不使用钒铁合金化的条件下，通过加入钒渣，并采用 C、SiC、Ca-Si 和 Al 作为还原剂冶炼圆环链用钢 23MnV，最终保证了钢材质量性能全部达标，并大幅度降低了冶炼成本，经济效益显著。马钢在冶炼搪瓷用钢 06VTi 时，采用钒渣代替钒铁在转炉内进行直接合金化，此过程中使用 FeSi 作为还原剂，直接合金化过程简单，其中 V 的收得率平均达到 90.3%，冶炼的 06VTi 钢化学成分、力学性能和使用性能均达到设计要求，经济效益显著，并降低了钒铁合金冶炼过程中带来的环境污染和资源浪费。

6.8.3.4 铌矿直接合金化

自然界中主要存在烧绿石和钽铌铁矿两种含铌矿物，巴西是全球最大的铌资源国，加拿大和俄罗斯次之，而我国居世界第四。我国铌矿资源主要分布在包头白云鄂博矿区，该区铌矿中 Nb_2O_5 含量在 0.068%~0.16% 范围内。由于包头铌矿的颗粒小且分散度大，实际操作中难以富集，难以通过工业选矿得到高品位的铌精矿，这就使得铌铁生产成本非常高，从而限制了我国含铌合金钢的开发和生产。而采用铌矿直接合金化工艺冶炼含铌合金钢，则可省去了冶炼铌铁合金工序，大幅度降低了铌合金化成本，对我国铌资源的综合利用和开发具有非常重要的意义。

我国目前主要有两种铌氧化物产品，一种是包头铌渣（Nb_2O_5 含量约为 7%），另一种是从低品位铌矿中选矿所得铌精矿（Nb_2O_5 含量约为 50% ~ 60%），冶炼过程中 Nb_2O_5 主要发生以下还原反应：

$$2/5Nb_2O_5 + 2C \Longrightarrow 4/5Nb + 2CO$$
$$2/5Nb_2O_5 + Si \Longrightarrow 4/5Nb + SiO_2$$

由于 Nb-O 系列中有一系列氧化物，但最终的还原产物为 Nb 或者 NbC，这些在热力学上是可行的。铌氧化物直接合金化的实质是钢-渣间 Nb_2O_5 的还原反应，它们的还原程度取决于钢-渣间铌的分配系数 $w(Nb_2O_5)/w[Nb]$。从热力学角度分析，Nb_2O_5 的还原速率主要受渣中 Nb_2O_5 活度 $a_{(Nb_2O_5)}$ 和钢中其他元素的活度以及钢中 [O] 的活度等因素的影响。铌矿直接合金化工业实践也有较多的报道，主要应用在电弧炉、转炉钢包或感应炉中。

陈伟庆等人研究铌渣合金化时钢-渣中 Nb_2O_5 的平衡，详细分析了钢中 [Si] 含量、渣中 (FeO) 含量以及熔渣碱度等参数对 Nb 分配比 $w(Nb_2O_5)/w[Nb]$ 的影响。结果表明，随着 [Si] 含量增加，$w(Nb_2O_5)/w[Nb]$ 将减小；随着碱度增加，$w(Nb_2O_5)/w[Nb]$ 也减小；(FeO) 含量则和 $w(Nb_2O_5)/w[Nb]$ 成正比；当 $w[Si]>0.2\%$、碱度 $w(CaO)/w(SiO_2)>0.63$ 时，$w(Nb_2O_5)/w[Nb]<5$，若含铌低合金钢 $w[Nb]\leqslant0.05\%$，此时渣中 Nb_2O_5 含量小于 0.25%，说明用 Si 作还原剂时，在钢-渣平衡状态下，渣中 Nb_2O_5 大部分被还原进入钢液。

北京科技大学与石家庄钢厂曾合作使用包头铌渣在电弧炉中冶炼 16MnNb（钢中 $w[Nb]$ 为 0.015% ~ 0.05%）时，铌回收率为 72% ~ 80%。在钢包中采用铌矿直接合金化的效率较低，一般铌回收率只能达 50% 左右，但是若通过在钢包中喷射铌精矿粉可以达到较好的效果。1990 年济钢在 10t 转炉钢包中采用喷射铌精矿的方式进行冶炼含铌低合金钢试验，试验结果表明铌的回收率可达 76% 以上。

6.8.3.5 锰矿直接合金化

天然锰矿中锰主要以 MnO 形式存在，在炼钢条件下 MnO 的主要还原反应如下：

$$(MnO) + [C] \Longrightarrow [Mn] + CO$$
$$2(MnO) + [Si] \Longrightarrow 2[Mn] + (SiO_2)$$

转炉中利用锰矿（manganese ore）直接合金化的生产实践表明：增加炉渣碱度，锰的回收率有所增高；提高终点 [C] 含量有利于提高锰的回收率。当 $w[C]<0.08\%$ 时，锰的还原程度受制于碳，此时锰矿不能充分还原，锰的回收率较低；随着 (FeO) 含量增加，会加速 [Mn] 的氧化，使锰的回收率降低；在碱度相同的情况下，渣量与回收率成反比，即渣量越大，锰的回收率越低。

日本四大钢铁公司在生产 $w[Mn]<1.5\%$ 的低合金钢时主要采用锰矿和锰烧结矿，锰的回收率稳定在 70% 左右，取得了良好的经济效益。水岛制铁所在顶底复吹转炉内进行锰矿直接合金化，锰回收率达 60%。日本钢管福山厂在炉渣碱度为 3.0 ~ 3.5，终点钢水 [C] 为 0.1%，$w[Mn]$ 为 1.0% 时，使用锰矿直接合金化锰回收率为 70%。前苏联在钢包中加入锰矿、硅铁粉、铝粉以及萤石混合而成的发热球团进行出钢过程的直接合金化，

每吨锰铁合金消耗降低 7kg，锰的综合利用率提高 10%。以上锰矿直接合金化工业实践均有效地降低了炼钢成本，取得了良好的经济效益。

同时，我国也进行了锰矿直接合金化的相关研究。某钢厂在 10t 电炉中使用锰矿直接合金化，用含 31%Mn 的锰烧结矿代替锰铁合金冶炼普碳钢，炭粉作为还原剂，使锰的回收率达 95%，每吨冶炼成本降低 13.5 元。宝钢炼钢厂采用"三脱"铁水进行少渣吹炼，同时配加品位 35% 的锰矿，添加锰矿大于 8kg/t，在转炉吹炼终点碳含量大于 0.08% 的情况下，锰的回收率大于 50%。2001 年，莱钢炼钢厂在 1 号转炉进行了加锰矿实验，锰含量 27%，每炉 200kg，在开吹时一次性加入炉内，由于加入量少、终点碳含量低、渣大，锰回收率只有 28%。实现铁水"三脱"后，转炉少渣炼钢，提高终点 [C] 含量，锰矿合金化时锰回收率能达到 75% 以上。

以上分析可以看出，使用锰矿直接合金化时，适用于碳含量大于 0.08% 的钢种，对于低碳钢则锰的回收率较低；同时应调整冶炼工艺的供氧、底吹模式，如吹炼后期降低供氧强度、提高底吹强度能提高锰的回收率；增大锰矿加入量，并适当提高锰矿的品位，在此基础上考虑使用锰烧结矿能较大地提高锰的回收率。

6.8.4 高碳出钢控氧技术

转炉炼钢是一个化学反应速度快、影响因素多、过程复杂的多元多相高温物理化学过程，其控制核心是对冶炼终点钢水的温度和碳含量进行准确控制。转炉终点控制方法分为"增碳法"和"拉碳法"。"增碳法"是指转炉终点按低碳钢控制，然后在出钢过程中增碳，使钢水中的碳含量达到所炼钢种的要求范围。这种方法在操作上易于掌握，但在其后的增碳过程中，容易造成成品成分不均、增碳剂吸收率不稳定等问题，并可能为下道工序带来困难。"拉碳法"则是在吹炼时判定已达终点而停止吹氧，但由于在中、高碳钢种的含碳范围内时，转炉脱碳速度较快，一次判别终点不太容易。采用"拉碳法"冶炼中、高碳钢时，具有终点钢水氧含量和终渣（FeO）较低、终点钢中锰含量较高、金属收得率略高、氧气消耗较少等优点。

国内外关于高拉碳法生产中、高碳钢的研究较多，重点集中在解决高碳出钢的脱磷问题。国外早期一般采用铁水罐或混铁车"三脱"技术对铁水进行预脱磷处理，然后再进入转炉冶炼。日本则是采用转炉"双联"工艺生产大部分钢种，该工艺现已在国内宝钢、太钢等厂应用。但考虑经济性，国内大部分炼钢厂因钢种、铁水条件、设备等限制，不适合使用"双联"工艺。

目前，国内大多数钢厂采用双渣工艺实现高拉碳法冶炼中、高碳钢，即在吹炼前期倒掉脱磷渣，再进行二次造渣冶炼，解决了高碳出钢时去磷效率低的问题。但使用双渣法会损失部分转炉热量收入，造成冶炼能耗增加，减少金属收得率，且操作不便，减慢生产节奏。少数钢厂采用单渣法工艺实现高拉碳冶炼，如首钢可以将终点碳含量控制为 0.40% ~ 0.70%，但实际脱磷率低，且对炉龄影响大。莱钢转炉终点控制采用"高拉补吹"目测碳方式，采用增碳剂配碳。该方式操作简便，终点碳和温度命中率高，有利于去除钢中磷。但需补加增碳剂量大，合金及脱氧剂消耗增加，且由增碳剂带来的钢水增氢达 2×10^{-6} 以上。

从高拉碳技术控制来说，目前主要存在以下几个方面的问题：

（1）在高碳低磷出钢工艺下，为保证脱磷效果，冶炼过程温度控制都偏低。但是为维持精炼和连铸工序的相对稳定，应尽量提高出钢温度。因而，在吹炼过程中，也需在一定的范围内提高过程温度，如何协调转炉终点 $w(C)$-T 关系是高拉碳工艺可行的基础。

（2）当钢中的 $w[C] \geqslant 0.30\%$ 时，正处于碳氧反应高峰期，此时拉碳出钢，终点碳高，碳氧反应剧烈，终渣（FeO）含量由低碳出钢的20%降低至15%以下，降低磷在钢-渣间分配系数 L_P（如图6-62所示），影响转炉脱磷率。脱磷率低是单渣法高碳出钢的主要制约因素，因此脱磷工艺的优化和创新是高拉碳技术的核心。

（3）在冶炼中后期，存在碳含量的临界拐点（如图5-10所示）。当碳降低至拐点以下，碳的扩散速度大大减小，扩散成了脱碳反应的控制环节，碳氧反应速度直线下降，产生的 CO 含量相应减少，操作人员可以通过观察炉口火焰变化判断冶炼终点。高碳出钢，终点 $w[C] \geqslant 0.30\%$，碳氧反应未到达拐点，仍很剧烈，无法通过炉口的火焰判断炉内碳的变化，在没有转炉副枪、炉气分析等检测设备的配合下，终点判断存在较大困难。因此，如何准确判断终点前的停吹点是高拉碳技术的关键。

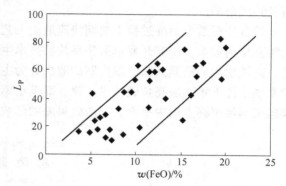

图 6-62　熔渣（FeO）对转炉去磷能力的影响

（4）炉渣中 FeO 熔点为 1370℃，具有明显降低炉渣熔点作用，过低的（FeO）含量易造成终渣的熔点升高，使得溅渣过程炉渣凝固快，黏度低，溅渣时间短。采用高碳出钢工艺时，由于终点熔池[C]含量高，终渣中（FeO）含量较低。同时，采用高碳出钢工艺时，终点熔池温度偏低，致使炉渣流动性差，不利于溅渣护炉。因此，寻求合适的终渣成分范围，满足溅渣护炉的要求是高拉碳技术的难点。

针对转炉高拉碳技术发展上存在的问题，大量的冶金工作者围绕以下4个方面开展了大量的研究工作。

（1）构建新的装入制度理论模型。结合炼钢的生产数据，从保碳出钢的工艺角度，通过物料平衡和热平衡的计算，确定过程重要的工艺参数，构建新的装入制度理论模型，根据铁水成分及热量情况调整装入制度。分析影响冶炼终点的各类因素，在原材料参数准确，过程控制标准化的基础上，建立以供氧时间为依据的判断模型。在正常的装入制度下，确立供氧时间与铁水成分、终点碳对应关系。

（2）从脱磷角度研究造渣制度。炉渣成分对脱磷反应的影响主要反映在渣中（FeO）含量和炉渣碱度上。高氧化性、高碱度是脱磷的有利条件，不过，炉渣中的（FeO）和（CaO）含量不是可以任意提高的，它们之间有一个恰当的比值。

由图2-16中可以看出，碱度一定的条件下，渣中的（FeO）含量较低，磷在钢渣之间的分配系数 L_P 随着渣中（FeO）含量的增加而升高，而且在 $w(FeO)$ 为16%左右时达到最大值，再进一步提高时，L_P 反而下降。一般情况下，$R = 2.5 \sim 4.0$、$w(FeO) = 15\% \sim 20\%$ 时，脱磷效果较好。转炉熔渣碱度现基本保持在 $2.8 \sim 3.5$ 左右，所以单渣法高碳出钢，提高脱磷率的关键是对过程熔渣（FeO）含量的控制。

（3）研究供氧制度及氧枪控制模型。供氧制度及氧枪控制是控制冶金反应速度和调整炉渣物性的重要措施，为了达到高碳出钢的目的，要求转炉前期提高成渣速度，实现高效脱磷；中期平稳脱碳，保持渣中 TFe 含量，保证高的 L_p；后期要保证（FeO）含量，确保溅渣护炉对流动性的需要。

（4）从终渣物化特性角度研究改性技术。全程保持高的（FeO）含量，保证终渣（FeO）在合适的范围内，可有效解决溅渣效果差的问题。采用终点前点吹方式调渣，确定点吹时间，提高枪位，增加炉渣（FeO）含量。若出现拉碳渣况较黏，可以适当加些萤石及其替代品。

综合分析整个冶炼过程中前期快速造渣工艺、中期平稳脱碳工艺、后期动态调渣工艺的相互作用关系，研究开发单渣法高拉碳技术生产工艺模型。针对单渣法高碳出钢去磷率低，高铁水比易喷溅问题，以控制炉渣成分为主要研究方向，优化转炉过程操作，开发转炉高铁水比下单渣法高拉碳技术；建立高碳出钢终点判断模型，研究终渣调渣工艺，避免高碳出钢带来终点命中率低、溅渣效果差的影响，实现高碳低磷出钢。

思 考 题

6-1 什么是转炉的炉容比，确定装入量的原则是什么？

6-2 什么是超声速氧射流，转炉炉膛内的氧射流有何特征？

6-3 氧气射流与熔池的相互作用规律是怎样的？

6-4 什么是硬吹，什么是软吹？

6-5 氧气顶吹转炉的传氧载体有哪些？

6-6 氧枪的枪位对熔池中的冶金过程产生哪些影响，供氧参数如何确定？

6-7 复吹转炉如何确定吹炼各期底吹供气强度？

6-8 石灰渣化的机理是怎样的，加速成渣有何途径？

6-9 造渣方法有哪些，各有何特点？

6-10 转炉炼钢喷溅有哪几种类型，产生的基本原因是什么？

6-11 吹炼过程中熔池热量的来源与消耗各有哪些方面，出钢温度如何确定？

6-12 为什么要挡渣出钢，有哪几种挡渣方法？

6-13 脱氧方法有哪些，合金的加入原则是什么？

6-14 终点的标志是什么，终点碳控制有哪些方法？

6-15 何谓静态控制、动态控制？

6-16 转炉低成本炼钢关键工艺技术有哪些？

转炉炉衬与长寿技术

7.1 转 炉 炉 衬

目前转炉炉衬普遍采用的是镁炭砖（magnesia-carbon brick）。镁炭砖兼备了镁质和炭质耐火材料的优点，克服了传统碱性耐火材料的缺点，其优点如图7-1所示。镁炭砖的抗渣性强，导热性能好，避免了镁砂颗粒产生热裂；同时由于有结合剂固化后形成的碳网络，将氧化镁颗粒紧密牢固地连接在一起。

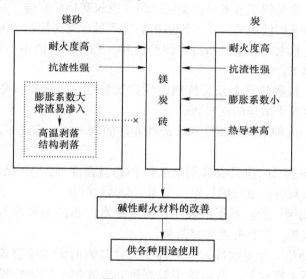

图 7-1　镁炭砖性能

镁炭砖生产用原材料有镁砂（电熔镁砂最为理想）、炭素原料（高纯度石墨最佳）、结合剂（如煤焦油、煤沥青、石油沥青及酚醛树脂等，以酚醛树脂最好）、抗氧化添加剂（Ca、Si、Al、Mg、Zr、SiC、B_4C 和 BN 等金属元素或化合物）。

7.1.1　转炉内衬用砖

转炉内衬由绝热层、永久层和工作层组成。绝热层一般是用多晶耐火纤维砌筑，炉帽的绝热层也有用树脂镁砂打结而成；永久层各部位用砖也不完全一样，多用低档镁炭砖、或焦油白云石砖、或烧结镁砖砌筑；工作层全部砌筑镁炭砖。

砌筑工作层的镁炭砖有普通型和高强度型，我国已制定了行业标准。根据砖中碳含量的不同可分为3类，而每类又按其理化指标分为3个牌号，即 MT10A、MT10B、MT10C；MT14A、MT14B、MT14C；MT18A、MT18B、MT18C 等。其理化指标见表 7-1。

表 7-1　各类镁炭砖的理化指标

项　目	指　标								
	MT10A	MT10B	MT10C	MT14A	MT14B	MT14C	MT18A	MT18B	MT18C
$w(MgO)/\%$（不小于）	80	78	76	76	74	74	72	70	70
$w(C)/\%$（不小于）	10	10	10	14	14	14	18	18	18
显气孔率/%（不大于）	4	5	6	4	5	6	3	4	5
体积密度/$g \cdot cm^{-3}$（不小于）	2.90	2.85	2.80	2.90	2.82	2.77	2.90	2.82	2.77
常温耐压强度/MPa（不小于）	40	35	30	40	35	25	40	35	25
高温抗折强度/MPa（1400℃,30min）（不小于）	6	5	4	14	8	5	12	7	4

在吹炼过程中，由于各部位的工作条件不同，内衬的蚀损状况和蚀损量也不一样。针对这一状况，视衬砖的损坏程度的差异，砌筑不同材质或同一材质不同级别的耐火砖，这就是所谓综合砌炉。容易损坏或不易修补的部位，砌筑高档镁炭砖；损坏较轻又容易修补部位，可砌筑中档或低档镁炭砖。采用溅渣护炉技术后，在选用衬砖时还应考虑衬砖与熔渣的润湿性，若碳含量太高，熔渣与衬砖润湿性差，溅渣时熔渣不易黏附，对护炉不利。转炉内衬砌砖情况如下：

（1）炉口部位。应砌筑具有较高抗热震性和抗渣性、耐熔渣和高温炉气冲刷，并不易粘钢，即使粘钢也易于清理的镁炭砖。

（2）炉帽部位。应砌筑抗热震性和抗渣性能好的镁炭砖。有的厂家砌筑 MT14B 牌号的镁炭砖。

（3）炉衬的装料侧。除应具有高的抗渣性和高温强度外，还应耐热震性好，一般砌筑添加抗氧化剂的镁炭砖；也有的厂家选用 MT14A 镁炭砖。

（4）炉衬的出钢侧。受热震影响较小，但受钢水的热冲击和冲刷作用。常采用与装料侧相同级别的镁炭砖，但其厚度可稍薄些。

（5）两侧耳轴部位。除受吹炼过程的蚀损外，其表面无渣层覆盖，因此衬砖中碳极易被氧化，此处又不太好修补，所以蚀损较严重。应砌筑抗氧化性强的镁炭砖，可砌筑 MT14A 镁炭砖。

（6）渣线部位。这个部位与熔渣长时间接触，是受熔渣蚀损较为严重的部位。出钢侧渣线随出钢时间而变化，不够明显；但排渣侧，由于强烈的熔渣蚀损作用，再加上吹炼过程中转炉腹部遭受的其他作用，这两种作用的共同影响，蚀损比较严重。因而需要砌筑抗渣性良好的镁炭砖，也可选用 MT14A 镁炭砖。

（7）熔池和炉底部位。在吹炼过程中虽然受钢水的冲蚀作用，但与其他部位相比，损坏较轻，可选用碳含量较低的 MT14B 镁炭砖。若是复合吹炼转炉，炉底也可砌筑 MT14B 镁炭砖。

7.1.2　转炉出钢口用砖

出钢口受高温钢水冲蚀和温度急剧变化的影响，损毁较为严重，因此应砌筑具有耐冲蚀性好、抗氧化性高的镁炭砖。一般都采用整体镁炭砖或组合砖，如 MT14A 镁炭砖，使用约 200 炉就需更换。

更换出钢口有两种方式，一种是整体更换，一种是重新做出钢口。重新做出钢口时，首先清理原出钢口后，放一根钢管，钢管内径就是出钢口尺寸，然后在钢管外壁周围填以镁砂，并进行烧结。

7.1.3 复吹转炉底部供气用砖

底部供气砖必须具有耐高温、耐侵蚀、耐冲刷、耐磨损和抗剥落性强的性能；从吹炼角度讲，要求气体通过供气砖产生的气泡要细小均匀；供气砖使用安全可靠，寿命尽可能与炉衬寿命同步。为此，镁碳质砖仍然为最佳材料。

7.1.4 对炉衬砖的砌筑要求

转炉炉衬的砌筑质量是炉龄的基础。因此，首先炉衬砖本身的质量必须符合标准规定，然后严格按照技术操作程序砌筑，达到整体质量标准要求。

（1）工作层要采用综合砌炉。

（2）砌筑时必须遵循"靠紧、背实、填严"的原则，砖与砖尽量靠紧，砖缝要小于等于 1mm，上下的缝隙要不大于 2mm，但必须预留一定的膨胀缝；缝与间隙要用不定形耐火材料填实、捣紧；绝热层与永久层之间，永久层与工作层之间要靠实，并用镁砂填严。

（3）炉底的砌筑一定要保证其水平度。

（4）砌砖合门位置要选择得当，合门砖应使用调整砖或切削加工砖，并要顶紧；砖缝要层层错开，各段错台要均匀。

（5）工作层用干砌，出钢口可以用湿砌；出钢口应严格按技术规程安装、砌筑。

（6）下修转炉的炉底与炉身接缝要严密，以防漏钢。

7.2 炉 衬 寿 命

7.2.1 炉衬损坏的原因

转炉炉衬损坏原因主要有：

（1）机械作用。加废钢和兑铁水对炉衬的冲撞与冲刷，熔渣、钢水与炉气流动对炉衬的冲刷磨损，清理炉口结渣的机械损坏等。

（2）高温作用。尤其是反应区的高温作用会使炉衬表面软化、熔融。

（3）化学侵蚀。高温熔渣与炉气对炉衬的氧化与化学侵蚀作用比较严重。

（4）炉衬剥落。由于温度急冷急热所引起炉衬砖的剥落，以及炉衬砖本身矿物组成分解引起的层裂等。

这些因素单独或综合作用导致炉衬砖的损坏。

7.2.2 炉衬砖的蚀损机理

据对镁炭砖残砖的观察，其工作表面比较光滑，但存在着明显的三层结构。工作表面有 1~3mm 很薄的熔渣渗透层，也称反应层；与反应层相邻的是脱碳层，厚度为 0.2~2mm，也称变质层；与变质层相邻的是原砖层。其各层化学成分与岩相组织各异。

镁炭砖工作表面的碳首先受到氧化性熔渣 FeO 等氧化物、供入的 O_2、炉气中 CO_2 等氧化性气氛的氧化作用，以及高温下 MgO 的还原作用，使镁炭砖工作表面形成脱碳层。其反应式如下：

$$(FeO) + C \longrightarrow \{CO\} + Fe$$
$$CO_2 + C \longrightarrow 2\{CO\}$$
$$MgO + C \longrightarrow Mg + \{CO\}$$

砖体的工作表面由于碳的氧化脱除，砖体组织结构松动脆化，在钢渣的流动冲刷下流失而被蚀损；同时，由于碳的脱除所形成的孔隙，或者镁砂颗粒产生微细裂纹，熔渣从孔隙和裂纹的缝隙渗入，并与 MgO 反应生成低熔点 CMS($CaO \cdot MgO \cdot SiO_2$)、$C_3MS_2$($3CaO \cdot MgO \cdot 2SiO_2$)、$CaO \cdot Fe_2O_3$、FeO 及 $MgO \cdot Fe_2O_3$ 固溶体等矿物。起初这些液相矿物比较黏稠，暂时留在方镁石晶粒的表面，或砖体毛细管的入口处。随着反应的继续进行，低熔点化合物不断地增多，液态胶结相黏度逐渐降低，直至不能黏结方镁石晶粒和晶粒聚合体时，引起方镁石晶粒的消融和镁砂颗粒的解体。因而方镁石晶粒分离浮游而进入熔渣，砖体熔损也逐渐变大。熔渣渗透层（也称变质层）流失后，脱碳层继而又成为熔渣渗透层，在原砖层又形成了新的脱碳层。基于上述的共同作用，砖体被熔损。

镁炭砖通过氧化—脱碳—冲蚀，最终镁砂颗粒漂移流失于熔渣之中，镁炭砖就是这样被蚕食损坏的。可见提高镁炭砖的使用寿命，关键是提高砖制品的抗氧化性能。

研究认为，镁炭砖出钢口是由于气相氧化—组织结构恶化—磨损侵蚀被蚀损的。

转炉底部镁碳质供气砖的损毁机理除了上述的脱碳—再反应—渣蚀的损毁外，还受到高速钢水的冲刷、熔渣侵蚀、频繁急冷急热的作用以及同时吹入气体的磨损作用等。

7.2.3 提高转炉炉龄的措施

炉衬寿命也称炉龄（campaign life），提高炉龄应从改进炉衬材质，优化炼钢工艺，加强对炉衬的维护等方面着手。

7.2.3.1 提高衬砖质量

（1）提高衬砖中的 MgO 含量。镁砂中 MgO 含量越高，杂质越少，可以降低方镁石晶体被杂质分割的程度，能够阻止熔渣对镁砂的渗透熔损。只有使用体积密度高、气孔率低、方镁石晶粒大、晶粒发育良好、高纯度的优质电熔镁砂，才能生产出高质量的镁炭砖。

（2）提高衬砖的碳含量。固定碳在衬砖中起骨架的作用，研究表明，随着固定碳含量的增加，炉渣对砖的侵蚀深度就减小。固定碳一般为 14%~16%，最高时可达 18% 以上，使其抗渣侵蚀性能大为提高。

（3）提高衬砖的体积密度。制砖工艺的原则是，在确保体积密度大于 $2900kg/m^3$ 的前提下，尽可能地提高其固定碳含量。

（4）保证衬砖的尺寸精度。对砖的外形尺寸也有严格的要求。

7.2.3.2 提高砌炉质量

采用综合砌炉，做到"砌平、背紧、靠实"。对于某些特殊部位如果用砖不能找平，必须用镁质捣打料填平捣实，最好设计异型砖砌筑。

7.2.3.3 优化冶炼操作工艺

铁水成分、工艺制度等对炉衬寿命均有影响。如铁水 $w[Si]$ 高时，渣中 $w(SiO_2)$ 相应也高，渣量大，对炉衬的侵蚀、冲刷也会加剧。在吹炼初期，要早化渣，化好渣，尽快提高熔渣碱度，以减轻酸性渣对炉衬的蚀损。要控制出钢温度不宜过高，否则也会加剧炉衬的损坏。

采用铁水预处理，改善入炉铁水条件；在冶炼前期的造渣过程中配加含有 MgO 和 MnO 的辅助造渣材料，确保渣中的 MgO 处于过饱和状态（8%~12%），以减轻炉渣对炉衬的侵蚀。渣中配有一定量的 $w(MnO)$（2%~3%），可增加熔渣的黏稠性，使之易于悬挂在炉壁上达到保护炉衬的目的。

7.2.3.4 加强炉体维护

A 转炉炉衬维护方法

溅渣护炉是日常生产中维护炉衬的主要手段，此外还要根据炉衬砖蚀损的部位和蚀损程度确定其他维护方法。

炉底的维护以补补为主，根据激光测量仪所测定残砖厚度，确定补炉料的加入数量及烘烤时间，补炉料为镁质冷补炉料或补炉砖。

炉身的装料侧可采用喷补与补炉料补炉相结合维护；耳轴及渣线部位只能采用喷补维护；出钢口根据损坏情况整体更换或用补炉料进行垫补。炉帽部位在正常溅渣条件下可不喷补，需要时可采用喷补维护。

若炉衬的碳含量过高，溅渣结合困难时，可采用先喷补一层后再进行溅渣，这样可以得到理想的溅渣层。喷补层是不含碳的耐火材料，溅渣时和炉渣的润湿性好，溅渣的附着率高，有利于提高溅渣层的厚度及结合强度。

喷补或溅渣一般是当炉衬侵蚀掉一半左右（或是内衬减至 200~400mm 时），开始进行，衬砖较厚时做预防性喷补是不经济的。当砖衬厚度减薄时，其损毁速度也减慢。

有些工厂转炉的出钢侧、装料侧或是炉底侵蚀严重，这时可用镁炭砖残砖进行垫补（粘砖）。垫补的过程大致如下：（1）在出钢时观察炉渣状况；（2）将 1/3~1/2 的炉渣倒掉；（3）向炉内加入 1~3t 镁炭砖残砖；（4）转动炉体，使炉渣和镁炭砖成分均匀；（5）在垫补位置上冷却、凝固 2~3h，之后可以正常冶炼。

B 转炉炉衬喷补技术

炉衬有局部损坏又不宜用补炉料修补时，如耳轴部位损坏，可采用喷补技术。对局部蚀损严重的部位集中喷射耐火材料，使其与炉衬砖烧结为一体，对炉衬进行修复。喷补方法有干法喷补、半干法喷补和火焰喷补等，目前多用半干法喷补方式。

（1）喷补料：国内大多使用冶金镁砂，常用结合剂有固体水玻璃，即硅酸钠（$Na_2O \cdot nSiO_2$）、铬酸盐、磷酸盐（三聚磷酸钠）等，此外还可加入适量羧钾基纤维素。喷补料的用量视损坏程度确定，喷补后根据喷补料的用量确定是否烘烤及烘烤时间。湿法和半干法喷补料成分如表 7-2 所示。

喷补料可用镁砂或高氧化镁白云石，粒度应小于 0.1mm，其中小于 0.09mm 的占 60% 以上；燃料可用煤粉或铝粉等；增塑烧结剂有软质黏土、膨润土或硅灰石等。也有的厂家在喷补料中掺配石灰等造渣剂，使火焰喷补层成为耐火渣层，保护炉衬的原砖层，用后得到较好的效果。

表 7-2 喷补料成分

喷补方法	喷补料成分（质量分数）/%			各种粒度所占比例/%		水分/%
	MgO	CaO	SiO_2	>1.0mm	<1.0mm	
湿　法	91	1	3	10	90	15~17
半干法	90	5	2.5	25	75	10~17

（2）喷补方法：

1）湿法喷补。以镁砂为主料配制的喷补料，装入喷补罐内，添水搅拌混合后，再喷射到指定部位，喷补层厚度可以达到 20~30mm。这种方法灵活方便，喷补一次可以维持 3 炉冶炼。

2）半干法喷补。它与湿法喷补的区别在于，喷补料到喷管喷嘴的端部才与水混合，半湿的喷补料喷射到炉衬待喷补部位。这种方法的喷补层也可以达到 20~30mm 厚，并具有耐蚀损的优点，采用者较多。

3）火焰喷补。火焰喷补是火法喷补的一种，从实质上讲火法喷补才是真正的干法喷补。其原理是将喷补料送入水冷的喷枪内与燃料、氧气混合燃烧，喷补料处在喷嘴的火焰中立即呈热塑状态或熔融状态，喷射到炉衬的蚀损面上，马上与炉衬烧结在一起。火焰喷补层耐蚀能力很强，一般用于炉衬渣线和炉帽部位的喷补。

C　黏渣挂炉

采用白云石或高氧化镁石灰或菱镁矿造渣，使熔渣中（MgO）含量达到过饱和，并遵循"初期渣早化，过程渣化透，终点渣做黏"的造渣原则。可以减轻初期渣对炉衬侵蚀；出钢过程由于温度降低，方镁石晶体析出，终渣变稠，出钢后通过摇炉，使黏稠熔渣能够附挂在炉衬表面，形成熔渣保护层，从而延长炉衬使用寿命。

7.3　溅渣护炉技术

20 世纪 90 年代，美国 LTV 钢铁公司印第安纳港（Indiana Harbor）厂成功开发出转炉溅渣护炉技术。我国引进该技术后，转炉炉龄的最高寿命达到 30000 次以上。溅渣护炉工艺的成功开发，是 90 年代转炉护炉工艺的重大突破，它的采用降低了生产成本，加快了冶炼节奏。

溅渣护炉（slag splashing）是维护炉衬的主要手段。其基本原理是，吹炼终点钢水出净后，留部分（MgO）含量达到饱和或过饱和的终点熔渣，通过喷枪在熔池理论液面以上约 0.8~2.0m 处，吹入高压氮气（0.8~0.9MPa），用高速氮气射流把熔渣溅起来，在炉衬表面形成一层高熔点的溅渣层，并与炉衬很好地黏结，达到对炉衬的保护和提高炉龄的目的。通过喷枪上下移动，可以调整溅渣的部位，溅渣时间一般在 3~4min。图 7-2 为溅渣示意图。

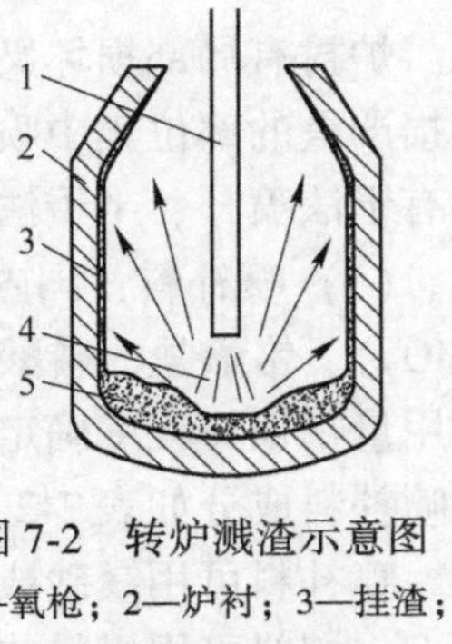

图 7-2　转炉溅渣示意图
1—氧枪；2—炉衬；3—挂渣；
4—吹氮；5—炉渣

7.3.1　溅渣护炉的机理

7.3.1.1　溅渣层的分熔现象

炉渣的分熔现象（也称选择性熔化或异相分流）是指附着于炉衬表面的溅渣层，其矿物组成不均匀，当温度升高时，溅渣层中低熔点物首先熔化，与高熔点相相分离，并缓慢地从溅渣层流淌下来；而残留于炉衬表面的溅渣层为高熔点矿物，这样反而提高了溅渣层的耐高温性能。

在反复地溅渣过程中溅渣层存在着选择性熔化，使溅渣层 MgO 结晶和 $C_2S(2CaO \cdot SiO_2)$ 等高熔点矿物逐渐富集，从而提高了溅渣层的抗高温性能，炉衬得到保护。

7.3.1.2　溅渣层的形成与矿物组成

溅渣层是熔渣与炉衬砖间在较长时间内发生化学反应逐渐形成的，即经过多次的溅渣—熔化—溅渣的往复循环。由于溅渣层表面的分熔现象，低熔点矿物被下一炉次高温熔渣所熔化而流失，从而形成高熔点矿物富集的溅渣层。

转炉溅渣层的形成机理可概括为：

（1）炉衬表面镁炭砖中碳被氧化形成表面脱碳层。

（2）溅射的炉渣向表面脱碳层内渗透扩散，充填于镁炭砖脱碳产生的气孔内或与周围 MgO 颗粒烧结或以镶嵌固溶的方式形成较致密的高 MgO 烧结层。

（3）在烧结层外冷凝沉积的溅渣层经过反复分熔，逐渐形成以高熔点氧化物为主相的致密结合层。

（4）在结合层外继续沉积的炉渣，其成分接近转炉终渣，熔点也与转炉终渣相近，在冶炼中不断地被熔蚀掉，又经过溅渣也不断地被重新喷溅和冷凝在结合层表面上。

终点渣 $w(TFe)$ 的控制对溅渣层矿物组成有明显的影响。采用高铁渣溅渣工艺时，终点渣 $w(TFe)>15\%$，由于渣中 $w(TFe)$ 高，溶解了炉衬砖上大颗粒 MgO，使之脱离炉衬砖体进入溅渣层。此时溅渣层的矿物组成是以 MgO 结晶为主相，约占 $50\% \sim 60\%$；其次是镁铁矿物 $MF(MgO \cdot Fe_2O_3)$ 为胶合相，约占 25%；有少量的 C_2S、$C_3S(3CaO \cdot SiO_2)$ 和 $C_2F(2CaO \cdot Fe_2O_3)$ 等矿物均匀地分布于基体中，或填充于大颗粒 MgO 或 MF 晶团之间，因而，溅渣层 MgO 结晶含量远远大于终点熔渣成分；随着终渣 $w(TFe)$ 的增加，溅渣层中 MgO 相的数量将会减少，而 MF 相数量将会增加，导致溅渣层熔化温度的降低，不利于炉衬的维护。因此，要求终点渣的 $w(TFe)$ 应控制在 $18\% \sim 22\%$ 为宜。若采用低铁渣溅渣工艺，终点渣 $w(TFe)<12\%$，溅渣层的主要矿物组成是以 C_2S 和 C_3S 为主相，约占 $65\% \sim 75\%$；其次是少量的小颗粒 MgO 结晶，C_2F、$C_3F(3CaO \cdot Fe_2O_3)$ 为结合相生长于 C_2S 和 C_3S 之间；仅有微量的 MF 存在。与终点渣相比，溅渣层的碱度有所提高，而低熔点矿物成分有所降低。

7.3.1.3　溅渣层与炉衬砖黏结机理

溅渣层与镁炭砖衬的黏结机理见表 7-3。

溅渣初始，流动性良好的高 FeO_n、低熔点炉渣首先被喷射到炉衬表面，渣中（FeO_n）和（$2CaO \cdot Fe_2O_3$）沿着炉衬表面显微气孔与裂纹的缝隙，向镁炭砖表面脱碳层内部渗透与扩散，并与周围 MgO 结晶颗粒反应烧结熔固在一起，形成了以 MgO 结晶为主相，以 MF 为胶合相的烧结层，如表 7-3a 所示；部分 C_2S 和 C_3S 也沿衬砖表面的气孔与裂纹流入衬砖内，当温度降低时冷凝与 MgO 颗粒镶嵌在一起。

继续溅渣操作，高熔点颗粒状矿物 C_2S、C_3S 和 MgO 结晶被高速气流喷射到炉衬粗糙表面上，并镶嵌于间隙内，形成了以镶嵌为主的机械结合层；同时富 FeO_n 炉渣包裹在炉衬砖表面凸起的 MgO 结晶颗粒表面，或填充在已脱离砖体的 MgO 结晶颗粒的周围，形成以烧结为主的化学结合层，如表 7-3b 所示。

继续进一步的溅渣，大颗粒的 C_2S、C_3S 和 MgO 飞溅到结合层表面并与其 C_2F 和 RO 相结合，冷凝后形成溅渣层，如表 7-3c 所示。

表 7-3   溅渣层的黏结机理

图　例	名　称	黏 结 机 理
 渣滴　　耐材 (a)	烧结层	由于溅渣过程的扬析作用，低熔点液态 C_2F 炉渣首先被喷溅在粗糙的镁炭砖表面，沿着碳烧损后形成的孔隙向耐火材料基体内扩散，与周围高温 MgO 晶粒发生烧结反应形成烧结层
 耐材 (b)	机械镶嵌化学结合层	气体携带的颗粒状高熔点 C_2S 和 MgO 结晶渣粒冲击在粗糙的耐火材料表面，并被镶嵌在渣砖表面上，进而与 C_2F 渣滴反应，烧结在炉衬表面上
 渣层　　耐材 (c)	冷凝溅渣层	以低熔点 C_2F 和 MgO 砖烧结层为纽带，以机械镶嵌的高熔点 C_2S 和 MgO 渣粒为骨架形成一定强度的渣-砖结合表面。在此表面上继续溅渣，沉积冷却形成以 RO 相为结合相，以 C_2S、C_3S 和 MgO 相颗粒为骨架的溅渣层

高 FeO_n 与低 FeO_n 两种炉渣溅渣工艺中炉衬-溅渣层岩相结构的比较见表 7-4。

表 7-4   高 FeO_n 与低 FeO_n 炉渣溅渣层结构的比较

特点 \ 工艺		高 FeO_n 炉渣	低 FeO_n 炉渣
相同点		岩相结构相似，基本分为 5 层，原始砖层—金属沉淀层—烧结层—结合层—新溅渣层。以砖表面脱碳层为基础，形成烧结层，均以大颗粒 MgO 为主相。结合层以高熔点化合物为主，其成分、岩相结构与终渣明显不同，熔点也明显提高。溅渣层的成分、物相结构与终渣相近	
不同点	形貌特征	烧结层发达，烧结层与结合层界面模糊	烧结层不发达，烧结层与结合层间界面清晰，结合层很致密
	岩相特征	烧结层以大颗粒 MgO 为主相，以 MF、C_2F 为胶合相；结合层中以 MgO 结晶为主相，C_2S、C_3S 含量少	烧结层以大颗粒 MgO 为主相，以沿气孔渗入的 C_2S、C_3S 冷凝后与 MgO 晶体镶嵌作为胶合相。结合相主要为 C_2S 和 C_3S，少量小颗粒 MgO 晶粒和 C_2F、RO 相均匀分布
	形成机理	MgO 与 FeO_n 化学烧结为主，形成烧结层和结合层	MgO 结晶与 C_2S、C_3S 机械镶嵌为主形成烧结层；以 C_2S 和 C_3S 冷凝沉积为主形成结合层

　　从溅渣护炉的效果分析，两种工艺都可以得到理想的护炉效果，形成坚固不易剥落、耐侵蚀的溅渣层保护炉衬。

　　转炉溅渣层的形成机理可以概括为：炉衬表面镁炭砖中碳被氧化，形成表面脱碳层；溅射的熔渣向表面脱碳层内渗透扩散，充填于镁炭砖脱碳产生的气孔内或与周围 MgO 颗粒烧结，或以镶嵌固溶的方式形成较致密的高 MgO 烧结层；在烧结层外冷凝沉积的溅渣层经过反复地分熔，逐渐形成以高熔点氧化物为主相的致密结合层；在结合层外继续沉积的熔渣，其成分接近转炉终渣，熔点也与转炉终渣接近，在冶炼中将不断地被熔蚀掉，又经过溅渣，也不断地被重新喷溅和冷凝在结合层表面上。

7.3.1.4　溅渣层保护炉衬的机理

　　溅渣层对炉衬的保护作用有以下 4 个方面：

　　（1）对镁炭砖表面脱碳层的固化作用。吹炼过程中镁炭砖表面层碳被氧化，使 MgO 颗粒失去结合能力，在熔渣和钢液的冲刷下大颗粒 MgO 松动→脱落→流失，炉衬被蚀损。溅渣后，熔渣渗入并充填衬砖表面脱碳层的孔隙内，或与周围的 MgO 颗粒反应，或以镶嵌固溶的方式形成致密的烧结层。由于烧结层的作用，衬砖表面大颗粒的镁砂不再会松动→脱落→流失，从而防止了炉衬砖的进一步被蚀损。

　　（2）减轻了熔渣对衬砖表面的直接冲刷蚀损。溅渣后在炉衬砖表面形成了以 MgO 结晶，或以 C_2S 和 C_3S 为主体的致密烧结层，这些矿物的熔点明显地高于转炉终点渣，在吹炼后期高温条件下不易软熔，也不易剥落，因而有效地抵抗高温熔渣的冲刷，大大减轻了对镁炭砖炉衬表面的侵蚀。

　　（3）抑制了镁炭砖表面的氧化，防止炉衬砖受到严重的蚀损。溅渣后在炉衬砖表面所形成的烧结层和结合层，质地均比炉衬砖脱碳层致密，且熔点高，这就有效地抑制了高温氧化渣、氧化性炉气向砖体内的渗透与扩散，防止镁炭砖基体内部的碳被进一步氧化，从而起到保护炉衬的作用。

　　（4）新溅渣层有效地保护了炉衬-溅渣层的结合界面。新溅渣层在每炉的吹炼过程中都会不同程度地被熔损，但在下一炉溅渣时又会重新修补起来，如此往复循环地运行，所形成的溅渣层对炉衬起到了保护作用。

7.3.2　溅渣层的蚀损机理

　　溅渣层的蚀损包括三种形式：炉渣和钢水对溅渣层的机械冲刷；溅渣层的高温熔化脱落；熔渣对溅渣层的化学侵蚀。

　　在开吹 3~5min 的冶炼初期，熔池温度较低（1450~1500℃），碱度值低（$R \leqslant 2$），若 $w(MgO)$ 为 6%~7%，接近或达到饱和值时，熔渣主要矿物组成几乎全部为硅酸盐，即镁硅石 C_3MS_2（$3CaO \cdot MgO \cdot 2SiO_2$）和橄榄石 CMS（$CaO \cdot [Mg \cdot Fe \cdot Mn]O \cdot SiO_2$）等，有时还在少量的铁浮氏体。溅渣层的碱度高（约 3.5），主要矿物为硅酸盐 C_3S，熔化温度较高，因此初期熔渣对溅渣层不会有明显的化学侵蚀。

　　吹炼终点的熔渣碱度值一般在 3.0~4.0，渣中 $w(TFe)$ 为 13%~25%，$w(MgO)$ 波动较大，多数控制在 10% 左右，已超过饱和溶解度，其主要矿物组成是粗大的板条状的 C_3S 和少量点球状或针状 C_2S，结合相为 C_2F 和 RO 等，约占总量的 15%~40%；MgO 结晶包裹于 C_2S 晶体中，或游离于 C_2F 结合相中。吹炼后期，溅渣层被蚀损主要是由于高温熔

化和高 FeO_n 熔渣的化学侵蚀。因此，控制好终点熔渣成分和出钢温度才能充分发挥溅渣层保护炉衬的作用，也是提高炉龄的关键所在。

终点渣碱度控在 3.5 左右，$w(MgO)$ 达到或稍高于饱和溶解度值，降低 $w(TFe)$，这样可以使 CaO 和 SiO_2 富集于方镁石晶体之间，并生成 C_2S 和 C_3S 高温固相，从而减少晶界间低熔点相的数量，提高溅渣层的结合强度和抗侵蚀能力。但过高的 $w(MgO)$ 也没必要，应严格控制出钢温度不要过高。

7.3.3 溅渣护炉工艺

7.3.3.1 熔渣成分的调整

终点渣的成分决定了熔渣的耐火度和黏度。影响终点渣耐火度的主要组成是 MgO、TFe 和碱度 $w(CaO)/w(SiO_2)$；其中 $w(TFe)$ 波动较大，一般为 10%~30%（控制在 18%~22%范围内）。为了溅渣层有足够的耐火度，主要应调整熔渣的 $w(MgO)$。表 7-5 为终点渣 $w(MgO)$ 推荐值。

调整熔渣成分有两种方式：一种是转炉开吹时将调渣剂随同造渣材料一起加入炉内；另一种方式是出钢后加入调渣剂，调整 $w(MgO)$ 含量达到溅渣护炉要求的范围。

表 7-5　终点渣 $w(MgO)$ 推荐值

终渣 $w(TFe)/\%$	8~11	15~22	23~30
终渣 $w(MgO)/\%$	7~8	9~10	11~13

常用调渣剂的成分列于表 7-6，其中 $w(MgO)_{相对}$（即 MgO 的相对质量分数）的定义如下：

$$w(MgO)_{相对} = w(MgO)/[1 - w(CaO) + R \cdot w(SiO_2)] \tag{7-1}$$

式中，$w(MgO)$、$w(CaO)$、$w(SiO_2)$ 分别为调渣剂的 MgO、CaO、SiO_2 的实际质量分数；R 为炉渣碱度，可取 $R = 3.5$。

表 7-6　常用调渣剂成分

种　类	$w(CaO)/\%$	$w(SiO_2)/\%$	$w(MgO)/\%$	灼减率/%	$w(MgO)_{相对}/\%$
生白云石	30.3	1.95	21.7	44.48	28.4
轻烧白云石	51.0	5.5	37.9	5.6	55.5
菱镁矿渣粒	0.8	1.2	45.9	50.7	44.4
轻烧菱镁球	1.5	5.8	67.4	22.5	56.7
冶金镁砂	8	5	83	0.8	75.8
高 MgO 石灰	81	3.2	15	0.8	49.7

根据 $w(MgO)_{相对}$ 选择调渣剂，应以冶金镁砂、轻烧菱镁球、轻烧白云石和高 MgO 石灰为宜（MgO 的相对质量分数不小于 50%）。显然，从成本考虑时，调渣剂应选择价格便宜的。从以上这些材料对比来看，生白云石成本最低，轻烧白云石和菱镁矿渣粒价格比较适中，高 MgO 石灰、冶金镁砂、轻烧菱镁球的价格偏高。各钢厂可根据自己的情况，选择一种调渣剂，也可以多种调渣剂配合使用。

表 7-7 列出了各种调渣剂的热焓及其对炼钢热平衡的影响。

表 7-7 不同调渣剂的热焓 ($H_{1773K}-H_{298K}$) 及对炼钢热平衡的影响

调渣剂种类 项 目	生白云石	轻烧白云石	菱镁矿	菱镁球	镁砂	氮气	废钢
热焓/MJ·kg⁻¹	3.407	1.762	3.026	2.06	1.91	2.236	1.38
与废钢的热量置换比	2.47	1.28	2.19	1.49	1.38	1.62	1.0
与废钢的热当量置换比	11.38	3.36	4.77	2.21	1.66		

$$调渣剂与废钢的热当量置换比 = \frac{\Delta H_i}{w(MgO)_i \cdot \Delta H_s} \times 100\% \qquad (7-2)$$

式中，ΔH_i 为 i 种调渣剂的焓，MJ/kg；ΔH_s 为废钢的焓，MJ/kg；$w(MgO)_i$ 为 i 种调渣剂中 MgO 的质量分数，%。

7.3.3.2 合适的留渣量

合理确定转炉留渣量，保证足够的渣量，在溅渣过程中使熔渣均匀地喷溅涂敷在整个炉衬表面，形成一定厚度的溅渣层；随炉内留渣量的增加，炉渣可溅性增强，有利于快速溅渣。

合理的留渣量主要影响以下因素：

（1）熔渣的可溅性。转炉上部的溅渣主要依靠氮气射流喷射熔渣。留渣量少，渣层过薄，射流容易穿透渣层，削弱射流对渣层的乳化和破碎作用，使反射流中携带的渣滴数目减少，不利于转炉上部溅渣。

（2）溅渣层的厚度与均匀性。留渣量少，溅渣层薄，转炉上下部溅渣不均匀，甚至上部溅不上。

（3）溅渣时间长短。留渣量大，溅渣时间长，溅渣量增加，但留渣量过少，会使溅渣的效率降低。

（4）溅渣的成本。留渣量过大，在需要调渣时调渣剂的使用量将会增加，使溅渣的成本升高。

溅渣护炉所需实际渣量可按溅渣理论渣量的 1.1~1.3 倍进行估算。炉渣密度可取 3.5t/m³，公称吨位在 200t 以上的大型转炉，溅渣层厚度可取 25~30mm；公称吨位在 100t 以下的小型转炉，溅渣层的厚度可取 15~20mm。留渣量计算公式为：

$$Q_s = K \cdot A \cdot B \cdot C \qquad (7-3)$$

式中，Q_s 为留渣量，t/炉；K 为渣层厚度，m；A 为炉衬的内表面积，m²；B 为炉渣密度，t/m³；C 为系数，一般取 1.1~1.3。

不同公称吨位转炉的溅渣层质量见表 7-8。

表 7-8 不同吨位转炉溅渣层质量

溅渣层质量/t 转炉吨位/t	溅渣层厚度/mm				
	10	15	20	25	30
40	1.8	2.7	3.6		
80		4.41	5.98		

转炉吨位/t	溅渣层厚度/mm				
溅渣层质量/t	10	15	20	25	30
140		8.08	10.78	13.48	
250			13.11	16.39	19.7
300			17.12	21.4	25.7

根据国内溅渣的生产实践，合理的留渣量也可根据转炉的具体容量按式（7-4）计算：

$$Q_s = 0.301W^n \qquad (n = 0.583 \sim 0.650) \qquad (7\text{-}4)$$

式中，Q_s 为转炉留渣量，t/炉；W 为转炉公称吨位，t。

7.3.3.3　调渣工艺

A　直接溅渣工艺

直接溅渣工艺适用大型转炉，其操作程序是：

（1）吹炼开始在加入第一批造渣材料的同时，加入大部分所需的调渣剂；控制初期渣 $w(MgO)$ 在 8% 左右，可以降低炉渣熔点，并促进初期渣早化。

（2）在炉渣"返干"期之后，根据化渣情况，再分批加入剩余的调渣剂，以确保终点渣 $w(MgO)$ 达到目标值。

（3）出钢时，通过炉口观察炉内熔渣情况，确定是否需要补加少量的调渣剂；在终点碳、温度控制准确的情况下，一般不需再补加调渣剂。

（4）根据炉衬实际蚀损情况进行溅渣操作，并确定是否需要对炉衬上的特殊部位进行喷补，以保证溅渣护炉的效果和控制良好炉型。

宝钢由于采用了复合吹炼工艺和大流量供氧技术，熔池搅拌强烈，终点渣 $w(TFe)$ 在 18% 左右，为适应溅渣需要，$w(MgO)$ 由 6.8% 提高到 10.3%，出钢温度在 1640~1650℃，终点一般不需调渣直接溅渣。

B　出钢后调渣工艺

出钢后的调渣操作程序如下：

（1）终点渣 $w(MgO)$ 控制在 8%~10%。

（2）出钢时，根据出钢温度和炉渣状况，决定调渣剂加入的数量，进行炉后调渣。

（3）调渣后进行溅渣操作。

若单纯调整终点渣 $w(MgO)$，加调渣剂只调整 $w(MgO)$ 达到过饱和值，同时吸热降温稠化熔渣，以达到溅渣要求。如果同时调整终点渣 $w(MgO)$ 和 $w(TFe)$，除了加入适量的含氧化镁调渣剂外，还要加一定数量的含碳材料，以降低渣中 $w(TFe)$，也利于 $w(MgO)$ 达到饱和。

7.3.3.4　溅渣工艺参数

（1）氮气压力与流量。一般来说，当氮气压力和流量与氧气工作压力和流量相接近时，可取得较好溅渣效果。如宝钢 300t 转炉溅渣氮气压力为 0.6~0.9MPa，流量为 48000~53000m³/h。一般被溅起炉渣高度能达到炉口至烟罩下半部即可。若氮气流量过大，被溅起炉渣穿过烟罩进入倾斜的烟道内并且黏结在烟道壁上，易损坏烟道。若氮气流量过小，则达不到溅渣护炉的目的。

（2）枪位。当需要有更高的溅渣高度，同时减小炉底上涨趋势，则可采用低枪位操作，反之采用高枪位。一般来说，枪位可在 1~2.5m 之间变化。在生产中常采用变枪位操作，溅渣开始时，枪位较高，随着渣量、渣温度降低，可适当降低枪位，见图 7-3。

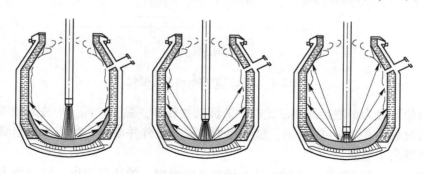

图 7-3　不同枪位下的溅渣部位

（3）溅渣时间。溅渣时间一般为 2.5~4min。溅渣时间过短，炉渣没有得到充分的冷却和混匀，炉渣条件比较差，即使溅到炉壁上，也不能很好地挂上，起不到护炉的作用。在渣况正常的条件下，溅渣时间越长，炉衬挂渣越多，但也易造成炉底上涨和粘枪。

（4）溅渣频率，即为合理溅渣的间隔炉数，可以概括为"前期不溅、中期两炉一溅、中后期炉炉溅"。一般应在炉役的前期就开始溅渣，可以两炉一溅，在炉衬厚度为 400mm 左右时应保持炉炉溅渣，力争炉衬厚度保持在 300~400mm 之间，形成动态平衡，有利于形成永久炉衬。

（5）喷枪及喷枪夹角。我国多数炼钢厂溅渣与吹炼使用同一支喷枪操作（最好采用溅渣专用喷枪）。溅渣用喷枪的出口马赫数应稍高一些。不同马赫数时氮气出口速度与动量列于表 7-9。

表 7-9　不同马赫数氮气出口速度与动量

马赫数 Ma	滞止压力/MPa	氮气出口速度/m·s^{-1}	氮气出口动量/(kg·m)·s^{-1}
1.8	0.583	485.6	606.4
2.0	0.793	515.7	644.7
2.2	1.084	542.5	678.1
2.4	1.488	564.3	705.4

从总体来看，喷孔均匀分布的溅渣效果要比喷孔不均匀分布的要好。冷态模拟试验结果及许多厂家的经验表明，采用 12° 夹角比较理想，其溅渣效果明显好于 14.5° 的顶枪。在最佳的顶吹气体流量、留渣量、顶枪枪位条件下，前者溅渣密度（g/(m²·s)）比后者提高了 60% 以上。

必须注意的是：氮气压力低于规定值，或炉内有未出净的剩余钢液时不得溅渣。

武钢二炼钢溅渣喷吹工艺操作参数为：（1）初始枪位 2.0m，过程枪位 0.8~1.2m；（2）供氮压力与氧压相同，0.85~0.90MPa；（3）溅渣时间（3±0.5）min。溅渣的典型枪位控制如图 7-4 所示，枪位曲线可按三段式操作。

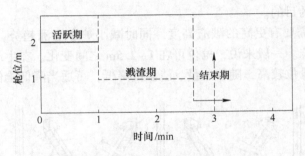

图 7-4 溅渣护炉喷吹枪位的变化

喷吹初始阶段为炉渣活跃期。此时炉渣流动性较好，黏度较低。炉渣起溅需与氮气有一个混匀的过程。在 45s~1min 后，氮气将炉渣充分击碎并混合，炉渣开始起溅，在炉口可观察到飞溅的小渣滴。

在 1~2.5min 为溅渣期。这时炉渣由于氮气的喷射，炉渣的温度、流动性下降，黏度提高。溅射到炉壁上的炉渣易于与炉壁黏结在一起，渣滴开始大量从炉口喷出。这时可通过进一步调整枪位，达到溅渣的最佳状态。

2.5min 以后为结束期。这时由于炉内熔渣量减少温度降低，从炉口溅出的渣滴开始减少，溅渣进入结束期。这时进一步调整、降低枪位，力求把留在炉内的熔渣最大限度地溅射到炉壁上去。

7.3.3.5 复吹转炉溅渣工艺

在复吹转炉溅渣过程中，由于底吹射流的介入，熔渣的搅动增强，底吹气体射流涌起熔渣高度与底吹气体射流搅拌能有关。顶枪枪位与顶吹、底吹气体流量之间应有良好的配合，使渣滴有一个合适的飞溅高度。

复吹转炉溅渣工艺要点：

(1) 调整好溅渣的熔渣成分。渣中 $w(\text{TFe})$ 过高，容易与底部供氧元件中的不锈钢管发生脱铬反应，损坏钢管，同时还容易与包裹在不锈钢管周围的镁炭砖发生脱碳反应，这样就会加速底部供气元件的蚀损，所以要控制合适的 $w(\text{TFe})$。

(2) 选择合理的溅渣参数。溅渣过程要确定喷枪喷吹的最佳位置和底部供气流量，可以使底吹气体上升涌起的熔渣喷溅到耳轴部位。

(3) 控制炉底覆盖渣层厚度。溅渣过程随炉温下降容易在炉底供气元件上面形成有微细孔的透气覆盖渣层。要防止覆盖渣层过厚，同时底部应有足够供气强度，以避免供气元件堵塞；倘若溅渣时需加入镁质调渣剂，应先通入氮气随后再加入调渣剂，以免先加冷料裹住熔渣堆聚于炉底，影响底部供气。

(4) 掌握好溅渣时间。应根据炉温控制合适的溅渣时间。溅渣完成后，立即倒出剩余的熔渣，以免即将冷凝的熔渣堆积于炉底，引起炉底上涨。

(5) 疏通与维护好底部供气元件。

一般情况下，提高炉龄，耐火材料的单耗会相应降低，钢的成本随着降低，产量则随着增长，并有利于均衡组织生产。但是炉龄超过合理的限度之后，就要过多地依靠增加喷补次数、加入过量调渣剂稠化熔渣来维护炉衬，提高炉龄。这样会适得其反，不仅吨钢成本上升，由于护炉时间的增加，虽然炉龄有所提高，但对钢产量却产生了影响。根据转炉炉龄与成本、钢产量之间的关系，其材料综合消耗量最少，成本最低，产量最多，确保钢质量条件下所确定的最佳炉龄就是经济炉龄（economical service life）。

经济炉龄不是固定的数值，而是随着条件变化而相应变化，同时又是随着工艺管理的改进向前发展的。如图 7-5 所示，在目前复吹与溅渣炉龄尚不能同步的前提下，选择图中 D 区域炉龄可使综合生产成本降至最低。

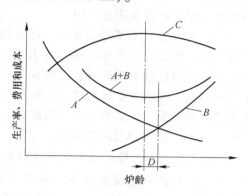

图 7-5 生产率、成本与炉龄的关系
A—炉衬费用；B—喷补及无复吹合金消耗增加费用；
A+B—综合成本；C—炉子生产率；D—最佳炉龄

7.3.3.6 溅渣操作程序

普通转炉厂的溅渣护炉工艺操作程序如下：

（1）转炉出钢时，炼钢工应密切注意炉内钢水状况及渣况，保证出净钢水，严禁炉内留有残钢（否则易引起溅渣粘枪及金属喷溅）；

（2）转炉出钢过程中及结束后，炼钢工应观察炉渣的颜色及流动性，判断炉渣的温度、黏度等状况，决定是否加入调渣剂；

（3）同时，炼钢工应观察炉衬的熔损状况（有条件的厂家可参考激光测距仪的扫描结果），决定是否对炉衬某些部位进行重点溅渣或喷补；

（4）操作工将转炉摇至零位，如需调整渣况，则加入调渣剂；

（5）操作工将氧枪降到预定的枪位，调节氮气流量（或压力）符合规程的要求；

（6）操作工在溅渣的过程中，可适当改变枪位，以求得溅渣量的最大效果或固定某一枪位喷溅一个特定位置；

（7）操作工观察溅渣炉况，如果在正常时间内炉口喷出小渣块，证明溅渣状况良好，可在规程规定的时间内结束溅渣；

（8）溅渣即将结束前，适当降低枪位，进一步提高溅渣量，结束溅渣，提枪、切断氮气；

（9）在结束溅渣提枪的同时，观察氧枪是否粘枪；

（10）在摇炉挂渣结束后，将剩余的炉渣倒入渣罐；

（11）炼钢工观察炉衬，判断溅渣效果；

（12）如果氧枪粘枪严重，则采取措施处理氧枪；

（13）进行下一炉冶炼。

如果在复吹转炉上溅渣，则应注意的问题如下：

（1）注意在溅渣过程中的底吹气体流量的变化情况；

（2）为保证底部供气元件的畅通，可在溅渣过程中适当提高底部供气强度；

（3）在溅渣后，如果发现底部供气元件有堵塞现象，应立即采取复通措施。

7.3.3.7 溅渣护炉与冶炼工艺之间的相互关系

（1）溅渣护炉对冶炼工艺的影响。实践得知，由于溅渣，炉底会有上涨的现象，因此，其枪位应比未溅渣护炉的高，以避免造成喷溅、熔渣"返干"和氧气消耗量的增加。

（2）溅渣护炉对钢中氮含量和质量的影响。吹氮溅渣后，主要应防止阀门漏气造成吹炼终点的氮含量提高。通过对未装溅渣护炉设备和装溅渣护炉设备的炉次进行终点钢样分析后，可以发现，氮含量分别为 21.0×10^{-6} 和 21.5×10^{-6}，两者的氮含量水平相当。对采用溅渣工艺前后的轧后废品分析表明，用氮气溅渣对钢质没有影响，对冶炼过程中的脱磷和脱硫能力也没有明显影响。

（3）冶炼工艺对溅渣的影响。冶炼终点的温度对溅渣覆盖层有一定的影响，高温对溅渣不利。据统计，采用溅渣护炉技术后，出钢温度每降低 1℃，转炉炉龄可提高 120炉。终渣的氧化性对溅渣覆盖层也有一定的影响，把终渣的（FeO）含量控制在低限对保护炉衬有利。稀渣对炉衬的侵蚀严重，偏稠的渣不侵蚀炉衬，且容易被挂上炉壁。为提高溅渣护炉的效果，炉渣成分应控制在适当的范围内，在保证冶炼的条件下，应尽量提高炉渣中（MgO）的含量及终渣碱度。

7.3.3.8　复吹转炉底部供气元件的维护

A　"炉渣—金属蘑菇头"的形成与控制

为了实现底部供气元件的一次性寿命与炉龄同步，必须减小底部供气元件的熔蚀，进而使后期供气元件达到零侵蚀。武钢二炼钢厂研究开发出利用"炉渣—金属蘑菇头"保护底部供气元件的工艺技术，在整个炉役运行期间都能保证底部供气元件始终处于良好的通气状态，可以根据冶炼工艺要求在线调节底部供气强度。

a　"炉渣—金属蘑菇头"的快速形成

在炉役前期，由于底部供气元件不锈钢中的铬及耐火材料中的炭被氧化，底部供气元件的侵蚀速度很快，底部供气元件很快形成凹坑。武钢二炼钢厂通过粘渣涂敷使炉底挂渣，再结合溅渣工艺，能快速形成"炉渣—金属蘑菇头"，吹炼操作时，化好过程渣，终点避免过氧化，使终渣化透并具有一定的黏度。终渣成分要求：碱度 3.0~3.5，$w(\text{MgO})$控制在 7%~9%，$w(\text{TFe})$ 控制在 20% 以内。在倒炉测温、取样及出钢过程中，这种炉渣能较好地挂在炉壁上，再结合采用溅渣技术，可促进"炉渣—金属蘑菇头"的快速形成，因为：（1）溅渣时，炉内无过热金属，炉温低，有利于气流冷却形成"炉渣—金属蘑菇头"；（2）溅渣过程中顶吹 N_2 射流迅速冷却液态炉渣，降低了炉渣的过热度；（3）溅渣过程中大幅度提高底吹供气强度，有利于形成放射状气泡带发达的"炉渣—金属蘑菇头"。这种"炉渣—金属蘑菇头"具有较高的熔点，能抵抗侵蚀。

b　"炉渣—金属蘑菇头"的生长控制

采用溅渣工艺往往造成炉底上涨，容易堵塞底部供气元件，因此必须控制"炉渣—金属蘑菇头"的生长高度，并保证"炉渣—金属蘑菇头"的透气性，其技术关键是：控制"炉渣—金属蘑菇头"的生成结构，要具有发达的放射状气泡带；控制"炉渣—金属蘑菇头"的生长高度，其关键是控制炉底上涨高度，通常采用如下办法：

（1）控制终渣的黏度。终渣过黏，炉渣容易黏附在炉底，引起炉底上涨。终渣过稀，又必须调渣才能溅渣，这种炉渣容易沉积在炉底，也将引起炉底上涨。因此必须合理控制终渣黏度。

（2）终渣必须化透。终渣化不透，终渣中必然会掺有大颗粒未化透的炉渣，溅渣时N_2 射流的冲击力不足以使这些未化透的炉渣溅起。这样，这种炉渣必然沉积在炉底，引起炉底上涨。

（3）调整溅渣频率。当炉底出现上涨趋势时，应及时调整溅渣频率，减缓炉底上涨的趋势。

（4）减少每次溅渣的时间。每次溅渣时，随着溅渣的进行，炉渣不断变黏，到了后期，溅渣时 N_2 的冲击力不足以使这些黏度变大的炉渣溅起。如果继续溅渣，这些炉渣将冷凝吸附在炉底，引起炉底上涨。

（5）及时倒掉剩余炉渣。

（6）调整冶炼钢种，尽可能冶炼超低碳钢种。

（7）采用顶吹氧洗炉工艺，当炉底上涨严重时，可采用该项技术，但要严格控制，避免损伤底部供气元件。

（8）优化溅渣工艺，选择合适的枪位，提高 N_2 压力，均有利于控制炉底上涨。

c "炉渣—金属蘑菇头"的供气强度控制

"炉渣—金属蘑菇头"通气能力的控制和调节是保证复吹转炉冶金效果的核心。要获得良好的复吹效果，必须保证以底部供气元件喷嘴出口流出的气体的压力大于熔池的静压力，这样才能使底部供气元件喷嘴出口流出的气体成为喷射气流状态。因此，在气包压力一定的情况下，控制"炉渣—金属蘑菇头"的生成结构与生长高度均有利于减少气流阻力损失，从而方便灵活地调节底吹供气强度，保证获得良好的复吹效果。另外，当"炉渣—金属蘑菇头"上覆盖渣层已有一定厚度时，底部供气元件的流量特性发生变化，此时除了采取措施降低炉底上涨高度以外，可提高底吹供气系统气包的压力，以提高从底部供气元件喷嘴出口流出气体的压力，从而保证其压力大于熔池的静压力，以获得良好的复吹效果。如提高底吹气包的压力，底吹供气强度仍然达不到要求，则说明底部供气元件的流量特性变坏，底部供气元件可能已部分堵塞，此时就必须采取复通技术。

B 底部供气元件的维护

为了保证底部供气正常，要做好底吹供气元件的维护工作。底吹供气系统常见故障如下：

（1）底吹元件侵蚀出现凹坑或漏钢。造成这种故障的原因可能是供气量过大，底吹供气元件耐火材料质量差或安装不当。当凹坑较浅时，可采用增加炉渣中（MgO）含量，使终渣黏稠，出钢后摇动炉体，使炉渣粘挂在炉衬上，起到填充凹坑和保护炉衬的作用。若凹坑侵蚀到一定深度或漏钢，则必须用耐火材料垫补炉底，并使补炉料厚度不超过200mm，烧结补炉料时，底吹供气元件必须供入少量气体，以保证底吹元件气流畅通。

（2）供气元件堵塞。造成底吹元件堵塞的原因：一方面是由于炉底上涨严重后造成供气元件细管上部被熔渣堵塞；另一方面是由于供气压力出现脉动使钢液被吸入细管；第三是由于管道内异物或管道内壁锈蚀产生异物堵塞细管。

针对不同的堵塞原因，采取不同方式及措施。为了防止炉底上涨导致复吹效果下降，应按相应的配套技术控制好炉型，使转炉零位控制在合适范围内。为了防止供气压力出现脉动，要在各供气环节保持供气压力与气量的稳定，气量的调节应遵循供气强度与炉役状况相适应的原则，调节气量时防止出现瞬时较大起伏，同时也要保证气量自动调节设备及仪表的精度；为防止管内异物或管道内壁锈蚀产生的异物，应在砌筑过程中采取试气、防尘等措施，管道需定时更换，管道间焊接必须保证严密，要求采取特殊的连接件的焊接方式。

当底部供气元件出现堵塞迹象时，可以针对不同情况采取复通措施：

1）如炉底"炉渣—金属蘑菇头"生长高度过高，即其上的覆盖渣层过高，要采用顶吹氧气吹洗炉底。有的钢厂采用出钢后留渣进行渣洗炉底，或采用倒完渣后再兑少量铁水洗炉底，还有的钢厂采用加硅铁吹氧洗炉底。

2）适当提高底吹强度。

3）底吹氧化性气体，如压缩空气、氧气、CO_2 等气体。武钢第二炼钢厂采用底吹压缩空气的方法。当发现哪块底部供气出现堵塞迹象时，即将此块底部供气元件的底部供气切换成压缩空气，倒炉过程中注意观察炉底情况，一旦发现底部供气元件附近有亮点即可。

日本某钢厂采用的方法是底吹 O_2，如图 7-6 所示。具体操作情况是：检测供给底部供气元件气体的压力，当压力上升到预先设定的压力范围的上限值时，认为底部供气元件出现堵塞迹象，此时把供给底部供气元件的气体切换成 O_2；当压力下降到预先设定的压力范围的下限值时，认为底部供气元件已疏通，此时再把 O_2 气体切换成惰性气体。通过氧化性气体和惰性气体的交替变换，可以控制底部供气元件的堵塞和熔损。

（3）供气系统漏气。供气系统漏气，使吹入炉内的气体减少，此时应停炉检修，检修完成后再继续供气吹炼。

C 提高供气元件寿命的措施

由于底部供气，熔池搅拌强烈，炉底面上钢水流动速度加快，加剧了耐火材料的损耗；同时元件周围温度变化也很激烈，开吹与停吹温度相差约

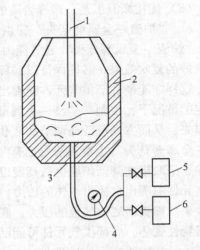

图 7-6 日本某钢厂底吹复通示意图
1—氧枪；2—炉体；3—底部供气元件；
4—压力检测装置；5—底吹惰性气体管路；
6—底吹氧气管路

$200\sim400℃$，也影响耐火材料的寿命，所以炉底供气元件的寿命很难与炉衬寿命达到同步，有时不得不中途停止复吹工艺。因此，应从供气元件的设计、布置、选用的材质、元件制作、安装以及使用维护等方面着手提高底部供气元件的寿命。具体措施如下：

（1）供气元件设计、布置合理。

（2）选用温度急变抵抗性、抗剥落性好的优质镁碳质耐火材料，制作底部供气元件。

（3）确保元件的金属管无缺陷、不漏气；喷嘴式底部供气元件的金属管骨架连接要牢靠，并进行打压试验，确保无漏气现象。

（4）底部透气砖成型时，布料要均匀，松紧程度要一致，填满填实，达到规定的体积密度、化学和物理指标。

（5）供气元件组装必须严格细致，以达到供气稳定，气量可调。外气室焊接后必须进行打压试验。

（6）吹炼过程要控制好底部供气量、造渣和热维护等操作，保持元件出口处的蘑菇体，以控制元件寿命；并尽可能缩短停吹与出钢时间，也尽可能减小再吹率，有利于减轻底部供气元件的损耗。

（7）采用渣补技术时，可根据元件出口端炉底状况，决定留渣量、熔渣的流动性及渣补方法。熔渣偏稀时，可以加入调渣剂调整熔渣，通过转炉前后倾动进行渣补；也可以

垂直喷吹溅渣补炉。渣补操作必须仔细认真。

（8）及时观察、测量炉衬各部位蚀损情况，尤其是对炉底深度的测量。针对情况确定修补方式，炉底及时垫补，要勤补、少补，并充分烧结。

（9）开新炉的底部供气量要合适，以确保底部供气元件及炉底处于良好的待用状态。

（10）每炉出钢结束，应及时吹扫供气元件，以防堵塞，也可以适时通入适量氧气或空气，以改善底部元件的畅通性。

思 考 题

7-1 转炉炉衬损坏的原因有哪些？

7-2 转炉内衬工作层镁炭砖蚀损的机理是怎样的？

7-3 溅渣护炉的基本原理是什么？

7-4 溅渣护炉对炼钢终渣有哪些要求？

7-5 溅渣层与镁炭砖衬的黏结机理是什么？

7-6 复吹转炉溅渣工艺要点是什么？

7-7 什么是转炉的经济炉龄？

7-8 "炉渣—金属蘑菇头"是怎样形成的，如何维护？

8 电弧炉炼钢设备

采用电能作为热源进行炼钢的炉子统称为电炉。常用炼钢电炉可分为：电弧炉（electric arc furnace，EAF）、感应熔炼炉、电渣重熔炉等。目前，世界上95%以上的电炉钢是电弧炉冶炼的，因此通常所说的电炉炼钢主要指电弧炉炼钢，特别是碱性电弧炉炼钢（炉衬用碱性镁质耐火材料等）。

按电流特性，电弧炉分为交流与直流电弧炉（AC/DC arc furnace）。传统交流电弧炉炼钢法是以废钢为主要原料，以三相交流电作电源，利用电流通过石墨电极与金属料之间产生电弧的高温来加热、熔化炉料，是用来生产特殊钢和高合金钢的主要方法。

通常用额定容量（电炉熔池的额定容钢量）、公称容量或标准容量来表示电炉的大小，也可用炉壳直径表示。一般认为，电炉的公称容量（炉壳直径）：40t（4.6m）以下的为小电炉，70t（5.5m）以上的为大电炉。目前，世界上最大的电炉是美国西北钢铁公司的415t电炉。日本最大电炉为250t，中国最大电炉为150t。

电炉炼钢设备包括机械设备和电气设备两部分，见图8-1。

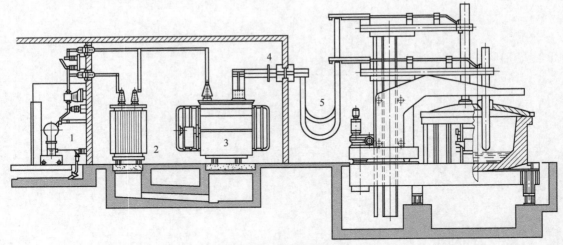

图 8-1　电弧炉设备布置示意图
1—高压控制柜（包括高压断路器、初级电流互感器与隔离开关）；
2—电抗器；3—电炉变压器；4—次级电流互感器；5—短网

8.1　电弧炉的机械设备

8.1.1　电弧炉炉体装置

现代电弧炉的炉体包括炉壳及水冷炉壁、水冷炉门及开启机构、偏心炉底出钢箱及出钢口开启机构、水冷炉盖及电极密封圈等。

8.1.1.1 炉壳与炉衬

炉壳由钢板焊成，其厚度可由经验式确定：

$$\delta \leq \frac{D_k}{200} \tag{8-1}$$

式中，δ 为炉壳厚度，mm，大炉子取值可偏小些；D_k 为炉壳内径，mm。整个炉壳分为炉身、炉底及加固圈三部分。炉身为筒形，炉身内径（即 D_k）是炉子的主要参数之一；炉底主要有截锥形与球形，后者适合 40t 以上的电炉，球形炉底具有强度大、耐火材料消耗少及热损失少等优点。

现代电弧炉的炉衬主要指炉壁根部与炉底的内衬（见图 8-2），一般采用碱性炉衬。超高功率电弧炉炉衬，几乎全部采用镁炭砖砌筑，这与现代水冷炉壁技术需要高导热性能的要求有关。

8.1.1.2 水冷炉壁与水冷炉盖

超高功率大型电弧炉要采用水冷炉壁（water-cooled panel）与水冷炉盖（water-cooled cover）。

A 水冷炉壁

水冷炉壁，也称水冷挂渣炉壁，其工作原理是：水冷炉壁使用开始时，挂渣块表面温度远低于炉内温度，炉渣、烟尘与水冷块表面接触就会迅速凝固，结果就会使水冷块表面逐渐挂起一层由炉渣和烟尘组成的保护层。当挂渣层的厚度不断增长，直至其表面温度逐渐升高到挂渣的熔化温度时，挂渣层的厚度保持相对稳定态。如果挂渣壁的热负荷进一步增加，挂渣层会自动熔化、减薄直至全部剥落，由于挂渣块的水冷作用，挂渣层表面温度迅速降低，炉渣和烟尘又会重新在挂渣块表面凝固增厚。水冷块受热面的挂渣层受它自身的热平衡控制，自发地保持一定的平衡厚度，从而使水冷炉壁寿命长久。

水冷炉壁的形式主要有板式、管式及喷淋式等，但应用比较普遍的是管式水冷炉壁。

（1）板式水冷挂渣炉壁（如图 8-3 所示）。它用锅炉钢板焊接，水冷壁内用导流板分隔为冷却水流道，其流道截面可根据炉壁热负荷来确定，热工作表面镶挂渣钉或挂渣的凹形槽。

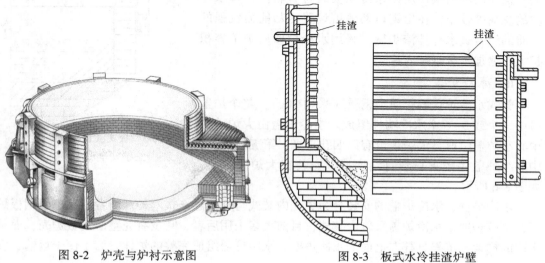

图 8-2　炉壳与炉衬示意图　　　　　图 8-3　板式水冷挂渣炉壁

（2）管式水冷炉壁（如图 8-4 所示）。它用锅炉钢管（采用 20g）制成，整个水冷炉壁由 6~12 个水冷构件组成。有的在钢质水冷炉壁最下面靠近渣线附近设置铜质水冷炉壁块，目的是增加水冷炉壁使用面积，提高其传热效果。

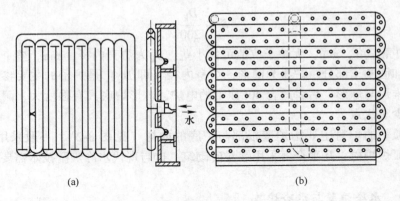

图 8-4　管式水冷挂渣炉壁
(a) 密排垂直管；(b) 密排水平管

（3）板式或管式水冷挂渣炉壁结构的特点为：

1）适用于炉壁热流 0.22~1.26MW/m² 的高热负荷，适用于高功率和超高功率电弧炉。

2）结构坚固，能承受炉料撞击或炉料搭接打弧以及吹氧不当造成的过热。

3）具有良好的挂渣能力，通过挂渣厚度调节炉壁的热负荷。

4）利用分离炉壳，易于水冷壁更换，同时可将漏水引出炉外，操作安全，如图 8-5 所示。

对于偏心炉底出钢电炉，水冷炉壁布置在距渣线 200mm 以上的炉壁上，占炉壁面积的 80%~85%。全水冷挂渣炉壁各块宽度基本相同，高度与炉内所在部位有关。操作门和出钢口所用水冷块安装位置较高，其水冷块的总高度较小，在出钢口两侧可设置冷却能力较强的铜质的组合式水冷挂渣炉壁。采用水冷炉壁后炉子容积扩大，增加了废钢装入量。

B　水冷炉盖

管式水冷炉盖的材质为钢质（采用 20g），整个炉盖可由一个或 5~6 个水冷构件组成。水冷炉盖由大炉盖与中心小炉盖组成，大炉盖设有第四孔排烟，第五孔加料；中心小炉盖用耐火材料打结而成，安装在大炉盖中心，如图 8-6 所示。

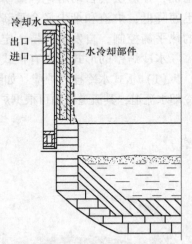

图 8-5　板式或管式水冷挂渣炉壁安全水冷系统

水冷炉壁、水冷炉盖的安装分为炉壳内装式与框架悬挂式两种。前者有完整的钢板炉壳，水冷炉壁、水冷炉盖采取内装式；目前大多采用后者，它没有完整的钢板炉壳，而是水冷的框架，依靠悬挂在上面的水冷炉壁、水冷炉盖组成完整的炉体。为了便于运输、安装、维护以及提高寿命，将装有水冷炉壁的整个炉体制成上、下两部分，在水冷炉壁的下沿与炉底及渣线分开，采用法兰连接。

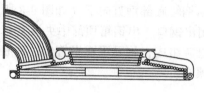

8.1.1.3 炉门

炉门（也称工作门）主要用于熔池的搅拌、钢水的测温取样、补炉等操作，由金属门框、炉门和炉门升降机构三部分组成。炉门框起保护炉门附近炉衬和加强炉壳的作用，一般用钢板焊成或采用铸钢件，内部通水冷却；为使炉门与门框贴紧，门框水箱壁做成 $5° \sim 10°$ 的斜面。通常采用空心水冷的炉门。炉门的升降机构可通过液压传动或电动等方式实现。要求炉门结构严密，升降平稳灵活，升降机构牢固可靠。炉门的大小应以便于观察、修补炉底和炉坡为宜。

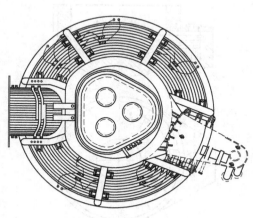

图 8-6 电弧炉水冷炉盖

8.1.1.4 偏心炉底出钢箱

出钢方式分为槽式出钢、偏心底出钢（EBT）、中心底出钢（CBT）、滑动水口式出钢等。超高功率电弧炉配合炉外精炼完成炼钢任务，要求做到无渣出钢，通常采用 EBT 出钢方式。

传统的槽式出钢电炉（如图 8-7 所示），出钢口为一圆形（直径约 $150 \sim 250mm$）或矩形孔，正对炉门，位于熔池渣液面上方。熔炼过程中用镁砂或碎石灰块堵塞，出钢时用钢钎打开。流钢槽用钢板焊成梯形，内砌高铝砖或用沥青浸煮过的黏土砖，或采用预制整块的流钢槽砖（用高铝质、铝镁质、高温水泥质捣打成型）。为避免冶炼过程中钢液溢出，流钢槽向上倾斜与水平面成 $8° \sim 15°$。

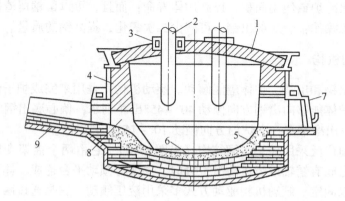

图 8-7 电弧炉炉体结构图
1—炉盖；2—电极；3—水冷圈；4—炉墙；5—炉坡；
6—炉底；7—炉门；8—出钢口；9—出钢槽

偏心炉底出钢法（eccentric bottom tapping，EBT），将传统电炉的出钢槽改成出钢箱，出钢口在出钢箱底部垂直向下（如图8-8所示）。出钢口下部设有出钢口开闭机构（见图8-9）。开闭出钢口，出钢箱顶部中央设有塞盖，以便出钢口填料与维护。出钢口由外部套砖和内部管砖组成，均采用镁炭管砖，内径一般为140~260mm。管砖和套砖之间使用镁砂干打料填充。

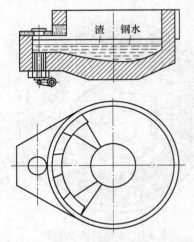

图 8-8　偏心炉底出钢电弧炉炉型简图

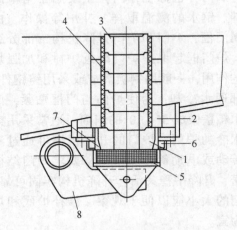

图 8-9　炉底出钢机构

1—底砖；2—出钢砖；3—出钢管；4—混合可塑料；
5—石墨板；6—水冷；7—底环；8—盖板

出钢时，向出钢侧倾动少许（约3°）后，开启出钢机构，填料在钢液静压力作用下自动下落，钢液流入钢包，实现自动开浇出钢。当钢液出至要求的约95%时迅速回倾以防止下渣，回倾过程还有约5%的钢液和少许炉渣流入钢包中。电炉摇正后（炉中留钢量一般控制在10%~15%，留渣量不小于95%），检查维护出钢口，关闭出钢口，加填料（即引流砂，为 MgO 基的颗粒状耐火材料），装废钢，起弧。

EBT 出钢方式，电炉只需倾动 12°~15° 便可出净钢液，简化了电炉倾动结构，降低短网的阻抗，增加水冷炉壁使用面积，提高炉体寿命；而且，可以留钢留渣操作，做到无渣出钢，有利于精炼操作；炉底部出钢，可减少二次氧化，提高钢的质量。

8.1.2　电炉倾动机构

为了电炉的出钢和出渣，炉体应能倾动。倾动机构就是用来完成炉子倾动的装置。槽式出钢电炉要求炉体能够向出钢方向倾动 40°~45° 出净钢水，偏心底出钢电炉要求向出钢方向倾动 12°~15° 出净钢水；向炉门方向倾动 10°~15° 以利出渣。

倾动机构目前广泛采用摇架底倾结构（见图8-10），它由两个摇架支持在相应的导轨上，导轨与摇架之间有销轴或齿条防滑、导向。摇架与倾动平台连成一体。炉体坐落在倾动平台上，并加以固定。倾动机构驱动方式多采用液压倾动。它是通过两个柱塞油缸推动摇架，使炉体倾动，回倾一般靠炉体自重。

为了防止炉渣进入钢包中，偏心底出钢电炉采取提高电炉的回倾速度，由正常的 1°/s 提高至 3~4°/s，因此要求用活塞油缸。

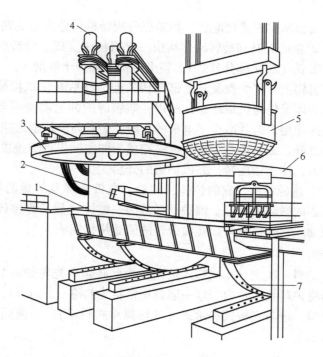

图 8-10　炉盖旋开式电炉

1—电炉平台；2—出钢槽；3—炉盖；4—石墨电极；5—装料罐；6—炉体；7—倾炉摇架

8.1.3　电极升降机构

电极升降机构由电极夹持器、横臂、立柱及传动机构等组成。它的任务是夹紧、放松、升降电极和输入电流。

（1）电极夹持器（卡头、夹头）。电极夹持器多用铜或用内衬铜质的钢夹头，铬青铜的强度高，导电性好。夹持器的夹紧常用弹簧（碟簧），而放松则采用气动或液压。碟簧与气缸可位于电极横臂内，或在电极横臂的上方或侧部。

（2）横臂。横臂是用来支持电极夹头和布置二次导体。横臂要有足够的强度。大电炉常设计成水冷的。近年来出现的铜钢复合导电横臂和铝合金导电横臂，断面形状为矩形，内部通水冷却。铝合金臂装置轻，进一步提高了电极升降的速度和控制性能；由于震动衰减可改善电弧的稳定性，电弧功率增大，因此铝合金臂已得到了广泛应用。

（3）电极立柱。电极立柱采用钢质结构，它与横臂连接成一个 Γ 型结构，通过传动机构使矩形立柱沿着固定在倾动平台上的导向轮升降，故常称为活动立柱。

（4）电极升降驱动机构。电极升降驱动机构的传动方式有电机传动与液压传动。液压传动系统的启动、制动快，控制灵敏，速度高达 6~10m/min，大型先进电炉均采用液压传动，而且用大活塞油缸。

8.1.4　炉顶装料系统

8.1.4.1　炉盖提升旋转机构

炉盖旋转式（见图 8-10）与炉体开出式相比较，它的优点是装料迅速、占地面积小、金属结构重量轻以及容易实现优化配置。炉盖提升旋转机构分为落地式和共平台式。

（1）落地式。炉盖的提升和旋转动作均由一套机构来完成。升转机构有自己的基础，且与炉子基础分开布置（故又称分列式），整个机构不随炉子倾动。

装料时，升转机构上升将炉盖及其上部结构顶起，然后升转机构旋转，将炉盖旋开。由于炉盖旋开后与炉体无任何机械联系，所以，装料时的冲击震动不会波及炉盖和电极，因而也延长了炉盖的使用寿命并减少了电极的折断。炉盖与旋转架之间用连杆固定。

大炉子炉盖的提升、旋转由两个液压缸来完成，即主轴先将炉盖顶起，然后在主轴下部的液压缸施径向力，使主轴旋转，完成炉盖的开启。

（2）共平台式。这种结构，它的炉体、倾动、电极升降及炉盖的提升旋转机构全都设置在一个大而坚固的倾动平台上。因炉子基础为一整体（故又称整体式），整个升、转机构随炉体一起倾动。它的提升与旋转由分开的两套机构完成。

8.1.4.2　料罐

炉顶装料是将炉料一次或分几次装入炉内，为此必须事先将炉料装入专门的容器内，然后通过这一容器将炉料装入炉内，这一容器通常称为料罐（bucket），也称料斗或料筐。料罐主要有两种类型：链条底板式和蛤式（又称抓斗式料罐）。目前国内大多采用链条底板式料罐（见图8-11）。

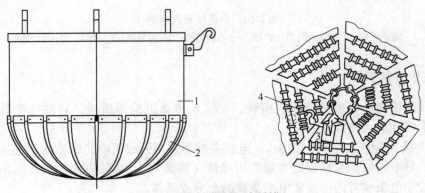

图 8-11　链条底板式料罐

1—圆筒形罐体；2—链条板；3—脱锁挂钩；4—脱锁装置

8.2　电弧炉的电气设备

电炉电气设备包括主电路设备和电控设备。一般电炉炼钢车间的供电系统有两个：一个系统由高压电缆直接供给电炉变压器，然后送到电极，这段线路称为电弧炉的主电路；另一个系统由高压电缆供给工厂变电所，再送到需要用电的其他低压设备上，包括电炉的电控设备，如高压控制柜、操作台及电极升降调节器等。

8.2.1　电弧炉的主电路

电弧炉的主电路如图8-12所示，主要由隔离开关、高压断路器、电抗器、电炉变压器及低压短网等几部分组成，其作用是实现电-热转换，完成冶炼过程。

8.2.1.1 隔离开关

隔离开关（也称进户开关、空气断路开关）主要用于检修设备时断开高压电源，常用三相刀闸开关。开关操作顺序是：送电时先合上隔离开关，后合上高压断路器；停电时先断开高压断路器，后断开隔离开关。

8.2.1.2 高压断路器

高压断路器是使高压电路在负载下接通或断开，并作为保护开关在电气设备发生故障时自动切断高压电路。电弧炉使用的高压断路器有油开关（最普通）、电磁式空气断路器（又称磁吹开关，适于频繁操作）和真空断路器（适宜比较频繁的操作，可满足功率不断增大的要求，寿命比油开关高40倍）。

8.2.1.3 电抗器

电抗器（reactor）串联在变压器的高压侧，其作用是使电路中感抗增加，以达到稳定电弧和限制短路电流的目的。

对交流电弧来说，电源电压的大小和极性随时间周期性地改变，因而交流电弧适宜采用波形图表示其特性（图 8-13）。

若外电路中电抗 $x=0$，电弧电流 I 与电源电压 U 将同相。在所需的电弧电压 U_{arc} 大于 U 时，电弧熄灭，即 $I=0$。在时间横轴上，电源电压过零点的前后就有一段时间间隔 Δt。在此时间 Δt 中电弧熄灭，电极和四周空间被冷却。这就是交流电弧燃烧不稳定的根源。

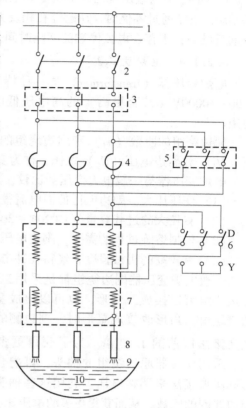

图 8-12　电弧炉主电路简图

1—高压电缆；2—隔离开关；3—高压断路器；

4—电抗器；5—电抗器短路开关；6—电压转换开关；

7—电炉变压器；8—电极；9—电弧；10—金属

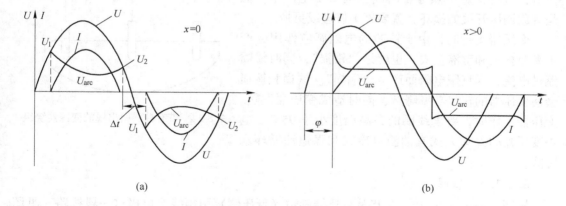

图 8-13　电弧电流和线路电压随时间变化

（a）断续燃烧；（b）连续燃烧

若外电路中存在电抗 $x>0$，使电弧电流 I 与电源电压 U 之间有一相位差 φ。当 U 减小接近于零时，x 两端出现的感应电势和电源电压相加后，仍然大于所需的 U_{arc}，以维持电弧燃烧。在 I 通过零值时，U 已经在相反方向增大到足以使电弧重新点燃的数值，电弧立即重新燃烧，不存在电弧停燃的间隔时间。

8.2.1.4   电炉变压器

电炉变压器（transformer）是一种特制的专用变压器，属于降压变压器，它把高达 $6000\sim10000V$（甚至更高）的高电压低电流变为 $100\sim400V$ 低电压大电流供给电弧炉使用。

原边绕组的匝数（n_1）和副边绕组的匝数（n_2）之比，或变压器在空载下的原边电压（U_1）和副边电压（U_2）之比，称为变压器的变压比（K）。

电炉变压器与一般电力变压器比较，具有如下特点：

（1）变压比大，副边电压低而电流很大，可达几千至几万安培。

（2）有较大的过载容量（约 $20\%\sim30\%$），不会因一般的温升而影响变压器寿命。

（3）根据熔炼过程的需要，副边电压可以调节，以调整功率。

（4）有较高的机械强度，经得住冲击电流和短路电流所引起的机械应力。

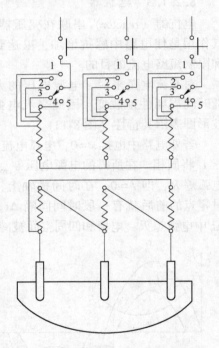

一般电炉变压器副边绕组都是采用三角形接法，原边绕组可以接成三角形，也可以接成星形。当原边绕组由三角形改接成星形时，副边侧的电压是未改变接法以前的 $1/\sqrt{3}$ 倍。为了获得更多的电压级数，采用变压器原边绕组的抽头，再配合变换三角形和星形接法来调整电压。利用这些抽头可以改变原边线圈的匝数，从而获得更多的电压比，因此在变压器的高压侧配有电压抽头调节装置（见图 8-14）。如果使用无载调压装置，在转换电压时必须先断开断路器使变压器停电。用电子计算机程序控制的电弧炉，需使用有载调压开关，调压时不需要变压器停电，可减少炉子热停工时间，提高了生产率，但是有载调压开关如损坏，就要停炉修理或更换。

变压器运行时，由于铁芯的电磁感应作用会产生涡流损失和磁滞损失，也就是"铁损"，同时线圈流过电流，因克服电阻而产生"铜损"。铁损和铜损会使变压器的输出功率降低，同时造成变压器发热。变压器工作时，要求线圈的最高温度小于 $95\,^{\circ}\mathrm{C}$。电炉变压器的冷却方式有油浸自冷式和强迫油循环水冷式。

图 8-14   带有抽头引出线的变压器绕组

8.2.1.5   短网

短网（short network）是指从变压器副边（低压侧）引出线至电极这一段线路（见图 8-1）。它包括硬铜母线（铜排）、挠性电缆、横臂上的导电铜管（或横臂）和石墨电极，这段线路约 $10\sim25\mathrm{m}$。因导体截面很粗，通过的电流很大，又称大电流导体（或大电流线路）。短网中流过的电流很大，故要求水冷。

短网中的电阻和感抗对电炉装置和工艺操作影响很大，在很大程度上决定了电炉的电效率、功率因数以及三相电功率的平衡，特别是对于超高功率交流电弧炉，尤其要注意。为此，必须改进电弧炉的短网结构与布线，以减少电弧炉的无功损耗，克服功率不平衡给冶金过程与设备带来的不良影响。根据电弧炉短网阻抗的计算，可对不同容量的电弧炉按照不同的目的（减少电抗和平衡电抗）来采取不同的布线方案。

由于流有同相位电流的平行导体靠得越近，每个导体上的电抗值越大；流有反方向（或有相位差）电流的平行导体靠得越近，每个导体上的电抗值都减少（与同相位相比），因此产生了交错布线（30t 以上的电弧炉减少电抗）及修正平面布线方案（平衡电抗），如图 8-15、图 8-16 所示。

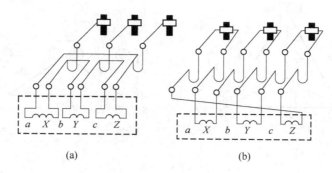

(a)　　　　　　　　　　(b)

图 8-15　交错布线短网示意图

（a）部分交错；（b）全部交错

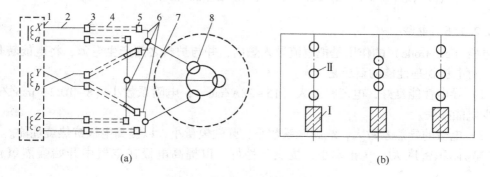

(a)　　　　　　　　　　(b)

图 8-16　综合短网布线示意图

（导电铜管部分属修正平面布线）

（a）短网布线；（b）横臂（Ⅰ）及铜管（Ⅱ）剖面图

1—电炉变压器；2—硬铜母线；3—挠性电缆固定连接端；4—挠性电缆；
5—挠性电缆运动连接端；6—水冷铜管；7—电极横臂；8—电极

修正平面布线的特征是：边相导体相对于中相导体为对称布置，各相导体的惯性中心在空间上位于同一水平面。中相导体的数量及间距减小，边相导体的数量及间距增大。这种布线结构简单，并实现了三相电抗平衡，可用于 30t 以上的大、中型电弧炉。

吸取两种布置的优点，可组成更理想的修正三角形布线等方案，如图 8-17 所示。修正三角形布线时，三相导体的惯性中心在空间位于一个有两个锐角的等腰三角形的三个顶点上，各相的数量相同，中间导体的间距减小，边相导体的间距加大。这种布线结构紧凑，可用于 30t 以上的电弧炉。

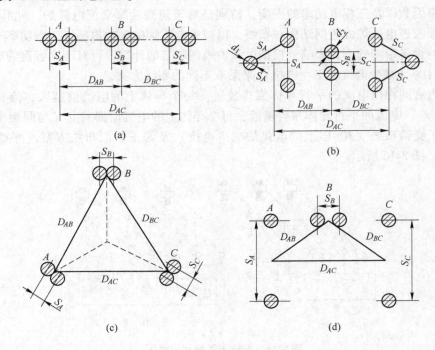

图 8-17 流过线电流的短网导体布置示意图
（a）普通平面布置；（b）修正平面布置；（c）正三角形布置；（d）修正三角形布置

8.2.1.6 电极

电极（electrode）的作用是把电流导入炉内，并与炉料之间产生电弧，将电能转化成热能。对电极物理性能的要求是：

（1）导电性能良好，电流密度大（15~28A/cm^2），电阻系数小（8~10Ω·mm^2/m），以减少电能损失。

（2）电极的导热系数大，线膨胀系数小，弹性模量小，以提高电极抗热震性能。

（3）体积密度大，气孔率小，抗氧化性好，以提高电极在空气中开始强烈氧化的温度。

（4）在高温下具有足够的机械强度和抗弯强度。

（5）几何形状规整，以保证电极和电极夹头之间接触良好。

目前电炉普遍采用石墨电极，石墨电极通常又分为普通功率（RP）电极和超高功率（UHP）电极。电极各部分消耗原因与影响因素见表 8-1。扣除电极折断（含残端损失）后，UHP 电极端部消耗和侧面氧化比例分别为：60%~65%（RP 为 35%~40%）、35%~40%（RP 为 60%~65%）。采用涂层电极、浸渍电极及水冷电极等，可使电极消耗降低 5%~10%，但这些措施只能减少电极侧部氧化消耗。

8.2.1.7 电弧

电弧（electric arc）是气体放电（导电）现象的一种形态。气体放电的形式，按气体放电时产生的光辉亮度不同可分为三种：无声放电（弱）、辉光放电（明亮）、电弧放电（炫目）。

表 8-1 石墨电极消耗的原因与影响因素

消耗类型	电极消耗原因	影 响 因 素
端部消耗	电弧柱高温和温差引起的端部热剥落	电弧电流、端部直径和电极性能，综合为端部电流密度
	电极端石墨的升华	
	化学磨蚀（钢水、熔渣的冲刷和溶解）	端部直径、钢水和熔渣成分
侧面氧化	侧面氧化反应	电弧区气体成分、流速、温度；电极表面温度；电极表面积
电极折断	机械作用造成。常见折断部位有：电极上端接头处螺母孔底部断面；接头折断（常见于接头上端和下端的端面处断面及接头中心断面）	电极质量；塌料；装料、熔化操作不当；电磁力；热应力；电弧区熔渣、钢水和气体的温度差引起的热冲击

电弧炉直流单相线路示意如图 8-18 所示（可按直流讨论交流的瞬间），电弧产生过程示意如图 8-19 所示。电弧炉就是利用电弧产生的高温进行熔炼金属的。从电炉操作的表面现象看，合闸后，首先使电极与钢铁料做瞬间接触，而后拉开一定距离，电弧便开始燃烧起弧。实质上，当两极（电极与钢料）接触时，产生非常大的短路电流（$I_d = 2I_n \sim 4I_n$，I_n 为额定电流），在接触处由于焦耳热而产生赤热点，于是在阴极将有电子逸出。当两极拉开一定距离后（形成气隙），极间就是一个电场（存在一个电位差）。在电场作用下，电子向阳极加速运动，在运动过程中与气体分子、原子碰撞，使气体发生电离。这些电子与新产生的离子、电子在电场中做定向加速运动的过程中又使另外的气体电离。这样电极间隙中的带电质点数目会突然增加，并快速向两极移动，气体导电形成电弧。电流方向由正极流向负极。由此可见，电弧产生过程大致分四步：（1）短路热电子放出；（2）两极分开形成气隙；（3）电子加速运动气体电离；（4）带电质点定向运动，气体导电，形成电弧。这一过程是在一瞬间完成的，电极与钢料交换极性，电流以 50 次/s 改变方向。

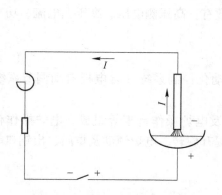

图 8-18 电炉直流单相线路示意图

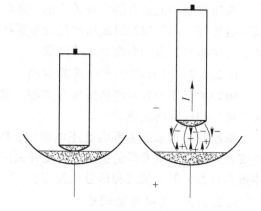

图 8-19 电弧发生过程示意图

炉中电弧电压 U_{arc} 和长度 L_{arc} 的关系可以用如下经验式表示：

$$U_{arc} = \alpha + \beta L_{arc} \tag{8-2}$$

式中，α 为电弧阴极区和阳极区电压降的和，实验值常为 10~20V，它随电极和炉渣的不同而改变；β 为弧柱中的电位梯度，取值（V/mm）：熔化初期 10，熔化中期 3.8，精炼期 1.1。电弧炉供电时，电弧长度与电弧电压的关系也可表示为：$L_{arc} = U_{arc} - (30 \sim 50)$。

单相电弧功率 $P'_{arc} = U_{arc} \cdot I$（$I$ 为电弧电流），而电弧截面直径 $D_{arc} \propto I$。由此可知，当功率一定时，低电压、大电流，电弧的状态粗而短；反之，电弧细而长。

当电弧燃烧时，电弧电流便在弧体周围的空间建立起磁场，弧体则处于磁场的包围之中，受到磁场力的作用沿轴向方向产生一个径向压力，并由外向内逐渐增大，这种现象称为电弧的压缩效应。径向压力将推开渣液使电弧下的金属液呈现弯月面状，从而加速钢液搅动和传热过程。

在三相电弧炉中，三个电弧轴线各有不同程度地向着炉衬这一侧偏斜，这个现象称为电弧外偏或电弧外吹。由于外吹作用，弧柱和金属面间夹角减小至 45°~75°，易造成电弧弧焰冲向炉壁，高速抛出钢、渣等质点，在电弧附近渣线上方的炉壁上形成热点，因为热负荷最高，导致化学侵蚀最严重。

电弧的压缩效应和外偏现象称为电弧的电动效应。电弧电流越大，电弧的电动效应也越显著。

电流流过钢液产生磁场，使钢液产生搅动。在高功率炉子上，约有 20%~30% 的电弧热量，由这种搅拌作用传入钢液。每分钟被移动的钢液占钢液总重的 9% 左右。

8.2.2 电弧炉电控设备

电弧炉电控设备包括高低压控制系统及其相应的台柜以及电极自动调节器等。

8.2.2.1 高压控制系统

高压控制系统的基本功能是接通或断开主回路及对主回路进行必要的保护和计量。一般电炉的高压控制系统由高压进线柜（高压隔离开关、熔断器及电压互感器）、真空开关柜（真空断路器及电流互感器）、过电压保护柜（氧化锌避雷器组及阻容吸收器）、三面高压柜，以及置于变压器室墙上的高压隔离开关（带接地开关）组成。

高压控制柜上装有隔离开关手柄、真空断路器、电抗器及变压器的开关、高压仪表和信号装置等。高压控制系统所计量的主要技术参数有：高压侧电压、高压侧电流、功率因数、有功功率、有功电度及无功电度。

8.2.2.2 低压控制系统及其台柜

电炉的低压控制系统由低压开关柜、基础自动化控制系统（含电极自动调节系统）、人机接口相应网络组成。

低压开关柜系统主要由低压电源柜、PLC 柜及电炉操作台柜等组成。电炉操作台柜上安装有控制电极升降的手动、自动开关，炉盖提升旋转、电炉倾动及炉门、出钢口等炉体操作开关，低压仪表和信号装置等。

8.2.2.3 电极自动调节器

电极自动调节系统包括电极升降机构与电极自动调节器，重点是后者。电弧炉对调节器的要求：（1）要有高灵敏度，不灵敏区不大于 6%；（2）惯性要小，速度由零升至最大的 90% 时，需要时间 $t \leqslant 0.3s$，反之 $t \leqslant 0.2s$；（3）调整精度要高，误差不大于 5%。

电极升降自动调节系统由测量、放大、操作等基本元件组成。测量元件测出电流和电压的大小并与规定值进行比较，然后将结果传给放大元件，在放大元件中将信号放大，动作元件接到放大的信号后启动升降机构，以自动调节电极。

按电极升降机构驱动方式的不同，电极升降调节器可以分为机电式调节器和液压式调节器。通常前者用于容量 20t 以下的电弧炉，后者用于 30t 以上的电弧炉。

机电式电极升降调节器类型有：电机放大机-直流电动机式、晶闸管-直流电动机式、晶闸管-转差离合器式、晶闸管-交流力矩电机式和交流变频调速式等。目前主要应用为后两种及微机控制（如图 8-20 所示）。

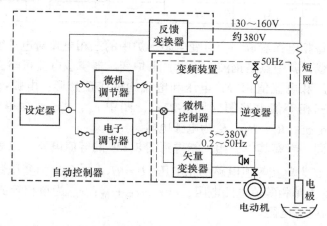

图 8-20　电弧炉微机控制交流电动机变频无级调速自动控制系统单相简化原理框图

液压式调节器（如图 8-21 所示），按控制部分的不同分为：模拟调节器、微机调节器和 PLC 调节器三种形式，前两种已经逐渐被 PLC 调节器取代。目前电炉基本上都是采用可编程序控制器 PLC 控制。

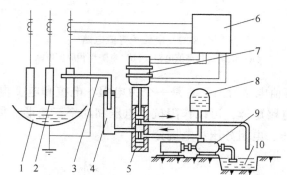

图 8-21　电液随动系统工作原理示意图
1—熔池；2—电极；3—电极升降装置；4—液压缸；5—随动阀；
6—电气控制系统；7—驱动磁铁；8—压力罐；9—液压泵；10—储液池

几种形式电极调节器使用性能及特点见表 8-2。

8.2.3　电弧炉运行的电气特性

从电路的角度来看，电弧炉主电路中的电抗器、变压器与短网等都可用一定的电阻和

表 8-2　几种形式电极调节器使用性能及特点

调节器形式	抗干扰性能	抗冲击、抗振动性	过流、过压接地保护	控制性能	维护工作量	环境温度要求	备件
滑差离合器	中	中	差	差	大	中	较难
单片机	中	中	差	差	大	中	较难
可控硅	差	低	好	中	中	高	较难
PC 机	差	低	好	高	中	高	容易
PLC	高	高	好	高	小	低	容易

电抗来表示，而把每相电弧看成一个可变电阻，炉中的三相电弧对电炉变压器来说是构成 Y 形接法的三相负载，其中点是钢液。假设：电炉变压器空载电流可略去不计；三相电路的阻抗值相等，电压和电流值相等；电压和电流均视作正弦形；电弧可用一可变电阻表示，便可作出电炉三相等值电路图（图 8-22a），图中 r_A、r_B、r_C 为单相电路电阻；x_A、x_B、x_C 为单相电路电抗；R_a、R_b、R_c 为电弧电阻。

设三相情况相同，考察其中一相，能得到图 8-22b 的等值电路，以表示整个电炉在电路上的特性，图中 U 为单相等值电路的相电压，$U = U_2/\sqrt{3}$（U_2 为变压器二次电压）；I 为电弧电流，$I = I_2$；r 为单相等值电路电阻，$r = r_变 + r_网 + r_抗$；x_{OP} 为单相等值电路电抗，$x_{OP} = x_变 + x_网 + x_抗$；R_{arc} 为电弧电阻。

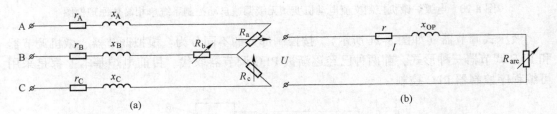

图 8-22　电弧炉等值电路
（a）电炉三相等值电路；（b）电炉单相等值电路

由图 8-22b 单相等值电路看出，它是一个由电阻、电抗和电弧电阻三者串联的电路。按此电路，根据交流电路定律，可以作阻抗、电压和功率三角形，见图 8-23。图中 U_{arc}、U_r、U_x 分别为电弧分压、电阻分压和电抗分压。

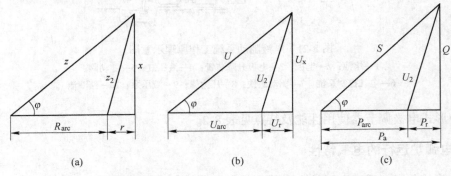

图 8-23　阻抗（a）、电压（b）和功率（c）三角形

上述等值电路由图 8-23 可写出表示电路各有关电气量值表达式，见表 8-3。由表 8-3 中序号 5~序号 13 看出，上述各电气量值，在某一电压下（x、r 一定）均为电流 I 的函数，$E = f(I)$。将它们表示在同一个坐标系中，见图 8-24，便得到理论电气特性曲线。

表 8-3　电路各有关电气量值表达式

序号	参　数	量　纲	符号及计算公式	备　注
1	相电压	V	$U = U_2/\sqrt{3}$	
2	二次电压	V	U_2	
3	总阻抗	MΩ	$z = \sqrt{(r + R_{\text{arc}})^2 + x^2}$	
4	电弧电流	kA	$I = U/z$	
5	表观功率	kV·A	$S = 3IU = 3I^2z$	三相
6	无功功率	kVar	$Q = 3I^2x$	三相
7	有功功率	kW	$P_{\text{a}} = \sqrt{S^2 - Q^2} = 3I\sqrt{U^2 - (IX)^2}$	三相
8	电损失功率	kW	$P_{\text{r}} = 3I^2r = P_{\text{a}} - P_{\text{arc}}$	三相
9	电弧功率	kW	$P_{\text{arc}} = 3I^2R_{\text{arc}} = 3IU_{\text{arc}}$ $= 3I(\sqrt{U^2 - (Ix)^2} - Ir)$	三相
10	电弧电压	V	$U_{\text{arc}} = P_{\text{arc}}/(3I)$	
11	电效率	%	$\eta_{\text{E}} = P_{\text{arc}}/P_{\text{a}}$	
12	功率因数	%	$\cos\varphi = P_{\text{a}}/S$	
13	耐材磨损指数	MW·V/m²	$R_{\text{E}} = U_{\text{arc}}^2 I/d^2$	

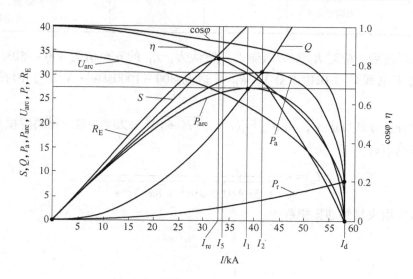

图 8-24　电炉的电气特性曲线

几个特殊工作点（电流点）需予以注意，有关数值列于表 8-4。

耐火材料磨损指数（R_{E}，MW·V/m²），表征炉衬耐火材料的热负荷及电弧辐射对炉壁的损坏程度。其表达式为：

$$R_E = \frac{P'_{arc} U_{arc}}{d^2} = \frac{I U_{arc}^2}{d^2} \tag{8-3}$$

式中，P'_{arc}、U_{arc} 及 d 分别为单相电弧功率（MW）、电弧电压（V）及电极侧部至炉壁衬最短距离（m）。由式（8-3）可知，当 P'_{arc} 增加，R_E 变大；当 P'_{arc} 一定，U_{arc} 减小或 d 增加，均使 R_E 变小，如采用腰鼓形炉型、倾斜电极以及低电压供电等。

表 8-4 几个特殊工作点

特殊点	R_{arc}	I	P_a	P_{arc}	$\cos\varphi$	说明
空载点（0）	$R_{arc} \to \infty$	$I_0 = 0$	$P_a = 0$	$U_{arc} = U$ $P_{arc} = 0$	$\cos\varphi \to 1$ $\eta \to 1$	没有电流产生，无热量放出
电弧功率最大点（1）	$R_{arc} = z_2$	$I_1 = \dfrac{U}{\sqrt{2z_2(r+z_2)}}$ $I_1 < I_2$		$P_{arc} = \dfrac{3}{2} \cdot \dfrac{U^2}{r+z_2}$	$\cos\varphi > 0.707$	一般选择 $I_{工作} \leqslant I_1$；为提高 P_{arc}，可提高 I_1，通过提高 U 或降低回路的 x 与 r
有功功率最大点（2）	$R_{arc} = x - r$	$I_2 = \dfrac{\sqrt{2}}{2} \cdot \dfrac{U}{x}$	$P_a = 3I_2^2 x = Q$		$\cos\varphi > 0.707$	$x > r$ 时，才能出现 P_a 最大值；$I_2 > I_1$，选择 $I_{工作}$ 时，主要考虑 I_1
短路点（d）	$R_{arc} = 0$	$I_d = \dfrac{U}{z_2}$ $I_d/I_n \geqslant 2 \sim 3$ （I_n 为额定电流）	$P_a = P_r = 3I^2 r$	$P_{arc} = 0$	$\cos\varphi_d \neq 0$ $\eta = 0$	要求短路电流尽量小，短路时间尽量短。操作短路应限制，提高电路电抗可限制短路电流

当电弧暴露后，应对 R_E 加以限制。一般认为，R_E 的安全值为 $400 \sim 450$MW·V/m²。对于超高功率电弧炉（UHP-EAF），R_E 可达到 $800 \sim 1000$MW·V/m²，因此必须采取措施。

用数学分析方法可求出，当 $R_{arc} = (r + \sqrt{9r^2 + 8x^2})/2$ 时，耐火材料磨损指数有最大值，此时电流为：

$$I_{re} = \frac{U}{\sqrt{(1.5r + 0.5\sqrt{9r^2 + 8x^2})^2 + x^2}} \tag{8-4}$$

对应最大耐火材料磨损指数为：

$$R_{E, max} = \frac{I_{re}^3 R_{arc}^2}{d^2}$$

8.2.4 供电制度的确定

供电制度（power supply system）指电炉冶炼各阶段所采取的电压与电流。从供电曲线表面上看，当能量供给制度确定之后，供电制度实际上就变成了在某一电压下，工作电流的确定。在传统的确定方法中，以"经济电流"概念来确定工作电流，其确定方法也适用超高功率电炉。

8.2.4.1 电流、电压大小与电弧功率的关系

（1）三相电弧功率不平衡度。可表示为：

$$K_{Parc} = \frac{P_{max} - P_{min}}{P_{mean}} \times 100\% \tag{8-5}$$

式中，P_{max}、P_{min} 和 P_{mean} 分别为三相电弧功率中最大的、最小的和三相平均的电弧功率。

因为 $P'_{arc} = I(\sqrt{U^2 - I^2 x^2} - Ir)$，所以：

$$K_{Parc} = f(I, U) \propto \frac{I}{U}$$

当功率一定时，低电压、大电流将使三相电弧功率不平衡度增大，反之减小。

（2）功率因数。因电抗百分数（装置电抗的相对值）为：

$$x\% = \frac{x}{z} = \frac{xI}{U} = \sin\varphi \tag{8-6}$$

所以 $\cos\varphi = \sqrt{1 - (x\%)^2}$。可见，当 x 一定时，低电压、大电流使 $x\%$ 增加，$\cos\varphi$ 降低；反之，$\cos\varphi$ 提高。

UHP 电炉投入初期，由于输入功率成倍提高，R_E 增加许多，炉衬热点区损坏严重，炉衬寿命大幅度降低。为此，首先在供电上采用低电压、大电流的粗短弧供电。粗短弧供电的优点：（1）减少电弧对炉衬辐射，降低 R_E 值，保证炉衬寿命；（2）增加熔池的搅拌与传热效率；（3）稳定电弧，提高电效率。

但早期的 UHP 供电制度，存在诸多不足：（1）超高功率、大电流，使电极消耗大为增加；（2）大电流，使电损失功率增加；（3）低电压、大电流，使 $x\%$ 增加，$\cos\varphi$ 大为降低；（4）低电压、大电流，使三相电弧功率严重不平衡。为此，对 UHP 电炉，应该采取有效措施（见 8.2.1），降低电极消耗，并加强短网改造。

8.2.4.2 经济电流的确定

从电气特性曲线（图 8-24）可以发现：在电流较小时电弧功率随电流增长较快（即变化率 dP_{arc}/dI 大），而电损功率随电流增长缓慢（即变化率 dP_r/dI 小）；当电流增加到较大区域内时，情况恰好相反。这说明在特性曲线上有一点（电流）能使电弧功率与电损功率随电流的变化率相等，即 $dP_{arc}/dI = dP_r/dI$，而这一点对应的电流称为"经济电流"（economic current），用 I_5 表示。电流小于 I_5 时，电弧功率小，熔化得慢；大于 I_5 时，电弧功率增加不多，电损失功率增加不少。另外，在 I_5 附近的 $\cos\varphi$、η 也比较理想。

由电弧功率、电损功率及电弧电流表达式（表 8-3 中的序号 9、8 及 4 的表达式），有关系：

$$P_{arc} \text{ 或 } P_r = f(I) = f[\psi(R_{arc})]$$

P_{arc}、P_r 分别对 R_{arc} 求复合函数的导数，并联立求解得：$R_{arc} = r + \sqrt{4r^2 + x^2}$，此时对应的电流，即为经济电流 I_5：

$$I_5 = \frac{U}{\sqrt{\left(2r + \sqrt{4r^2 + x^2}\right)^2 + x^2}} \tag{8-7}$$

将 I_5/I_1 比值同除以 r 可得: $I_5/I_1 = f(x/r) < 1$, 即 I_5 在 I_1 的左边, 此时 $\cos\varphi$、η 仅与 x/r 比值有关。只有当 x/r 很大时, I_5 才接近 I_1; 实际设计中, 比值 $x/r = 3\sim 5$, 对应 $\cos\varphi = 0.83\sim 0.88$, $\eta = 0.82\sim 0.86$, 而 $I_5/I_1 = 0.81\sim 0.89$, 应该说比较理想, 这比 I_1 时还要好。

8.2.4.3　工作电流的确定

由 $I_{工作} \leqslant I_5 = (0.8 \sim 0.9)I_1$, 并将耐火材料磨损指数 $R_E = IU_{arc}^2/d^2 = f(I)$ 表示在图 8-24 的电气特性曲线中, 可以看出, $I_{工作} = I_5$ 恰好在 R_E 最大值附近。

工作电流的选择必须避开 R_E 峰值, 所选的工作电流不再是在 I_1 左面接近 I_5 的区域, 而是接近 I_1 或超过 I_1 (当然是在 $1.2I_n$ 的范围内)。此种情况, P_{arc} 增加了, 虽然 P_r 有所增加, $\cos\varphi$ 略有降低, 但由于低电压、大电流电弧的状态发生了变化, 成为 "粗短弧" 使电炉传热效率提高, 更主要是炉衬寿命得到保证, R_E 减小。

采用泡沫渣时, 可实现埋弧操作, 此时不用顾及 R_E 的影响, 而采用低电流、高电压的细长弧操作, 那么确定工作电流的原则不变, 仍为 $I_{工作} \leqslant I_5 < I_1$。

$I_{工作} \leqslant I_5$ 是有条件的, 必须考虑变压器额定电流 I_n 允许值, 即设备允许的最大电流 $I_{max} = 1.2I_n$。在电炉变压器选择正确时, 应能保证 I_{max} 接近 I_5, 否则将出现以下情况均对设备不利:

(1) $I_{max} \gg I_5$, 说明变压器选大了 (电流高了), 因为受经济电流概念要求 $I_{工作} \leqslant I_5 \leqslant I_{max}$, 使得变压器能力得不到充分发挥, 否则工作点不合理;

(2) $I_{max} \ll I_5$, 说明变压器选小了 (电流小了), 因为若满足经济电流确定原则: $I_{max} \leqslant I_{工作} \leqslant I_5$, 使得变压器长时间超载运行, 这些对设备都是不利的, 也不经济。

综合考虑, 工作电流选择原则为: $I_{工作} \leqslant I_{max} \leqslant I_5 < I_1$。

当能量供给制度确定之后, 供电制度可根据工艺、设备及炉料等, 选择各阶段电压, 再根据工作电流确定原则来选择工作电流。

思　考　题

8-1　水冷炉壁的基本原理是什么?

8-2　偏心底出钢电炉的结构特点是什么, 其优点有哪些?

8-3　电弧炉主电路由哪几部分组成, 电炉变压器有何特点?

8-4　电弧炉短网指的是什么, 它包括哪几部分导体?

8-5　电极消耗的原因有哪些, 降低电极消耗有何措施?

8-6　试述电弧产生过程。

9 电弧炉炼钢冶炼工艺

9.1 电弧炉炼钢概述

电弧炉炼钢的特点为：

（1）电能为主要热源，熔池温度可以控制，且对钢液无污染，热效率高，可达70%以上；现代电弧炉，采用多种能源，除电能外还有化学能和物理能（超过50%）。

（2）传统电弧炉可以造成还原性气氛；现代电弧炉取消还原期，采用炉外精炼，过程连续化，流程紧凑。

（3）可以消化大量废钢；现代电弧炉采用多种原料，除废钢外还有铁水（生铁）、DRI。

（4）在投资、效率和环保等方面，以电弧炉为代表的短流程具有明显的优越性。

碱性电弧炉炼钢法具有上述优点，能够生产多种高质量合金钢，特别是高合金钢。但也有一定的缺点：一是耗电量较大；二是在电弧作用下，炉中的空气和水汽大量离解，成品钢中含有较多的氢和氮。

当前电炉钢发展对策：

（1）生产高附加值产品。电炉钢较转炉钢成本高，电弧炉如果只生产转炉也能生产的产品，肯定竞争不过转炉，电弧炉必须生产一些高附加值的目前转炉还难以生产的品种。值得指出的是，要生产高附加值产品，必须提高产品的质量，在这方面，应注意两点：

1）强化炉外精炼过程，生产低氧、低硫含量的纯净钢。由于电弧炉冶炼周期的缩短，炉外精炼时间相应地缩短，这就要求在较短的时间内完成脱氧、脱硫、去夹杂的任务，为此，必须开发快速脱氧、脱硫、去夹杂技术，即强化炉外精炼过程。

2）生产低氮电炉钢。电弧炉炼钢和转炉炼钢相比较，在以废钢为原料的电炉冶炼过程中，由于电弧区钢液易吸氮，钢中氮含量较高。为此，研究开发低氮电炉钢生产技术有利于改善电炉钢质量，增加电炉钢品种。

（2）降低成本。以碳钢为例，电炉钢成本中，钢铁料约占60%，电能占10.5%，电极消耗约占5%。我国废钢价格及电费高，因此电炉钢的成本较高。要降低成本，首先要降低钢铁料成本，降低电耗和电极消耗。从这一点出发，有两项电弧炉技术特别值得重视，一是二次燃烧技术，二是电弧炉加铁水技术。

（3）关注环保问题。采取必要措施，减少电弧炉冶炼过程对环境的污染。

9.2 电弧炉冶炼方法

电弧炉一次冶炼方法可分为氧化法（双渣氧化法）、返回吹氧法（双渣还原法）和不氧化法（单渣还原法）。

（1）氧化法（oxidation method）。氧化法的特点是冶炼过程有氧化期，能去碳、去磷、去气、去夹杂，对炉料无特殊要求。传统电弧炉冶炼过程既有氧化期，又有还原期，有利于钢质量的提高。目前，几乎所有的钢种都可以用氧化法冶炼。本章主要介绍氧化法冶炼工艺。

传统电弧炉氧化法冶炼一炉钢的工序，可以分为熔化期、氧化期、还原期，俗称老三期。但是，随着炉外精炼的普及，现代电弧炉炼钢取消还原期，还原精炼任务由炉外精炼完成。

（2）返回吹氧法（back blowing method）。返回吹氧法的特点是冶炼过程中有较短的氧化期，造氧化渣，又造还原渣，能吹氧去碳、去气、去夹杂。但该方法脱磷较难，故炉料应由含低磷返回废钢组成。

返回吹氧法由于采取了小脱碳量、短氧化期，不但能去除有害元素，还可以回收大量的合金元素。此法适合冶炼不锈钢、高速钢等含 Cr、W 高的钢种。

（3）不氧化法（non-oxidizable method）。不氧化法冶炼对炉料的质量有严格的要求，如废钢清洁无锈，干燥，磷含量低。配碳量较准时，可采用不氧化法冶炼。其特点是没有氧化期，没有脱磷、脱碳和去除气体的要求，要求配入的成分在熔化终了时 [C] 和 [P] 应达到氧化末期的水平。此时钢液温度不高，需有 15~20min 的加热升温时间，然后扒除熔化渣进入还原期。由于没有氧化期，可缩短冶炼时间 15min 左右，并可回收废钢中大部分的合金元素，可减少电能、渣料和氧化剂的消耗，对炉衬维护也是有利的，是一种比较经济的冶炼方法。此法适合采用高合金返回废钢冶炼高合金钢，如高温合金钢种。

9.3 传统电弧炉炼钢冶炼工艺

9.3.1 补炉

影响炉衬寿命的主要因素有：炉衬的种类、性质和质量（包括制作、砌筑质量），高温热作用，熔渣的化学侵蚀，弧光的辐射或反射，机械碰撞与振动，操作水平。为了延长炉体寿命，每炉钢出完后，必须检查炉况，进行正常的补炉，如遇特殊情况，还得采用特殊的方式进行修砌垫补。

表 9-1 所示为传统电弧炉炉体结构及主要破损原因，图中黑色表示被侵蚀的部位。

表 9-1　电弧炉炉体结构及主要破损原因

炉衬剖视图		主　要　材　料	主要破损原因
	炉盖	炉盖：高铝砖+铝镁砖 铝镁砖主要用在易损部位（电极孔、排烟孔、中心部位）	弧光辐射，烟尘化学侵蚀
	炉壁	绝热层：10~15mm 石棉板+黏土砖（或镁砖） 工作层：镁炭砖（或沥青镁砂砖）	高温熔渣侵蚀
	炉底	绝热层：10~15mm 石棉板+5~10mm 硅藻土粉+黏土砖 保护层：2~4 层镁砖+0.5mm 镁砂粉填缝 工作层：镁炭砖（或镁砖、沥青镁砂砖）	高温熔渣侵蚀，机械冲刷

现代电弧炉功率水平不断提高，炉衬热负荷急剧增加，致使炉衬寿命降低，为提高炉衬寿命，积极做好炉衬的维护非常必要。在炉料中加入适量轻烧白云石，以增加炉渣中的（MgO）含量，提高炉渣的碱度可降低对炉衬的侵蚀。补炉工作是提高炉衬寿命的重要环节，可有效降低炉衬损耗。

9.3.1.1 补炉部位

炉衬损坏的主要部位是炉壁渣线。渣线受到高温电弧的辐射、渣钢的化学侵蚀与机械冲刷以及冶炼操作等影响损坏严重，尤其是渣线的2号热点区还受到电弧功率大、偏弧等影响，侵蚀严重；出钢口附近因受渣、钢的冲刷也极易减薄，炉门两侧常受热震的作用、流渣的冲刷及操作、与工具的碰撞等，损坏也比较严重。因此，一般电炉在出钢后要对渣线、出钢口及炉门附近等部位进行修补，无论进行喷补或投补，均应重点补好这些部位。

9.3.1.2 补炉材料

碱性电炉人工投补的补炉材料是镁砂、白云石或部分回收的镁砂。所用黏结剂为：湿补时选用卤水（$MgCl_2 \cdot xH_2O$）或水玻璃（$Na_2SiO_4 \cdot yH_2O$）；干补时一般均掺入10%沥青粉。机械喷补材料主要用镁砂、白云石或两者的混合物，还可掺入磷酸盐或硅酸盐等黏结剂。碱性电炉人工投补用的补炉材料，粒度要求：镁砂0.8~3mm，白云石2~5mm，回收镁砂0~8mm，沥青不大于3mm。近年来，电炉采用专门的捣打料用于炉底及炉坡的修补，不但维护操作方便，而且大大地提高炉衬寿命。

9.3.1.3 补炉原则

补炉的原则是：高温、快补、薄补。补炉是将补炉材料喷投到炉衬损坏处，并借助炉内的余热在高温下使新补的耐火材料和原有的炉衬烧结成为一个整体，而这种烧结需要很高的温度才能完成。一般认为，较纯镁砂的烧结温度约为1600℃，白云石的烧结温度约为1540℃。电炉出钢后，炉衬表面温度下降很快，因此应该抓紧时间趁热快补。薄补的目的是为了保证耐火材料良好的烧结。经验表明，新补的厚度一次不应大于30mm，需要补得更厚时，应分层多次进行。在补炉前需将补的部位的残钢残渣扒净，否则在下一炉的冶炼过程中，会因残钢残渣的熔化而使补炉材料剥落。

9.3.1.4 补炉方法

补炉方法可分为人工投补和机械喷补。人工投补，仅适合小炉子。目前，在大型电炉上多采用机械喷补。补炉机的种类较多，主要有离心式补炉机和喷补机两种。

离心补炉机用电动机或气动马达作驱动装置。电动机旋转通过立轴传递到撒料盘。落在撒料盘上的镁砂在离心力作用下，被均匀地抛向炉壁，从而达到补炉的目的。补炉机是用吊车垂直升降的。其缺点是无法局部修补，并且需打开炉盖，使炉膛散热加快，对补炉不利。

喷补机是利用压缩空气将补炉材料喷射到炉衬上。从炉门插入喷枪喷补，对局部熔损严重区域可重点修补，并对维护炉坡、炉底也有效。喷补方法分为湿法和半干法两种。湿法是将喷补料调成泥浆，泥浆含水量一般为25%~30%。半干法喷补的物料较粗，水分一般为5%~10%。喷补器控制调节系统如图9-1所示，喷枪枪口形式如图9-2所示。喷枪枪口包括直管、45°弯管、90°弯管和135°弯管4种形式。喷补料以冶金镁砂为主，黏结剂为硅酸盐和磷酸盐系材料。

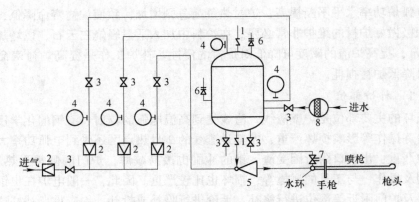

图 9-1　SG-1 型炉衬喷补器控制调节系统示意图

1—蝶阀；2—调压阀；3—截止阀；4—压力表；5—喷射器；6—安全阀；7—针形阀；8—过滤器

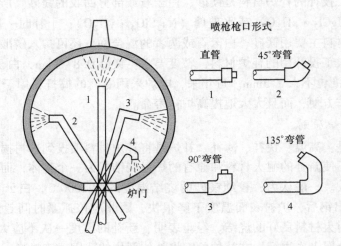

图 9-2　4 种喷枪枪口形式与喷补炉衬部位示意图

9.3.2　装料

电弧炉炼钢的基本炉料是废钢、返回料和增碳剂，有的也配加部分 DRI、铁水（或生铁）与合金料。增碳剂主要有电极粉、焦炭粉。电极粉碳含量在 95% 以上，硫低、灰分低，回收率约 60%~80%，是理想的增碳剂。焦炭粉碳含量约 80%，回收率为 40%~60%，由于价格低廉是电炉普遍采用的增碳剂。

电炉氧化法冶炼，配料计算主要指废钢铁配入量与配碳量的计算。

9.3.2.1　废钢铁配入量

废钢铁配入量（常称配料量）计算公式由平衡式：

$$(G_{配} + \sum g_i)\eta = G$$

整理得：

$$G_{配} = \frac{G}{\eta} - \sum g_i \tag{9-1}$$

式中，$G_配$为废钢铁配入量；G 为出钢量；g_i 为某元素的（补加）合金加入量；η 为炉料的综合收得率，一般为 95%~97%。

氧化法冶炼在进行配料计算时可认为电炉炉内的合金元素为零（即不计炉中残余成分），故某元素的合金加入量为：

$$g_i = \frac{Ga_i}{c_i f_i} \tag{9-2}$$

式中，a_i、c_i、f_i 分别为某元素的控制成分、合金成分及合金的收得率。

9.3.2.2 配碳量

为了保证氧化期的氧化脱碳沸腾，电炉炼钢采用高配碳。一般配碳量为：

配碳量 = 熔损 + 氧化脱碳 - 还原增碳 + 控制成分下限

$\qquad = (0.3\% \sim 0.4\%) + (0.2\% \sim 0.4\%) - (0.02\% \sim 0.05\%) + 控制成分下限$

$$= (0.5\% \sim 0.8\%) + 控制成分下限 \tag{9-3}$$

电炉配料常用生铁或焦炭配碳。用生铁配碳，生铁加入量（$g_铁$）的计算可由下面平衡式推出：

$$g_铁 c = G_配 a - (G_配 - g_铁)b$$

整理得：

$$g_铁 = \frac{G_配(a - b)}{c - b} \tag{9-4}$$

式中，a、b、c 分别为配碳量、废钢碳含量及生铁碳含量（约为 4%）。

[例 9-1] 50t 电炉，采用氧化法冶炼 45 号钢，出钢量为 50t，炉料的综合收得率为 95%，采用低碳废钢（碳含量为 0.2%），求其炉料组成，其他条件见表 9-2。

表 9-2 配料计算有关参数表

元　素	碳	硅	锰	磷	硫
控制成分/%	0.42~0.45	0.25	0.65	≤0.04	≤0.04
合金成分/%		65	65		
合金收得率/%		95	98		

解：（1）求配料量，由式（9-2）、式（9-1）计算如下：

$$g_{Fe\text{-}Si} = \frac{50000 \times 0.25\%}{65\% \times 95\%} = 202\text{kg}$$

$$g_{Fe\text{-}Mn} = \frac{50000 \times 0.65\%}{65\% \times 95\%} = 510\text{kg}$$

$$G_配 = \frac{50000}{95\%} - (202 + 510) = 51920\text{kg}$$

（2）求配碳量，由式（9-3）计算得：

$\qquad a = (0.5\% \sim 0.8\%) + 0.42\% = 0.65\% + 0.42\% = 1.07\%$

（3）求生铁加入量，由式（9-4）计算得：

$$g_铁 = \frac{G_配(a - b)}{c - b} = \frac{51920 \times (1.07\% - 0.2\%)}{4\% - 0.2\%} = 11887\text{kg}$$

（4）炉料组成（配料单）见表9-3。

表 9-3　50t 电炉配料单

配料	配料量	生铁	低碳废钢	补加合金/kg	
				Fe-Si	Fe-Mn
质量/t	51.92	11.89	40.03	202	510

当装入量确定以后，严格按配料单检料，并核对炉料化学成分、料重和种类。特别是冶炼合金钢时，更应防止错装。

合理的块度配比，可保证炉料装入密实，以减少装料次数，并稳定电弧。一般小料占整个料重的 15%～25%（<10kg），中料占 40%～45%（10～50kg），大料占 35%～45%（>50kg）。按照这样的块度配比装料，可使炉内炉料体积密度达到 2500～3500kg/m³。

9.3.2.3　装料操作

电炉一般采用炉顶料罐（料篮）装料，料罐进入炉内桶底不宜距炉底太高。装料操作直接影响到炉料熔化速度、合金元素烧损、电能消耗和炉衬寿命。对装料的要求是速度快、密实、布料合理，尽可能一次装完，或采用先多加后补加的方法装料（即分 1～3 次加入）。

合理布料的顺序为：一般先将部分小块料（约为小块料总量的1/2）装在料罐底部，以免大块料直接冲击炉底，并尽早形成熔池。若用焦炭或碎电极块作增碳剂，可将其放在小块料上，以提高增碳效果。小块料上再装大块料和难熔料，并布置在电弧高温区，以加速熔化。在大块料之间填充小块料，以提高装料密度。中块料一般装在大块料的上面及四周，不仅填充大块料周围空隙，也可加速靠炉壁处的炉料熔化。最上面再铺剩余的小块料，为的是使熔化初期电极能很快"穿井"，减少弧光对炉盖的辐射。

若用生铁块或废铁屑作增碳剂，则应装在大块炉料或难熔炉料上面。若有铁合金随料装入，则应根据各种合金的特点分布在炉内不同位置，以减少合金元素的氧化和蒸发损失。如钨铁、钼铁等不易氧化难熔的合金，可加在电弧高温区，但不应直接加在电极下面。对高温下容易蒸发的合金，如铬铁、金属镍等应加在电弧高温以外靠炉坡附近。

总之，布料时应做到：下致密，上疏松；中间高，四周低，炉门口无大料，使得送电后穿井快，不搭桥，有利熔化的顺利进行。料罐布料情况如图9-3所示。

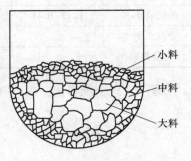

图 9-3　料罐布料示意图

（图中标注：小料、中料、大料）

9.3.3　熔化期

装料完毕，确认设备可以正常运转，开始通电称熔化开始；至炉料熔化完毕，并将熔化的钢液加热到加矿或吹氧氧化所要求的温度时，称熔化期结束。传统工艺，熔化期（melting phase）约占全炉冶炼时间的 50%～70%，熔化过程的电耗，占全炉冶炼总电耗的60%～80%，因此加强熔化期操作，提高炉料熔化速度，是缩短全炉冶炼时间和降低电耗的重要环节。

熔化期的主要任务：

（1）将固体炉料迅速熔化成为均匀的钢液，并加热到氧化温度；

（2）造好熔化渣，去除钢液中 50%～70% 的磷；

（3）减少钢液吸气及金属的挥发和氧化损失。

熔化期的操作主要是合理供电，及时吹氧，提前造渣。其中合理供电制度是使熔化期顺利进行的重要保障。

9.3.3.1 炉料的熔化过程

装料完毕即可通电熔化，但在供电前，应调整好电极，保证整个冶炼过程中不切换电极，并对炉子冷却系统及绝缘情况进行必要的检查。炉内炉料熔化过程大致可分为四个阶段，如图 9-4 所示，与之相应的各个阶段情况不同，所以供电制度也应随之变化（见表 9-4），这样才能保证炉料的快速熔化。

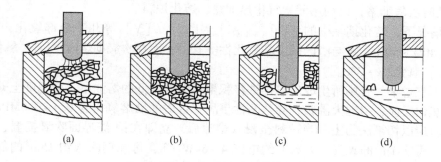

图 9-4　炉料熔化过程示意图

（a）起弧；（b）穿井；（c）主熔化；（d）熔末升温

表 9-4　炉料熔化过程与操作

熔化过程	电极位置	必要条件	办　　法	
起弧期	送电→1.5$d_{电极}$	保护炉顶	较低电压	炉上部布轻废钢
穿井期	1.5$d_{电极}$→炉底	保护炉底	较大电压	石灰垫底
主熔化期	炉底→电弧暴露	快速熔化	最大电压	
熔末升温期	电弧暴露→全熔	保护炉壁	低电压、大电流	炉壁水冷化加泡沫渣

第一阶段——起（点）弧期：通电开始，在电弧的作用下，一少部分元素挥发，并被炉气氧化，生成红棕色的烟雾，从炉中逸出。从送电起弧至电极端部下降 1.5$d_{电极}$ 深度为起弧期（约 2～3min）。此期电流不稳定，电弧在炉顶附近燃烧辐射。二次电压越高，电弧越长，对炉顶辐射越厉害，并且热量损失也越多。为了保护炉顶，在炉上部布一些轻薄小料，以便让电极快速插入料中，以减少电弧对炉顶的辐射；供电上采用较低电压、电流。

第二阶段——穿井期：起弧完了至电极端部下降到炉底为穿井期。此期虽然电弧被炉料所遮蔽，但因不断出现塌料现象，电弧燃烧不稳定，供电上采取较大的二次电压、大电流或采用高电压带电抗操作，以增加穿井的直径与穿井的速度。但应注意保护炉底，办法是：加料前采取石灰垫底，炉中部布大、重废钢以及采用合理的炉型。

第三阶段——主熔化期：电极下降至炉底后开始回升时主熔化期开始。随着炉料不断地熔化，电极渐渐上升，至炉料基本熔化（大于80%），仅炉坡、渣线附近存在少量炉料，电弧开始暴露给炉壁时，主熔化期结束。在主熔化期，由于电弧埋入炉料中，电弧稳定、热效率高、传热条件好，故应以最大功率供电，即采用最高电压、最大电流供电。主熔化期时间占整个熔化期的约70%。

第四阶段——熔末升温期：电弧开始暴露给炉壁至炉料全部熔化为熔末升温期。此阶段因炉壁暴露，尤其是炉壁热点区的暴露受到电弧的强烈辐射，故应注意保护。此时供电上可采取低电压、大电流，否则应采取泡沫渣埋弧工艺。

9.3.3.2 熔化期工艺操作要点

A 吹氧助熔

当电极到底后，炉底已经形成部分熔池，炉料已达到红热程度时（约 $900 \sim 950\,^\circ\mathrm{C}$ 以上），应及时吹氧助熔，以利用元素氧化热加热、熔化炉料。

一般情况下，熔化期钢中的 [Si]、[Al]、[Ti]、[V] 等几乎全部氧化，[Mn]、[P] 氧化40%~50%，这与渣的碱度和氧化性等有关；而在吹氧助熔时，[C] 氧化10%~30%，[Fe] 氧化2%~3%。

吹氧不宜过早，否则所生成的氧化铁将积聚在温度尚低的熔池中，待温度上升时会发生急剧的氧化反应，引起大沸腾，导致恶性事故。合适的助熔氧压为 $0.4 \sim 0.6\mathrm{MPa}$。吹氧助熔开始时应以切割法为主，当炉料全浸入熔池后，立即在钢-渣界面吹氧提温，以尽快熔清废钢。每吹 $1\mathrm{m}^3$ 的氧气，大约节约电能 $4 \sim 6\mathrm{kW \cdot h}$，每吨钢吹入约 $15\mathrm{m}^3$ 的氧气，一般可缩短熔化时间 $20 \sim 30\mathrm{min}$，每吨钢约可节电 $80 \sim 100\mathrm{kW \cdot h}$。

B 造渣及脱磷

一般在装料前，先在炉底上均匀地铺一层石灰（留钢操作、导电炉底等除外），约为装料量的2%~3%，以保护炉底，同时可提前造渣。当炉料熔化至80%左右，应做好去磷的准备工作，调整好有利去磷的熔渣。在熔化中后期，陆续加入碎矿石或氧化铁皮以及补加石灰（一般石灰加入量应在 2.0%~2.5% 以上），加大造渣量，使总渣量在 3%~5% 以上，碱度 2.0~2.5，渣中 $w(\mathrm{FeO})$ 为 15%~20% 左右，使原料中的磷去除70%以上。在炉料熔清后，先是自动流渣，而后扒去大部分熔渣重新造渣，可使氧化期时间大为缩短。

熔化期熔渣大致成分如下：30%~45%CaO，15%~25%SiO$_2$，6%~10%MnO，15%~25%FeO，6%~10%MgO，0.4%~1.0%P$_2$O$_5$。

炉料熔化至90%时，经搅拌后取参考试样，分析钢中 [C]、[P] 等主要元素（及残余元素），确定氧化工艺操作，决定所炼钢种。

当炉料全熔后，根据钢中磷含量高低，进行自动流渣（$w[\mathrm{P}] \leq 0.015\%$、加小矿、倾炉流渣），或扒除部分炉渣（$w[\mathrm{P}] \geq 0.02\%$、扒渣50%~80%），为进入氧化期创造条件。

当炉料熔清，碳含量不能满足所冶炼钢种去碳量的要求时，一般应采取先扒渣增碳、后造新渣的操作方法。

当炉料熔化完毕，一般应有 $10 \sim 15\mathrm{min}$ 的升温时间，在温度合适及渣况良好条件下，便可进入氧化期操作。

9.3.3.3 加速炉料熔化的措施

加速炉料熔化的措施有：

（1）减少非通电时间，如提高机械化、自动化程度，减少装料次数与时间，减少出钢、补炉及接电极等热停工时间；

（2）强化用氧，如吹氧助熔、氧-燃助熔，实现废钢同步熔化，提高废钢熔化速度；

（3）提高变压器输入功率，加快废钢熔化速度；

（4）废钢预热，利用电炉冶炼过程产生的高温废气进行废钢预热等。

9.3.4 氧化期

传统冶炼工艺，当废钢等炉料完全熔化，并达到氧化温度，磷脱除 70% 以上时便进入氧化期（oxidation phase），这一阶段到扒完氧化渣为止。为保证冶金反应的进行，氧化开始温度应高于钢液熔点 50~80℃（达 1480~1500℃）。

9.3.4.1 氧化期的任务

（1）进一步脱磷，使其低于成品规格的一半，一般钢种要求 $w[P]_{氧化} < 0.02\%$；

（2）控制钢中的碳含量，将钢液中的碳脱至规格下限；

（3）去除钢液中气体和非金属夹杂物（利用 [C]-[O] 反应）；

（4）加热和均匀钢水温度，使氧化末期温度高于出钢温度 20~30℃。

氧化期的操作包括造渣与脱磷、氧化与脱碳、去气及去夹杂，以及钢水的温度控制等。

9.3.4.2 造渣与脱磷

对氧化期熔渣的主要要求是：具有足够的氧化性能、合适的碱度与渣量、良好的物理性能，以保证能顺利完成氧化期的任务。好的氧化渣在熔池面上沸腾，溅起时有声响，有波峰，波峰成圆弧形，表明沸腾合适。

传统冶炼方法中氧化期还要继续脱磷，脱磷反应是界面反应，由下列反应组成：

$$2[P] + 5(FeO) = (P_2O_5) + 5[Fe] \qquad \Delta H^{\ominus} = -261.24 \text{kJ/mol}$$

$$(9-5)$$

$$(P_2O_5) + 3(FeO) = (3FeO \cdot P_2O_5) \qquad \Delta H^{\ominus} = -128.52 \text{kJ/mol}$$

$$(9-6)$$

$$(3FeO \cdot P_2O_5) + 4(CaO) = (4CaO \cdot P_2O_5) + 3(FeO) \quad \Delta H^{\ominus} = -546.4 \text{kJ/mol}$$

$$(9-7)$$

$$2[P] + 5(FeO) + 4(CaO) = (4CaO \cdot P_2O_5) + 5[Fe] \quad \Delta H^{\ominus} = -954.24 \text{kJ/mol}$$

$$(9-8)$$

实践证明，以下几点是保证脱磷的良好条件（参见图 2-16）：

（1）熔渣 $w(FeO) = 12\%~20\%$，$R = 2.0~3.0$，$w(CaO)/w(FeO) = 2.5~3.5$，流动性良好；

（2）控制适当偏低的温度（氧化前期）；

（3）采用大渣量（一般控制在 3%~5%）及换渣、流渣操作；

（4）加强钢-渣搅拌作用。

9.3.4.3 氧化与脱碳

按照熔池中氧的来源不同，氧化期操作分为矿石氧化，吹氧氧化及矿、氧综合氧化法三种。

（1）矿石氧化法操作。矿石氧化法是一种间接氧化法，它是利用铁矿石中的高价氧化铁（Fe_2O_3 或 Fe_3O_4），加入到熔池中后，转变成低价氧化铁（FeO），FeO 一部分留在渣中，大部分用于钢液中碳和磷的氧化。

加矿石脱碳时，矿石中的高价铁吸热变为低价氧化亚铁，即：

$$Fe_2O_3 \Longrightarrow 2(FeO) + \frac{1}{2}\{O_2\} \qquad \Delta H^{\ominus} = 340.2kJ/mol \qquad (9\text{-}9)$$

氧化亚铁由熔渣向钢液的反应区扩散转移：

$$(FeO) \Longrightarrow [Fe] + [O] \qquad \Delta H^{\ominus} = 121.38kJ/mol \qquad (9\text{-}10)$$

钢液中氧和碳在反应区进行反应，生成一氧化碳，一氧化碳气体分子长大成气泡，从钢液中上浮逸出，进入炉气。

$$[O] + [C] \Longrightarrow \{CO\} \qquad \Delta H^{\ominus} = -35.742kJ/mol \qquad (9\text{-}11)$$

总的反应式表示为：

$$(FeO) + [C] \Longrightarrow [Fe] + \{CO\} \qquad \Delta H^{\ominus} = 85.638kJ/mol \qquad (9\text{-}12)$$

氧化期加矿温度一般为 1590℃ 以上，矿石宜分配加入，一次加入量不能过大，以防熔池温度降低太多，影响脱碳反应的顺利进行；否则，一旦温度升上来，就会突然发生猛烈的大沸腾，甚至会造成跑钢事故。矿石氧化法脱碳操作要点是：高温、薄渣、分批加矿、均匀激烈的沸腾。

（2）吹氧氧化法操作。吹氧氧化法是一种直接氧化法，即直接向熔池吹入氧气，氧化钢中碳等元素。

当氧气压力足够，吹入钢液中的氧能迅速细化为密集的气泡流。氧气压力愈大则氧气在钢液中愈呈细小的气泡。这些细小的氧气泡在钢液内可与 [C] 进行直接氧化反应，也可与 [C] 进行间接氧化反应。

直接反应为：
$$[C] + \frac{1}{2}\{O_2\} \Longrightarrow \{CO\} \qquad \Delta H^{\ominus} = -115.23kJ/mol \qquad (9\text{-}13)$$

间接反应为：
$$[Fe] + \frac{1}{2}\{O_2\} \Longrightarrow [FeO] \qquad \Delta H^{\ominus} = -238.69kJ/mol \qquad (9\text{-}14)$$

$$[FeO] + [C] \Longrightarrow \{CO\} + [Fe] \qquad \Delta H^{\ominus} = -46.12kJ/mol \qquad (9\text{-}15)$$

在电炉炼钢吹氧脱碳时，脱碳速度一般可达（0.025～0.050）%/min（供氧强度为 $0.5m^3/(t \cdot min)$），但在钢液碳含量低于 0.2%～0.3% 时，随着碳含量的降低，脱碳速度激剧下降。如果钢液中碳含量低时，氧化单位碳量所消耗的氧量就高，可采用增强供氧速度的办法，以保证脱碳速度。

（3）综合氧化法操作。综合氧化法系指氧化前期加矿石，后期吹氧的氧化工艺，并共同完成氧化期的任务。这是传统电炉生产中常用的一种方法。

近些年，强化用氧实践表明：除非钢中磷含量特别高需要采用氧化铁皮（或碎铁矿）造高氧化性熔渣外，均采用吹氧氧化，尤其当脱磷任务不重时，通过强化吹氧氧化钢液降低钢中碳含量。高氧化性、高温、低 CO 分压，有利于脱碳反应的进行。

9.3.4.4　气体与夹杂物的去除

实际上，氧化期脱碳不是目的，而是作为沸腾熔池，去除钢液气体（氢和氮）及夹杂物的手段，以达到清洁钢液的目的。

去气、去夹杂的机理：CO 生成使熔池沸腾，氢、氮易进入 CO 气泡中长大排除；CO 易黏附氧化物夹杂上浮排除；易使氧化物夹杂聚合长大排除。为此，一定要控制好脱碳反应速度，保证熔池有一定的激烈沸腾时间。

生产经验证实，在一般原材料条件下，脱碳速度 $v_C \geq 0.6\%/h$，氧化 0.3% [C] 就可以把气体及夹杂物降低到一定量的范围（夹杂物总量约为 0.01% 以下，$w[H] \approx 0.00035\%$，$w[N] \approx 0.006\%$）。

必须指出，脱碳速度过大（或过多的脱碳量）也不好，容易造成炉渣喷溅、跑钢等事故，对炉体冲刷也严重，同时，过分激烈的沸腾会使钢液上溅而裸露于空气中，增大了吸气趋向。

9.3.4.5 氧化期的温度控制

氧化期的温度控制要兼顾脱磷与脱碳二者的需要，并优先去磷。在氧化前期，应适当控制升温速度，待磷达到要求后再放手提温。

一般要求氧化末期的温度高于出钢温度 20~30℃。这主要考虑两点：扒渣、造新渣及加合金使钢液降温。不允许钢液在还原期升温，否则将使电弧下的钢液过热，大电流弧光反射损坏炉衬，以及易使钢液吸气。电炉冶炼各期钢液温度制度的控制见表 9-5。当钢液的温度、磷、碳等符合要求时，扒除氧化渣、造稀薄渣进入还原期。

表 9-5 冶炼各期的钢液温度制度

钢 种	熔毕碳 $w[C]/\%$	氧化温度/℃	扒渣温度/℃	出钢温度/℃
低碳钢	0.6~0.9	1590/1620	1640/1660	1620/1640
中碳钢	0.9~1.3	1580/1610	1630/1650	1610/1630
高碳钢	≥1.30	1570/1600	1610/1640	1590/1620

9.3.4.6 增碳

如果氧化期结束时，钢液碳含量低于规格中限 0.08% 以上时（还原期增碳及加入合金增碳不能进入钢种规格时），则应在扒除氧化渣后对钢液进行增碳。

增碳剂一般采用经过干燥的焦炭粉或电极粉。搅拌钢液可加快已经溶解的碳由钢液表面向内部扩散，提高回收率。

在正常情况下，焦炭粉的回收率为 40%~60%，电极粉为 60%~80%，喷粉增碳为 70%~80%，生铁增碳时则为 100%（增碳量小于 0.05%）。增碳剂的用量（kg）计算式为：

$$增碳剂用量 = \frac{钢水量 \times 增碳量}{增碳剂碳含量 \times 收得率} \tag{9-16}$$

9.3.4.7 几种情况的处理

传统工艺在处理去磷和脱碳的关系时，应遵守以下工艺操作制度：在氧化顺序上，先磷后碳；在温度控制上，先低温后高温；在造渣上先大渣量去磷，后薄渣层脱碳；在供氧上，应先矿后氧。有时在熔清后，钢液中的 [C]、[P] 成分不理想，在氧化操作中应该采取有效措施。

（1）碳高、磷高。操作特点是前期低温脱磷，采用自动流渣和扒渣操作有限地脱磷（注意熔渣碱度、渣中（FeO）含量）。当温度上升后，吹氧脱碳，此时应调整熔渣（FeO）含量，有利快速脱碳。开始吹氧脱碳之前，应分析钢液磷含量，磷合适时（$w[P]$ <0.04%）再吹氧脱碳。

（2）碳高、磷低。此种情况以脱碳为主。在熔化期扒除部分熔化渣，造氧化性高的氧化渣。在吹氧脱碳和供电升温的过程中，磷可大部分进入熔渣，磷在自动流渣时去除。吹氧的脱碳量可由吹氧量控制，当碳合适后即可扒除部分氧化渣，进行纯沸腾。

（3）碳低、磷高。这时应集中力量去磷，然后增碳，当温度上来后，再制造脱碳沸腾直至满足工艺要求为止。

（4）碳低、磷低。这时的操作主要是增碳，然后再脱碳激烈沸腾，与此同时快速升温。如果炉料质量较好，即杂质较少，而激烈沸腾时间不够时，也可借助于直接吹入氩气或吹 CO 气体来弥补熔池的沸腾，以满足工艺要求。

9.3.5　还原期

从氧化末期扒渣完毕到出钢这段时间称为还原期（reduction phase）。电炉有还原期是传统电炉炼钢法的重要特点之一，而现代电炉冶炼工艺的主要差别是将还原期移至炉外进行。

9.3.5.1　还原期的任务

（1）使钢液脱氧，尽可能去除钢液中溶解的氧量（不大于 0.002%～0.003%）和氧化物夹杂。

（2）将钢中的硫含量去除到小于钢种规格要求，一般钢种 $w[S]$<0.045%，优质钢 $w[S]$ 为 0.02%～0.03%。

（3）调整钢液合金成分，保证成品钢中所有元素的含量都符合标准要求。

（4）调整炉渣成分，使炉渣碱度合适，流动性良好，有利脱氧和去硫。

（5）调整钢液温度，确保冶炼正常进行并有良好的浇注温度。

这些任务互相之间有着密切的联系，一般认为脱氧是核心，温度是条件，造渣是保证。

9.3.5.2　钢液的脱氧

在电炉炼钢过程中，脱氧方法主要有沉淀脱氧和扩散脱氧，电炉常用综合脱氧法。

A　脱氧反应

电炉炼钢中沉淀脱氧常用的脱氧剂有：Mn、Si 和 Al 等，其脱氧反应为：

$$[Mn] + [O] \Longrightarrow (MnO) \qquad \Delta G^{\ominus} = -244300 + 107.6T \text{ J/mol} \qquad (9\text{-}17)$$

$$[Si] + 2[O] \Longrightarrow SiO_2(s) \qquad \Delta G^{\ominus} = -576440 + 218.2T \text{ J/mol} \qquad (9\text{-}18)$$

$$2[Al] + 3[O] \Longrightarrow Al_2O_3(s) \qquad \Delta G^{\ominus} = -1242400 + 394.93T \text{ J/mol} \qquad (9\text{-}19)$$

可以看出，铝、硅的脱氧能力远大于锰的脱氧能力，但对大多数钢种锰又是不可缺少的脱氧元素。

当锰和硅、铝同时使用时，锰能提高硅和铝的脱氧能力（见图 9-5），同时也使本身的脱氧能力有所增强。硅钙合金常用于高质量钢的脱氧上，它不但具有很强的脱氧能力，而且具有很强的脱硫能力，也是非金属夹杂物（Al_2O_3、MnS）的变形剂。

电炉还原期扩散脱氧时，向熔渣内加入炭粉、硅铁粉、铝粉、硅钙粉和电石等脱氧剂，硅、钙、铝在渣中的脱氧反应为：

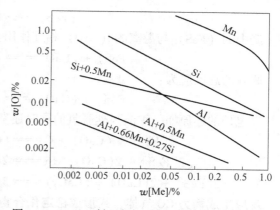

图 9-5 1600℃时锰对硅、铝元素脱氧能力的影响

$$2(FeO) + Si \Longrightarrow (SiO_2) + 2[Fe] \tag{9-20}$$

$$(FeO) + Ca \Longrightarrow (CaO) + [Fe] \tag{9-21}$$

$$3(FeO) + 2Al \Longrightarrow (Al_2O_3) + 3[Fe] \tag{9-22}$$

电石（CaC_2）是一种脱氧能力很强的脱氧剂，若与炭粉配合使用，脱氧效果更好。

B 脱氧操作

还原操作以脱氧为核心，脱氧操作如下：

（1）当钢液的温度、磷、碳等符合要求时，扒除氧化渣；

（2）加 Fe-Mn、Fe-Si 块等沉淀脱氧，进行预脱氧；

（3）加石灰、萤石、火砖块，造稀薄渣；

（4）稀薄渣形成后进入还原，加炭粉、硅铁粉及铝粉等进行扩散脱氧，并封闭炉门等开口处，保持炉内正压 10~15min，然后每隔 7~10min 加入硅铁与铝粉脱氧，分 3~5 批，并加强搅拌；同时，适当补加石灰及萤石粉造"白渣"；

（5）搅拌、取样、测温；

（6）调整成分进行合金化；

（7）加 Al 或 Ca-Si 块等沉淀脱氧，进行终脱氧；

（8）出钢。

电炉炼钢还原期操作中，采用炭粉、硅铁粉进行扩散脱氧时所形成的渣，因渣在空气中冷却风化后，呈白色粉末而得名"白渣"。扩散脱氧要求经常搅拌熔渣和钢液，使反应更加充分。熔渣逐渐由灰色变白色过程，即渣中氧化铁含量趋近 0.5% 以下的过程。白渣保持时间，（FeO）、（CaC_2）含量及熔渣的流动性，是衡量渣好坏的三个重要标准。

电炉炼钢还原期熔渣碱度控制在 2.0~2.5 的范围内，还原渣系通常采用炭-硅粉白渣（要求严格的钢种）或炭-硅粉混合白渣（一般钢种）。也有采用弱电石渣（渣中（CaC_2）为 1%~2%）还原的，由于这种渣难于与钢液分离，会造成钢中夹渣，因此在出钢前必须加以破坏，但又降低了炉渣的还原性，影响钢液的脱氧。熔炼高硫、高磷的易切削钢时，采用氧化镁-二氧化硅中性渣的还原精炼方法。

9.3.5.3 钢液的脱硫

脱硫的原则是将完全溶解于钢中的 FeS 和部分溶解于钢中的 MnS 转变成为不溶于钢液而能溶于渣中的稳定 CaS，当 CaS 转入到炉渣中而得到去除。

分子理论认为，钢液中硫化物首先向钢-渣界面扩散而进入渣中：

$$[FeS] \longrightarrow (FeS) \tag{9-23}$$

渣中的 (FeS) 与游离的 (CaO) 相互作用：

$$(FeS) + (CaO) = (CaS) + (FeO) \tag{9-24}$$

脱硫的总反应为：

$$[FeS] + (CaO) = (CaS) + (FeO) \tag{9-25}$$

在电炉的还原期，炉渣强烈脱氧的同时还发生如下反应：

$$[FeS] + (CaO) + C = (CaS) + [Fe] + \{CO\} \tag{9-26}$$

$$2[FeS] + 2(CaO) + Si = 2(CaS) + (SiO_2) + 2[Fe] \tag{9-27}$$

$$3[FeS] + 2(CaO) + (CaC_2) = 3(CaS) + 3[Fe] + 2\{CO\} \tag{9-28}$$

反应生成物为 CO 气体，或形成稳定化合物 $2CaO \cdot SiO_2$，这些反应均属不可逆反应。碱性电炉具有充分的脱硫条件，硫完全可以降到 0.02% 以下，甚至达到 0.01%~0.006% 范围，L_S 值可达到 30~50。为此要求还原期熔渣中 (FeO) 含量低（$w(FeO) < 1\%$，甚至小于 0.5%），碱度较高（2.5~3.0），较大的渣量（大于 5%）和合适的温度。

在操作中应加强搅拌，出钢过程应采用大口深坑，钢渣混出。出钢过程的脱硫率一般为 50%~80%。

9.3.5.4 温度控制

氧化末期钢液的合理温度，是控制好还原期温度的基础。在正确估算氧化末期降温、造还原渣降温、合金化降温的基础上，合理供电，能保证进入还原期后在 10~15min 内形成还原渣，并保持这个温度直到出钢。

在供电制度上，加入稀薄渣料后，一般采用中级电压（2~3 级）与大电流化渣，当还原渣一旦形成，应立即减小电压（3~5 级电压），输入中、小电流的供电操作。在温度控制上，应严格避免在还原期进行"后升温"。

出钢温度取决于钢的熔点及出钢到浇注过程的热损失，一般取高出钢种熔点 100~140℃，对于连续铸钢可选取上限，大炉子可取下限。

9.3.5.5 钢液的合金化

炼钢过程中调整钢液合金成分的操作称为合金化（alloying）。传统电炉炼钢的合金化可以在装料、氧化、还原过程中进行，也可在出钢时将合金加到钢包里；一般是在氧化末期、还原初期进行预合金化，在还原末期、出钢前或出钢过程进行合金成分微调。合金化操作主要指合金加入时间与加入的数量。

要求合金元素加入后能迅速熔化、分布均匀，收得率高而且稳定，生成的夹杂物少并能快速上浮，不得使熔池温度波动过大。

A 合金元素的加入原则

（1）根据合金元素与氧的结合能力大小，决定在炉内的加入时间。

对不易氧化的合金元素（如 Co、Ni、Cu、Mo、W 等）多数随炉料装入，少量在氧化期或还原期加入。对较易氧化的元素，如 Mn、Cr（小于 2%），一般在还原初期加入。易氧化的元素，如 V、Nb、Si，一般在还原末期加入，即在钢液和熔渣脱氧良好的情况下加入。对极易氧化的合金元素，如 Al、Ti、B、稀土（La、Ce 等），在出钢过程中加入。一般合金元素加入量大的应早加，加入量少的宜晚加。

（2）熔点高、密度大的合金，其块宜小些，加入后应加强搅拌。

（3）加入量大、易氧化的元素，应烘烤，以便快速熔化。

（4）钢中元素含量严格按厂标压缩规格控制。在许可的条件下，优先使用高碳铁合金，合金成分按中下限偏低控制，以降低钢的生产成本。

另外，脱氧操作和合金化操作也不能截然分开。一般来说，用于脱氧的元素先加，合金化元素后加；脱氧能力比较强且比较贵重的合金元素，应在钢液脱氧良好的情况下加入。如 Al、Ti、B 的加入顺序为：出钢前 2~3min 插铝脱氧、加钛固定氮，出钢过程再加硼以提高硼的收得率。此种情况下，三者的收得率分别为 65%、50%、50%。

B　合金加入量计算

（1）钢液量的校核。当计量不准或钢铁料质量波动时，会使实际钢液量（P）与计划钢液量（P_0）出入较大，因此应首先校核钢液量，以作为正确计算合金料加入量的基础。由于钢中镍和钼的收得率比较稳定，故用镍和钼作为校核元素最为准确，对于不含镍和钼的钢液，也可以用锰元素来校核，但用锰校核的准确性较差。可根据式（9-29）校核钢水量。

$$P = P_0 \frac{\Delta M_0}{\Delta M} \tag{9-29}$$

式中，P 为钢液的实际质量，kg；P_0 为原计划的钢液质量，kg；ΔM 为取样分析校核的元素增量，%；ΔM_0 为按 P_0 计算的元素增量，%。

[**例 9-2**]　原计划钢液质量为 30t，加钼前钼的含量为 0.12%，加钼后计算钼的含量为 0.26%，实际分析为 0.25%。求钢液的实际质量。

解：$P = 30000 \times \dfrac{0.26\% - 0.12\%}{0.25\% - 0.12\%} = 32307 \text{kg}$

由本例可以看出，钢中钼的含量仅差 0.10%，钢液的实际质量就与原计划质量相差 2300kg。然而化学分析往往出现 ±(0.01%~0.03%) 的偏差，这给准确校核钢液量带来困难。因此，式（9-29）只适用于理论上的计算。而实际生产中钢液量的校核一般采用式（9-30）计算：

$$P = \frac{GC}{\Delta M} \tag{9-30}$$

式中，P 为钢液的实际质量，kg；G 为校核元素铁合金补加量，kg；C 为校核元素铁合金的成分，%；ΔM 为取样分析校核元素的增量，%。

[**例 9-3**]　往炉中加入钼铁 15kg，钢液中的钼含量由 0.20% 增到 0.25%，已知钼铁中钼的成分为 60%。求炉中钢液的实际质量。

解：$P = \dfrac{15 \times 60\%}{0.25\% - 0.20\%} = 18000 \text{kg}$

（2）单元素低合金（<4%）加入量的计算。当合金加入量少时，可不计铁合金料加入后使钢液增重产生的影响，可按式（9-31）计算：

$$合金加入量 = \frac{钢液量 \times （规格控制成分\% - 钢中残余成分\%）}{合金成分\% \times 合金元素收得率\%} \tag{9-31}$$

[**例 9-4**]　冶炼 45 钢，出钢量为 25800kg，钢中残锰量为 0.15%，控制锰含量为 0.65%，锰铁含锰量 68%，锰铁中锰收得率为 98%，求锰铁加入量。

解：锰铁加入量 $= \dfrac{25800 \times (0.65\% - 0.15\%)}{68\% \times 98\%} = 193.6\text{kg}$

验算：$w[\text{Mn}] = \dfrac{25800 \times 0.15\% + 193.6 \times 68\% \times 98\%}{25800 + 193.6} \times 100\% = 0.65\%$

（3）单元素高合金（≥4%）加入量的计算。由于铁合金加入量大，加入后钢液明显增重，故应考虑钢液增重产生的影响。计算式为：

$$合金加入量 = \frac{钢液量 \times (规格控制成分\% - 钢中残余成分\%)}{(合金成分\% - 规格控制成分\%) \times 合金元素收得率\%} \tag{9-32}$$

在实际生产中合金加入量在2%以上时应按高合金加入量计算，本式也适用于低合金加入量的计算。

[**例9-5**] 冶炼1Cr13不锈钢，钢液量为10000kg，炉中铬含量为10%，控制铬含量为13%，铬铁含铬量为65%，铬收得率为96%，求铬铁加入量。

解：铬铁加入量 $= \dfrac{10000 \times (13\% - 10\%)}{(65\% - 13\%) \times 96\%} = 601\text{kg}$

验算：$w[\text{Cr}] = \dfrac{10000 \times 10\% + 601 \times 65\% \times 96\%}{10000 + 601} = 13\%$

（4）多元素高合金加入量的计算。加入的合金元素在两种或两种以上，合金成分的总量已达到中、高合金的范围，加入一种合金元素对其他元素在钢中的含量都有影响，采用简单地分别计算是达不到要求的。现场常用补加系数法进行计算。

调整某一钢种化学成分时，铁合金补加系数是：单位质量的不含合金元素的钢水，在用该成分的铁合金换算成该钢种要求的成分时，所应加入的铁合金量。

补加系数法计算共分六步：

1）求炉内钢液量：钢液量=装料量×收得率%，其中收得率为95%~97%。

2）求加入合金料初步用量和初步总用量。

3）求合金料比分。把化学成分规格含量换成相应合金料占有百分数：

$$合金料占有量\% = \frac{规格控制成分\%}{合金料成分\%} \times 100\% \tag{9-33}$$

4）求纯钢液比分——补加系数：

$$铁合金补加系数 = \frac{合金料占有量\%}{纯钢液占有量\%} \times 100\% \tag{9-34}$$

$$纯钢液占有量 = 100\% - 各项合金占有量之和\% \tag{9-35}$$

5）求补加量：用单元素低合金公式分别求出各种铁合金的补加量。

6）求合金料用量及总用量。

[**例9-6**] 冶炼W18Cr4V高速工具钢，装料量为10t，其他数据如下：

成分/%	规格范围	控制成分	炉中成分	Fe-W成分	Fe-Cr成分	Fe-V成分
$w[\text{W}]$	17.5~19.0	18.2	17.6	80	—	—
$w[\text{Cr}]$	3.8~4.4	4.2	3.3	—	70	—
$w[\text{V}]$	1.0~1.4	1.2	0.6	—	—	42

求各种合金料用量。

解：

（1）求炉内钢液量：

$$钢液量 = 10000 \times 97\% = 9700kg$$

（2）求合金料初步用量：

Fe-W $\dfrac{9700 \times (18.2\% - 17.6\%)}{80\%} = 73kg$

Fe-Cr $\dfrac{9700 \times (4.2\% - 3.3\%)}{70\%} = 125kg$

Fe-V $\dfrac{9700 \times (1.2\% - 0.6\%)}{42\%} = 139kg$

合金料初步总用量 $= 73 + 125 + 139 = 337kg$

（3）求合金料比分：

Fe-W $\dfrac{18.2\%}{80\%} \times 100\% = 22.8\%$

Fe-Cr $\dfrac{4.2\%}{70\%} \times 100\% = 6\%$

Fe-V $\dfrac{1.2\%}{42\%} \times 100\% = 2.9\%$

纯钢液占有量 $= 100\% - (22.8\% + 6\% + 2.9\%) = 68.3\%$

（4）求补加系数。补加系数，即纯钢液的合金成分占有量。

Fe-W $\dfrac{22.8}{68.3} = 0.334$

Fe-Cr $\dfrac{6}{68.3} = 0.088$

Fe-V $\dfrac{2.9}{68.3} = 0.043$

（5）求补加合金料量：

Fe-W $337 \times 0.334 = 112.5kg$

Fe-Cr $337 \times 0.088 = 29.5kg$

Fe-V $337 \times 0.043 = 14.5kg$

合计 $112.5 + 29.5 + 14.5 = 156.5kg$

最终钢液量 $= 9700 + 337 + 156.5 = 10193.5kg$

（6）求各合金料加入总量：

Fe-W $73 + 112.5 = 185.5kg$

Fe-Cr $125 + 29.5 = 154.5kg$

Fe-V $139 + 14.5 = 153.5kg$

验算：

$$钢中钨含量 = \frac{原钢液量 \times 钢中残余W含量\% + Fe-W加入总量 \times Fe-W成分\%}{最终钢液量}$$

$$钢中钨含量 = \frac{9700 \times 17.6\% + 185.5 \times 80\%}{10193.5} = 0.182 = 18.2\%$$

验算证明，上述补加合金料的计算是正确的，同样可验算校核钢中铬、钒的含量。

采用补加系数法计算多元高合金料加入量，生产中只要知道合金成分含量，补加系数可以事先计算好，其他几步计算会很快得出结果。

（5）联合计算法。配制一种含碳的铁合金料，要求这种合金料的碳含量与合金元素含量同时满足该钢种规格要求的计算，称为联合计算法。联合计算既能满足钢种配碳量的要求，又能使用廉价的高碳合金料以降低钢的生产成本，在特钢生产中是一种合金料加入量的重要计算方法。

[例 9-7]　钢液量为 15t，钢液中铬含量为 10%，碳含量为 0.20%。现有高碳铬铁铬含量为 65%，碳含量为 7%，低碳铬铁铬含量为 62%，碳含量为 0.42%。要求控制钢液中铬含量为 13%，碳含量为 0.4%，求高碳铬铁和低碳铬铁用量。

第一种解法：先从满足配碳量求出高碳铬铁的加入量。

（1）高碳铬铁加入量 $= \dfrac{15000 \times (0.4\% - 0.2\%)}{7\% - 0.4\%} = 454.5\mathrm{kg}$

（2）加入高碳铬铁后，钢液中铬含量为：

$$钢中铬含量 = \frac{15000 \times 10\% + 454.5 \times 65\%}{15000 + 454.5} = 11.62\%$$

在计算上应算到小数点后两位数才准确。

（3）求低碳铬铁加入量：

$$低碳铬铁加入量 = \frac{15454.5 \times (13\% - 11.62\%)}{62\% - 13\%} = 435.05\mathrm{kg}$$

$$最终钢液量 = 15000 + 454.5 + 435.05 = 15889.55\mathrm{kg}$$

第二种解法：

设加入高碳铬铁为 $x$kg，低碳铬铁为 $y$kg。

$$\begin{cases} x \times 65\% + y \times 62\% = 15000 \times (13\% - 10\%) + (x + y) \times 13\% \\ x \times 7\% + y \times 0.4\% = 15000 \times (0.4\% - 0.2\%) + (x + y) \times 0.4\% \end{cases}$$

$$x = 454.5\mathrm{kg}, \quad y = 436.04\mathrm{kg}$$

9.3.5.6　出钢操作

出钢前必须具备以下条件：

（1）钢的化学成分要进入控制规格范围。

（2）钢液脱氧良好。

（3）炉渣为流动性良好的白渣，碱度合适。

（4）钢液温度合适，确保浇注操作顺利进行。

（5）出钢口应畅通，出钢槽应平整清洁，炉盖要吹扫干净。

（6）出钢前应停止向电极送电，以防触电，并升高电极，特别是 3 号电极。

在多数情况下，传统电炉的出钢操作，是采用大口深坑和钢渣混出的出钢方法，以加速钢渣之间脱氧去硫的化学反应。

出钢完毕，为了防止回磷，根据情况可加入适量的小块石灰或白云石稠渣，并加入约

50mm 以上厚度的炭化稻壳进行保温。

出完钢后，应对钢水包取样和测温，合理确定镇静时间，钢水在包中经过 4~8min 的镇静时间之后，即可浇注。在浇注中间，从包底水口下面接成品钢样，供作成品分析。

传统电炉老三期冶炼工艺操作集熔化、精炼和合金化于一炉，包括熔化期、氧化期和还原期，在炉内既要完成废钢的熔化，钢液的脱磷、脱碳、去气、去除夹杂物以及升温，又要进行钢液的脱氧、脱硫、合金化以及温度、成分的调整，因而冶炼周期很长（200 多分钟），限制了电炉生产率的提高。

9.4 现代电弧炉炼钢冶炼工艺

9.4.1 现代电弧炉炼钢工艺流程

现代电弧炉炼钢工艺流程是：

废钢预热（SPH）—超高功率电弧炉（UHP-EAF）—二次精炼（SR）—连铸（CC）

与传统工艺比较，相当于把熔化期的一部分任务分出去，采用废钢预热，再把还原期的任务移到炉外，并采用熔氧合一的快速冶炼工艺，取代"老三期"一统到底的落后的冶炼工艺，变为高效节能的"短流程"优化流程，见图 9-6。

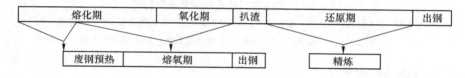

图 9-6　电炉的功能分化图

现代电炉冶炼工艺与传统的电炉冶炼工艺根本区别是：前者必须将电炉与炉外精炼相结合才能生产出成品钢液，电炉的功能变为熔化、升温和必要的精炼（脱磷、脱碳），还原期任务在炉外精炼过程中完成（对钢液进行成分、温度、夹杂物、气体含量等的严格控制）；后者用电炉来生产成品钢。炉外精炼技术的发展和成熟，使电炉冶炼周期缩短，使之与连铸匹配成为可能，同时精炼工序也是一个炼钢与连铸间的缓冲环节。

9.4.2 废钢预热

目前工业应用较为普遍的新型废钢预热的方式主要有以下三种。

9.4.2.1 炉料连续预热电炉

康斯迪电炉（Consteel Furnace）可实现炉料连续预热，也称炉料连续预热电炉（图 9-7）。该形式电炉 20 世纪 80 年代由意大利得兴（Techint）公司开发，1987 年最先在美国的纽柯公司达林顿钢厂（Nucor-Darlington）进行试生产，获得成功后在美国、日本、意大利、中国等国推广使用。

炉料连续预热电炉由炉料连续输送系统、废钢预热系统、电炉熔炼系统、燃烧室及余热回收系统等组成。其工作原理与预热效果是：在连续加料的同时，利用炉子产生的高温废气对行进的炉料进行连续预热，可使废钢入炉前的温度高达 500~600℃，而预热后的废

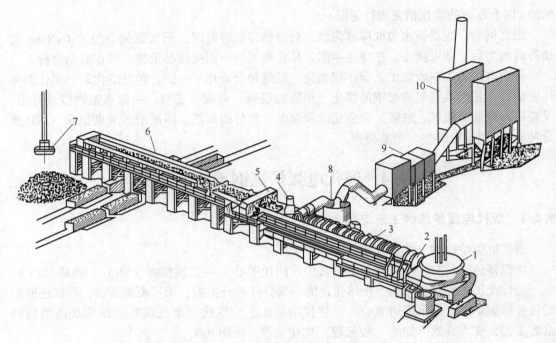

图 9-7　炉料连续预热式电炉系统结构图

1—炉子系统；2—连接小车；3—预热通道；4—动态密封；5—平料装置；6—炉料输送系统；
7—磁盘吊；8—燃烧室；9—锅炉或余热回收系统；10—布袋除尘器

气经燃烧室进入余热回收系统。

炉料连续预热电炉优点：（1）提高了生产率，降低电耗（80~100kW·h/t）和电极消耗；（2）减少了渣中的氧化铁含量，提高了钢水的收得率等；（3）由于废钢炉料在预热过程碳氢化合物全部烧掉，冶炼过程熔池始终保持沸腾，降低了钢中气体含量，提高了钢的质量；（4）变压器利用率高，高达 90% 以上，因而可以降低功率水平；（5）容易与连铸相配合，实现多炉连浇；（6）由于电弧加热钢水，钢水加热废钢，故电弧特别稳定，电网干扰大大减少，不需要用 "SVC" 装置等。其技术经济指标为：节约电耗 100kW·h/t，节约电极 0.75kg/t，增加收得率 1%，增加炭粉 11kg/t，增加吹氧量 8.5m³/t。康斯迪电炉有交流、直流两种类型，不使用氧-燃烧嘴，废钢预热不用燃料，并且实现了 100% 连装废钢。

9.4.2.2　双壳电炉

1992 年日本首先开发第一座新式双壳炉，到 1997 年已有 20 多座投产，其中大部分为直流双壳炉。双壳电炉具有一套供电系统、两个炉体，即 "一电双炉"。一套电极升降装置交替对两个炉体进行供热熔化废钢，如图 9-8 所示。

双壳炉的工作原理是：当熔化炉（No.1）进行熔化时，所产生的高温废气由炉顶排烟孔经燃烧室后进入预热炉（No.2）中进行预热废钢，预热（热交换）后的废气由出钢箱顶部排出、冷却与除尘。每炉钢的第一篮（相当于 60%）废钢可以得到预热。双壳炉的主要特点有：（1）提高变压器的时间利用率，由 70% 提高到 80% 以上，或降低功率水平；（2）缩短冶炼时间，提高生产率 15%~20%；（3）节电 40~50kW·h/t。

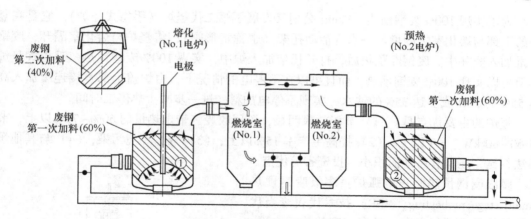

图 9-8 双壳炉工作原理图

9.4.2.3 竖井式电炉

进入 20 世纪 90 年代，德国的 Fuchs 公司研制出新一代电炉——竖井式电炉（简称竖炉）。1992 年首座竖炉在英国的希尔内斯钢厂（Sheerness）投产。竖炉的结构、工作原理（图 9-9）及预热效果为：竖炉炉体为椭圆形，在炉体相当炉顶第四孔（直流炉为第二孔）的位置配置一竖井烟道，并与熔化室连通。装料时，先将大约 60% 废钢直接加入炉中，余下的（约 40%）由竖窑加入，并堆在炉内废钢上面。送电熔化时，炉中产生的高温废气（1400~1600℃）直接对竖井中废钢料进行预热。随着炉膛中的废钢熔化、塌料，竖井中的废钢下落进入炉膛中，废钢温度高达 600~700℃。出钢时，炉盖与竖井一起提升 800mm 左右，炉体倾动，由偏心底出钢口出钢。

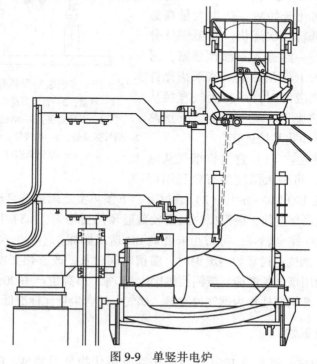

图 9-9 单竖井电炉

为了实现100%废钢预热，Fuchs公司又发展了第二代竖炉（手指式竖炉）。它是在竖井的下部与熔化室之间增加一水冷活动托架（也称指形阀），将竖炉与熔化室隔开，废钢分批加入竖井中。废钢经预热后，打开托架加入炉中，实现100%废钢预热。手指式竖炉不但可以实现100%废钢预热，而且可以在不停电的情况下，由炉盖上部直接连续加入高达55%的DRI或多达35%的铁水，实现不停电加料，进一步减少热停工时间。

竖炉的主要优点是：（1）节能效果明显，可回收废气带走热量的60%~70%以上，节电60~80 kW·h/t以上；（2）提高生产率15%以上；（3）减少环境污染；（4）与其他预热法相比，还具有占地面积小、投资省等优点。

多级废钢预热竖炉电弧炉：多级废钢预热（multi stage preheating，MSP）技术代表着当代废钢预热技术发展方向，具有较高的技术水平。多级废钢预热电弧炉主要结构见图9-10。

多级废钢预热（MSP）是将整个竖炉分上、下两层预热室。上、下两层预热室均可用手指状的算子独立开闭，在废钢进入电弧炉前，可单独分批预热废钢。竖炉位于电弧炉炉盖上方，设有三个工位，即预热位、加料位和维修位。预热位主要是接受废钢和预热废钢；加料位是把预热后的废钢从竖炉加入电弧炉；而维修位是对竖炉及有关部件进行维护。竖炉可在预热位、加料位和维修位往返运行。

电弧炉内废钢熔化开始后，产生大量高温烟气在电弧炉上方进行二次燃烧。高温烟气分成两路进入预热室，一路进入下部预热室，另一路通过旁通管进入上部预热室。该系统允许当上部预热室不预热废钢时，可将废气直接从下部预热室进入预热废钢，废气在上、下预热室之间汇集，与烟气净化系统连接。

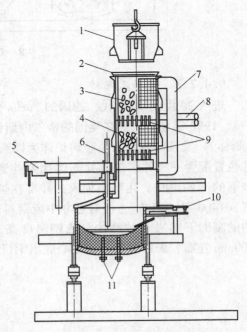

图9-10　多级废钢预热竖炉电弧炉示意图
1—料篮；2—料篮滑动门；3—上预热室；
4—下预热室；5—电极臂；6—电极；
7—烟气旁通管；8—烟气管；9—水冷手指（炉算）；
10—推钢机；11—底电极

MSP竖炉主要特性：（1）直接将烟气从电弧炉引入MSP竖炉，可最大限度地有效利用烟气的能量，省省电耗100 kW·h/t；（2）通过上、下预热室之间烟气自动调节作用，避免上、下室内废钢产生局部过热，废钢预热温度较普通预热器均匀；（3）因电弧炉与手指间空间较大，有利于CO完全燃烧，可防止未燃烧CO造成爆炸；（4）一次能源（煤、天然气、油）高效输入，烟气穿过竖炉内废钢时，滞留时间较长，改善热交换效率；（5）双预热室能最大程度地利用烟气的潜能，废钢预热比达100%，提高生产率20%；（6）竖炉和电弧炉上部紧密结合，废钢料柱作为烟气过滤器，烟气中的含尘量比标准低30%左右。

9.4.3　超高功率电弧炉

超高功率电弧炉这一概念是1964年由美国联合碳化物公司的W. E. Schwabe与西北

钢线材公司的 C. G. Robinson 两个人提出的，并且首先在美国的 135t 电炉上进行了提高变压器功率、增加导线截面等一系列改造，目的是提高生产率，发展电炉炼钢。超高功率简称 UHP（Ultra High Power）。

UHP 一般指电炉变压器的功率是同吨位普通电炉功率的 2~3 倍。UHP 电炉主要优点有：缩短熔化时间，提高生产率；提高电热效率，降低电耗；易于与炉外精炼、连铸相配合，实现高产、优质、低耗的目标。对于 150tUHP 电炉，生产率不低于 100t/h，电耗可达 420~450kW·h/t 以下。表 9-6 所示为当时一座 70t 电炉改造实施超高功率化后的效果。

表 9-6　70t 电弧炉超高功率化的效果

电弧炉	额定功率 /MV·A	熔化时间 /min	冶炼时间 /min	熔化电耗 /kWh·t^{-1}	总电耗 /kWh·t^{-1}	生产率 /t·h^{-1}
普通功率（RP）	20	129	156	538	595	27
超高功率（UHP）	50	40	70	417	465	62

9.4.3.1　UHP 电炉的主要技术特征

（1）具备较高的单位功率水平。功率水平（kV·A/t）是超高功率电弧炉的主要技术特征，它表示每吨钢占有的变压器额定容量，即：

$$功率水平 = \frac{变压器额定容量(kV·A)}{公称容量或实际出钢量(t)} \tag{9-36}$$

并以此区分普通功率（RP）、高功率（HP）和超高功率（UHP）。

目前许多国家均采用功率水平表示方法。1981 年，国际钢铁协会（IISI）在巴西会议上，提出了具体的分类方法，对于 50t 以上的电弧炉：RP 电炉，<400kV·A/t；HP 电炉，400~700kV·A/t；UHP 电炉，>700kV·A/t。对于大容量电炉可取下限。

国内引进的一些高水平电炉，其功率水平较高，如南京钢铁联合公司的 70t/60MV·A，苏州苏兴特钢公司与江阴兴澄钢铁公司的 100t/100MV·A 等。

（2）高的电弧炉变压器功率利用率和时间利用率。功率利用率与时间利用率反映了电炉车间的生产组织、管理、操作及技术水平。功率利用率，是指一炉钢实际输入能量与变压器额定能量的比值，或指一炉钢总的有功能耗与变压器的额定有功能耗的比值，用 C_2 表示。时间利用率，是指一炉钢总通电时间与总冶炼时间之比，用 T_u 表示。

电炉炼钢有关冶炼周期与功率利用率、时间利用率的关系式为：

$$t = (t_2 + t_3) + (t_1 + t_4) = t' + t'' \tag{9-37}$$

$$t' = \frac{W \cdot G \cdot 60}{P_n \cdot \cos\varphi \cdot C_2 + P_化 + P_物} \tag{9-38}$$

$$W = W_电 - W_化 - W_物 \tag{9-39}$$

$$C_2 = \frac{\overline{P_2} \cdot t_2 + \overline{P_3} \cdot t_3}{P_n(t_2 + t_3)} \tag{9-40}$$

$$T_u = \frac{t_2 + t_3}{t_1 + t_2 + t_3 + t_4} = \frac{t'}{t} \tag{9-41}$$

式中，t 为冶炼周期（出钢到出钢时间），min；t_1、t_4 为出钢间隔与热停工时间，即非通电

时间 t''，min；t_2、t_3 为熔化与精炼通电时间，即总通电时间 t'，min；G 为钢液量，t；P_n 为变压器的额定功率，kW；C_2 为功率利用率；$\cos\varphi$ 为功率因数；$P_化$ 为由化学热换算成的电功率，kW；$P_物$ 为由物理热换算成的电功率，kW；W 为冶炼电耗，kW·h/t；$W_电$ 为 $W_化$ 与 $W_物$ 为零的电耗，kW·h/t；$W_化$ 为由于化学热导致的节电，kW·h/t；$W_物$ 为由于物理热导致的节电，kW·h/t；$\overline{P}_2$、$\overline{P}_3$ 为熔化与精炼期平均输入功率，kW。

　　超高功率电弧炉要求 C_2 与 T_u 均大于 0.7，把电弧炉真正作为高速熔器。由上述公式可知：提高时间利用率，即要求缩短冶炼周期（t 减小），则必须减小 t' 和 t''。缩短电炉冶炼周期的技术措施见表 9-7。

表 9-7　缩短电炉冶炼周期技术措施

目　标		缩短电炉冶炼周期（t）的技术措施	
缩短冶炼周期 t	缩短总通电时间 t'	提高 P_n/G	超高功率电炉
			直流电炉
			高阻抗交流电炉
		提高 C_2 及 $\cos\varphi$	长弧泡沫渣操作 → 水冷炉壁
			长弧泡沫渣操作 → 水冷炉盖
			长弧泡沫渣操作 → 优质耐火材料
			导电横臂
			优化短网结构
			优化供电制度
			底吹惰性气体搅拌
		利用化学热 $P_化$	炭氧喷枪
			加入热铁水
			氧-燃烧嘴
			二次燃烧
		利用物理热 $P_物$	加入热铁水，废钢预热
		优化炼钢工艺	偏心底出钢，炉外精炼
	缩短非通电时间 t''		缩短装料时间、减少装料次数
			充分利用补炉机械
			快速测温、取样和分析
			设备的可靠性运行

　　（3）较高的电效率和热效率。电弧炉的平均电效率应不小于 0.9，平均热效率应不小于 0.7。

　　（4）较低的电弧炉短网电阻和电抗，且短网电抗平衡。50t 以下的炉子，其短网电阻和电抗应分别不大于 0.9mΩ 和 2.6mΩ，短网电抗不平衡度应不大于 10%。大于 75t 的电弧炉其短网电阻和电抗应分别不大于 $0.8\ m\Omega$ 和 $2.7m\Omega$，短网电抗不平衡度应不大于7%。

9.4.3.2　工艺操作要点

A　熔氧期

UHP 电炉采用熔、氧结合的方式，完成熔化、升温和必要精炼任务（脱磷、脱碳），把还原精炼任务转移到钢包精炼炉内进行。钢包精炼炉完全可以为初炼钢液提供各种最佳精炼条件，可对钢液进行成分、温度、夹杂物、气体含量等的严格控制，以满足用户对钢材质量越来越严格的要求。

a　快速熔化与升温操作

快速熔化和升温是超高功率电弧炉最重要的功能，将第 1 篮预热废钢加入炉后，此过程即开始进行。超高功率电弧炉以最大的功率供电。氧-燃烧嘴助熔、吹氧助熔和搅拌、底吹搅拌、泡沫渣以及其他强化冶炼和升温等技术，为二次精炼提供成分、温度都符合要求的初炼钢液。

现代电弧炉采用留钢留渣操作，从冶炼一开始即可吹氧。这种吹氧操作的作用，在熔化开始是助熔、化渣，在氧化精炼期是脱碳、搅动熔池和升温。吹氧部位可根据不同的目的来确定：如果是助熔，要求对准红热废钢，切割或造成未熔废钢周围钢液搅动，以促进废钢熔化；如果是脱碳，要求将氧流吹入到熔池较深部位，以提高氧气利用率和增加熔池搅动；如果是造泡沫渣，要求氧枪在熔池较浅的部位（如渣-钢界面处）吹氧，这有利于泡沫渣的形成。

b　脱磷操作

脱磷操作的三要素，即磷在渣-钢间分配的关键因素有：炉渣的氧化性、炉渣碱度和温度。随着渣中 $w(FeO)$、$w(CaO)$ 的升高和温度的降低，磷在渣钢间的分配系数（L_P）明显提高。采取的主要工艺有：

（1）强化吹氧和氧-燃助熔，提高初渣的氧化性。

（2）提前造成氧化性强、氧化钙含量较高的泡沫渣，并充分利用熔化期温度较低的有利条件，提高炉渣脱磷的能力。

（3）及时放掉磷含量高的初渣，并补充新渣，防止温度升高后和出钢时下渣回磷。

（4）采用氧气将石灰与萤石粉直接吹入熔池，脱磷率一般可达 80%，脱硫率接近 50%。

（5）采用无渣出钢技术，严格控制下渣量，把出钢后磷降至最低。一般下渣量可控制在 $2kg/t$，对于 $w(P_2O_5) = 1\%$ 的炉渣，其回磷量不大于 0.001%。

出钢磷含量控制应根据产品规格、合金化等情况综合考虑，一般 $w[P] < 0.02\%$。

c　泡沫渣操作

采用熔、氧结合工艺后，熔池在全熔时，磷就可能进入规格含量，随后的任务就是升温和脱碳。在温度很低时，尽管采用吹氧操作，但由于碳氧反应的温度条件不好，因而反应不良，氧气利用也较差，钢液升温依然主要依靠电弧的加热。若能在这段时间里增大供电功率，并采用埋弧操作，既能保证钢液有效地吸收热量，又能避免强烈弧光的反射对炉衬造成的损坏。

（1）泡沫渣操作的优点。由于电炉泡沫渣技术的出现，其炉渣发泡厚度可达 300～500mm，是电弧长度的 2 倍以上，从而可以使电炉实现埋弧操作。埋弧操作可解决两方面的问题：一方面真正发挥了水冷炉壁的作用，提高炉体寿命；另一重要方面使长弧供电成为可能，即大电压、低电流。它带来了以下优点：1）提高炉衬寿命，降低耐火材料消耗；2）电损失功率降低，电耗减少；3）电极消耗减少；4）三相电弧功率平衡改善；5）功率因数提高。

现代电炉熔池形成得早，因此可采取适当高配碳、提前吹氧使炉渣发泡。电炉泡沫渣操作主要在熔末电弧暴露-氧化末期间进行。它是利用向渣中喷炭粉和吹入的氧气产生的CO气泡，通过渣层而使炉渣泡沫化。良好的泡沫渣要求长时间将电弧埋住，这既要求渣中要有气泡生成，还要求气泡要有一定寿命。

（2）影响泡沫渣的因素：

1）吹氧量。泡沫渣主要是碳-氧反应生成大量的CO所致，因此提高供氧强度既增加了氧气含量，又提高了搅拌强度，促进碳-氧反应激烈进行，使单位时间内的CO气泡发生量增加，在通过渣层排出时，使渣面上涨、渣层加厚。

2）熔池碳含量。碳含量是产生CO气泡的必要条件，如果碳含量不足，将使碳-氧反应乏力，影响泡沫渣生成，这时应及时补碳，以促进CO气泡的生成。

3）炉渣的物理性质。增加炉渣的黏度、降低表面张力和增加炉渣中悬浮质点数量，将提高炉渣的发泡性能和泡沫渣的稳定性。

4）炉渣化学成分。在碱性炼钢炉渣中，（FeO）含量和碱度对泡沫渣高度的影响很大。一般来说，随（FeO）含量升高，炉渣的发泡性能变差，这可能是（FeO）使炉渣中悬浮质点溶解，炉渣黏度降低所致。碱度保持在2.0~2.2附近，泡沫渣高度达到最高点。

5）温度。在炼钢温度范围内，随温度升高，炉渣黏度下降，熔池温度越高，生成泡沫渣的条件越差。

（3）泡沫渣的控制。良好的泡沫渣是通过控制CO气体发生量、渣中（FeO）含量和炉渣碱度来实现的。足够的CO气体量是形成一定高度的泡沫渣的首要条件。形成泡沫渣的气体不仅可以在金属熔池中产生，也可以在炉渣中产生。熔池中产生的气泡主要来自溶解碳和气体氧、溶解氧的反应，其前提是熔池中有足够的碳含量。渣中CO主要是由碳和气体氧、氧化铁等一系列反应产生的，其中碳可以以颗粒形式加入，也可以粉状形式直接喷入。事实证明，喷入细粉可以更快、更有效地形成泡沫渣，产生泡沫渣的气体80%来自渣中，20%来自熔池。熔池产生的细小分散气泡既有利于熔池金属流动，促进冶金反应，又有利于泡沫渣形成；而渣中产生的气体则不会造成熔池金属流动。研究表明：增加炉渣的黏度，降低表面张力，使炉渣的碱度$R=2.0~2.5$，$w(FeO)=15\%~20\%$等，均有利于炉渣的泡沫化。

（4）造泡沫渣方式：

采用喷枪向电炉炉内供氧与喷吹炭粉。一般有两种方式：水冷喷枪或消耗式喷枪。水冷喷枪指电炉炉门炭氧枪，或炉壁炭氧枪。

使用消耗式喷枪造泡沫渣有以下几种机理：

1）向含碳钢水中吹氧。向钢水中吹O_2，发生反应：$[C]+\frac{1}{2}O_2{=}CO$。CO气泡上升到渣层形成泡沫渣。要求钢水中$w[C]$保持在0.2%以上。

2）向炉渣中喷炭粉。当钢水中碳含量不断降低时，再向钢水中吹氧会加速铁元素氧化，使得渣中氧化铁急剧上升，高氧化铁炉渣对炉衬侵蚀加剧，同时也会影响钢水收得率，更会加重脱氧的困难。通过向渣中喷入炭粉，炭粉会还原渣中氧化铁，同时生成 CO 气泡，其反应式为：（FeO）+C ═Fe+CO。反应结果不仅有利于形成泡沫渣，而且还会因为将渣中的一部分铁还原于钢水之中，提高金属收得率。

3）向喷入炭粉的炉渣中吹氧。电炉使用消耗式炭氧枪，一般有三根喷管，其中两根吹氧，一根喷炭粉。向炉渣喷入炭粉的同时，用另一只氧枪插入熔渣，在渣中进行炭粉的氧化反应，反应式：C（喷入）+ $\frac{1}{2}$ O$_2$（渣中）═CO。三只喷枪同时使用造泡沫渣的情况示于图 9-11，使用超声速水冷氧枪时，从喷枪口出来的氧气与炭粉-压缩空气射流也会有以上三方面的多相（固体炭粉颗粒、氧气、CO 气体、渣、钢）反应。

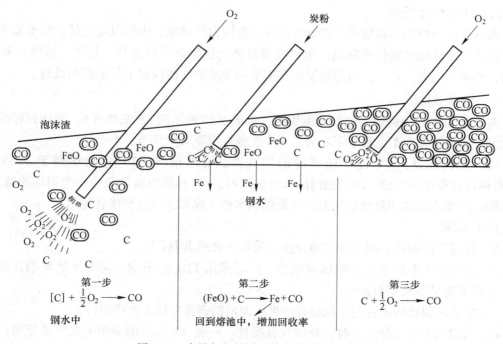

图 9-11 炭枪与氧枪同时使用造泡沫渣机理

使用水冷喷枪造泡沫渣的机理与使用消耗式喷枪类似，只不过水冷喷枪不能插入钢水熔池操作，但从喷头出来的高速射流可以将氧气与炭粉带入钢水熔池与渣层中，反应机理基本相同。

此外，也可使用 DRI 造泡沫渣。DRI 含氧化铁 7%~10%、碳 1.0%~3.0%，在炉内与碳产生化学反应：FeO+C ═Fe+CO（吸热）。粒状或块状的 DRI 加入炉内后，多在钢-渣界面停留。DRI 一般在熔池温度高于 1500℃ 以上加入为宜。

d 脱碳操作

配碳可以用高碳废钢和生铁，也可以用焦炭等含碳材料。后者可以和废钢同时加入炉内，或以粉状喷入。配碳量和碳的加入形式、吹氧方式、供氧强度及炉子配备的功率关系很大，需根据实际情况确定。

电炉配料采用高配碳，其目的主要是：（1）熔化期吹氧助熔时，碳先于铁氧化，从而减少了铁的烧损；（2）渗碳作用可使废钢熔点降低，加速熔化；（3）碳氧反应造成熔池搅拌，促进了钢-渣反应，有利于早期脱磷；（4）在精炼升温期，活跃的碳氧反应，扩大了钢-渣界面，有利于进一步脱磷，也有利于钢液成分和温度的均匀化和气体、夹杂物的上浮；（5）活跃的碳氧反应有助于泡沫渣的形成，提高传热效率，加速升温过程。

　　e　温度控制

　　良好的温度控制是顺利完成冶金过程的保证，如脱磷不但需要高氧化性和高碱度的炉渣，还需要有良好的温度相配合，这就是强调应在早期脱磷的原因，因为那时温度较低有利于脱磷；而在氧化精炼期，为造成活跃的碳氧沸腾，要求有较高的温度（高于1550℃）；为使炉后处理和浇注正常进行，根据所采用的工艺不同要求电弧炉初炼钢水有一定的过热度，以补偿出钢过程、钢包精炼、渣料与合金料加入引起的温降，以及钢液的输送过程中的温度损失。

　　出钢温度应根据不同钢种，充分考虑以上各因素后确定。出钢温度过低，钢水流动性差，浇注后造成短尺或包中凝钢；出钢温度过高，使钢洁净度变坏，铸坯（或锭）缺陷增加，消耗量增大。总之，出钢温度应在能顺利完成浇注的前提下尽量控制低些。

　　B　出钢与精炼

　　电炉（无渣）出钢后，进行还原精炼（如图 9-12 所示的 LF 法精炼）。要达到好的精炼效果，应当从各个工艺环节下功夫，主要要抓好以下几个环节：

　　（1）钢包准备：1）检查透气砖的透气性，清理钢包；2）钢包烘烤至 1200℃；3）将钢包移至出钢工位，向钢包内加入合成渣料；4）根据电弧炉最后一个钢样的结果，确定钢包内加入脱氧剂及合金化剂，以便使钢水初步脱氧并进行初步合金化。

　　（2）出钢：

　　1）根据不同钢种、加入渣量和合金等因素，确定出钢温度。

　　2）超高功率电炉与炉外精炼相配合，广泛采用 EBT 法出钢，同时采用留钢留渣操作，控制下渣量不大于 5kg/t。

　　3）需要深脱硫的钢种在出钢过程中可以向出钢钢流中加入合成渣料。

　　4）当钢水出至三分之一时，开始吹氩搅拌。一般 50t 以上的钢包的氩气流量可以控制在 200L/t 左右（钢水面裸露 1m 左右），使钢水、合成渣、合金充分混合。

　　5）当钢水出至四分之三时将氩气流量降至 100L/min 左右（钢水面裸露 0.5m 左右），以防过度降温。

　　（3）合金化：现代电炉合金化一般是在出钢过程中于钢包内完成，那些不易氧化、熔点又较高的合金，如 Ni、W、Mo 等铁合金可在废钢熔化后加入炉内，但采用留钢操作时应充分考虑前炉留钢对下一炉钢液所造成的成分影响。出钢时要根据所加合金量的多少来适当调整出钢温度，再加上良好的钢包烘烤和钢包中热补偿，可以做到既提高了合金收得率，又不造成低温。

　　现代电炉出钢时，钢包中脱氧合金化为预脱氧与预合金化，终脱氧（深度脱氧）与精确的合金成分调整最终是在精炼炉内（于精炼过程后期）完成的。为使精炼过程中成分调整顺利进行，要求预合金化时被调成分不超过规格中限。

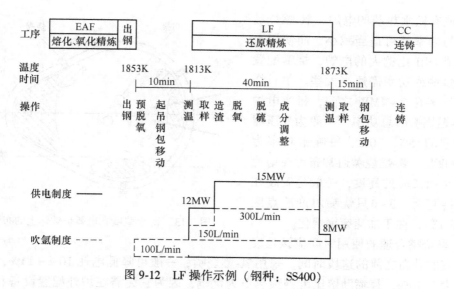

图 9-12 LF 操作示例（钢种：SS400）

9.4.3.3 UHP 电炉相关技术

A 氧-燃烧嘴

在电炉炉衬的渣线水平面上，距电极最近点称为热点（区），而距电极最远点称为冷点（区）。炉壁采用水冷后，"热点"问题得到基本解决，但"冷点"问题突出了。大功率供电废钢熔化迅速使热点区很快暴露给电弧，而此时冷点区的废钢还没有熔化，炉内温度分布极为不均。为了减小电弧对热点区炉衬的高温辐射、防止钢液局部过烧，而被迫降低功率，"等待"冷点区废钢的熔化。

超高功率电炉为了解决冷点区废钢的熔化，采用氧-燃烧嘴，插入炉内冷点区进行助熔，实现废钢的同步熔化，解决炉内温度分布不均的问题。氧燃助熔技术主要包括氧-油烧嘴、氧-煤烧嘴和氧-天然气烧嘴，所用燃料有柴油、重油、天然气和煤粉等。各种类型烧嘴的特点和氧燃理想配比列于表 9-8。

表 9-8 各种类型烧嘴的特点和氧燃理想配比

烧嘴类型	特 点	氧燃理想配比
氧-油烧嘴	需配置油处理及气化装置，氧、油量通过节流阀调节，自动控制水平较高。从设备投资、使用和维护方面比较，轻柴油优势较明显	一般氧油比为 2:1。为使烧嘴达到最佳供热量，应注意根据投入电量来改变均匀熔化时所需的最佳烧嘴油量
氧-煤烧嘴	需配置煤粉制备装置。虽然煤资源丰富，价格低，但装备复杂，投资大。其热效率可达到 60%~70%	氧煤比控制在 2.5 左右时，吨钢电耗最低
氧-天然气烧嘴	天然气发热值高，易控制，污染小，是良好的气体燃料。设备投资少、操作控制简便、安全性能高	配比为 2:1 时，火焰温度及操作效率最高；配比小于 2:1 时，火焰温度降低，废气温度提高；配比大于 2:1 时，碳及合金氧化显著，电极消耗量增加，化学成分可控性降低

烧嘴的大小和多少，依据电弧炉容量以及电炉冶炼工艺条件而定。一般来说，使用废

钢预热或有铁水热装的电炉，氧-燃烧嘴的个数与功率都可适当减小，而使用重型废钢或 DRI 比例大的电炉，烧嘴配置应适当多些或功率需适当大些。单只烧嘴的功率多在 2～4MW 之间，每座电炉所配氧-燃烧嘴的总功率，一般为变压器额定功率的15%～30%，每吨钢功率为100～200kW。氧-燃烧嘴通常布置在熔池上方 0.8～1.2m 的高度，一般是安装在电炉水冷壁上，3～6只烧嘴对准冷点区（见图9-13），便于加速废钢熔化。

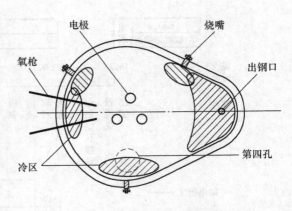

图 9-13　氧-燃烧嘴在电弧炉炉体上的布置

氧-燃烧嘴合理的使用时间应该是废气温度突然升高之前的这段时间。采用氧-燃烧嘴，一般可降低电耗 10%～15%，生产率提高值大于 10%。烧嘴助熔比废钢预热更为优越，因为它无需在炉外配置设备和占用场地，在日本的电炉上已普遍采用。由于熔化期炉料中碳的烧损较多，对炉料的配碳量应适当偏高。另外，熔毕时 $w[H]$ 有可能偏高，应做好氧化期的沸腾去气工作。

　　B　炉门炭氧枪

现代电弧炉炼钢一般在炉门前（渣门）水平放置氧枪机械手，在电炉主控室内遥控吹氧。由于造泡沫渣的需要，在向炉内吹氧的同时，用另一只喷枪向炉内喷入炭粉。

炉门炭氧枪可分为两大类，一类是水冷炭氧枪，一类是消耗式炭氧枪。水冷炭氧枪系多层无缝钢管制造，端头为紫铜喷头，铜喷头吹氧口下方放置喷炭粉出口，或另外附加水冷炭粉喷枪。炭粉可用压缩空气或氮气作载气喷入炉内。当然，为了喷炭粉，炉前操作平台还需要放置一套炭粉存储罐以及气力输送装置。

水冷炭氧枪在炉内工作时，水平角度与竖直角度均可调整，以便灵活地实现助熔废钢与造泡沫渣的功能。

由于喷枪是用套管水冷的，因此，水冷炭氧枪伸入炉内时不可插入钢水熔池，也不能与炉内废钢接触，否则会影响喷枪寿命。喷枪浸入钢水熔池，会发生爆炸事故。为了保证氧气流股吹入熔池，水冷氧枪喷嘴设计成拉瓦尔式，气体出口速度超过声速。水冷炭氧枪使用时枪头距熔池液面距离应在 100～300 mm 以上。

消耗式炭氧枪，是用机械手驱动三根外层刷有涂料的钢管（$\phi25～30mm$）伸入炉内，其中两根管吹氧，一根管喷炭粉。喷枪没有水冷，可直接插入炉内钢水熔池，也可直接用于切割废钢助熔，喷枪一边工作一边消耗。喷枪机械手由电炉主控室遥控，将喷枪头部对准炉内所需的位置，水平角度与竖直角度均可调整，且比水冷喷枪在炉内活动范围大，见图9-14。

两种炭氧枪各有特点，各有利弊。水冷炭氧枪一次性投资大些，操作中不能接触钢水与红热废钢，有一定的局限性，但操作成本低，且操作工无需更换喷管。消耗式炭氧枪在炉内可更早地开始切割废钢，在炉内活动空间大，且不用担心水冷炭氧枪会发生的漏水事故，但操作过程中隔一段时间需要接吹氧管，增加一些麻烦。

炉门炭氧枪仅能进行局部的供氧脱碳和泡沫渣操作，现在许多电炉钢厂使用炉壁氧枪

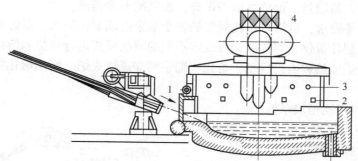

图 9-14 消耗式炭氧枪与喷枪机械手

1—炉门炭氧喷枪；2—氧-天然气烧嘴；3—二次燃烧喷嘴；4—废气处理系统

与炭枪，选择了新的氧枪系统，如德国、意大利开发的炭-氧-燃复合式炉壁喷枪，可以根据炉内不同阶段，进行氧-燃助熔、炭-氧造渣、吹氧去碳及二次燃烧等操作。

C 集束射流氧枪

a 技术原理与特点

集束射流氧枪（coherent jet oxygen lance）技术，由美国 Praxair 公司开发，应用效果良好。

集束射流氧枪（也称聚合射流氧枪）是应用气体力学的原理来设计的。集束射流是在传统的氧气射流周围设置环状伴随流后产生的。伴随流由燃气产生，燃气可以是煤气，也可以是天然气或液化气。由于伴随流的存在，实际上是在射流周围构成了等压圈，使燃气流对主氧气流起封套作用，所以集束射流可以保持较长距离的不衰减。一般集束射流核心段长度是传统射流的 3~5 倍。核心段是指射流超声速的部分。传统射流与集束射流的比较见图 9-15。集束射流氧枪可直接安装在炉壁，实现助熔脱碳等功能。

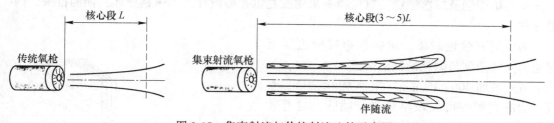

图 9-15 集束射流与传统射流比较示意图

集束射流氧枪技术的关键是设计专用喷嘴，该喷嘴能够以超声速的速率向电炉内输入氧气。集束射流氧枪的出口马赫数可以达到 2.0，对金属熔池具有较高的冲击能，其射流凝聚距离能够达到 1.2~2.1m。由于集束射流能量集中，具有极强的穿透金属熔池的能力，增加了氧气对钢水的搅拌强度（见图 9-16），因此对促进钢渣反应、均匀成分与温度、减少喷溅、提高氧气利用率、提高金属收得率和生产率都有好处。

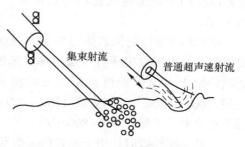

图 9-16 集束射流与普通超声速射流对熔池的作用

同时随着穿透能力的增强，枪位可适当提高，使氧枪寿命提高。

根据电炉冶炼要求，可沿炉壁四周安装多个集束射流氧枪喷头。系统由氧气与天然气管道、喷头、控制计量仪表等构成，可设定不同的喷吹模式进行加热和熔化原料。开始加热时，使用长火焰加热和熔化废钢，熔化后期使用穿透性火焰，废钢熔化完毕，自动转入喷吹脱碳模式。

    b   炉壁炭氧喷吹模块系统

朱荣教授等人开发了一种炉壁炭氧喷吹模块系统，设备布置如图 9-17 所示。

常规电炉系统一般采用 3~5 个喷吹模块，每个模块上装有 1 支炉壁集束氧枪（或氧-燃枪），1 支喷炭枪。抚顺特钢公司 1 号 EBT 电炉（50tUHP），系统采用两支具有脱碳及助熔的集束氧枪布置在炉门两侧的冷区，一支助熔及二次燃烧氧枪布置在 EBT 区域。

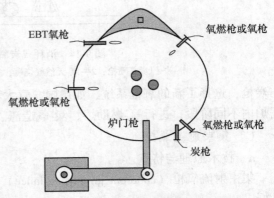

图 9-17   炉壁炭氧喷吹模块系统布置图

为了解决 EBT 冷区问题，可以在偏心炉侧上方安装 EBT 氧枪（口径较小），对该区进行吹氧助熔。EBT 氧枪能促进此区的废钢熔化，并在出现熔池后，提高 EBT 区的熔池温度，均匀熔池成分，实现 CO 的再燃烧。由于 EBT 区的熔池浅，氧射流的穿透深度在设计上不能超过 EBT 区熔池深度的 2/3，同时应避开出钢口区域。考虑到氧气射流的衰减，可采用伸缩式驱动 EBT 氧枪，根据冶炼的情况调整枪的位置。

集束氧枪具有助熔、脱碳等功能，炭枪具有喷炭粉造泡沫渣的功能。EBT 氧枪主要功能是助熔废钢及二次燃烧。氧枪喷头采用拉瓦尔孔型设计，不锈钢枪体，铜制枪头，内置冷却。

为了更有效地脱碳，炉壁集束氧枪更靠近熔池，安装角度与熔化的钢液面成 42°~45°，氧枪射流距液面 400~450mm（莱钢 50t 电炉）。系统在冶炼过程中可以较早地进行喷吹，且有效地避免射流对耐火材料的直接冲击，铜质的水冷箱也有助于降低耐火材料的热负荷。如图 9-18 所示。

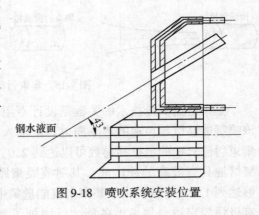

图 9-18   喷吹系统安装位置

单支集束氧枪的供氧能力为 $800 \sim 3000 \mathrm{m}^3/\mathrm{h}$，使用流量的大小取决于各阶段冶炼工艺的要求。抚顺特钢 1 号电炉炉壁集束氧枪的流量设置：助熔 $400 \sim 800 \mathrm{m}^3/\mathrm{h}$，脱碳 $1200 \sim 1500 \mathrm{m}^3/\mathrm{h}$，EBT 氧枪助熔流量为 $300 \sim 800 \mathrm{m}^3/\mathrm{h}$。

在氧化期脱碳时，由于在炉内多个反应区域进行脱碳，射流还有一定角度的偏心，推动了钢水的循环，保证了温度的均匀性，促进了渣-金属之间的物质传递。集束射流条件下，平均脱碳速度每分钟可达 0.06%。在钢水温度、渣况合适时，最大脱碳速度每分钟可达 0.10%~0.12%，这有利于铁水或生铁比例较高的情况或冶炼低碳钢种。

D 二次燃烧技术

二次燃烧（post combustion）是利用了炉内的化学热。CO 燃烧成 CO_2 产生的热量（20880kJ/kg）是碳燃烧成 CO 产生热量（5040kJ/kg）的 4 倍，为此，在熔池上方采取适当供氧使生成的 CO 再燃烧成 CO_2，即后燃烧或二次燃烧（post combustion，简称 PC），产生的热量直接在炉内得到回收，同时也减轻废气处理系统的负担。

二次燃烧采用特制的烧嘴，也称二次燃烧氧枪或 PC 枪，一般由炉壁或由炉门插入至钢液面，用于炉门的二次燃烧氧枪常与炉门水冷氧枪结合，形成"一杆二枪"。为了提高燃烧效率，将 PC 枪插入泡沫渣中，使生成的 CO 燃烧成 CO_2，其热量直接被熔池吸收。当然，吹入的氧气也会有一部分参与脱碳和用于铁的氧化。

电弧炉中二次燃烧反应进行的程度（即二次燃烧率）用式（9-42）表示：

$$PCR = \frac{\varphi(CO_2)}{\varphi(CO) + \varphi(CO_2)} \times 100\% \tag{9-42}$$

PCR 值越大，说明二次燃烧反应越充分，化学能利用率越高。

二次燃烧技术的效果：降低单位电耗、缩短冶炼时间、提高生产率、有利于废气处理，但电极、氧气消耗略有增加。

（1）$1m^3$ 氧气可节电 3~4kW·h/t，德国 BSW 公司 90t 电炉，用于二次燃烧的供氧量为 $16.8m^3/t$，节电 62kW·h/t。

（2）$1m^3$ 氧气可缩短冶炼时间 0.43~0.50min，提高生产率 7%~10%。一般出钢至出钢时间可缩短 8%~15%。

（3）PCR 可达 80% 以上，废气中 CO 含量从 20%~30% 降到 5%~10%，CO_2 含量从 10%~20% 增加到 30%~35%，且大大降低 NO_x 有害气体的排放量。

E 电炉底吹搅拌技术

目前大多数电弧炉搅拌都采用气体（主要是 N_2/Ar，少数也用天然气和 CO_2）作为搅拌介质，气体从埋于炉底的接触式或非接触式多孔塞进入电弧炉内。少数情况，也采用风口型式。

底吹气体搅拌系统的主要装置是底部供气元件。供气元件的类型有单管式透气塞、多孔式透气塞、埋入式透气塞、套管式透气塞等。使用较多、效果较好的是多孔式透气塞，典型的多孔式透气塞是奥地利的拉德克斯公司开发的 Radex 型定向多孔透气塞砖（或称 DPP），如图 9-19 所示。这种透气塞砖是将若干根直径 1mm 的小不锈钢管埋入到一块镁炭砖中，这些小不锈钢管通过压力盒与供气系统连接，由一根中心管供气。这种结构使供气系统与砖体隔离，也便于分别以其各自最适宜的方法制造。

非接触式多孔塞底吹系统（如蒂森钢铁公司开发的长寿底吹喷嘴），其特点是在喷嘴砖的上面覆盖一层镁质打结层，底吹气体通过透气的打结层吹入熔池内，避免了钢液对喷嘴砖的直接冲刷侵蚀，提高了喷嘴砖的使用寿命。

供气元件的寿命低，炉底维护、风口更换困难都限制了其推广应用。接触式多孔塞底吹系统的使用寿命约 300~500 炉，而某些非接触式多孔塞底吹系统的使用寿命已超过 4000 炉。

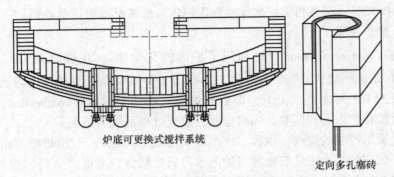

炉底可更换式搅拌系统

定向多孔塞砖

图 9-19　电弧炉底部搅拌系统示意图

图 9-20 所示为几种不同炉型电炉的炉底供气元件的布置方案。对于小炉子，一般采用一个多孔塞并布置在炉子的中心。对于普通钢类，接触式多孔塞底吹气量为 $0.028 \sim 0.17 \mathrm{m}^3/\mathrm{min}$，总耗量为 $0.085 \sim 0.566 \mathrm{m}^3/\mathrm{t}$。非接触式多孔塞底吹气量可大些。通常，熔化期可强烈搅拌，在废钢完全熔化后，为抑制电极的摆动所引起的输入功率不稳定和钢水引起的电极熔损，宜将搅拌气体流量减少到 1/2 到 1/3。也有从均匀搅拌的角度出发，采用在熔清后并不减流量而继续操作的方法，这对提高钢水收得率、降低电耗稍有利。

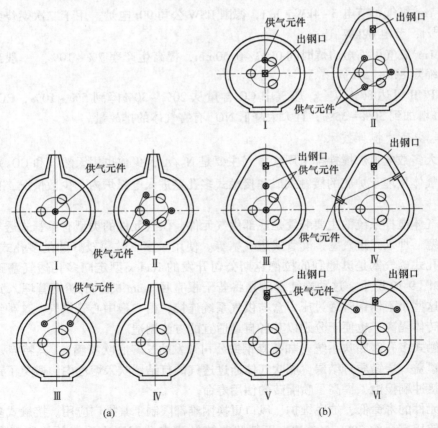

(a)　　　　　　　　　　　　(b)

图 9-20　电弧炉底吹供气元件的布置方案
(a) 出钢槽出钢；(b) (偏心) 底出钢

电弧炉底吹搅拌技术的优越性主要有：（1）减少大沸腾和"炉底冷"的现象；（2）金属收得率提高 0.5%~1%；（3）缩短冶炼时间 5~16min；（4）节电 10~20kW·h/t；（5）提高合金收得率；（6）提高去硫率和去磷率；（7）降低电极消耗。

F 抑制电炉产生的公害

（1）烟尘与噪声。电弧炉炼钢产生的烟尘大于 20000mg/m³，占出钢量的 1%~2%，即 10~20 kg/t，超高功率电弧炉取上限（由于强化吹氧等）。因此，电弧炉必须配备排烟除尘装置，使排放粉尘含量达到标准（小于 150mg/m³）。目前，普遍采用炉顶第四孔排烟法。

超高功率电弧炉产生的噪声高达 110dB，采用电弧炉全封闭罩可使罩外的噪声强度减为 80~90dB。

目前，最普遍的办法是采用"炉顶第四孔排烟法+屋顶烟罩"，或"第四孔排烟法+电炉密闭罩+屋顶烟罩"，并综合考虑其他设备，如 LF 的排烟除尘。

（2）电网公害。电弧炉炼钢产生的电网公害主要包括电压闪烁与高次谐波。电压闪烁实质上是一种快速的电压波动，由较大的交变电流冲击而引起的电网扰动。

超高功率电弧炉加剧了闪烁的发生。当闪烁超过一定值（限度）如 0.1~30Hz，特别是 1~10Hz 时，会使人感到烦躁。解决的办法有两种：

1）要有足够大的电网，即电弧炉变压器要与足够大的电压、短路容量的电网相联。德国规定：$P_{网短} \geq 80P_n \sqrt[4]{n} = 80P_n$（当电炉为 1 座，即 $n = 1$ 时）。一般认为，若供电电网的短路容量是变压器额定容量的 80 倍以上，就可视为足够大。

2）采取无功补偿装置进行抑制，如采用晶体管控制的电抗器（TCR）。

由于电弧电阻的非线性特性等原因，使电弧电流波形产生严重畸变，除基波电流外，还包含各种高次谐波。产生的高次谐波电流注入电网，将危害共网电气设备的正常运行，使发电动机过热，仪器、仪表、电器发生误操作等。抑制的措施是：采取并联谐波滤波器，即采取 L-C 串联电路。

实际上，电网公害的抑制常采取闪烁、谐波综合抑制，即采用静止式动态无功补偿装置——SVC 装置，如图 9-21 所示。但 SVC 装置价格昂贵，投资成本高。

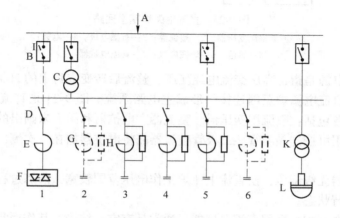

图 9-21 静止式动态无功补偿装置（SVC 装置）

9.4.4 直流电弧炉

9.4.4.1 直流电弧炉设备特点

A 电源及供电系统

直流电弧炉是将三相交流电经可控硅整流变成单相直流电，在炉底电极（阳极）和石墨电极（阴极）之间的金属炉料上产生电弧进行冶炼，其设备布置见图 9-22，直流电弧炉基本回路见图 9-23。

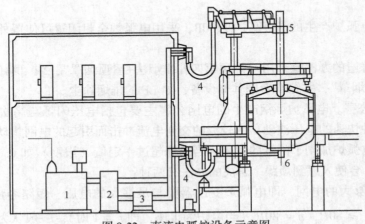

图 9-22 直流电弧炉设备示意图

1—整流变压器；2—整流器；3—直流电抗器；4—水冷电缆；5—石墨电极；6—炉底电极

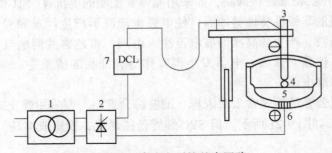

图 9-23 直流电弧炉基本回路

1—炉子整流变压器；2—整流器；3—石墨电极；4—电弧；
5—熔池；6—炉底电极；7—直流电抗器

直流电弧炉电源是指将高压交流电经变压、整流后转变成稳定的 200~500V 的直流电的设备。电源与直流电弧炉短网连接，形成主电路系统。图 9-24 是直流电弧炉供电系统示意图，主要设备包括：整流用变压器、整流器、电抗器和图上未画出的高频滤波器。

整流器多采用可控硅晶闸管。二极管整流器需将电抗器加在一次侧，从而增加了电路中的无功损耗。

可控硅整流器无级调压，使直流电弧炉工作电压范围较宽，冶炼过程各阶段均可通过调压达到最佳运行状态。

可控硅整流电路中，采用直流电抗器，通常具有空心结构，其作用是稳定电弧，避免冶炼时短路所造成的可控硅管过载。交流电路中串入的电抗器会使输出功率及功率因数大

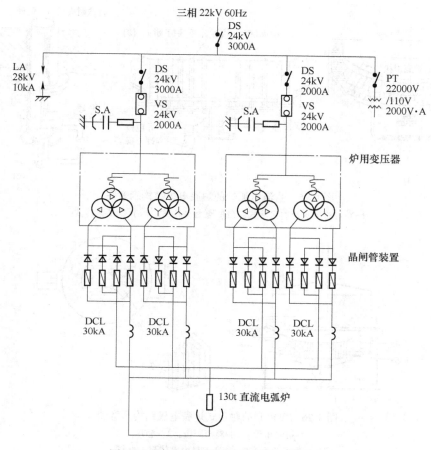

图 9-24 直流电弧炉的主电路（130t 炉）

DS—隔离开关；VS—真空开关；DCL—直流电抗器

大下降，直流电抗器仅有电阻存在，功率损耗低，功率因数也不会降低很多。

　　滤波器并联在变压器的一次侧，高频滤波器可保证电流、电压波形畸变系数小于 1%。

　　B　短网结构

　　单电极直流电弧炉只有一相短网。由于短网不存在集肤效应和临近效应，在铜排、铜管、水冷电缆、电极上电损失较小，周围不需要采取非磁性材料。

　　石墨电极的窜动减小。由于没有集肤效应，石墨电极电流密度比交流电弧炉的高很多，一般情况下，可以用一根相同容量交流电弧炉用电极来供电。

　　C　炉底阳极的结构

　　炉底电极按其机构特点可大致分为：（1）瑞士 ABB 公司开发的导电炉底式风冷底电极（如图 9-25a 所示）；（2）德国 GHH 公司开发的触针式风冷底电极（如图 9-25b 所示）；（3）法国 CLECIM 公司开发的钢棒式水冷底电极（如图 9-25c 所示）；（4）奥地利 DVAI 公司开发的触片式风冷底电极（如图 9-26 所示）。

　　表 9-9 给出了不同形式炉底电极的综合比较与评价。

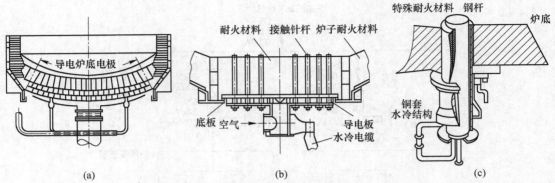

图 9-25   直流电弧炉的炉底电极结构示意图

（a）导电耐火材料风冷式；（b）触针风冷式；（c）钢棒水冷式

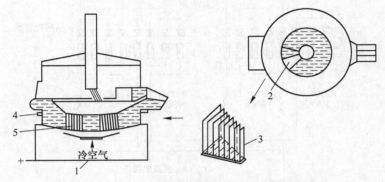

图 9-26   奥钢联的触片式炉底电极结构示意图

1—DC 电缆；2—扇形阳极；3—触片；

4—底壳绝缘；5—普通不导电整体耐火材料

表 9-9   不同形式炉底电极的综合比较与评价

评价项目	评价角度	炉底电极形式			
		水冷钢棒式	多触针式	多触片式	导电炉底式
安全性	漏钢的可能性	无	无	无	无
导电性	导电的保证	金属棒导电	金属触针导电	金属触片导电	耐火材料导电
绝缘问题	铅对策	铅可通过设在炉壳与炉底之间的沟槽流出，绝缘材料不与铅接触	采用隔板阻止铅对绝缘材料的破坏，同时在炉底增加排铅小孔	绝缘材料设在炉壳的中下部，铅无法与之接触	绝缘材料设在靠近炉壳处，铅会向炉底中心聚积，不与绝缘材料接触
耐火材料	炉底用耐火材料	镁碳质或镁钙碳质捣打料、镁钙铁质捣打料与镁炭砖	干式镁质捣打料或镁炭砖	镁碳质或镁钙碳质捣打料、镁钙铁质捣打料等	镁碳质导电耐火材料，常用的有镁炭砖、捣打料、接缝料和修补料
搅拌	熔池搅拌	较好	较好	较好	最好

评价项目	评价角度	炉底电极形式			
		水冷钢棒式	多触针式	多触片式	导电炉底式
电弧偏弧	偏弧对策	不同二次导体供给不同的电流（最有效）	改变二次导体的布线方式（较有效）	不同二次导体供给不同电流（较有效）	改变二次导体的布线方式（较有效）
炉容/t	最大吨位	160	150	120	100
冷却	冷却方式	强制水冷	强制风冷	强制风冷	强制风冷
电流密度 /A·mm⁻²	允许电流密度	50	100	100	0.5~1.8
砌筑 与 维修	复杂程度	简单	复杂	复杂	简单
	维修难易	易	难	难	易
	电极更换	容易	较易	较易	较易
启动方式	冷（重新）启动方式	金属棒接在底阳极上，使之突出于耐火材料	金属细屑（碎废钢）铺在底阳极上	新炉使金属触片突出于耐火材料，金属细屑铺在底阳极上	倒入其他炉子的钢水，先用烧嘴熔化废钢
寿命	消耗速度/mm·炉⁻¹	1.0	0.5~1.5	0.3~0.6	1.0
	最高寿命/炉	2760	2000	1200	4000
炉底电极 费用 /美元·t⁻¹	成本	适中	适中	适中	较高
	维修费用	<0.3	0.15~0.20	0.25	0.6~1.5

由于铜钢复合水冷电极寿命长，更换方便及可根据不同的炉子容量采用 1~4 根（直径为 125~250mm）底电极等优点，因此直流电弧炉制造商基本上多采用铜钢复合水冷棒式底电极，通过绝缘材料将炉底钢板和水冷铜套绝缘开。

D 启动电极

石墨电极起弧有三种方式：第一种方式是采用留钢操作；第二种方式与交流电弧炉起弧方式相同，即提高工作电压，这必须增加电源功率，降低其利用率；第三种方式是采用启动电极。启动电极与阳极相连，与阴极形成回路。起弧后再切断起弧电极通路，使直流电流过底阳极，进行正常熔炼。很多大容量直流电弧炉采用了启动电极，如图 9-27 所示。启动电极的电源是单独的，电流很小，但需要足以起弧的电压。为了防止噪声和粉尘，启动电极工作和移出都需要注意密封。

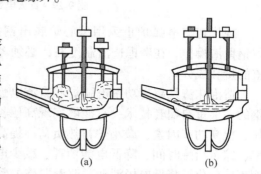

图 9-27 直流电弧炉启动电极
(a) 启动电极与废钢接触；(b) 形成熔池后

E 偏弧现象及控制

随着直流电弧炉变压器容量的增大，当电流大到一定程度，其电弧受到强大的电磁力作用，会出现原来在炉子中心垂直燃烧的电弧偏离石墨电极的轴线，而产生明显偏斜的所谓"电弧磁偏吹现象"，简称为直流电弧炉的偏弧现象。炉容和功率越大，越会引起严重的偏弧，并导致直流电弧炉的操作恶化，如废钢熔化不均匀、热损失增大、重新出现炉壁热点问题，应采取相应的措施来改善和消除其不利的影响。直流电弧炉产生偏弧的原理如图 9-28 所示。

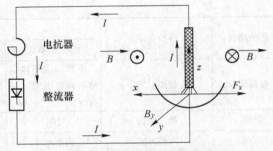

图 9-28   直流电弧炉产生偏弧的原理

改善和控制偏弧的措施可由产生偏弧的因素，即电流和二次导体两方面着手，使电弧垂直向下燃烧。在控制电流在钢水中的流动路径方面，棒式水冷底电极具有较大的优势。目前比较实际的办法是改变炉底阳极二次导体空间布置和将电极向电弧偏弧的反方向移动一段距离等。

9.4.4.2   直流电弧炉炼钢工艺特点

大型的直流电弧炉一般均采用超高功率供电，所以超高功率交流电弧炉的炼钢工艺原则上适用于直流电弧炉。

直流电弧炉炼钢原料主要是废钢。直流电弧炉多采用单根顶电极结构，因此输入电能集中于炉子的中心部位，加之输入功率较高，所以穿井很快，炉料呈轴对称熔化，极少塌料，废钢熔化特征如图 9-29 所示。

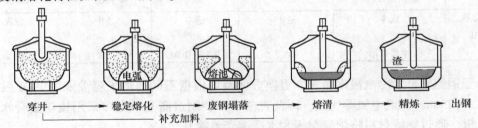

图 9-29   直流电弧炉废钢的熔化过程

现代直流电弧炉也采用偏心炉底出钢技术，留钢留渣操作。在考虑造渣制度时，必须考虑留渣的量和成分。

造泡沫渣是超高功率电弧炉和直流电弧炉炼钢的一项重要配套技术，它能够实现高压长弧操作、提高功率因素、减小炉衬热负荷、提高热效率、缩短冶炼时间、降低电能消耗、减少电极表面直接氧化、降低电极消耗、改善脱磷的动力学条件、加速脱磷过程。

为保证泡沫渣覆盖住电弧，渣层厚度 Z 应满足：$Z \geq 2L$（式中 L 为弧长）。弧长是电弧电压的函数，电压高则弧长长。相同输入功率下，直流电弧炉电弧电压比交流电弧炉的高（见图 9-30）。因此，为使泡沫渣能埋住电弧，直流电弧炉泡沫渣厚度应比交流电弧炉的高。

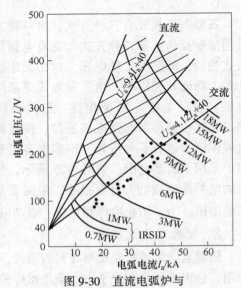

图 9-30   直流电弧炉与
交流电弧炉的电弧电压对比

9.4.4.3 直流电弧炉的优越性

（1）对电网冲击小，无需动态补偿装置，可在短路容量较小的电网中使用。

采用直流电弧炉，虽然也会有闪烁，但闪烁值仅是三相交流电弧炉的 $1/3 \sim 1/2$，可省去昂贵的动态补偿装置。此外，直流电弧炉所需电网短路容量仅为交流电弧炉的 $1/\sqrt{10}$。

（2）石墨电极消耗低。在相同条件（废钢、钢种、单位变压器功率、炉子容量等）下，直流电弧炉的电极消耗可比交流电弧炉的降低50%以上，一般为 $1.1 \sim 2.0 \mathrm{kg/t}$。

（3）缩短冶炼时间，降低电耗。直流电弧炉用电极，由于无集肤效应，电极截面上的电流负载均匀，电极所承受的电流可比交流时增大 $20\% \sim 30\%$（见图9-31），直流电弧比交流电弧功率大；在相同输入功率下，直流电弧传给熔体的热量比交流电弧的大 $1/3$；其熔化时间相比也可缩短 $10\% \sim 20\%$、电耗可降低5%左右。

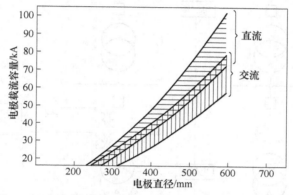

图9-31 交流电弧炉和直流电弧炉用石墨电极的载流容量

（4）减少环境污染。直流电弧炉发出的噪声比交流电弧炉小，噪声降低 $10 \sim 15 \mathrm{dB}$。此外，烟尘污染也小得多。

（5）降低耐火材料消耗。直流电弧炉无热点，且电弧距炉壁远，以致炉壁特别是渣线处热负荷小且分布均匀，从而降低了耐火材料的消耗。

（6）降低金属消耗。直流电弧炉由于只有1根电极，只有1个高温电弧区和1个与大气相通的电极孔，从而降低了合金元素的挥发与氧化损失，也使合金料及废钢的消耗降低。

（7）投资回收周期短。对于容量较小的炉子，直流电弧炉和交流电弧炉的投资费用相差不大，对于大容量的炉子，则直流电弧炉投资要比交流电弧炉高 $30\% \sim 50\%$。

直流电弧炉的不足之处有：（1）需要底电极；（2）大电流需要大电极（大电极成本高）；（3）长弧操作需要更多的泡沫渣；（4）易引起偏弧现象。

9.4.5 高阻抗电弧炉

电弧炉超高功率化后，炉衬耐火材料磨损指数大幅度增加，造成炉衬寿命降低，因此不得不采用低电压、大电流，粗短弧操作，但这样又引起了电极消耗的大幅度提高，且功率因数降低很多。后来交流电弧炉采用水冷炉壁（盖）及泡沫渣埋弧操作，使实现高电压低电流的长弧操作成为可能。长弧供电有许多优点，但高电压长弧供电使功率因数大幅度提高，将使短路冲击电流大为增加，也将导致电弧不稳定，输入功率降低。为了改善此种状况，采取提高电炉装置的电抗，以便适合长弧操作。

高阻抗交流电弧炉，即通过提高电炉装置的电抗，使回路的电抗值提高到原来的两倍左右。对于 50t/30MV·A 以上普通阻抗电弧炉，其电抗值为 3.5~4.0mΩ 左右，当其电抗值增加至 7~8mΩ 左右，成为高电抗或高阻抗电弧炉时，更适合长弧供电。

增加电抗的办法是在电炉变压器的一次侧串联一电抗器，可串联固定电抗器或饱和电抗器，大多为串联固定电抗器。而采用饱和电抗器的高阻抗交流电弧炉可完全根据起弧的状态，用电抗器来动态控制系统的电抗，减小了电流和无功功率波动、电压闪烁和短路电流，即所谓的变阻抗电弧炉，但价格昂贵。高阻抗电弧炉主电路如图 9-32 所示。

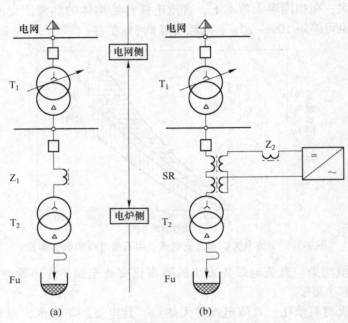

图 9-32 高阻抗电弧炉单线电路图
(a) 串联固定电抗器的情况；(b) 串联饱和电抗器的情况

T₁—电网变压器；Z₁—固定电抗器；SR—饱和电抗器；T₂—电炉变压器；Fu—电炉；Z₂—平滑电抗器

高阻抗电弧炉因电流大大减小，电耗与电极消耗降低；电抗高，功率因数低，电弧稳定性提高；电流波动小，减少电压闪烁约 30%；短路电流小，降低了回路电动应力，提高了设备使用寿命。

高阻抗电炉操作，总的原则是：高阻抗—高电压—埋弧。埋弧是关键，包括废钢遮蔽埋弧与泡沫渣埋弧，只要能埋弧就采用高电压。电压高到一定程度，电弧不稳定，就带高阻抗（带电抗器）。

高阻抗供电有许多优越性，有条件要尽量长时间采用高阻抗供电。但采用高阻抗高电压供电，电弧长度增加，在熔化后期，当炉衬暴露给电弧后，必须进行造泡沫渣埋弧操作，否则应降低电压，以防炉衬损坏严重。主熔化期，一定要带电抗操作，即主熔化期一定要采用高阻抗、高电压；熔末电弧暴露后，熔渣发泡性能良好、实现埋弧操作时，可采用高阻抗、高电压，否则应采用低电压、大电流。因此，除充分利用废钢埋弧期采用高电压、高阻抗外，全程造泡沫渣实现埋弧操作就显得特别重要。

9-1 电弧炉冶炼方法有哪几种，各有何特点？

9-2 熔化期的任务是什么，熔化过程各阶段如何合理供电？

9-3 氧化期的任务是什么，如何处理好去磷与脱碳的关系？

9-4 还原期的任务是什么，为什么说脱氧是还原期的核心任务？

9-5 废钢预热节能技术主要有哪几种，各有何节能效果？

9-6 RP、HP 及 UHP 电炉，按功率水平如何划分？

9-7 试述氧-燃烧嘴的类型及其特点。

9-8 试述超高功率电弧炉的工艺操作要点。

9-9 泡沫渣操作有何优点，其影响因素有哪些？

9-10 集束射流氧枪有何特点？

9-11 电弧炉底吹搅拌技术的优越性主要有哪些？

9-12 试述直流电弧炉的工艺特点以及它的优越性。

10 特种冶金

特种冶金也称特种熔炼，通常是指除转炉、电弧炉等普通熔炼方法以外的冶炼方法。特种冶金包含真空冶金、电渣冶金和等离子冶金三大部分。常用的特种熔炼方法有：感应熔炼、电渣重熔、真空电弧重熔、电子束熔炼、等离子熔炼等，在难熔金属、活泼金属、高温合金、特殊钢锻件生产方面占据重要地位。

10.1 感应熔炼法

感应熔炼法（induction melting）是除电弧炉以外较重要的一种电炉熔炼方法。感应炉可以分为有芯和无芯两种，有芯感应炉在炼钢中极少应用，这里不作介绍。对于无芯感应炉，通常按照电源频率可以将感应炉分为三种类型：

（1）工频感应炉。电源频率为50Hz（我国）或60Hz，不需要变频设备，投资小。但加热速度相对较慢，电磁搅拌力大，金属液对炉壁冲刷大。工频感应炉主要用于熔炼铸铁。目前国外运行的工频炉最大容量为100t，我国工频炉最大容量为40t。

（2）高频感应炉。频率在10~300kHz，所用电源为高频电子管振荡器。由于电效率低、安全性差，高频感应炉的容量一般不超过100kg，主要用于小型试验研究。

（3）中频感应炉。常用的工作频率是150~2500Hz，所用电源为中频发电机组、三倍频器或可控硅静止变频器。熔化速度快，生产效率高，适用性强，使用灵活，电磁搅拌效果好，钢液对炉衬的冲刷小。中频感应炉是适用于冶炼优质钢和合金的特种冶炼设备，其容量可以从几百千克至上百吨。本节只讨论中频碱性感应炉的冶炼设备与工艺。

10.1.1 感应炉的冶炼设备

中频感应炉的设备可分为机械设备和电气设备两大部分。机械设备包括炉体、倾炉装置及水冷系统。电气设备包括中频电源、补偿电容器组及电气控制保护系统。中频电源是中频感应炉的关键设备，为了提高电气设备的利用率，通常一套电源设备配置两台炉体，一台炉体生产使用，另一台炉体备用。当一台炉体的坩埚需要拆换时，电气设备可以接到另一台坩埚已制作好的炉体上，继续工作。炉体轮换工作，而电气设备不停歇。

10.1.1.1 中频感应炉的组成

感应炉的构造见图10-1，用铜管单层卷制成感应线圈，而在水冷感应线圈内有耐火材料打结的坩埚用

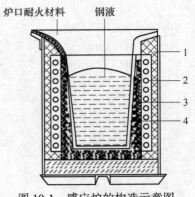

图 10-1　感应炉的构造示意图
1—绝缘支架；2—水冷感应圈；
3—绝热绝缘保护层；4—坩埚炉衬

以容纳熔炼金属。

感应炉通常由四部分组成：电源、炉体（主要是感应圈以及感应圈内用耐火材料制备的坩埚）、电容器组（用来提高功率因数）、控制和操作系统，如图10-2所示。

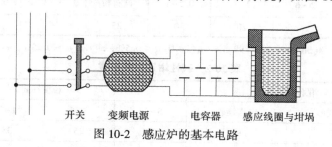

开关　　变频电源　　电容器　　感应线圈与坩埚

图10-2　感应炉的基本电路

10.1.1.2　中频感应炉的电源装置及工作原理

中频感应炉的电源装置主要有中频发电机组、可控硅中频电源（晶闸管静止变频器）和倍频器三种。现在可控硅中频电源基本取代了中频发电机组电源。倍频器是适合于大型感应炉的电源，容量大、效率高、制造简便，国际上仍被广泛应用。倍频器实质上是一个结构特殊的倍频变压器，常见的是三倍频变压器，在其初级线圈中通入工频电流（我国工频是50Hz），经变压器内部绕组的电磁作用，在其次级线圈即可得到三倍于工频电流的中频电源，也就是将50Hz电流转化为150Hz电流，由次级侧输出。

三倍频电源装置有许多优点，是一种静止的电源装置，噪声和振动小，过载能力大，电气系统简单，造价低，维护方便，但需配置大量补偿电容器（线路中并联的电容器组用于改善电效率）。国产最大的三倍频变压器的功率为900kW，电压为1000V。

中频感应炉工作原理：当感应圈接通交流电源时，在感应圈中间产生交变磁场，交变磁场切割坩埚中的金属炉料，在炉料中产生感应电路，所以在炉料中同时产生了感应电流——"涡流"，炉料就是靠"涡流"加热和熔化的。感应炉熔炼是根据电磁感应原理，靠感应圈把电能传递给要熔炼的金属，在金属内部将电能转变为热能，以达到熔炼目的。感应圈与熔炼的金属不是直接接触的，电能是通过电磁感应传递的。

10.1.1.3　坩埚的制作

感应炉坩埚要求有下列特点：（1）较高的耐火度，炼钢坩埚要求为1700℃；（2）稳定的物化性质，要求坩埚制品耐熔渣和钢液浸蚀；（3）有良好的抗热震性及高温强度；（4）有一定的绝缘性能；（5）较小的导热性；（6）成本低，无污染。

A　坩埚用耐火材料

根据打结坩埚用耐火材料的性质，分酸性、碱性和中性三种。

（1）酸性耐火材料。坩埚由于其主要化学成分为硅砂，所以不适合冶炼高锰钢、含铝及含铬的钢种。表10-1列出了常用酸性坩埚材料配比。制作酸性坩埚采用硼酸作黏结剂，加入量为1.7%~2.0%（砂料重的百分比）。

（2）碱性耐火材料坩埚。碱性耐火材料坩埚适合冶炼铸铁、碳钢和各种合金钢，主要化学成分为镁砂。镁砂分冶金镁砂与电熔镁砂两种。表10-2列出了几种常用碱性坩埚材料的组成。要注意的是，在使用冶金镁砂时，应先经过磁选，消除其中的含铁杂质，以保证坩埚的绝缘性能。制作碱性坩埚所用的黏结剂有硼酸、水玻璃等。

表 10-1 酸性坩埚材料组成

材料名称	炉衬材料				炉口材料		
硅砂粒度/mm	5~6	2~3	0.5~1	硅石粉	1~2	0.2~0.5	硅石粉
配 比/%	25	20	30	25	30	50	20

注：硅砂化学成分：$w(SiO_2) = 90\% \sim 99.5\%$，$w(Fe_2O_3) \leqslant 0.5\%$，$w(CaO) \leqslant 0.25\%$，$w(H_2O) \leqslant 0.5\%$。

表 10-2 碱性坩埚材料组成　　　　　　　　　　　　　%

序号	坩埚材料组成		粒度/mm			
	冶金镁砂	电熔镁砂	5~20	3~5	1~3	<1
1	100	—	20	25	35	20
2	70~80	30~20	—	30	45	25
3	50~20	50~80	20	25	35	20

（3）中性耐火材料坩埚。中性耐火材料坩埚适用于生产铸铁、碳钢和各种合金钢，主要成分为高铝矾土熟料。生产中采用特级或一级高铝矾土熟料。表 10-3 列出了几种常用中性坩埚材料的粒度组成。制作中性坩埚时常采用磷酸（60%浓度）、水玻璃等作黏结剂。

表 10-3 中性坩埚材料组成　　　　　　　　　　　　　%

序号	一级或二级高铝矾土熟料粒度/mm					
	10~13	5~10	1~5	1~3	1~0.088	<0.088
1	40	20	10	—		30
2	—			48	20	32
3	—		40		30	30

B 坩埚的制作方法

坩埚的制作方法可以分为炉外成型坩埚、炉内成型坩埚和砌筑坩埚三种。

（1）炉外成型坩埚。该法是将耐火材料和添加剂等混合搅拌均匀，装入模具内加压制成坩埚（见图 10-3），经脱模和烘干后，再装入感应器内（见图 10-4），适用于 200kg 以下的小炉子。其优点是更换方便。

（2）炉内成型坩埚。该法是将耐火材料和添加剂等混合搅拌均匀在感应器内打结成型。现在绝大部分中小容量感应炉都采用此法制作坩埚。

制作方法：第一步，按规定的粒度配制好砂料，并与添加剂混合。采用湿法打结时，可加入 1%~2% 的水分。第二步，在感应器内侧铺以玻璃纤维布和石棉布。第三步，进行炉底打结。第四步，放入坩埚型芯，即控制坩埚形状和容积的胎具。第五步，炉口打结。由于炉口区不易烧结，必须在砂料中增加细粉料的比例，或添加适量的黏土、水玻璃等，以得到较结实的水口。

大容量感应炉坩埚（>2t），采用人工打结成型，质量很难保证，常采用振动成型法。这样不但改善了劳动条件，还节省了制作时间。振动成型法所用设备为振动筑炉机（见图 10-5），它由气动振动机、炉底振动块和炉壁振动器组成。

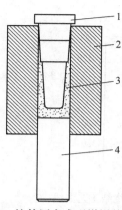

图 10-3 炉外压力成型坩埚的示意图
1—上压头；2—模套；3—坩埚；4—下压头

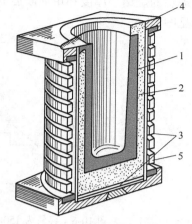

图 10-4 炉外成型坩埚的安装方法
1—坩埚；2—填料；3—石棉布（或玻璃布）；
4—炉口砂料；5—感应圈

（3）砌筑式坩埚。该法是采用特制的耐火砖（弧形砖）和填充料（在内外层砖之间，垫耐高温和可压缩的绝缘材料）在感应器内砌筑成一定容量和形状的坩埚，这种方法主要适用于 5t 以上较大容量的炉子。这种坩埚一般都采用镁铝尖晶石等特制的耐火砖砌筑，也有采用酸性耐火砖砌筑的。该法的优点是制作时间短，更换方便，减少烘烤时间。

C 坩埚烧结

坩埚烧结是通过使耐火材料的基体在高温下发生再结晶，使杂质达到最合理的重新分布，从而使坩埚成为一个整体，并且有合适的烧结结构及光滑的表面，以满足冶炼要求。为达到上述目的，烧结时要求做到：低温缓慢烘烤，高温满炉烧结。使用的第一炉炉料应洁净、无锈且含杂质少。最好往炉内加入 5% 左右的碎玻璃，以使炉衬烧结成釉质表面。

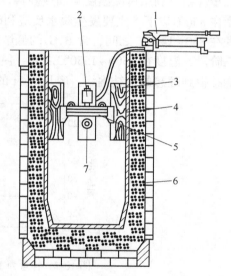

图 10-5 振动筑炉机示意图
1—油压泵；2—油压千斤顶；
3—木支撑块；4—钢板型芯；
5—炉壁振动器；6—砂料；7—振动机

烧结好的坩埚应是烧结层占炉衬厚度的 30%，最小应有 10~15mm。如果烧结层太薄，则无法承受加料时的机械冲击与高温时钢液的冲刷。反之，烧结层太厚，则往往会裂穿，过渡层约占炉衬厚度的 30%~40%，作为缓冲层的松散层占 30%~40%。

（1）镁砂坩埚的高温烧结。过程大致可分为四个阶段：第一阶段，850℃ 以下，砂料脱水；第二阶段，850~1500℃，低熔点化合物开始熔化；第三阶段，1500~1700℃，新生化合物开始形成，坩埚体积急剧收缩，密度和强度显著增加；第四阶段，1700~1850℃，得到较理想的烧结层厚度和坩埚断面的烧结结构。容量为 150kg 的纯镁坩埚的高温烧结工艺曲线见图 10-6。

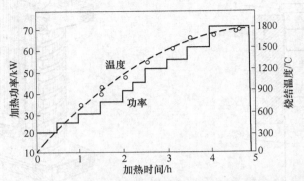

图 10-6 容量为 150kg 的纯镁砂坩埚的高温烧结工艺曲线

（2）镁砂坩埚的低温烧结。过程分两步进行，第一步利用感应加热，通过钢板型芯使砂料加热至 1300℃，达到初步烧结，然后取出型芯，装入低碳钢料或工业纯铁进行第二步烧结，利用钢液温度来加热砂料。这两步烧结过程又可分为三个阶段：第一阶段，温度在 850℃ 以下，主要发生脱水反应和碳酸盐的分解反应，升温速度缓慢。第二阶段，温度在 850~1400℃ 之间，含 B_2O_3 的低熔点化合物的烧结网络迅速形成，坩埚强度增加。第三阶段，温度在 1500~1550℃ 之间，使经过初步烧结后的坩埚继续扩大烧结层的厚度，并烧结得到理想的烧结网络。容量为 1t 的镁砂坩埚的低温烧结工艺曲线见图 10-7。

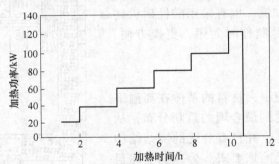

图 10-7 容量为 1t 的镁砂坩埚低温烧结工艺曲线

D 洗炉

冶炼合金及高质量合金钢时，坩埚经过烧结后不能马上进行冶炼，还需要进行洗炉，经洗炉后才能进行正式冶炼。这是由于：

（1）坩埚烧结层晶界上有大量液相，冶炼时会有一部分进入合金液。

（2）坩埚表面空隙较多，气体和不洁净物也较多。

（3）坩埚烧结后降温速度很快，相应数量的固溶于方镁石晶粒或玻璃相中的高熔点杂质来不及析出，烧结层未达到最好状态。

（4）炉口部分温度较低，需进一步烧结。

洗炉的目的如下：

（1）进一步使坩埚烧结，析出高熔点杂质，提高烧结层的软化点，使坩埚表面钝化。

（2）由于熔融金属的渗透作用，坩埚表面空隙减少，在正式冶炼中合金液与坩埚材料间的反应降至最低程度。

冶炼一般合金钢和碳素钢时不需要洗炉，坩埚烧结后，合理安排冶炼钢种即可开始正式冶炼。如需洗炉，用工业纯铁（或镍）进行，一般洗两次炉。洗炉装料量比正式冶炼时的装料量多 5%~10%。小容量坩埚还可以更多一些。洗炉最高温度要高于正式合金或钢种的最高冶炼温度，洗炉第一炉在最高温度下保持时间不少于 40min，第二炉可适当缩短。

10.1.2　中频感应炉熔炼工艺

10.1.2.1　中频感应炉熔炼方法

中频感应炉主要用于熔炼钢及合金。按坩埚耐火材料的性质可分为碱性冶炼法和酸性冶炼法。

（1）碱性冶炼法按冶炼过程有无氧化过程可分为：

1）熔化法。用质量好的碳钢、合金返回钢、工业纯铁及铁合金作炉料，冶炼过程中没有氧化过程，不进行脱碳和脱磷，熔化后即进行精炼。冶炼过程基本上是一个再熔化过程，由于炉料质量好，冶炼出的钢与合金质量高。熔化法适用于冶炼高合金钢、高温合金和精密合金。

2）氧化法。氧化法所用的炉料含磷较高，碳含量波动较大，因而在冶炼过程中要进行氧化脱碳和脱磷，然后再进行精炼。氧化法冶炼使用的炉料便宜，因而生产成本低。但冶炼过程中，进行氧化影响坩埚寿命。氧化法适用于碳素钢和低合金钢的冶炼。

碱性坩埚氧化法熔炼主要用矿石和吹氧联合氧化。整个过程包括：装料、熔化、氧化、精炼、合金化、出钢浇注等。与熔化法相比，只有装料和氧化两个差别，其余过程相同。

（2）酸性冶炼法。酸性冶炼方法用酸性耐火材料打结的坩埚进行冶炼，坩埚材料主要用石英砂。在冶炼过程中造酸性渣。酸性冶炼方法只有熔化法冶炼。酸性坩埚成本低。酸性冶炼法主要适用于碳素钢和低合金钢的冶炼。

碱性冶炼方法和酸性冶炼方法各有优缺点，总的来说，碱性冶炼法适用范围比较广泛。而酸性冶炼方法适用范围较窄。

10.1.2.2　碱性坩埚熔化法熔炼工艺

中频感应电炉钢液的熔炼操作工艺见图 10-8。碱性坩埚熔化法熔炼工艺主要包括：备料及装料、熔化、精炼、出钢浇注、脱模与冷却。

图 10-8　中频感应电炉熔炼操作工艺

（1）炉料准备。炉料准备包括炉料的选择与处理。钢料有低碳钢、工业纯铁和返回料；合金料有纯金属和铁合金；渣料有石灰、萤石、镁砂；脱氧剂有铝块。尽可能多地使用廉价原料。各种入炉的金属料块度要合适，表面应清洁、少锈和干燥，要做到"精料"

入炉。

所谓"精料"入炉，一是指保证入炉的炉料化清后，钢液的主要化学成分应符合或基本符合工艺要求，同时有害的杂质元素应尽可能少。二是指生产中所使用的各类金属炉料应具有合适的块度，为后续的合理装料、布料及防止崩料和提高炉料的熔化速度做好准备。

（2）装料。首先要检查设备及供水系统是否完好，发现问题及时处理；仔细检查并认真清理坩埚；检查炉料是否符合配料单上的要求，确认无误后即可装料。

一般情况下，大、中、小金属炉料配比按（35%~45%）：（45%~50%）：（15%~25%）进行控制，炉料的块度大小（尺寸和质量）由炉子的具体容量而定。

装料过程中，先在坩埚底部装入炉料占2%~5%的底渣，其成分为：石灰75%，萤石25%。底渣的作用是熔化后覆盖在钢液面上，保护合金元素不被氧化，并起脱硫作用。底部和下部炉料堆积密度越大越好，上部应松动一些，以防"架桥"。底部应装入易于熔化的炉料，如高、中碳钢，高碳铬铁、锰铁、硅铁等；中部装入熔点较高的难熔炉料如钼铁、钨铁、工业纯铁等；上部为钢料。采用返回料熔炼时，大块料放在中下部，小块料放在底部和大块料之间，车屑等碎料待熔化后加入。1t以下的炉子渣料块度为：石灰10~30mm，萤石块度小于石灰的块度。

感应炉装料时，炉料的布置应根据坩埚的温度分布（如图10-9所示）来进行。合理的布料原则是：在坩埚底部加小块料；小块料上加难熔的铁合金（如钼铁、镍板等），上面加中块料；坩埚边缘部位加大块料，并在大块料的缝隙内填塞小块料。料应装得密实，以利于透磁、导电，尽快形成熔池。有时为尽快形成熔池，可在炉底铺放一定数量的生铁。

（3）熔化期。装料完毕后，送电熔化。熔化期的主要任务是使炉料迅速熔化、脱硫和减少合金元素的损失。熔化期的主要反应有碳、硅和锰的氧化及脱硫反应。

在整个熔化过程中要不断调整电容，保证较高的功率因素。在熔化期应尽量送大功率快速熔化，以减少熔池的氧化、吸气和提高生产率。在熔化过程中应防止坩埚上部熔料焊接的"架桥"现象。加强捅料操作，对于缩短熔化期，防止"架桥"现象是很有效的措施。为减少金属氧化和精炼工作

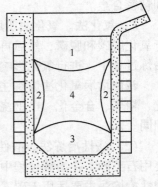

图10-9　感应炉坩埚
内温度的分布

1，3—低温区；

2—中温区；4—高温区

创造条件，熔化期应及时往炉内加入造渣材料，时刻注意不要露出钢液，这样，在炉料熔清后，即可形成流动性良好的熔渣。

（4）精炼期（还原期）。

1）调整好熔渣成分，有效脱氧。

熔化期的渣组成主要是氧化钙和氟化钙，有坩埚材料熔入的氧化镁等。为了更好地完成精炼任务，还原渣中必须加入萤石、石英砂、黏土砖碎块等，调整炉渣成分，改善其流动性。

感应炉冶炼合金采用扩散脱氧与沉淀脱氧相结合的综合脱氧法。使用的扩散脱氧剂有：C粉或电石粉、Fe-Si粉、Al粉、Si-Ca粉、Al-CaO等。为保证脱氧效果，应适当控

制金属液温度，温度太低扩散脱氧反应不易进行。脱氧剂应分批均匀地撒在渣面上，加入后，轻轻"点渣"加速反应进行。反应未完，不要搅动金属液。

感应炉冶炼使用的沉淀脱氧剂有：Al 块、Ti 块、Al-Mg、Ni-B、Al-Ba、Si-Ca、金属 Ce、金属 Ca 等。往炉内插沉淀脱氧剂时，应沿坩埚壁插入，借助电磁搅拌力将脱氧剂带向熔池深处。

感应炉冶炼中，一般扩散脱氧剂用量占装入量为：Al-CaO 0.4% ~ 0.6%；Si-Ca 粉 0.2% ~ 0.4%；Fe-Si 粉 0.3% ~ 0.5%；Al 粉 0.1% ~ 0.3%。一般沉淀脱氧剂用量占装入量为：Al 块 0.05% ~ 0.1%；Al-Ba 块 0.1% ~ 0.2%；Si-Ca 块 0.04% ~ 0.2%。

2）钢液的合金化。合金元素大多在精炼期加入，也有些在装料时加入，在精炼期调整。个别元素加在钢包中。

感应炉炼钢，钢液经过一定的脱氧，且合金化完毕后，于出钢前进行的最后脱氧操作称为终脱氧。一般用铝作终脱氧剂，也可用钛、硅、钙或含铝的合金。用铝进行终脱氧时，一般用铝量：低碳钢为 0.8 ~ 1.0kg/t，高碳钢为 0.3 ~ 0.4kg/t。如果钢包容量小分两次出钢时，铝应加在钢包中。

（5）出钢与浇注。出钢前，经最后一次终脱氧。当熔炼的钢或合金满足出钢要求时，即可出钢。小容量感应炉可直接全部除渣后浇注；大容量感应炉钢渣混出注入钢包内，镇静后浇注。

碱性感应炉炼钢法用还原渣精炼时，在炉内硫的分配系数为 20 ~ 50。大型感应炉出钢时，采用钢渣混出，使脱硫反应继续进行。在钢包中硫的分配系数为 50 ~ 80，而且脱硫速度很快，在短短的出钢过程中脱硫率可达 30% ~ 50%。而对小型感应炉采用先除渣后出钢浇注的方法，在出钢过程中则不能脱硫。

10.2　真空感应熔炼法

10.2.1　真空感应炉

真空感应熔炼法是将感应电炉置于真空中进行熔化精炼的方法，简称 VIM（vacuum induction melting）。真空感应炉容量一般为 0.5 ~ 25t，但美国有 60t 的炉子。我国运行的最大真空感应炉容量为 12t，为进口设备。真空感应炉的类型很多，按容量可分为两类：一类是实验室用的容量在 100kg 以下间歇式操作的实验炉；另一类是 100kg 以上的工业炉。对于 500kg 以上的工业炉通常采用半连续操作，这种工业炉一般都包括三室，即加料室、熔炼室和浇注室。三个室之间设有阀门，分别连接真空系统，可保证装料和取模时不会破坏熔炼室真空，从而提高生产率。如图 10-10 所示，感应炉体和锭模都置于真空室内，熔炼完毕，倾倒炉子将液体金属注入锭模。添加合金、取样测温都可借真空室内预先设置的机构来完成。

真空抽气系统中小型炉使用油旋转油泵、油扩散油泵的系列组成，真空度可达 10^{-2} ~ 10^{-3}Pa；大型炉采用蒸汽喷射泵，真空度可达 10^{-2}Pa。由于真空条件也促进耐火材料和金属液的反应，所以耐火材料的选择是重要的。小型炉使用氧化镁坩埚，中型炉使用氧化镁、氧化锆、尖晶石（$MgO-Al_2O_3$）系耐火材料，大型炉使用以莫来石为结合剂的刚

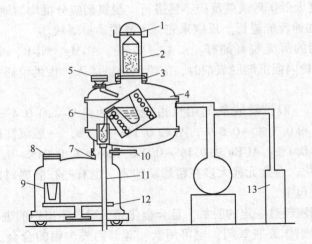

图 10-10　半连续式真空感应炉

1—架料器；2—料篮；3，8，10—阀门；4—真空炉容器；5—合金炉料容器；6—感应炉和旋转轴；
7—密封接口处；9—钢锭模；11—可上升支柱为浇注钢锭模用；12—可旋转底盘；13—真空泵

玉砖。

10.2.2　熔炼操作

真空感应炉可以直接生产钢锭或精铸件，也可以浇成自耗电极母材与电渣炉或真空电弧炉双联。真空感应熔炼分为如下几个主要阶段：装料、抽气和熔化、精炼、合金化与出钢浇注。

（1）装料。真空感应炉的装料方法可分为冷装和热装两种。一般情况下，小型炉采用冷装法，而大型炉采用热装法。

1）冷装法。冷装法是将固体炉料装入坩埚内。金属料是用热轧坯头或经过去锈处理的废钢和纯铁。真空感应冶炼时合金元素大部分以纯金属形式加入炉内。入炉材料都应仔细去除表面的锈蚀和油污。对于潮湿的炉料应预先烘烤再加入炉内。

装料时在坩埚底部先装入熔点较低的炉料如金属镍；高熔点的钨、钼等装在坩埚中部高温区，坩埚中、上部装入铬、钴、铁；其余炉料装入加料器，待坩埚内炉料熔化下沉后再加入。铝、钛、锆、硼、铈、镧等少量活泼元素装入分格加料器中，依次在不同时间加入钢液。易挥发元素（如锰）和脱氧剂（如碳、镍镁合金等）也装入加料器中。装料时要求做到"下紧上松"，对于上部料必须考虑在熔化时能使它顺利下落而不"架桥"。

2）热装法。实践表明，真空感应炉的熔化期约占总冶炼时间的 $50\% \sim 60\%$。随着真空感应炉容量的不断扩大，为了缩短熔化期和提高生产率，最有效的方法是采用热装法。

所谓热装法，是将基本炉料先在非真空感应炉或电弧炉中熔化，然后将初炼钢液倒入真空感应炉中精炼。国外真空感应炉采用热装法时，在非真空下把由电弧炉熔化的初炼钢液用钢包转注到预先烘烤到 $700 \sim 800℃$ 的坩埚中（转注速度为 4t/min），然后抽真空精炼，这样可以缩短冶炼时间 $1.5 \sim 3h$。利用热装法的优点，除了缩短在真空炉内的冶炼时间，提高真空炉的利用率外，还可以使用较差炉料，在熔化炉内还可有效地去除磷和硫。

　　热装法具有一定的局限性。初炼过程中钢液会受到大气的污染，所以采用热装法时要用较长的时间来精炼钢液。另外，这种装料方法对于使用含铝、钛、锆等活泼元素的返回料有一定的困难。这些元素在常压下熔化时，除形成氧化物外，还可能形成氮化物，如TiN、AlN、ZrN 等，这些氮化物在精炼期中较难去除。

　　(2) 抽气和熔化。间歇式作业的小型真空感应炉在主要炉料已装入坩埚，同时一些补加材料也装入加料器后，开始抽真空，使真空度达到 0.67Pa 时，然后送电熔化。

　　熔化期为了利于气体和夹杂物的去除，应具有较高的真空度和足够长的时间。通常采用逐级提升功率，缓慢熔化的工艺制度，保证炉料充分预热而不致局部过热，炉料能充分去气而不产生喷溅，特别是炉料加热到赤红接近熔化时，应保持一定的功率，缓慢升温，使炉料中气体尽量排出。若熔速过大导致钢液强烈沸腾或喷溅时，应立即降低输入功率或封闭炉体或通入 Ar 等抑制沸腾，适当降温，减缓反应进行，但绝不可停电，否则会使喷溅更严重。

　　(3) 精炼。炉料熔化后，在真空下保持一定的时间，就可达到精炼的目的。在精炼阶段主要是完成脱氧、脱气，去除有害杂质和调整温度等任务。为此，当炉料化清后向坩埚的钢液中加入脱氧剂（C、Ni-Mg、Ni-C 等）并在真空下保持 10min 左右。此时，熔池内发生激烈的碳氧反应并析出大量的 CO 气泡，使得钢液中氢与氮含量进一步降低，同时也对有害杂质和非金属夹杂物的去除十分有利。

　　精炼阶段通常需要注意控制精炼温度、真空度和精炼时间三个主要参数。精炼要求保持较高的真空度，但并非越高越好，对大型真空感应炉，精炼期的真空度通常控制在 15~150Pa 范围内；而对小型炉，则为 0.1~1Pa。精炼温度的确定要考虑冶炼金属的品种、坩埚质量以及原材料条件等因素，其中特别要注意低压下坩埚的供氧问题。高温下进行精炼有利于脱氧反应的进行，但是，如果精炼温度过高，会使钢液与坩埚之间的反应加剧，并加速有用组分的挥发损失。一般选取的精炼温度比所炼钢种或合金的熔点约高 100℃。精炼时间越长，反应（去氢、去氮、脱碳、脱氧等）进行就越趋于平衡。一般 200kg 左右的炉子，精炼时间为 15~20min；1t 左右的炉子，精炼时间为 60~100min。

　　(4) 合金化。达到规定的精炼时间后，如熔池温度合适，即可加入合金元素，调整钢液成分。由于合金元素的活泼程度（与氧、氮等的亲和力）及蒸气压等不同，应按一定的顺序加入。一般情况下，各种合金的加入时间是：Ni、Co、W、Mo 等在装料时加入；而在熔化和脱氧后加入 Cr；随后加入 Si、V 等；Ti、Al、B 及 Zr 等只在浇注前才加入熔池。锰的挥发性很强，一般在出钢前 5~10min 加入，需关闭真空阀门或在通 Ar 下加入为宜。当加入数量多而块度大的合金料时，加入速度应缓慢，避免发生喷溅。当加入含气量大的合金或在熔池尚未完全脱氧时加入含碳材料，应特别注意防止发生强烈的沸腾，必要时可通过关闭阀门来提高熔炼室的压力以抑制沸腾，每加入一种合金料后，应输入大功率，以搅拌熔池。

　　(5) 出钢浇注。出钢浇注前应用大功率送电搅拌，使钢或合金液的温度与成分进一步均匀。浇注时以中等功率带电浇注，以防止氧化膜冲入锭模。真空下浇注，其注温可适当降低，一般超过金属熔点 60~80℃ 即可。注速应掌握"慢—快—慢"的原则，防止喷溅和冲模。出钢浇注后不应立即破坏真空，需要保持的时间视锭型大小与金属品种而定，以确保正常结晶和防止氧化。

10.2.3　熔炼特点

（1）金属的熔化、精炼和合金化全部过程都是在真空条件下进行的，因而避免了与大气的相互作用而污染。

（2）真空下，碳具有很强的脱氧能力且其产物 CO 不会污染金属。

（3）可以精确地控制化学成分，特别是一些活性元素（如 Al、Ti、Zr、B 等）可控制在很窄的成分范围内。

（4）低熔点易挥发的金属杂质元素如 Pb、Sn、Sb 等，能通过挥发去除。

（5）强烈的感应搅拌作用，对加速冶金反应速度、均匀成分与温度十分有效。

应该指出，真空感应熔炼过程中有耐火材料与熔体反应和侵蚀问题，同时钢锭的结晶组织与普通方法所得的钢锭组织一样，存在偏析、缩孔等问题。

真空感应熔炼主要用于生产宇航、导弹、火箭、原子能和电子工业等领域所需的高温合金、超高强度钢、不锈钢以及其他特殊用途的合金。此外，为进一步提高质量和效益，真空感应熔炼法可作为一次熔炼提供纯净的自耗电极，与电渣重熔或真空电弧重熔联合使用。

10.3　电渣重熔法

电渣重熔法（electro-slag remelting），简称 ESR，是利用水冷铜模和自耗电极在熔渣中熔化精炼，快速凝固得到高质量钢锭的方法。该设备以熔渣的电阻作发热源，以熔渣和钢液物化反应清洗钢中夹杂物生产特殊钢和合金。

美国于 1937 年开始研制霍普金斯（Hopkins）法。此后，1952 年苏联基辅巴顿电焊研究所将电渣焊接法（ESW 法）的原理应用到钢铁重熔上，发展为电渣重熔法。由于此法设备简单、操作方便、重熔质量好，因此作为二次精炼法在世界冶金领域得到了迅速发展、推广与应用。如今，它不仅适用于重熔各类特殊钢与合金以及某些有色金属，而且还可用于多种异型件（如曲轴、模块、管坯、涡轮盘等）的熔铸。此外，又发展了一次熔炼设备（有衬电渣炉）用来精炼金属。

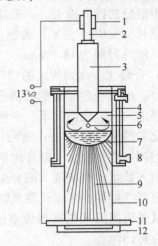

图 10-11　电渣重熔示意图
1—电极把持器；2—电极接头；3—电极；
4—移动式结晶器；5—渣池；6—熔滴；
7—金属熔池；8—冷却水（入口）；
9—钢锭；10—渣壳；11—引锭板；
12—底盘；13—电源（交流）

10.3.1　设备组成

如图 10-11 所示，电渣炉设备主要包括电源变压器、电极升降机构、结晶器、引锭板和底盘（底水箱）、电气控制及测量仪表、化渣装置以及废气处理装置等。

（1）电源变压器。电渣炉的电源可用交流亦可用直流，工业生产广泛采用交流电源。小断面钢锭可用单相交流，大断面者可以用三个电极连接三相交流电源（见图 10-12）。大型电渣炉（>10t），宜考虑三相供电，最好由三个单相变压器组成，既可单相生产小锭，又可三相生产大锭。由于重熔供电制度的特点是大电流、低电压，故要求变压器的特性为硬特性，即其输出电压不随冶炼电流而变化。此外，为适应重熔工艺要求，炉用变压器的二次电压最好能有载无级调压，以满足精确控制功率的需要。常用变压器容量与电渣炉容量的关系见表 10-4。

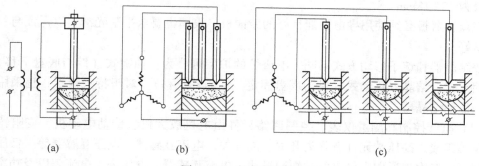

图 10-12　交流电渣炉

(a) 单相；(b)，(c) 三相

表 10-4　变压器容量与电渣炉容量的关系

电渣炉容量/t	变压器容量 /kV·A	相　数	结晶器直径 /mm	最大二次电压 /V	最大二次电流 /A
0.05	100	单　相	120	50	2000
0.20	250	单　相	180	—	—
0.50	400	单　相	230	60	7000
1.00	750	单　相	350	80	10000
2.50	1800	单　相	500	80	20000
5.00	2500	三　相	800		
15.00	3500	单　相	1000	80	35000
20.00	3600	三　相	1200	90	15000
100.00	7000	三　相	2000		
150.00	15000	三　相	2500		

（2）电极升降机构。通常电极升降机构有丝杆传动和钢丝绳传动，小型电渣炉有用液压传动的。要求电极下降速度调整幅度大、控制灵敏（5~60mm/min），而非冶炼操作时升降速度较高（2~4m/min）。电渣炉可采用双电动机传动，高速用交流电动机，低速用直流电动机。

（3）结晶器、引锭板和底盘。结晶器、引锭板和底盘既是电渣重熔的炉体，又是钢液结晶的锭模，要求具有良好的导热性和足够的刚性，能经久使用不变形，使重熔锭容易脱出。

结晶器以内套铜质、外套钢质的装配式结构使用效果较好。内外套也可使用钢质的，制造方便，比较便宜。冷却水从下部流入，上部流出，出水口的位置，应高出结晶器的上平面，以免在结晶器的上部留有空隙，使顶部冷却作用降低，甚至造成烧漏爆炸事故。为便于脱模，结晶器内壁表面须平整光滑，并有2%左右的锥度。

水冷结晶器坐落在底盘（底水箱）上。为防止重熔开始时底水箱被烧穿，应在结晶器下的底盘上放一块引锭板（护锭板），以保护底盘。引锭板最好使用与自耗电板相同的材料制成，但生产中难以做到这一点，一般都用普碳钢板切割而成。引锭板表面不得带有氧化铁皮和铁锈，使用前应用砂轮研磨除锈。引锭板应平整，以便与底盘紧密接触，其厚度一般为12~18mm。

底盘上盖板必须使用导电性能良好的紫铜板，表面也要求平整光滑，以保证与引锭板接触良好。

按结晶器和锭子移动方式不同，电渣炉的炉型可分为：抽锭式（锭与底盘下移）；结晶器固定式；结晶器移动式（锭与底盘固定，结晶器上移）。对于特大锭子，宜采用多极重熔，活动结晶器。

（4）电气控制和测量仪表。控制回路元件由电机放大机、传动电动机、变阻器及转换开关等组成。高压端元件有隔离开关、油开关、电流互感器、电压互感器等。低压端元件由变压器二次端通向电极夹头的短网导线、电流互感器、电压表、电流表以及功率表等组成。

10.3.2 冶金特点

水冷结晶器内装有高温、高碱度的熔渣，这是电渣熔炼的显著特点。自耗电极的一端插入渣池内。自耗电极、渣池、熔池、电渣锭、底水箱、短网导线和变压器之间形成电回路后，强大的电流通过回路时，由于液态渣具有一定的电阻而产生渣阻热，由此熔化自耗电极。被熔化的电极金属以熔滴形式通过渣池滴入熔池，从而在水冷结晶器中自下而上地逐渐凝固成电渣锭。

电极在高温炉渣下熔化，熔化于电极末端的金属薄层下滑熔聚于电极的最低位置，聚集长大，在其重力和引缩效应的电动力之和超过金属与熔渣间界面张力时，则熔滴脱离电极，以液滴形式通过炉渣，落入金属熔池。

在熔炼过程中，液滴的形成下落至熔池完全凝固过程是强烈的渣、钢界面反应的过程。炉渣的温差及电磁力的作用引起炉渣搅动，提供了良好的动力学条件。电力制度是电极熔化速度的调节者，并能影响渣、钢反应，故电力制度是冶炼过程最基本的参数。

电渣重熔法具有以下冶金特点：

（1）精炼过程具有多阶段性。所谓多阶段性，是指母材（自耗电极）端部的熔滴通过精炼相（熔渣）进行渣洗，并进入金属熔池进行精炼。

第一阶段，自耗电极熔化端上所形成的液体金属膜与熔渣接触过程。该阶段是电渣金属的主要精炼阶段。这是因为该阶段电极端部熔化的液态金属与熔渣有效接触面积非常大（吨钢可达300m²），比电弧炉的钢渣接触面积大300~400倍，并且金属液膜很薄，传质路程很短，所以对钢渣的精炼反应非常有利。

第二阶段是熔滴中金属的精炼。熔滴与熔渣接触的时间包括熔滴脱落前在电极端部形成和停留的时间。因熔滴与熔渣接触时间不长，该阶段对金属的精炼效果不显著，如果第一阶段精炼可达70%~80%，第二阶段的精炼率约为1%，并且当钢锭半径很大时，该阶段的精炼率还要低。

第三阶段是金属在熔池中的精炼。该阶段的金属精炼率约为 20%，这是因为金属熔池和渣池的接触面积不大，吨钢约 $0.3 \sim 2m^2$。同时电渣重熔过程中，金属熔池中的对流作用很小，约 $5 \sim 10 cm/s$，因此，在金属熔池中质点聚合的夹杂物之间的碰撞频率和夹杂物进入金属-渣池界面的几率也就很小，故此阶段在电渣重熔精炼过程不占重要地位。

(2) 反应温度高。重熔时，电极下端至金属熔池的中心区域温度最高可达 1700～1800℃。对于常用的熔渣过热约 350℃ 以上，钢液过热也有 300℃ 左右，有利于非金属夹杂的去除和脱硫。

(3) 顺序凝固。由于金属熔池同时受到上部渣池和熔滴的加热及水冷结晶器的向下与水平方向的散热双重作用，结晶过程基本上是由下向上呈人字形或垂直生长，结晶方向由热源（热中心）的移动速度即熔池的结晶速度和熔池的形状而定，因而又为电力制度所控制。由下向上的结晶有利于排出钢中的气体和钢液中的夹杂物。

(4) 液渣保护，渣壳中成型。由于不存在耐火材料的侵蚀问题，杜绝了由此带入外来夹杂的可能性，同时熔池上方始终有热渣保护，能使钢液不与大气直接接触，减轻了二次氧化和避免了一般铸锭常见的缩孔、疏松、翻皮等缺陷。随着电渣锭生长，熔池和渣池不断上升，上升的渣池在水冷结晶器的内壁上形成一层均匀的光滑渣层，钢液在液态熔渣覆盖和渣壳包覆中凝固，渣皮对钢锭的表面性质和结晶器-钢锭间的润滑性起着重要作用，因此钢锭表面非常光洁。

10.3.3 工艺过程

电渣重熔过程包括：重熔前准备、送电启动、重熔精炼、补缩、锭子处理等。

(1) 重熔前的准备。仔细检查结晶器和底盘确无漏水。底盘仔细清理干净后，将引锭板放在底盘上，然后把底盘上升到与结晶器下端紧靠后的位置。为了避免电流经结晶器导入底盘，在结晶器下端与底盘之间垫石棉布绝缘。另将电极安装在把持器上，并将电极下降到造渣所需的位置。准备工作的重点是自耗电极与渣料的准备。

1) 自耗电极。一般是在电弧炉、感应炉或真空感应炉中冶炼，冶炼时应按电渣要求控制自耗电极的化学成分。电极可以是轧制或锻造的，也可以是铸造的。由于铸造电极制备方便，成本较低，所以得到普遍采用。如以连铸坯作为电极则更经济、方便。电极断面多为圆形，也有矩形或方形等。

为了避免重熔过程中易氧化元素大量烧损，要求自耗电极表面没有氧化铁皮和铁锈，特别是在重熔含硼、钛、铝等元素的钢种时，更应注意。自耗电极表面不得有严重的裂纹、重皮、飞翅、结疤和夹渣等缺陷，用前必须经过表面打磨清理（或酸洗）。表面所黏附的油脂、耐火材料碎块等也必须清除干净。

电极在重熔过程中，因受热会产生一定程度的歪曲，所以要求自耗电极尽可能平直，一般弯曲度不超过总长的 0.6%。

自耗电极的直径 d 取决于结晶器的平均直径 D，经验式为：

$$d = KD \tag{10-1}$$

式中，K 为经验数值，一般国内选用 $0.3 \sim 0.5$；国外为 $0.4 \sim 0.8$。采用较大的 K 值可以降低热损失，也使钢锭具有良好的结晶条件，但对脱硫不利。一般单相电渣炉的 K 值取

0.5~0.7 为宜。

圆形自耗电极长度 l 可按式（10-2）计算：

$$l = \frac{G}{n \cdot \dfrac{\pi d^2}{4} \cdot \gamma \cdot \eta} + \Delta l \qquad (10\text{-}2)$$

式中，G 为锭重，kg；d 为电极直径，m；n 为重熔一支钢锭所需电极根数；γ 为钢的密度，kg/m^3；η 为电极金属的致密度（变形电极取 1，铸造电极取 0.95）；Δl 为电极余头，因电极夹持方式而异，一般取为 $(2 \sim 3)d$。

电极越长，感抗、压降越大，故应尽量采用短粗电极。

2）渣料。熔渣在电渣重熔过程中应完成下列任务：①自耗电极依靠熔渣的电阻热进行熔化；②依靠熔渣的精炼作用去除钢中有害元素和非金属夹杂物；③在渣皮包覆中凝固以获得致密的钢锭和光洁的钢锭表面。

为确保电渣钢的质量，要求渣料有较高的比电阻，以产生足够的热量，一般要求熔渣的电阻率为 $(2.5\sim5.0)\times10^{-3}\Omega \cdot m$；为了提高熔渣的流动性，所选渣系的黏度要小，通常要求在 1600℃ 左右其黏度小于 $0.05Pa \cdot s$；熔渣的熔点要低于重熔金属 $100\sim200$℃，且其沸点要高；为了提高熔渣的脱氧、脱硫能力，熔渣应具有一定的碱度；同时渣料价格要便宜，资源丰富，使用安全，污染少。

常用的熔渣多由石灰、刚玉粉（Al_2O_3）和萤石等组成，两种常用的炉渣成分为：①70%CaF_2+30%Al_2O_3（二元渣系）；②15%CaF_2+40%Al_2O_3+40%CaO +5%MgO（四元渣系）。表 10-5 列举出一些常用渣系的主要组成与应用。

表 10-5　电渣重熔常用渣系及其应用

渣系	主要组成（质量分数）/%							熔点/℃	应用范围与特点
	CaF_2	Al_2O_3	CaO	MgO	TiO_2	BaO	NaF		
二元渣	80	—	—	—	—	—	20	1160~1180	铜合金
	70	30	—	—	—	—	—	1260~1280	不含 Ti、B 钢，合金，去硫
	80	—	20	—	—	—	—	1200~1220	不含 Al、Ti、B 钢，合金，去硫
	80	—	—	20	—	—	—	—	
	80	—	—	—	—	20	—	1300	需脱磷的钢与合金
	95	—	5	—	—	—	—	1390~1410	含 Al、Ti、B 的钢与合金
	—	55	45	—	—	—	—	—	不含 Ti、B 钢、去夹杂好
三元渣	60	20	20	—	—	—	—	1240~1260	不含 Ti、B 钢与合金，去硫
	50	25	—	—	25	—	—	1220~1240	含 Al、Ti 钢与合金
	—	60	35	5	—	—	—	约 1450	不含 Ti、B 钢与合金，去硫
	65	25	10	—	—	—	—	1240~1260	高温合金
	80	10	—	—	—	—	—	约 1200	改善表面质量
四元渣	15	40	40	5	—	—	—	约 1340	降低电耗，减少污染
	75	10	—	10	5	—	—		含 Ti 钢与合金
	55	25	10	10	—	—	—		高温合金

对渣料的组成如萤石、石灰和铝氧粉等均须按规定检验选用。电渣熔炼对渣料的要求比较严格，首先是渣料的纯度。渣料中硫和 SiO_2 的含量必须很低。渣料中如果含有较高的 SiO_2、FeO 和 MnO 等氧化物，则在电渣熔炼中，一些易氧化的元素（如 Al、Ti、B、Zr 等）将被氧化。渣料中含硫高将显著地降低电渣熔炼的去硫能力，甚至在重熔后，钢中硫含量反而有所增加。

天然萤石不能满足上述要求，为提高其纯度，应该进行渣料精炼。精炼一般在碳质炉衬和使用石墨电极的单相炉中进行。先将萤石放入炉中熔融，并在熔融状态下保持一定时间（约 45min），在高温下 SiO_2 等氧化物及硫被去除。

熔融萤石保持一定时间后，再按渣系成分加入铝氧、石灰等渣料炼成提纯渣，并在 400℃ 保温，随用随取。各种渣料在使用前都应进行充分烘烤（600℃、4h 以上），并在一定温度（一般大于 400℃）下保温。

渣量对重熔过程的稳定性、热能利用率和产品质量有很大影响。当结晶器尺寸一定时，渣量取决于渣池深度。渣池深度一般为结晶器平均直径（内径）的 1/3~1/2（小锭取 1/2，大锭取 1/3），或者相当于电极直径。根据实践经验，个别锭型（t）所对应的渣池深度（mm）为：0.3t（85~115mm），0.8t（135~165mm），1.2t（150~185mm），2.5t（200~240mm）。

根据渣池深度可用式（10-3）计算渣量：

$$G_渣 = \frac{\pi D^2}{4} h_渣 \cdot \gamma_渣 \tag{10-3}$$

式中，$G_渣$ 为渣量，t；D 为结晶器的平均内径，m；$h_渣$ 为渣池深度，m；$\gamma_渣$ 为熔渣的密度，常用渣（70%CaF_2+30%Al_2O_3），密度约为 2400~2500kg/m³。

国内单相电渣炉渣量一般为 30~40kg/t。三相电渣炉为 60~70kg/t，小炉子取上限。国外单相电渣炉渣量约为电渣钢锭总质量的 3%~5%。

（2）引燃启动。所谓引燃启动是指建立高温液态渣池的过程。一般有以下两种方法：

固渣启动（冷启动）：引燃前已在保护结晶器底水箱的引锭板上放好固体导电渣，其配比为 $w(CaF_2):w(TiO_2):w(CaO) = 50:40:10$ 或 $w(CaF_2):w(TiO_2) = 50:50$。降电极将其压触，周围加入部分渣料。通电后导电渣块借其电阻热先自身熔化，再逐渐熔化四周渣料，与此同时及时地将渣料分批或全部加入，建立渣池。在双臂电渣炉上，可先用一臂夹持石墨电极化渣，待渣池建立后退出，送入另一臂已夹装好的自耗电极，调整功率开始重熔。

液渣启动（热启动）：它是在另一个专用化渣装置内化渣，当渣料熔化，温度达到 1600℃ 左右，即可注入结晶器，直接建立渣池。这种方法可缩短重熔时间，改善锭底部质量，但需增设一台专用化渣设备。

（3）正常重熔。要求按重熔工艺规定的基本电参数重熔，使整个过程尽量稳定于最佳状态。因此，必须根据判据参数对基本电参数进行判断与调整。

1）重熔电压。它是网路电压和工作电压的总和。由变压器输出端至电极夹头间的导线、电极、熔池、钢锭、底盘等各部分组成的电压降为网路电压，而电流通过渣池时形成的电压降则为工作电压（又称炉口电压）。后者是重熔电压的主要部分。

提高炉口电压，放热区扩大，电极埋入渣池深度和金属熔池受热区相应减小，因此金属熔池的深度变浅。电压变化时熔池深度的改变见图10-13。

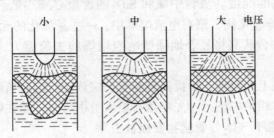

图 10-13 电压对熔池深度的影响
（条件：渣厚不变，电流不变，电压改变）

可见，升高电压时金属熔池由窄深趋于宽平，因此结晶方向近于轴心，由于渣温高可得到薄渣皮，故锭子的表面平整。

提高电压使渣温提高和炉渣的表面张力降低，从而减小了液滴尺寸，增加了过渡液滴的频率，金属液滴和炉渣接触表面增大。但是提高电压可能引起渣池沸腾，导致电渣过程破坏。随着电压的提高增加了结晶器的散热损失和渣池的辐射热量，因此电极被加热氧化加重，熔渣从空气吸收氧量增加，因而影响了重熔效果。

合理的重熔电压与渣池深度和渣系有关，而渣池深度又与结晶器大小有关，故在渣系、钢种一定的情况下，重熔电压可按结晶器平均直径，用经验公式（10-4）来确定：

$$u = 0.6D + 26 \tag{10-4}$$

式中，u 为重熔电压，V；D 为结晶器平均直径，cm。

其计算结果对于小于 800mm 的结晶器基本都适用。一般采用的工作电压为 40~60V。

2）重熔电流。重熔电流与重熔电压一样，是电渣重熔的基本参数之一。它对产品质量和技术经济指标都有重要影响。

在电压及其他因素相同时，电流强度的增减和电极下降速度的快慢近于直线关系。在渣量一定，电压一定的情况下，电流值改变则金属熔池形状亦改变。电极在较高的恒速下降时，电流增大，炉渣的有效发热距离减小，炉渣散失热量相对减少，因此金属熔池得到的电功率增加，熔池深度增大。见图10-14。

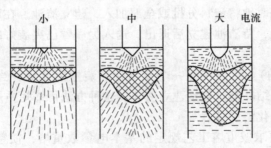

图 10-14 电流大小对熔池深度的影响
（条件：渣层厚不变，电压不变，电流改变）

金属熔池越深，晶体的结晶方向越接近于普通钢锭的组织。过分增大电流，靠近结晶器壁处渣温下降，锭子的渣皮变厚，恶化了锭子的表面质量，此时电流促使液滴脱落进入熔池的频率增加，液滴尺寸变小。

实践表明，合适的重熔电流应保证电极在渣池中有合适的埋入深度，同时使金属熔池深度也控制在较合理的范围内。一般认为，金属熔池深度以近于结晶器平均直径的一半为佳。

目前还无法用理论计算来确定重熔电流，只能用经验式（10-5）来确定：

$$I = k \cdot D \tag{10-5}$$

式中，I 为重熔电流，A；k 为结晶器线电流密度，A/cm，$k = 150 \sim 250 \text{A/cm}$，多取 200A/cm；$D$ 为结晶器平均直径，cm，$D < 100$cm 时，I 计算值与生产实际情况相符。

或使用式（10-6）计算：

$$I = \delta \times F \tag{10-6}$$

式中，δ 为电流密度，一般取 $0.2 \sim 0.4 \text{A/mm}^2$，小炉子取上限；$F$ 为自耗电极截面积，mm^2。

（4）熔化速度。熔化速度是电渣重熔时一个重要的判据参数。在实际操作中，要根据熔化速度来调整电极的给送速度，它对金属熔池深度和形状有较大的影响。熔速快，虽可提高生产率，但熔池深，重熔锭质量差，熔速慢则反之。生产中合理的熔化速度是以确保重熔锭的质量为前提，即以控制金属熔池深度为结晶器平均直径的一半为准则。对大量生产实际数据进行统计分析得出，合理的熔化速度与结晶器平均直径之间存在以下经验关系式：

$$V = 3.66D^{1.23} \tag{10-7}$$

式中，V 为熔化速度（以最佳熔池深度为前提的合理熔速），kg/h；D 为结晶器平均直径，cm。

在正常重熔阶段，除了密切注视电参数，尽量维持其稳定外，还要对渣池深度及熔渣成分进行必要的控制，这是因为渣皮的消耗和熔渣的挥发，会使渣池变浅（渣量减少），以致影响过程的正常进行，为此需要补充新渣（重熔大型锭时尤为必要）。另外，由于熔渣中不稳定氧化物的存在或电极脱氧不良等原因，重熔时会导致钢中易氧化元素的烧损。为此在这个阶段常采用脱氧剂（如 Al 粉等）对熔渣脱氧。

（5）补缩。补缩的作用在于减慢熔化速度，填充钢锭头部缩孔，避免加工时锭头中央开裂，并提高产品成材率。补缩操作一般在重熔结束前 10~15min 进行，这时逐渐减小功率，电极下降速度减慢，电流减小，结束重熔时，停止下放电极，令其末端自行熔化，直到电极露出渣面并发生电弧时即可停电。补缩操作要求精确估计补缩用的电极长度，否则不是造成补缩不足，就是留下过长的剩余电极头子，影响金属收得率。

（6）锭子处理。当锭子全部凝固后 10min（各厂时间规定不尽相同），即可用吊车将锭子全部从结晶器取出，除去渣皮及头部的渣。根据重熔钢种采用不同冷却方式，需要缓冷或退火的钢与合金，在脱锭后应及时按规定处理。

10.3.4 优质大钢锭制备

随着动力设备的大型化及核电站的建设，需要 100~360t 的大钢锭。1971 年德国萨尔钢厂建成 FB45/165G 低频电渣炉（2~10Hz），生产的最大锭重 165t。1981 年我国上海重型机械厂建成 200t 级的三相双极串联电渣炉，最大锭重 205t。近年世界各国致力于开发新技术制备大钢锭，如电渣热封顶（ESHT）技术。

　　我国已掌握了铸钢件电渣热封顶技术。在铸件冒口中造液渣，形成渣池，用石墨电极浸入渣中，通交流电产生电阻热，起发热冒口作用，铸件凝固后仅有很浅的洼坑，冒口切除量减少。以后进一步进行金属自耗电极、输入功率递减、填充金属补缩操作，可做到冒口平整，无需再切除。

　　电渣热封顶用于生产大型铸锭（图10-15），目的在于消除普通铸锭的疏松与偏析。热封顶开始时，铸锭外层形成一层凝固金属壳，由于快速凝固，成分较均匀，组织致密，而电渣热封顶的功能是填充顶部因收缩产生的缩孔，以及减少因选择结晶产生的凝固偏析。米契尔（A. Mitchell）研究结果提出浇注后凝固速度随时间变化，电渣热封顶填充速度应同步，维持金属循环，保持温度梯度，输入比功率为 $0.8kW \cdot h/kg$。

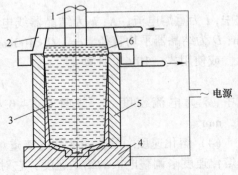

图 10-15　电渣热封顶原理图
1—自耗电极；2—热封顶模；3—凝固过程铸锭；
4—铸座；5—铸模；6—渣池

10.3.5　冶金质量

　　（1）钢锭表面光洁，不需精整并无缩孔疏松，锭子致密度增加（重熔后钢的密度约增加 $0.33\% \sim 1.37\%$），钢材中无疏松、白点、裂纹等缺陷。

　　（2）电渣重熔能显著地脱硫，钢中硫减少 $30\% \sim 60\%$ 以上，硫含量可降至 0.003% 水平。

　　（3）氧降低 $33\% \sim 50\%$，氢含量能降低 $1/3$ 左右，氮含量降低 66.6%（对不含 Ti、Nb 的钢种）。

　　（4）重熔后钢中夹杂物总量可降低 $30\% \sim 50\%$，夹杂物尺寸和数量显著减小。一般夹杂物总量可达 $(50 \sim 100) \times 10^{-6}$ 水平。

　　（5）提高了钢的塑性、韧性、焊接性、变形性和软磁合金的磁性，特别是横向力学性能大幅度地提高，使钢材的各向异性显著地减小。

10.4　真空电弧重熔法

　　真空电弧重熔（vacuum arc remelting），简称 VAR，其原理是在无渣和低压的环境下或是在惰性气体的气氛中，金属自耗电极在直流电弧的高温作用下熔化并在水冷结晶器内自下而上地逐层凝固成锭。由于液态金属在真空下以熔滴形式通过高温（约 4700℃）弧区，并在水冷结晶器中逐渐凝固，会发生一系列的物化反应，使金属得到精炼，从而达到净化金属，改善结晶组织，提高性能的目的。VAR 炉又称真空自耗炉。

　　目前，世界上用于工业生产的最大真空电弧炉能生产直径 1.5m 的 50t 锭子。但真空电弧重熔设备复杂，维护费用高，金属收得率较低，在生产成本、品种多样性和纯洁度方面尚不及电渣重熔。它主要用来重熔对力学性能要求极为严格的钢与合金，如航空发动机的叶片、发动机主轴材料、钛合金和难熔金属及合金等，所以在材料的性能稳定性、一致性和可靠性方面，它作为二次重熔精炼法，仍占有极其重要的地位。

10.4.1　设备组成

真空电弧炉主要由炉体、电源设备、真空系统、控制系统和水冷系统等部分组成。图 10-16 是真空电弧炉示意图。

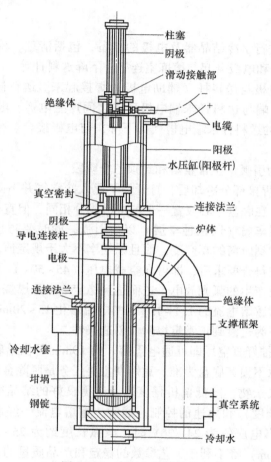

图 10-16　真空电弧重熔炉

炉体由炉壳、自耗电极、电极杆、电极升降装置和水冷铜结晶器等组成。通常，炉壳用不锈钢制成，它与水冷结晶器相连，构成炉体真空室。自耗电极焊接在电极杆的炉内端头上。电极杆与炉壳之间采用传动真空密封，以防漏气。炉体的结构有固定式和旋转式两种。一般周期性生产的小炉子多用固定式，而旋转式可连续生产，生产率高，适于生产较大的真空电弧重熔锭。

采用直流电源供电。硅整流器和直流发电机都可选用，但现今大多已改用硅整流电源。通常，以自耗电极为负极，铜结晶器为正极的正极性接法重熔钢和合金。

真空系统由机械泵、增压泵和扩散泵以及相应的真空阀和有关测量仪表等组成。一般应当在 $1 \sim 10^{-2} Pa$ 压力下进行重熔，要求设备漏气率控制在不高于 $5 \times 10^{-3} Pa \cdot m^3/s$，而在重熔难熔金属及其合金时要求设备漏气率控制在 $(3 \sim 5) \times 10^{-4} Pa \cdot m^3/s$。

控制系统主要用来控制电弧的长度，以稳定其电流和电压，防止短路和边弧的发生，并对过电压与过电流进行控制与保护。

真空电弧重熔时，结晶器水冷却的特点是薄水层、大流量。为此要求底水箱进、出水温差小于3℃，结晶器进、出水温差不小于20℃，出水温度应控制在45~50℃范围。出水温度过高（>50℃）易产生水垢并且不安全。

10.4.2　熔炼过程

（1）准备。主要进行水冷结晶器及电极的准备，包括清理、检查，把加工好的电极运送到下面，将结晶器和电极升起与熔炼室连好，下降送料杆等。

（2）焊接，即将电极与送料杆（辅助电极）焊接起来。送料杆下降后关闭炉子并抽真空。通电后，电极上端与送料杆末端电极残头之间产生电弧。电极上端产生小熔池约1~1.5min后，将已燃的送料杆末端电极残头下降，与电极接合。待焊接部分冷却后可进行下一步操作。

（3）重熔。可分为引弧、正常重熔和封顶三个阶段。

1）引弧期。电极焊接部分冷却后，打开炉子通入冷空气并下降结晶器底盘，检查焊接处并清除冷凝物后，在底盘中心放置一个与电极成分相同，但直径比结晶器直径小的圆饼，在圆饼上放置一层车屑（同钢种车屑）以便引弧，同时要防止电极与圆饼焊接。准备好后，抽真空直至达到所需的真空度，而且漏气率不大于规定值。

当真空度与漏气率符合要求后，即可在空载电压（45~50V）下，借助于自耗电极与引弧屑之间瞬时接触而产生的弧光放电，进而达到稳定的电弧燃烧，建立金属熔池。当熔池出现后，即以用正常重熔电流的1.1~1.2倍的电流熔化15~20min左右，以减轻或消除锭底部的疏松和气孔，为过渡到正常重熔阶段创造条件。

2）正常重熔期。抽好真空后即可通电重熔。前10min可供给较大电流，用来补偿底盘处较大的热损失，以不损坏底盘为准。重熔期主要任务是脱除金属中的气体与低熔点有害杂质，去除非金属夹杂物，降低偏析程度以及获得良好的结晶组织。为此必须注意电流、电压（反映电弧长度）和熔速的控制。通常，重熔电流一经确定，熔池是否正常就取决于电弧的长短。当电压值为24~26V时，电弧长度约为25~30mm。电弧过长（约40mm）或过短（<15mm）都不利于工艺参数的稳定和产品质量的提高。此外，在正常重熔期还应注意真空度变化和合理熔速的计算与控制。

脱氧：在重熔脱氧时，氧的脱除量和碳的含量与活度无关。氧降低的程度为52%~77%。

脱硫：重熔高碳钢种硫大约降低15%~25%（由挥发所致），而重熔低碳钢种时硫并未降低，钢锭中硫的分布很均匀。

脱氮：重熔的钢和合金有明显的脱氮效果，当滚珠钢中含$w[N]>0.01\%$时可脱除50%~60%。重熔特殊钢和合金（耐热合金）时，因含有能和氮生成稳定氮化物的元素（Ti、V、Nb等），没有明显的脱氮效果。

氢的去除：有明显的去氢效果。

3）封顶期。熔炼末期逐渐降低电流，以适当减小头部缩孔。实际生产中，常用"多级封顶，低电流保温"的工艺制度。如对于φ60mm以上的锭型，开始从正常重熔电流以

250A/min 速度递降，当电流降至其一半左右时，再以 250A/2min 速度递降，最后以 250A/3min 速度递降到电弧稳定燃烧的最小电流值（一般为 2000A 左右）对钢液保温。

（4）钢锭处理。重熔结束，即在真空下冷却钢锭直至完全凝固，降下结晶器和钢锭至小车上并拖走，将结晶器与钢锭在大气中冷却一定时间后再脱锭。

10.5　电子束熔炼法

电子束熔炼法是利用高真空下产生高速运动的电子的能量转变成热能来熔炼的方法。它既可作一次熔炼，即电子轰击熔炼（electron bombardment melting），简称 EBM，又可用来重熔精炼，即电子束重熔（electron beam remelting），简称 EBR。

电子束炉主要是作为冶炼和制造高熔点活泼金属（如钼、铌、钛、钽等）和含有这类元素的难熔合金之用。它集中了真空感应炉和真空电弧炉的优点，克服了它们的一些缺点，产品质量较真空电弧重熔更为纯洁，延展性更好。由于它提纯效果极好，能获得超纯的材料，所以发展较快，可炼出重达 10t 以上的锭子。该炉大部分仍然主要用于研院所、高校或试验工厂，但正逐渐用作生产设备，其容量正逐渐增大。

10.5.1　工作原理

电子束熔炼法的原理是利用电子枪（阴极）发射出高速的电子束流轰击阳极（被加热的材料如自耗电极或熔池等）产生高能并转变为热能而使金属熔化，精炼和在水冷铜结晶器中结晶，凝固成锭。图 10-17 为 EBR 过程示意图。

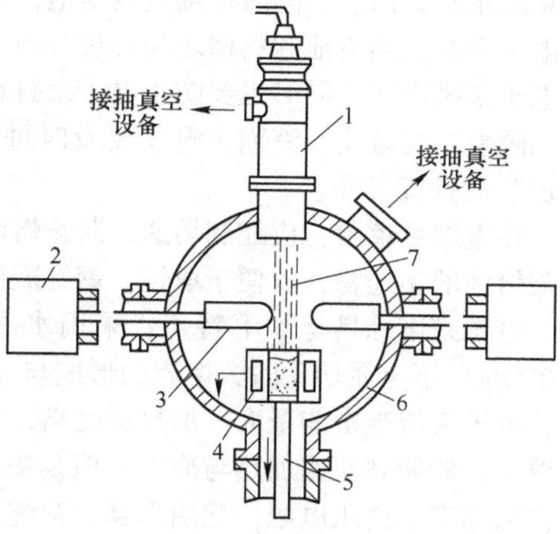

10.5.2　设备组成

电子束熔炼炉主要由炉体、真空系统、电气系统和水冷系统四大部分构成。

（1）炉体。炉体包括真空炉壳、电子枪、加料装置和结晶器等。

图 10-17　电子束炉示意图
1—电子枪；2—送料装置；3—棒料；4—水冷结晶器；
5—引锭设备；6—真空炉体；7—电子束

1）电子枪。电子枪是电子束熔炼炉的关键部件。用于大功率电子束熔炼的电子枪主要是皮尔斯枪（又名轴向枪）。

这种枪中加热阴极用钨丝绕成。发射电子的块状发射阴极多用纯钨制成。加速阳极用紫铜制成，呈空心圆锥形，镶在水冷铜套上。

块状阴极发射电子后，电子束经过聚焦阴极（在块状阴极与加速阳极间未画出），通过加速阳极得到加速，再经聚焦线圈的聚焦，最后通过偏转线圈的控制，按一定的方向射到被加热的材料上。加速阳极与作为阳极的结晶器和料棒的电位相同，都要接地。

电子枪结构复杂，且应在高真空条件下工作，其真空系统独立运行，不受熔炼的影响。可借助于电子束的调整和偏转来调整能量的分布，以控制熔炼温度。

2）结晶器。一般都采用铜质水冷结晶器，其形状可以是圆形、方形或中空的。结晶器多为固定式，采用抽锭方式生产长钢锭，熔炼结束时，铸锭自下方拉出。

（2）真空系统。真空抽气系统应具有足够的能力，以确保高真空水平。通常，是由机械泵、罗茨泵和油扩散泵等组成。要求炉体真空度为 $10^{-1} \sim 10^{-2} Pa$，加料室真空度为 $1 Pa$，电子枪部分真空度为 $5 \times 10^{-3} Pa$。

（3）供电系统。稳压电源和稳流电源都已用于电子束熔炼操作，单枪电子束炉多用稳流电源，而多枪电子束熔炼炉常用稳压电源。按炉子结构和用途不同，加速电压大多为 $15 \sim 35 kV$。为使电子束流稳定，主电路中常用磁饱和电抗器。灯丝加热用交流电，而灯丝和阳极之间供给直流电，二者均配有稳压装置。此外，还设有过电流与过电压保护装置。

10.5.3　熔炼工艺

熔炼前必须对电子枪、炉体、结晶器、引锭机构、送料机构、冷却系统、真空系统、高压电源设备以及控制、检测仪表等认真检查。

根据工艺要求，料棒要有良好的表面质量，合适的断面尺寸。材料最好是由真空感应炉提供，以防重熔时突然放气而导致跳闸断电。

熔炼开始时功率不宜过大，当结晶器内形成熔池后，方可逐渐提高功率，达到正常重熔功率水平。以后要随时仔细观察熔池，对电子束的聚焦和偏转实况进行必要的调整，以利电子束在金属熔池和料棒之间合理分布。控制料棒的给送速度，以尽量减小料棒下出现的电子束阴影区，同时也要防止电子束打在结晶器壁上而造成事故。

随着料的熔化，液面上升，要及时进行抽锭操作。而抽锭方式可采用反复"顶—拉—顶"的抽锭动作。

在重熔结束前，应控制熔速，防止熔池充满结晶器，同时要用电子束扫掉结晶器上表面与熔池的粘连物，以便于取锭。钢锭凝固后，应试拉锭，便于最后取出重熔锭。

电子束熔炼具有如下特点：采用水冷结晶器，熔体不致被耐火材料污染；高真空（$10^{-2} Pa$）下金属熔化时，熔滴的形成与过渡过程去除了大量的气体、夹杂物，冶金效果好；电子束流轰击能量大，加热温度高，能使任何难熔金属熔化；加热速度可在较大范围内调节，能做到快速加热与冷却；但是操作时会产生对人体有害的 X 射线，故应予以防护；采用直流高压电源，配用高真空系统。故设备结构复杂，维护、运行费用高。

电子束重熔的精炼效果比真空感应熔炼和真空电弧重熔都优越。由于其材料纯度最高，故金属性能得到明显的改善与提高。

10.6　等离子弧熔炼法

等离子弧熔炼是利用等离子弧作为热源来熔化、精炼和重熔金属材料或非金属材料。经等离子弧熔炼的难熔、活泼金属和钢及合金，质量优异，可与真空冶炼相媲美。

10.6.1　等离子弧和等离子枪

等离子弧是一种受强制压缩的非自耗电极的电弧放电形式，属于压缩电弧。由于它具有高温（约 $2.5 \times 10^4 K$）、高速（约 $10 m/s$）和气氛可控（Ar 或 Ar+N_2）等特点，因而在宇航、原子能、电子、机械及冶金等工业部门以及材料科学研究中得到广泛应用。

等离子弧喷枪的形式如图 10-18 所示，可以分为：（1）中空阴极型；（2）非转移型；（3）转移型。在金属熔炼时，把金属直接作为阳极热效率高，所以主要使用转移型枪，非转移型由于和被加热体的导电性无关，所以用于焊接和喷镀等。一般情况下，考虑到等离子弧的稳定性，使用正极是直流的等离子弧，但交流的等离子弧方式也正在开发。

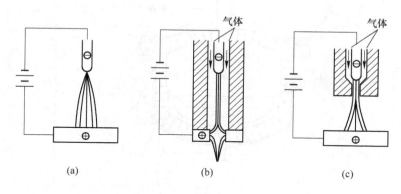

图 10-18　等离子弧喷枪的形式

（a）中空阴极型；（b）非转移型；（c）转移型

冶金工业中应用的多为直流等离子弧，它是用等离子喷枪（见图 10-19）对电弧加以压缩而形成的。

等离子弧的建立过程：先在铈钨电极和喷嘴之间加上直流电压，并通入 Ar，然后用并联的高频引弧器引弧，这个弧称为非转移弧。接着，再在铈钨电极和炉底电极之间加上直流电压，并降低喷枪，使非转移弧逐渐接近炉料。这样，铈钨电极和炉料（即炉底电板）之间就会起弧，此弧称为转移弧。一旦转移弧形成，喷嘴的电路即切断，非转移弧即熄灭。因此直流等离子炉是以转移弧为工作电弧的。

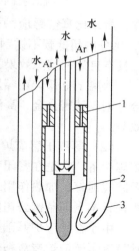

图 10-19　等离子
喷枪结构示意图

1—通 Ar 孔板；2—铈钨电极；
3—喷嘴

10.6.2　等离子熔炼炉

最早的等离子熔炼炉是美国联合碳化物公司于 1962 年研制成功的。由于等离子弧的特点，引起世界各国冶金工作者的关注，其发展与应用日益受到重视。目前已发展成为生产规模的新型电炉系列如下：

（1）等离子电弧炉。等离子电弧炉（plasma arc furnace），简称 PAF。它与普通电弧炉相似，用直流等离子枪代替石墨电极，以等离子枪为一个电极，另一电极是耐火材料炉衬中的被加热体。它是一次熔炼设备，图 10-20 为等离子电弧炉的结构示意图。

等离子电弧炉主要由等离子枪和炉体两大部分组成。炉体底部埋有石墨电极或铜制水冷电极作阳极。炉体装有电磁搅拌线圈，用于均匀熔池温度和成分。

首先，由于等离子电弧炉有等离子弧的超高温和氩气保护，它可用来熔炼难熔及活泼金属和合金。其次，由于等离子枪替代石墨电极，没有增碳可能性且在高温下促进有效脱

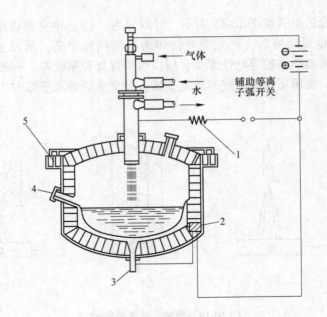

图 10-20　等离子电弧炉

1—辅助等离子弧阻抗；2—搅拌感应圈；3—下部电极；4—出钢口（带盖）；5—砂封

碳，所以比真空感应炉熔炼超低碳不锈钢具有更大的灵活性，可生产含碳为 0.005% ~ 0.009% 的超低碳不锈钢。另外，等离子电弧炉采用 Ar 保护，又有熔渣精炼能力，因此产品具有良好的精炼效果，其气体含量、脱硫水平均达到真空冶炼水平。

等离子电弧炉在容量与结构上已有新的发展，不少国家已应用于工业生产，用于高级合金钢、精密合金、高温合金以及难熔、活泼金属和合金的熔炼，取得了明显的技术经济效益。

（2）等离子感应炉。等离子感应炉（plasma induction furnace），简称 PIF，也是一次熔炼设备。它是在密闭型的感应炉内插入等离子枪，利用等离子弧的超高温和惰性气氛以及感应搅拌、加热作用来熔炼金属的新型炉子，如图 10-21 所示。目前最大的等离子感应炉是日本大同制钢公司的容量为 2t 的炉子。

由于在感应炉基础上加等离子热源和采用氩气，从而提高炉子熔化率和热效率，有效地解决了感应炉造渣精炼的困难，确保熔炼金属的高质量。

等离子感应炉可用来生产超低碳不锈钢、电磁材料、低硫钢、高温合金以及含 Ti 的合金钢等，其质量水平可与真空感应炉相比。尤其在对原材料的苛刻要求程度、熔渣精炼、脱硫、易挥发元素的控制以及金属收得率等方面较真空感应炉优越。

（3）等离子电弧重熔炉。等离子电弧重熔（plasma arc remelting），简称 PAR。它是在惰性气氛或可控气氛中利用高温的等离子弧熔化金属和渣子，被熔化的金属集聚在水冷铜结晶器中，再拉引成锭。图 10-22 示出等离子电弧重熔棒料的情况。

等离子电弧重熔与 VAR、ESR 及 EBR 比较有其特色，优于其他三种重熔方法。

等离子电弧重熔技术发展很快，有些国家已有系列炉子产品，最大锭子为 5t。这一技术已成功地应用于冶炼精密合金、高温合金、轴承钢、结构钢、难熔和活泼金属（W、Mo、Nb、Zr、Ti 等）及它们的合金。

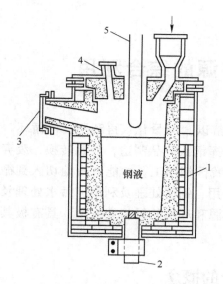

图 10-21　PIF 示意图
1—感应加热线圈；2—电极；3—出钢口；
4—测温用窥视孔；5—等离子枪

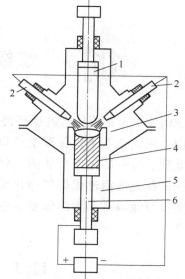

图 10-22　等离子电弧重熔棒料示意图
1—重熔金属棒；2—等离子枪；3—水冷铜结晶器；
4—铸锭；5—熔炼室；6—拉锭装置

（4）等离子电子束重熔。等离子电子束重熔（plasma electron beam remelting），简称 PEB，其原理示于图 10-23。

它是采用钽（Ta）制的中空阴极，在低真空（1Pa）下以 Ar 等离子弧加热钽阴极，使其发射热电子，轰击并熔化金属，达到熔炼目的。这种炉子具有高频引弧装置。它比电子束重熔（EBR）投资少，易于建造，操作简便，生产成本也低，而且只要 Ar 的纯度足够高，可以达到与 EBR 同样的脱气效果。

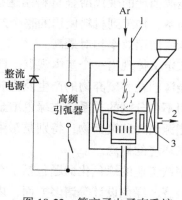

图 10-23　等离子电子束重熔
1—中空钽阴极；2—真空泵；3—线圈

思 考 题

10-1　何谓特种冶金，它包括哪些方法？

10-2　感应炉的工作原理是什么？

10-3　真空感应炉的熔炼特点是什么？

10-4　试述电渣重熔法的基本原理及冶金特点。

10-5　电渣热封顶的原理是什么？

10-6　真空电弧重熔的原理是什么，重熔操作分哪几个时期？

11 炼钢二次资源的综合利用

我国钢铁工业正积极推进循环经济。循环经济以"减量化、再利用、再循环"为基本原则，钢铁企业不仅仅要生产钢，而且应发挥钢铁产品制造，能源转换，废弃物消纳、处理、再资源化三个功能，只有这样做，我国钢铁工业才能有效地切入到循环经济。积极探究炼钢过程烟气净化及转炉煤气利用、钢渣处理及利用、污水处理及利用，对实现节能减排、清洁低成本生产，促进能源和环境的可持续发展，具有极其重要的意义。

11.1　绿色冶金的概念

刘江龙教授认为：绿色冶金（green metallurgy）是一个综合考虑生态环境影响和资源、能源消耗的现代冶金材料制造模式，其目标是使得冶金材料制品从设计、开发、生产、制备、加工到材料使用的整个产品生命周期中，对环境的负影响作用相对最小，资源和能源的使用效率相对最高。

该定义体现出一个基本观点，即材料制备的冶金系统中导致环境污染的根本原因是资源及能源消耗和废弃物的产生及排放，因而绿色冶金的定义中体现了资源、能源和生态环境之间不可分割的关系。在绿色冶金中，所谓的环境是一个泛环境的概念，它包括资源消耗、能源消耗和废弃物，特别是污染物排放，是一个综合性的环境概念，而不是一个单一的生态环境的概念。

钢铁工业的绿色化命题包括了节能减排、清洁生产、生产过程低碳化、产品低碳化、循环经济、绿色设计等诸多方面，内容广泛。所谓绿色钢材生命周期体系（图 11-1），涉及资源、能源的开采、输送过程，钢材的制造过程、加工组装过程、使用过程、废弃过程、回收利用过程等因果链。就钢铁企业而言，环境保护的内涵如图 11-2 所示。

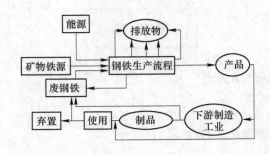

图 11-1　绿色钢材生命周期

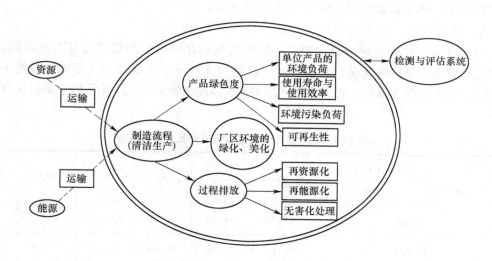

图 11-2　钢铁企业环境保护的内涵

11.2　炼钢过程"三废"处理与综合利用

11.2.1　烟气、烟尘处理与利用

11.2.1.1　转炉烟气净化及回收

转炉烟气（flue gas）由炉气与大量极细微烟尘组成。炉气是指炉内原生气体。炉气量的大小主要取决于吹氧量及铁水碳含量的大小。由于炉内温度很高，碳的主要氧化物是 CO，所以炉气的主要成分是 CO 和少量的 CO_2、O_2、N_2。烟尘（dust）是指由于氧化、升华、蒸发、冷凝的热过程中形成的悬浮于气体中的固体微粒。

在吹炼前期，熔池温度较低，熔池内硅、锰首先被氧化，碳的氧化速度较慢，产生的炉气量少，炉气中 CO 含量相对来说比较低。随着各种元素氧化，大量放热使熔池温度升高。吹炼到中期，熔池温度大于 1470℃以后出现剧烈的碳氧反应，炉气中 CO 含量逐渐增加，炉气量随之增加而达到最大值。到达吹炼后期，熔池中碳含量逐渐减少，脱碳速度变慢，炉气量减少，炉气中 CO 含量亦相应减少。炉气温度随着熔池温度的不断上升而增高。由此可知，在整个吹炼过程中，炉气量、炉气温度和成分是不断变化的，炉气的产生是间歇式的。

转炉吹炼过程中，可观察到在炉口排出大量棕红色的浓烟，这就是烟气，这股高温含尘气流冲出炉口进入烟罩和净化系统。烟气是指炉气进入除尘系统时与进入该系统的空气作用后的产物。未燃法烟气主要成分是 CO，燃烧法烟气主要成分是 CO_2。

$$空气燃烧系数\ \alpha = \frac{实际吸入的空气量}{炉气完全燃烧所需的理论空气量} \tag{11-1}$$

当 $\alpha<1$ 时，炉气不完全燃烧；随着 α 的增大，烟气的量和温度增加，烟气中 CO 含量减少，CO_2 含量增加。当 $\alpha=1$ 时，炉气完全燃烧；烟气主要成分为 CO_2。当 $\alpha>1$ 时，炉气完全燃烧后还有过剩空气；随着 α 的增大烟气量增大，烟气温度降低。"未燃法"除尘和"燃烧法"除尘就是依据 $\alpha<1$ 和 $\alpha>1$ 进行区分。

A 转炉烟气与烟尘的性质

（1）转炉烟气的化学成分与温度。转炉烟气的化学成分随烟气处理方法不同而异，未燃法和燃烧法两种烟气成分差别甚大，如表 11-1 所示。未燃法烟气温度一般为 1400~1600℃，燃烧法烟气温度一般为 1800~2400℃，因此在转炉烟气净化系统中必须设置冷却设备。

表 11-1 未燃法与燃烧法烟气成分及其含量比较

成分（体积分数）/% 除尘方法	CO	CO_2	N_2	O_2	H_2	CH_4
未燃法	60~80	14~19	5~10	0.4~0.6	—	—
燃烧法	0~0.3	7~14	74~80	11~20	0~0.4	0~0.2

（2）转炉烟气量。未燃法平均烟气量为 60~80m³/t 钢左右。燃烧法的烟气量为炉气量的 3~4 倍。转炉烟气的数量在一炉钢吹炼过程中变化甚大，这给烟气净化回收操作带来很大困难。

（3）转炉烟气的发热量。在未燃法中烟气含 60%~80%CO 时，其发热量波动在 7750~10050kJ/m³；燃烧法的烟气只含有物理热。

（4）炉气是一种易燃、剧毒、易爆性气体。炉气中 CO 高达 80%~90%，温度很高，遇到空气就会燃烧；一旦系统漏气，容易发生煤气中毒。

（5）烟尘的粒度，即尘粒的大小，用尘粒的直径（μm）表示。通常把粒度在 5~10μm 之间的尘粒称为灰尘，由蒸汽凝聚成的直径在 0.3~3μm 之间的微粒，呈固体的称为烟尘，呈液体的称为雾。转炉烟尘的粒度分布如表 11-2 所示。

表 11-2 燃烧法与未燃法烟尘分散度比较

粒径/μm	<0.5	0.5~1	1~2	2~10	10~40	>40
燃烧法/%	50	45	5			
未燃法/%				30	53	16

粒度越小，除尘越困难。当粒度小于 1μm 时，烟气进入布朗运动，不受外力影响，除尘更困难。由表 11-2 可见，燃烧法尘粒小于 1μm 的约占 90% 以上，接近烟雾，较难清除；未燃法尘粒大于 10μm 的达 70%，接近于灰尘，其除尘比燃烧法相对容易些。因此氧气顶吹转炉除尘系统比较复杂。

（6）烟尘的成分。未燃法烟尘呈黑色，主要成分是 FeO，其含量在 60% 以上；燃烧法的烟尘呈红棕色，主要成分是 Fe_2O_3，其含量在 90% 以上。FeO 颗粒容易聚集，粒径大；Fe_2O_3 颗粒不可聚集，粒径小，所以未燃法除尘效果好。某厂实测的转炉烟尘的成分见表 11-3。

表 11-3　未燃法和燃烧法烟尘的成分比较

烟气成分 （质量分数）/%	金属铁	FeO	Fe$_2$O$_3$	SiO$_2$	MnO	P$_2$O$_5$	CaO	MgO	C
未燃法	0.58	67.16	16.20	3.64	0.74	0.57	9.04	0.39	1.68
燃烧法	0.40	2.30	92.00	0.80	1.60	—	1.60	1.60	—

（7）烟尘的数量。氧气转炉烟气中，烟尘总量可占金属炉料的 1%~2%。烟气的含尘量一般以每立方米烟气中含尘的质量表示，单位：g/m^3 或 mg/m^3。顶吹转炉炉气的含尘量为 80~150g/m^3，比电炉炼钢法产生的烟尘量（15~20g/m^3）大。顶底复合吹炼转炉的烟尘量一般比顶吹工艺少。

转炉烟气的特点是温度高，烟气量多且波动范围大，含尘量大，气体具有毒性和爆炸性，任其放散会污染环境。我国《大气污染物综合排放标准》（GB 16297—1996）规定工业企业废气（标态）含尘量不得超过 120mg/m^3。因此，转炉烟气必须经过净化处理达到排放标准以后才可以排放。转炉烟气净化处理后，可回收大量的物理热、化学热以及氧化铁粉尘等。

B　转炉烟气的净化处理

（1）转炉烟气的净化处理方法：

1）燃烧法。将含有大量 CO 的炉气在出炉口进入除尘系统时与大量空气混合使之完全燃烧。燃烧后的烟气经过冷却和除尘后排放到大气中去。燃烧法冷却烟气有两种方法：依靠系统借吸入过量空气（如控制 $\alpha = 3 \sim 4$）来降低烟气温度；采用余热锅炉（控制 $\alpha = 1.2 \sim 1.5$）回收大量热量产生蒸汽，同时使烟气得到冷却。

燃烧法由于未能回收煤气，吸入大量空气后，使烟气量比炉气量增大几倍，从而使净化系统庞大，建设投资和运转费用增加，烟尘的粒度细小，烟气净化效率低。因此，国内新建大中型转炉一般不采用燃烧法除尘。但是燃烧法操作简便，系统运行安全，适用于小型转炉（烟气量少）和不适于回收煤气的（如高硫磷的铁水炼钢工艺，出渣多倾动频繁）炼钢工艺。

2）未燃法。炉气出炉口后，通过降下活动烟罩缩小烟罩与炉口之间的缝隙，并采取其他措施（如采用氮幕法，或炉口微压差控制法，或双烟罩法）控制系统吸入少量空气（$\alpha = 0.08 \sim 0.1$），使炉气中的 CO 只有少量（约 8%~10%）燃烧成 CO$_2$，而绝大部分不燃烧，烟气主要成分为 CO，然后经冷却和除尘后将煤气回收利用。这种方法虽然使投资增加，但是一种有效的节能措施。目前国内外新建转炉钢厂普遍采用未燃法除尘系统。

3）控制燃烧法。用固定水冷烟罩抽走烟气，只引入少量空气燃烧一部分 CO，这种方法不回收烟气，是美、德等国根据本国情况提出的炉气处理方法。

（2）操作工艺：

1）全湿法。烟气进入一级净化设备立即与水相遇，称全湿法除尘系统。全湿法除尘系统有"两文一塔"式和两极文氏管式。虽然形式不同，但整个除尘系统中，都是采用喷水的方式来达到降低烟气温度和除尘的目的。除尘效率与文氏管的用水量有关。这种系统耗水量大，且需要有处理大量泥浆的设备。未燃法湿法烟气净化系统流程见图 11-3。

转炉烟气的净化装置，国内外多采用湿法净化。上海宝钢引进日本的 OG 装置，是目

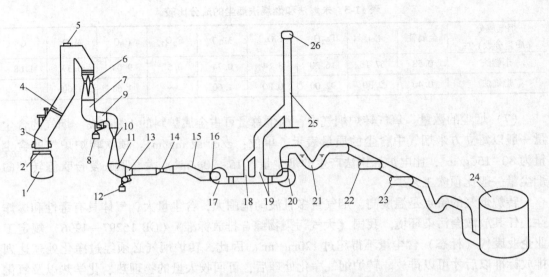

图 11-3　某厂转炉烟气湿式净化回收系统流程图

1—转炉；2—活动裙罩；3—固定烟罩；4—汽化冷却烟道；5—上部安全阀；6—第一级手动可调文氏管；
7—第一级弯管脱水器；8，12—排水水封槽；9—水雾分离器；10—第二级 R-D 文氏管；11—第二级弯管脱水器；
13—挡水板水雾分离器；14—文氏管流量计；15—下部安全阀；16—风机多叶启动阀；17—引风机及液力耦合器；
18—旁通阀；19—三通切换阀；20—水封逆止阀；21—V 形逆止阀；22—2 号系统；
23—3 号系统；24—煤气柜；25—放散塔；26—点火装置

前世界上较先进的湿法净化装置，是未燃法的一种。OG 装置的烟尘排放浓度可达 50~100mg/m³，生产每吨钢可回收煤气 100~123m³（CO 含量为 60%~70%）。

2）干湿结合法。烟气进入次级净化设备才与水相遇，称为干湿结合法（或称半干半湿法）除尘系统。这是部分小型转炉曾用过的一种除尘方式，即平旋器-文氏管烟气净化低压流程。新建转炉基本上不采用。

3）全干法。净化过程中烟气完全不与水相遇，称全干法除尘系统。全干法除尘所得的烟尘是干灰，布袋除尘是全干法除尘。图 11-4 为未燃法干式静电除尘系统示意图。干式静电除尘净化回收法由德国开发，德国称 LT 法。其主要工艺是烟气经炉口活动烟罩进入冷却烟道（包括余热锅炉），再进入蒸发冷却器，然后进入圆形静电除尘器。适合作能源的煤气入煤气柜，低热值的烟气导入烟囱，燃烧后排放。用干法静电除尘时，清除沉积板上的集尘，采用喷入少量的水，保持烟尘的湿润，用机械震动的方法除去。全干法的突出优点是避免了污水污泥的处理，压力损失小，占地面积小，运转费用低，而回收的煤气含尘浓度低，只有 10mg/m³（比 OG 法低得多），但在管理上要求很严格。宝钢三期的 250t 转炉采用了德国的干法净化技术。

（3）未燃法和燃烧法除尘的比较：

1）未燃法除尘较燃烧法所采用的空气燃烧系数 α 值小（$\alpha=0.08~0.1$），即系统吸入的空气量少，产生的烟量少，因此未燃法除尘设备体积小，投资费用低（仅为燃烧法的 50%~60%），需要的厂房高度低。

2）在能源利用方面，未燃法可以回收煤气节约大量能源。目前国内吨钢可回收 100m³ 左右的煤气，燃烧法可用废热锅炉回收蒸汽，但设备庞大，热效率低。

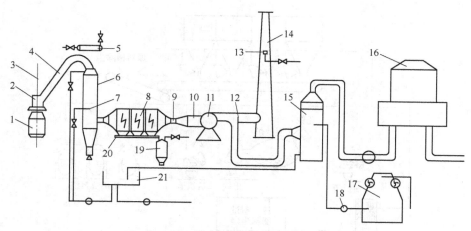

图 11-4　未燃法干式静电除尘系统示意图

1—转炉；2—烟罩；3—氧枪；4—汽化冷却烟道；5—汽水分离箱；6—喷淋汽化冷却塔；7—喷嘴；
8—电除尘器；9—文氏管孔；10—压力调节阀；11—风机；12—切换阀；13—点火器；14—烟道；15—洗涤塔；
16—煤气柜；17—冷却塔；18—水泵；19—贮灰斗；20—螺旋输送机；21—水池

3）未燃法烟尘中 FeO 含量高，FeO 具有颗粒大容易捕集的特性，因此除尘效率高。而燃烧法烟尘的主要成分是 Fe_2O_3，颗粒细小不容易捕集，因此除尘效率低。

4）未燃法烟气的主要成分是 CO，系统运行不安全，要求系统的密封性良好，防毒、防爆。而燃烧法的烟气主要成分是 CO_2，系统运行安全，不容易发生爆炸事故。

C　转炉车间除尘

新型的氧气转炉炼钢车间，除专门设置转炉烟气净化设备外，还要对车间各个产生烟气和粉尘的场合设置相应的除尘设备进行除尘，以净化整个车间环境，因而又称二次除尘。车间除尘分局部除尘和厂房除尘两种。

局部除尘又可按照扬尘的地点和所需处理烟气量或含尘气体量的大小，采用分散除尘或集中除尘系统两种方式。此外对各个除尘点也并非都需要同时排风，可设置相应的控制设备和电动阀门，以适应各除尘点的排风要求。风机本身应有自动调节风量与风压的装置，以节约动力及保证风机正常运行。

炼钢车间需要设置局部除尘的场合很多，如：铁水预处理间、倒包间，混铁炉（混铁车）倾倒铁水时、向转炉兑铁水和加废钢时、拆修炉时、修包处、散状料胶带通廊和卸料及转运处、炉外精炼站、连铸浇铸间等场地，飘散出各种烟气、粉尘及石墨片等，都应进行除尘处理。图 11-5 为转炉车间局部集中除尘系统。

由于这些含尘气体比转炉烟气温度低得多，粉尘粒径也较大，比较易于收集处理，常用的有干法布袋除尘器和旋风除尘器。由于布袋除尘器具有构造简单，基建投资少，除尘效率高（98%以上）和操作管理方便等优点被采用较多。

通过局部除尘，还不能把车间内产生的烟气完全排出，而遗留下来的烟尘，大多是小于 2μm 的微尘，对环境污染不可忽视。一般采用厂房除尘的方式解决，这也有利于整个车间换气降温。

厂房除尘要求厂房上部为密封结构，一般利用其天窗吸引排气，如图 11-6 所示。由于含尘量较少，可采用大风量压入型布袋除尘器。

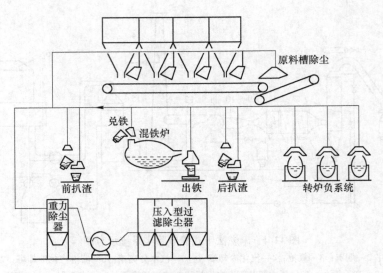

图 11-5 转炉车间局部集中除尘系统

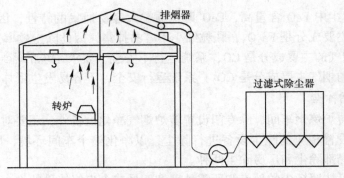

图 11-6 厂房除尘

经过车间局部除尘与厂房除尘，可使炼钢车间空气（标态）中的含尘量降到 $5mg/m^3$ 以下，与一般环境中空气的含尘量相近，有效地改善了炼钢车间作业环境。

    D 转炉烟气的综合利用

    a 转炉煤气回收利用

氧气转炉炼钢过程放出的能量约为 $0.8×10^6 kJ/t$。如转炉煤气回收量达到 $100m^3/t$ 时，并全部进行综合利用（此煤气热值 $>8000kJ/m^3$），可使转炉工序能耗下降 $25kgce/t$；在回收煤气过程中，靠煤气显热可产生约 $90kg/t$ 的蒸汽，可实现节能 $30kgce/t$。这样，转炉炼钢就可实现负能炼钢。存在的主要问题是：煤气回收量少，且回收后的煤气没有得到充分利用。没有除尘的转炉煤气只能供烧锅炉用，如采用干法除尘，将含尘量降到 $10mg/m^3$（标态）以下时，用途就更广泛，可取代部分发热值高的焦炉煤气，实现企业综合节能效果。

转炉煤气具有如下用途：

（1）作燃料。转炉煤气是一种很好的燃料，转炉煤气氢含量少，燃烧时不产生水汽，而且煤气中不含硫。安装转炉煤气回收装置，可大力开发转炉煤气在钢包及铁合金的烘烤、轧钢加热炉、发电等领域中的应用。

转炉煤气的发热值可按下式计算：

$$Q = 12636 \times \varphi(CO) + 10753\varphi(H_2) \tag{11-2}$$

式中，Q 为转炉煤气的发热值，kJ/m^3；$\varphi(CO)$、$\varphi(H_2)$ 分别为转炉煤气中 CO、H_2 的体积分数，%。

（2）作化工原料。转炉煤气含有 CO 的量很高（依据煤气收集方式的不同，可达 60%~90%），从理论上来说是一种很好的化工资源。

1）制甲酸钠：甲酸钠是染料工业中生产保险粉的一种重要原料。用转炉煤气合成甲酸钠，要求煤气中的 CO 至少为 60% 左右，氮含量小于 20%。转炉煤气合成甲酸钠的化学反应式为：

$$CO + NaOH \longrightarrow HCOONa \tag{11-3}$$

每生产 1t 甲酸钠需要 $600m^3$ 转炉煤气（标态）。甲酸钠又是制草酸钠（COONa）的原料，其化学反应式为：

$$2HCOONa \xrightarrow{450℃} NaOOC - COONa + H_2 （搅拌脱氢） \tag{11-4}$$

2）制取合成氨、尿素、甲醇等产品。合成氨是中国农村普遍需要的一种化肥。其制作原理是利用煤气中的 CO 与蒸汽在催化剂作用下转换成氢，在合成塔内经脱硫和脱 CO_2 后与煤气中的氮（或制氧机的副产品 N_2）在高压（15MPa）与催化作用下合成氨。其化学反应式为：

$$CO + H_2O \xrightarrow{催化剂} CO_2 + H_2 \tag{11-5}$$

$$N_2 + 3H_2 \xrightarrow{催化剂} 2NH_3 \tag{11-6}$$

NH_3 与脱下的 CO_2 合成尿素（$CO(NH_2)_2$）。控制上述反应的平衡转化率使其部分转化为 H_2，再经脱硫和脱 CO_2 后，将 CO 和 H_2 的混合气体合成甲醇。

据理论估算并考虑到生产效率问题，每生产 1t 合成氨需用转炉煤气 $3600m^3$，一座 30t 转炉每回收一炉煤气可以生产 500kg 左右合成氨。年产 100 万吨的转炉炼钢产生的煤气可合成氨约 5 万吨，并可生产约 10 万吨的 CO_2。若年产 600 万吨钢的企业，其煤气可合成氨 30 万吨左右，相当于国家的一个大型或特大型氨厂的产量，并且炼钢工艺和此合成氨工艺产生的 N_2 和 CO_2 的量对尿素合成所需的量来讲是足够的。因此，用转炉煤气制造尿素有较好的技术经济优越性。

b 回收蒸汽

转炉炉气温度约为 1400~1600℃。出炉口与空气混合燃烧以后温度可达 1800~2400℃（随空气燃烧系数 α 而变化），这部分烟气的物理热可以通过采用汽化冷却烟道或废热锅炉以蒸汽形式回收，同时使烟气得到冷却便于除尘，汽化冷却烟道的热负荷约为 $(20~40)\times10^5 kJ/(m^2 \cdot h)$，吨钢平均产汽量约 600~700$m^3$ 左右。采用燃烧法的废热锅炉回收蒸汽量更大，如太钢 50t 转炉最大产汽量为 117.7t/h。蒸汽既可用于生产又可用于生活，如用于 VD 法和 RH 法抽真空的蒸汽喷射泵。

c 烟尘回收利用

转炉尘的发生量吨钢约为 20kg，一个年产 $100\times10^4 t$ 钢的转炉车间，每年可回收烟尘 $(1~2)\times10^4 t$。炼钢含铁尘泥是指炼钢生产过程从工艺流程系统中排出的含铁粉尘（干式集尘法所得，包括一次烟尘与二次烟尘）和泥浆（湿式集尘法所得）的简称。炼钢尘泥含水量高时，呈黑色泥浆状，脱水后成致密状，粒度较细，分散后比表面积较大，易黏附，干燥后易扬尘，会严重污染周围环境。其 TFe 含量高，CaO、MgO 含量较高，有利于综合回收利用，若适当处理，可以制备成化工产品。转炉尘泥资源化途径有如下几种：

（1）作烧结原料配料。大多数钢铁企业将转炉尘泥作为原料的一部分，配入烧结混合料中进行回收利用。最为简单、运行费用最低的方法是用泥浆泵将转炉浓缩尘泥通过与烧结厂相连管道直接泵送烧结厂配料，该方法是转炉尘泥处理利用具有发展前景的方法。目前常用的方法是尘泥压力过滤法，该法通常与尘泥处理、尘泥脱水工艺结合，实现尘泥利用，即泥浆→浓缩→脱水→烧结。烧结法要求含铁尘泥成分稳定而且均匀、松散，水分含量低于 10%，粒度小于 10mm。由于尘泥的种类多，难于分别单独进行配料计算，而且尘泥中成分波动大、颗粒差别也较大，混合后的尘泥很难达到烧结原料的质量标准，以及尘泥中有害元素（如硫、磷、锌、铅、钾、钠等）未能去除，会恶化烧结料层的透气性，降低烧结机台时产量。因此，直接配入烧结的方式不能彻底解决尘泥高效资源化回收利用问题。

（2）成为金属化球团入高炉炼铁。将转炉尘泥造块生产金属化球团，返回高炉是国外处理含铁尘泥较普遍的一种方法。炼铁原料必须以块状进入高炉，且要有一定的机械强度。金属化球团是将尘泥按产生量配料、均匀混合、再加水湿润、添加黏结剂在圆盘造球机上加水造球，生球经 700~750℃ 低温焙烧或在 250℃ 以下干燥后，在回转窑内利用尘泥内的碳及外加部分还原剂（无烟煤或碎焦），在固态下还原，经冷却和分离获得金属化球团。这种方法的优点是尘泥能全面利用，同时可除尘泥中 Pb、Zn、S 等有害杂质，氧化锌去除率达 90% 以上，获得的球团还原后含铁超过 75%，球团金属化率大于 90%，其高温软化性能能够接近普通烧结矿，满足炼铁工艺入炉的原料要求。但采用尘泥生产金属化球团时需建设链箅机、回转窑等大型复杂设备，因而成本高，占地面积大，目前国内应用较少。

（3）作铁水预处理脱磷剂。宝钢二炼钢采用 LT 灰（由 LT 干法电除尘工艺，收集得到的炼钢除尘灰简称 LT 灰）及转炉渣，替代部分烧结矿、石灰等常用原料作为铁水预处理脱磷剂，获得与常规脱磷剂同样的效果。

（4）作炼钢造渣剂。将转炉尘泥造块返回转炉作造渣剂或冷却剂，国内许多企业已使用这种方法。由于尘泥块中含有一定的 CaO、FeO，再配加少量的萤石、黏结剂等辅料，经冷固结造块后用于炼钢工艺，可起到一定的造渣和助熔作用。将含水转炉污泥滤饼与石灰粉等碱性物料在搅拌机内强制混合消化，再将物料放到消化场进一步消化，完全消化好的污泥送压球机压球，球团送固结罐固结，产品经筛分后送转炉作造渣剂。用于炼钢的尘泥造块多选用加水泥或二氧化硅和氧化钙的冷固结加黏结剂（如沥青等）压团或热压团等方法。鞍钢、武钢等进行了该工艺的工业化生产，并用于炼钢生产，冶炼效果好，对钢质量无不良影响。将含铁尘泥造块炼钢是一种工艺简单、投资少、见效快、经济效益较好的含铁尘泥回收方法。

（5）制备氧化铁红。转炉尘泥中的铁矿物以 Fe_2O_3 和 Fe_3O_4 为主，杂质以 CaO、MgO 等碱性氧化物为主。制备氧化铁红生产工艺流程如图 11-7 所示。首先，需要对原料进行煅烧除碳，煅烧温度为 700℃，时间为 3h。酸洗液含 HCl 5%~10%，酸浸的固液比为

1:3,酸浸时间为 1h,酸浸温度 50℃,酸浸后过滤得到的溶液可制备 $FeCl_3$。过滤得到的滤渣可进行煅烧氧化,温度控制在 600~700℃,时间为 1.5~2h。煅烧氧化得到的铁红产品经测试,其 Fe_2O_3 含量大于 98%,320 目筛上的筛余物占 0.1%,遮盖力为 $7.8g/cm^2$,产品符合一级铁红的要求。

(6)制备 $FeCl_3$。制备氧化铁红过程中,酸浸后过滤得到的滤液制备 $FeCl_3$ 的原理为:

$$2FeCl_2 + 2HCl + \frac{1}{2}O_2 \xrightarrow{催化剂} 2FeCl_3 + H_2O$$

(11-7)

在这个反应中催化剂起了至关重要的作用。催化剂分批或连续加入到溶液中,温度控制在 50~60℃,制得的 $FeCl_3$ 产品质量达到工业级液体三氯化铁(HG/T 3474—2014)的一级品标准,可作净水剂或化工原料使用。如采用武钢、湘钢炼钢尘泥生产的 $FeCl_3$,其质量均达到了工业级液体三氯化铁的一级标准。

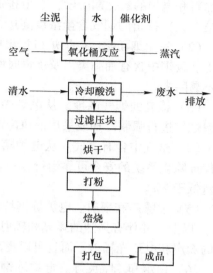

图 11-7 氧化铁红生产工艺流程

(7)制备聚合硫酸铁。聚合硫酸铁简称为 PFS,是一种六价铁的化合物,在溶液中表现出很强的氧化性,是一种集消毒、氧化、混凝、吸附为一体的多功能无机絮凝剂,在水处理领域中有广阔的应用前景。以炼钢尘泥、钢渣、废硫酸和工业硫酸为原料,经过配料、溶解、氧化、中和、水解和聚合等步骤,可以生产得到聚合硫酸铁。整个流程的反应原理为:

$$Fe_2O_3 + 3H_2SO_4 \longrightarrow Fe_2(SO_4)_3 + 3H_2O \tag{11-8}$$

$$FeO + H_2SO_4 \longrightarrow FeSO_4 + H_2O \tag{11-9}$$

$$4FeSO_4 + 2H_2SO_4 + O_2 \longrightarrow 2Fe_2(SO_4)_3 + 2H_2O \tag{11-10}$$

$$mFe_2(SO_4)_3 + mnH_2O \longrightarrow \left[Fe_2(OH)_n \cdot (SO_4)_{3-\frac{n}{2}}\right]m + \frac{mn}{2}H_2SO_4 \tag{11-11}$$

(8)直接作水处理剂。利用转炉污泥在水溶液中 Fe 和 C 之间的电腐蚀反应,水解产物形成的胶体可将有机分子、重金属离子进行絮凝、沉降。因此,转炉污泥与瓦斯灰、粉煤灰等混合就可直接作为水处理剂,用于印染、制药、电镀废水的处理,达到有效脱色、降 COD(化学需氧量)、提高废水可再生性的目的。

11.2.1.2 电炉烟气净化及回收

传统电炉冶炼一般分为熔化期、氧化期和还原期,现代电炉还原过程在炉外精炼中进行。熔化期主要是炉料中的油脂类可燃物质的燃烧、吹氧助熔和金属物质在电极通电达高温时的熔化过程,此时有黑褐色烟气产生;氧化期强化脱碳,由于吹氧或加矿石而产生大量赤褐色浓烟;还原期主要是去除钢中的氧和硫,调整化学成分而投入炭粉等造渣材料,产生白色和黑色烟气。其中,氧化期产生的烟气量最大,含尘浓度和烟气温度最高。

电炉炼钢车间产生的烟气等有害物具有以下特点:

(1)烟尘排放量大。车间各生产工段均会产生较大的烟尘,特别是电炉炼钢时的废钢加料和电炉的氧化期阶段，烟尘排放量很大，从电炉炉口（交流电炉第 4 孔、直流电炉第 2 孔）排出的烟气含尘浓度高达 $30g/m^3$（标态）。

（2）粉尘细而黏。电炉炉口排出的粉尘粒径相当小，粒径小于 $10\mu m$ 的粉尘在 80% 以上。废钢中含有油脂类以及炼钢时所采用的含油烧嘴等都将使炼钢产生的粉尘黏性较大而不易除去。

（3）极高的烟气温度。从电炉炉口排出的含尘烟气，温度达 $1200 \sim 1600℃$，需要对高温烟气进行强制冷却或采用混风冷却方法。

（4）烟气中含有煤气。从电炉第 4 孔（或第 2 孔）排出的烟气中含有少量的煤气，为保证除尘系统的安全可靠运行，一般设置燃烧室等装置，保证燃烧室出口烟气中的煤气含量低于 2%。

（5）强噪声和辐射。电炉炼钢特别是超高功率的电炉冶炼，产生的强噪声高达 115dB（A）以上，并伴有强烈的弧光和辐射。通常采用电炉密闭罩，不但可以降低罩外工作平台的噪声和电弧光辐射，而且可以提高烟气的捕集效率。

（6）白烟和二噁英等。电炉炼钢中含有聚氯乙烯（PVC）塑料和氯化油、溶剂的废钢包括含有盐类的废钢等都是导致白烟和二噁英（Dioxin）等产生的根源。白烟和二噁英等很难被一般的除尘装置净化，必须通过一个更高的温度环境以便烧除或采用蒸发冷却塔通过水浴急冷来阻止二噁英等的形成。

A 电炉烟气与粉尘的主要性质

（1）烟气成分。电炉冶炼过程中，炉内金属成分与吹入的氧气反应生成的气体称为炉气。从电炉第 4 孔（或第 2 孔，对直流电弧炉而言）排出的炉气量，按电炉超高功率的大小和吹氧强度，通常吨钢为 $250 \sim 550m^3$（标态）。通常把冶炼或燃烧过程形成的气体通称烟气。烟气成分与所冶炼钢种、工艺操作条件、熔化时间及排烟方式有关，且变化幅度较宽。

电炉烟气主要成分（与空气燃烧系数 α 有关，）大致为：$\varphi(CO_2) = 12\% \sim 20\%$，$\varphi(CO) = 1\% \sim 34\%$，$\varphi(O_2) = 5\% \sim 13\%$，$\varphi(N_2) = 46\% \sim 74\%$；烟气中还存在着极少量的 NO_x 和 SO_x 等，其中 NO_x 的产生是因为空气中的 N_2 和 O_2 在炉内由于高温电弧的加热作用化合而成。另外，有些电炉采用重油助燃也会产生少量的 NO_x 和 SO_x，SO_x 产生量的多少取决于重油的使用量和 S 的含量。所以为了降低烟气中的 NO_x 和 SO_x，就必须改变燃料或采用含硫少的重油。

（2）烟气含尘量：烟气中含尘量的大小与炉料的品种、清洁度及所含杂质有关，也与冶炼工艺及操作有关。一般中小型电炉每熔炼 1t 钢约产生 $8 \sim 12kg$ 的粉尘，而大电炉每熔炼 1t 钢产生的粉尘可高达 20kg。在不吹氧情况下，烟气含尘量约 $2.3 \sim 10g/m^3$；在吹氧时烟气含尘浓度（标态）可达 $20 \sim 30g/m^3$。虽然它比氧气顶吹转炉的低得多，但仍然大大超出排放标准。而精炼炉一般每熔炼 1t 钢产生 $1 \sim 3kg$ 粉尘。铁水倒罐时的烟气含尘浓度（标态）约为 $3g/m^3$。

（3）烟气含油量。烟气含油量相对电炉炼钢而言，含油量的大小同样与炉料的品种、清洁度及所含杂质有关，也与冶炼工艺和操作有关，特别是工艺采用带重油烧嘴的电炉。尽管除尘器设计采用防油型滤料，但防油滤料只是相对较小的烟气含油量有效果，所以电炉工艺设计应尽量不使用带油燃料特别是带重油燃料的电炉。

（4）烟气含水量。采用水冷设备如水冷密排管或蒸发冷却塔时，由于设备漏水或蒸发冷却塔操作不当，以及工艺采用车间进行热捕渣而又没有通风等情况，都将造成烟气中带水，使设备和管道结垢，引起系统运行阻力增大，除尘效果降低。除加强管理外，除尘器一般采用防水型滤料。

烟气湿度表示了烟气中所含水蒸气的多少，即含湿程度，工程应用一般多用相对湿度（指单位体积气体中所含水蒸气的密度与在同温同压下的饱和状态时水蒸气的密度之比值，用百分数表示）表示气体的含湿程度。相对湿度在30%~80%之间适宜采用干法除尘系统；当相对湿度超过80%即在高湿度情况下，尘粒表面有可能形成水膜而黏性增大，此时虽有利于除尘系统对粉尘的捕集，但布袋除尘器将出现清灰困难和除尘效果降低的局面；当相对湿度低于30%即在高干燥状态时，容易产生静电，同样存在着布袋除尘器清灰困难和除尘效果降低的局面。

（5）烟气温度。公称容量在30t左右的电炉，其炉顶第4孔（或第2孔）排出的烟气温度约为1200~1400℃，超高功率电炉其烟气温度约为1400~1600℃。进入电炉炉内排烟管道处的烟气温度一般在800~1100℃，必须采用冷却措施。出水冷烟道的烟气温度设计为450~600℃；出强制吹风冷却器（或采用自然空气冷却器）的烟气温度控制在250~400℃；或采用蒸发冷却塔急冷装置时的出口温度必须控制在200~280℃。

密闭罩和屋顶罩的排烟温度取决于排烟量的大小，一般在120℃以下。进入布袋除尘器的烟气温度通常设计低于130℃。

（6）粉尘成分。电炉炼钢产生的粉尘含铁成分（主要是铁的氧化物）最高，具有回收利用价值。

电炉第4孔（或第2孔）出口处的粉尘成分与电炉所炼钢种有关。冶炼普通钢时，粉尘中的ZnO和TFe的含量一般较高。冶炼不锈钢时粉尘中含有Cr_2O_3和NiO，这些粉尘可以回收利用。表11-4为典型不锈钢电炉的粉尘成分，表11-5为典型碳钢电炉的粉尘成分。

表11-4　典型不锈钢电炉的粉尘成分

成分	SiO_2	TFe	Cr_2O_3	Ni	PbO	Zn	Al_2O_3	CaO	MgO	K_2O	S	Na_2O
质量分数/%	8	43	19.9	4.8	0.1	1.1	1.0	18.1	3.5	0.1	0.05	0.5

表11-5　典型碳钢电炉的粉尘成分

成分	ZnO	PbO	Fe_2O_3	FeO	Cr_2O_3	MnO	NiO	CaO	SiO_2	MgO	Al_2O_3	K_2O	Ce	F	Na_2O
范围/%	14~45	<5	20~50	4~10	<1	<12	<1	2~30	2~9	<15	<13	<2	<4	<2	<7
典型/%	17.5	3.0	40	5.8	0.5	3.0	0.2	13.2	6.5	4.0	1.0	1.0	1.5	0.5	2.0

（7）粉尘颗粒度。粉尘的颗粒度是指粉尘中各种粒径的颗粒所占的比例，也称为粉尘的粒径分布即分散度。颗粒度越小，越难捕集。

粉尘颗粒度根据电炉工艺操作条件变化而变化，颗粒度分布于0.1~100μm之间，且随着熔化期向氧化期转移，其粉尘颗粒度逐步变细。采用屋顶罩排烟时，粉尘颗粒度集中于0.1~5μm之间。表11-6为电炉粉尘的平均粒度，可见粉尘粒度很细，小于1μm的达50%左右。

表 11-6　电炉出口粉尘的平均粒度

粒径/μm	<0.1	0.1~0.5	0.5~1.0	1.0~5.0	5.0~10	10~20	>20
熔化期/%	1.4	4.9	17.6	55.8	7.1	5.6	6.6
氧化期/%	17.7	13.5	18.0	35.3	7.9	5.3	2.3
屋顶罩/%	4.1	22.0	18.9	42.0	5.6	3.0	9.3

B　电炉炼钢的排烟与除尘方式

(1) 电炉炉内排烟方式。电炉炉内排烟主要捕集电炉冶炼时从电炉第 4 孔（或第 2 孔）排出的高温含尘烟气。常用的炉内排烟主要有：水平脱开式炉内排烟和弯管脱开式炉内排烟等形式。

1) 水平脱开式炉内排烟（图 11-8）。在炉盖顶上的水冷弯管与排烟系统的管道之间脱开一段距离，其间距可以用移动形式的活动套管通过气缸或专门小车来调节，以控制不同冶炼阶段的炉内排烟量。在电炉冶炼的各个阶段，排烟系统的水冷活动套管按需要可以在水平段来回活动，活动套管与电炉在脱开处可引入成倍空气量，使烟气中的一氧化碳燃烧，避免在系统内有可能发生煤气爆炸。也可在炉内排烟系统进口处增设安全风机和烧嘴，安全风机通过自控，保证烟气中氧的体积分数大于 10%，而烧嘴自控可以将烟气温度保持在 650℃ 或更高的温度以上，将烟气中的 CO 和有机废气完全燃烧。

这种排烟方式在我国应用得相当普及，但使用效果尚不够理想，其原因是活动套管的运行结果多为不活动。

2) 弯管脱开式炉内排烟。该排烟装置与水平脱开式炉内排烟的区别在于：排烟系统没有活动套管，通过液压缸或气缸直接使水冷弯管做弧度移动（图 11-9），当电炉工作在各个阶段时，排烟系统的水冷弯管按需要以弧度形式做上下运动。其优点是：动作灵活，不像活动套管容易被粉尘堵死，由于水冷弯管是以弧度形式做上下运动，所以水冷弯管内部不易聚积从电炉第 4 孔（或第 2 孔）排出的大颗粒粉尘，从而保证了排烟系统的抽气畅通。这种弯管脱开式炉内排烟目前在我国已投入使用。

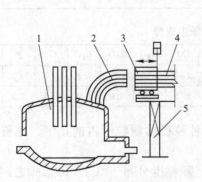

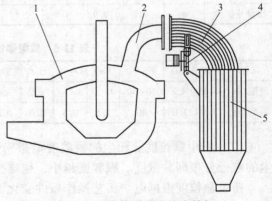

图 11-8　水平脱开式炉内排烟
1—电炉；2—第 4 孔排烟管；3—移动式活动套管；
4—水冷排烟管；5—固定支架

图 11-9　弯管脱开式炉内排烟
1—电炉；2—第 2 孔排烟管；3—移动式弯管；
4—电-液压或气动装置；5—燃烧室

（2）电炉炉外排烟方式：

1）屋顶烟罩排烟。车间屋顶大罩位于车间屋顶主烟气排放源顶端的最高处，它的主要作用是使电炉在加料和出钢等过程中瞬间所产生的大量含尘热气流烟尘，即二次烟气，在一个恰当的时间内有组织地被抽走。被抽走的粉尘粒径细小，多在 $0.1 \sim 5 \mu m$ 之间。为了提高屋顶烟罩的捕集效率，最好将电炉平台以上的车间建筑物侧 3 个方向加设挡风墙，同时电炉车间的厂房四周必须做到密闭，不让烟气从厂房四周外逸。另外，烟罩结构形式的设计应与建筑密切配合，做成方棱锥体或长棱锥体，锥体壁板倾角以 $45° \sim 60°$ 为佳。屋顶烟罩同时兼有厂房的通风换气作用。

其特点是：不影响炉内冶金过程和电炉的操作；较好地解决了车间多处烟气的排放以及二次烟尘的排放。但车间内部环境改善得不彻底，且有野风的大量带入，要求系统有很大的吸排能力。第四孔法与车间屋顶大罩结合起来，相对比较完美（图 11-10），使车间内外环境均有所改善。

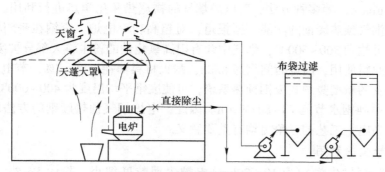

图 11-10　屋顶烟罩排烟示意图

2）密闭罩排烟。因密闭罩将电炉与车间隔离开来，电炉冶炼时产生的二次烟气被控制在罩内，而且又不受车间横向气流的干扰，所以密闭罩不仅对电炉二次烟气的捕集效果好，而且排烟量也较屋顶烟罩少 35% 左右。更为重要的是密闭罩对超高功率电炉产生的弧光、强噪声和强辐射等的吸收和遮挡，都有很好的效果，它可以使在电炉密闭罩外周围的噪声由原 115dB（A）下降到 85dB（A），减少了电炉冶炼中对车间的辐射热。

密闭罩主要由金属框架及内外钢板（内衬硅酸铝等隔热吸音材料）和多个电动移门等组成，密闭罩的结构设计应与电炉工艺和土建密切配合，根据电炉工艺的布置情况和操作维修要求进行设计。

此法常与第四孔排烟法结合，并进行废钢预热，除具有上述优点外，还解决了烟尘的二次排放问题，减少对炉内冶金过程的影响，并节约了能源。

宝钢150t 双壳电炉则采取三级排烟，即炉顶第二孔排烟（为单电极直流电炉）+电炉密闭罩+车间屋顶大罩，使之成为"无烟"车间，并采用炉顶第二孔排出的高温废气对废钢进行预热。

（3）除尘方法。除尘设备的种类很多，有重力、湿法、静电以及布袋除尘器等。大多数电炉除尘系统采用布袋除尘法（bag dust filtering system）。

布袋除尘装置主要由除尘器、风机、吸尘罩及管道等部分构成。布袋的材质采用合成纤维（如涤纶）、玻璃纤维等。玻璃纤维的工作温度为 260℃，寿命为 $1 \sim 2$ 年。大多数用聚酯纤维即涤纶，工作温度低（135℃），但涤纶耐化学腐蚀性能好、耐磨，其寿命为 3～5 年。布袋除尘器的类型及结构形式各种各样，其中比较典型的是脉冲喷吹布袋除尘器。整个除尘器由很多单体布袋组成，每条布袋的直径为 150～300mm 左右，最长可达 10m。通过风机将含尘气体吸进除尘器内，含尘气体由袋外进入袋内，粉尘则被阻留在袋外表面，过滤后的净化气体由排气管导出。另在每排滤袋上部装有喷吹管，在喷吹管上相对应于每条滤袋开有喷射孔。由控制仪不断地发出短促的脉冲信号，通过控制阀有程序地控制各脉冲阀的开启（约为 0.1～0.12s），这时高压空气从喷射孔以极高的速度喷射出去，在瞬间形成由袋内向袋外的逆向气流，使布袋快速膨胀，引起冲击振动，使黏附在袋外和吸入袋内的粉尘被吹扫下来，落入灰斗。由于定期地吹扫，布袋始终保持良好的透气性，除尘效率高，工作稳定。

C　电炉烟气的利用

20 世纪 90 年代以来，相继开发出了双炉壳电炉、手指式竖炉电炉、炉料连续预热电炉（consteel furnace）等多种方法，对电炉烟气的物理热和化学热进行利用，如宝钢、沙钢等电炉具有烟气预热废钢的功能。据报道，对超高功率电炉，废钢在密闭容器内预热，预热后的温度可达到 300～500℃，烟气中含有很高氧化铁的粉尘将大部分被废钢过滤而进入电炉内当作原料使用，冶炼时间缩短 8min，耐火材料消耗下降 17%，节电 50kW·h/t。日本新日铁开发的新型竖炉式废钢预热系统，可使废钢平均温度为 400～600℃，预热效率达到约 50%，每吨钢水节能 70～80kW·h。因此，电炉烟气预热废钢的方法对环境保护、节能降耗、提高电炉工艺的竞争力均有重要意义。

D　电炉粉尘的利用

电炉尘的吨钢发生量约为 10～20kg。电炉尘泥粒度细小，除含 Fe 外，还含有 Zn、Pb、Cr 等金属，具体化学成分及含量与冶炼钢种有关，通常冶炼碳钢和低合金钢含较多的 Zn 和 Pb，冶炼不锈钢和特种钢的粉尘含 Cr、Ni、Mo 等，且一般以氧化物形式存在。电弧炉炉尘处理的主要目的是低成本回收 Zn。火法处理的基本原理是还原蒸发，使 Zn 从炉尘中还原出来成为锌蒸气，以氧化锌或金属锌的形式回收。

（1）OXY-CUP 工艺。该工艺是德国蒂森—克虏伯钢铁公司开发的一项旨在处理钢铁制造流程过程中产生的粉尘、污泥、炉渣以及污垢等含铁、碳副产品的工艺。其处理流程如图 11-11 所示，其工艺装置是一个竖炉，所消纳的固体废弃物不单是含锌尘泥，还包括烧结静电除尘灰、高炉瓦斯泥、转炉的细粉尘以及轧机机壳上的含油污泥。其产品是铁水，用于转炉炼钢使用，同时产生炉气、渣、锌初级产品。目前蒂森—克虏伯钢铁公司开发的竖炉炉缸直径为 2.6m，炉身高度 8.2m，处理能力在 10 万吨/a 左右。类似的工艺还有日本川崎制铁的 STAR 工艺。

（2）威尔兹（Waelz）工艺。由于威尔兹（Waelz）工艺的核心设备是回转窑，因而又被称作威尔兹回转窑工艺。其处理含锌尘泥的方式是，将干燥后的尘泥与作为还原剂的无烟煤混合后，一起加入到回转窑中，炉料在回转窑内高温直接还原后形成团粒，团粒经冷却后可以筛分供高炉冶炼，而颗粒较小的部分则可用于烧结使用。尘泥中所含的锌在回转窑中被还原蒸发，进入烟气中，温度降低后又重新凝固，富集于炉尘中，收集后可以作为炼锌原料（见图 11-12）。威尔兹工艺能耗高，回转窑内易结圈，生产运行的稳定难度大，处理规模有限，目前最大规模每座窑为 15 万吨/a。

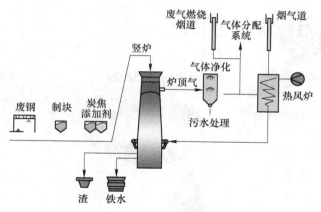

图 11-11 OXY-CUP 工艺流程示意图

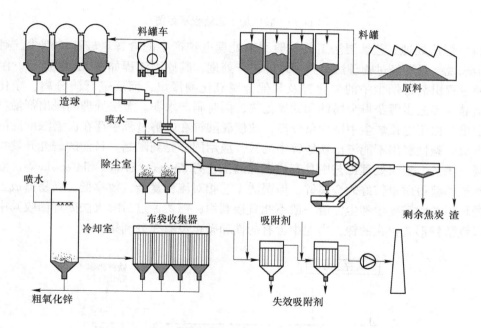

图 11-12 Waelz 工艺流程示意图

（3）转底炉工艺。转底炉（RHF）是用于处理和回收各钢厂含锌、铅粉尘的快速直接还原装置，至今已发展为多种不同的工艺类型，如 Idi-dryiron、Inmetco、Fastmet 等。虽然有不同的工艺类型，但其主体处理方式基本类似（见图 11-13），都是将含锌的尘泥通过"混合—配料—成型—转底炉直接还原"等工序还原得到金属化率达 80%~90% 的直接还原铁，直接还原铁返回钢铁生产流程使用。在除尘系统中回收锌灰，锌脱除率在 90% 以上，烟尘中氧化锌的含量也在 40%~60%，可以直接作为锌冶炼的原料使用。目前 20 万吨/a 转底炉技术已经趋于成熟。转底炉工艺的优势在于处理效率高，处理能力适中，对能源要求不是很高，可以直接用钢铁厂的副产煤气作为热源，能够很好地回收含锌尘泥中的铁、锌、铅等金属。但也存在难以克服的缺点，如炉膛高、料层薄、能源利用效率不高。

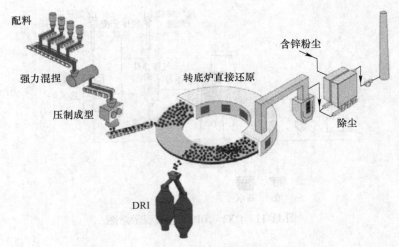

图 11-13 转底炉工艺流程示意图

（4）湿法处理工艺。湿法工艺一般用来处理电炉产生的含锌量较高的烟尘，对于低锌粉尘来说，只有经过物理法富集后才能进行处理，其原则流程如图 11-14 所示。湿法工艺是通过浸出剂将烟尘中的氧化锌及其他金属氧化物浸出，而后进行渣分离、净化、电解、结晶等工艺步骤获得金属锌和铁氧化物，同时副产水泥。湿法处理的浸出剂最早采用硫酸浸出，由于电弧炉尘中铁含量较高，致使硫酸锌在电解过程中存在卤素浓度高的问题无法解决。碱性浸出不能浸出铁酸锌中的锌，应用同样受到限制。目前的研究开发集中在氯化浸出工艺，湿法处理工艺中具有代表性的工艺有 Zincex、Ezinex 和 Rezada 等。湿法工艺虽然能够获得质量较好的金属锌，但湿法工艺相对流程复杂，效率低，极易造成二次污染，处理后的含锌粉尘和尘泥渣一般不能直接利用，需要通过后续火法处理回收其中的铁以及以铁酸锌形式存在的锌，尘泥中含有的铁和碳也没有充分利用。

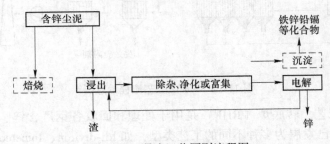

图 11-14 湿法工艺原则流程图

11.2.2 钢渣处理与利用

钢渣（steel slag）是冶金工业生产中的第二大废渣，一般每炼 1t 钢产生 200~300kg 的钢渣。目前各钢铁厂渣场占地都很大，如鞍钢每年排放钢渣 100 多万吨，渣场占地（包括高炉渣）约 2.3km²。

钢渣中含有游离氧化钙。渣场在大气环境中经雨水长期冲刷，氧化钙溶解于水中，造成附近土壤碱化，附近水池或河水 pH 值升高，对整个生态环境污染严重。有许多钢渣未得到及时处理，已直接占用了大量土地，污染了环境。

我国钢渣的大致化学成分见表 11-7。由于钢渣中含有丰富的资源，炽热的钢渣还含有丰富的热能，温度为 1600℃ 的钢渣含热量达 2000kJ/kg；钢渣中废钢含量为 10%；钢渣中所含的 FeO、CaO、SiO_2 等化合物可作为生产砖、砌块、水泥、肥料等方面的原料。在国家政策的鼓励和引导下，许多钢铁厂都建有钢渣处理车间和综合利用厂，每年回收了大量废钢，钢渣综合利用率在近十多年内有了很大提高。一些钢铁厂由于钢渣处理和综合利用较好，占地已逐年减少。

表 11-7　钢渣的化学成分

名　称	成分/%									碱度
	SiO_2	Al_2O_3	CaO	MgO	MnO	FeO	S	P_2O_5	fCaO	
转炉钢渣	15~25	3~7	46~60	5~20	0.8~4	12~25	<0.4	0~1	1.6~7	2.1~3.5
电炉前期渣	21.3	11.05	41.6	13.48	1.39	9.14	0.04	—	—	1.18
电炉后期渣	17.38	3.44	58.53	11.34	1.79	0.85	0.10	—	—	3.6

11.2.2.1　钢渣的处理技术

采用什么样的钢渣处理技术，与各国国情（包括资金、设备状况）有关。钢渣处理工艺主要有下列几种：

（1）浅盘法。浅盘法亦即 ISC 工艺（instantaneous slag chill process），为日本新日铁公司开发。根据宝钢的浅盘工艺，流动性较好的钢渣通过渣罐运送至渣处理间，再用吊车把渣倒入渣盘中，此时熔渣温度在 1500℃ 左右，渣在浅盘中静置 3~5min，第一次喷水冷却，喷水 2min，停 3min，如此重复 4 次，耗水量约为 0.33m³/t，钢渣表面温度下降至 500℃ 左右。然后将浅盘中凝固并破碎的钢渣倾倒在排渣车上，运送到二次冷却站进行第二次喷水冷却，喷水 4min，耗水量为 0.08m³/t，钢渣温度下降至 200℃ 左右。再将钢渣倒入水池内进行第三次冷却，冷却时间约 30min，耗水量 0.04m³/t，钢渣至此温度降至 50~70℃，随后输送至粒铁回收线。

浅盘法处理液态钢渣的工艺流程见图 11-15。

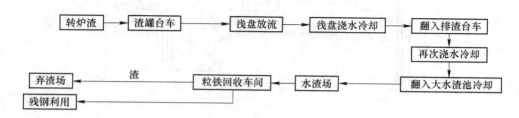

图 11-15　浅盘法处理液态钢渣的工艺流程

浅盘法工艺的优点为：

1）用水强制快速冷却，处理时间短，每炉渣 1.5~2.5h 即可处理结束，处理能力大；

2）整个过程采用喷水和水池浸泡，减少了粉尘污染；

3）经 3 次冷却后，大大减少了渣中矿物组成、游离氧化钙和氧化镁等所造成的体积膨胀，改善了渣的稳定性；

4）处理后钢渣粒度小而均匀，可减少后段破碎筛分加工工序；

5）采用分段水冷处理，蒸汽可自由扩散，操作安全；

6）整个处理工序紧凑，采用遥控操作和监视系统，劳动条件好。

浅盘法的缺点是钢渣要经过 3 次水冷，蒸汽产生量较大，对厂房和设备有腐蚀作用，对起重机寿命有影响；另外，浅盘消耗量大，运行成本高。

（2）滚筒法。滚筒法处理工艺为俄罗斯专利技术，宝钢在购买该技术的基础上，经过消化吸收和创新后，于 1998 年首次进行了工业化应用。生产实践表明，该装置具有流程短、投资少、环保、处理成本低以及钢渣稳定性好等优点。

该工艺主要是将液态钢渣自转炉倒入渣罐后，经渣罐车运输至渣处理场，用吊车将渣罐运到滚筒装置的进渣流槽顶上，并以一定速度倒入滚筒装置内。液态钢渣在滚筒内同时完成冷却、固化、破碎及钢渣分离后，经板式输送机排出到渣场，此钢渣经卡车运输到粒铁分离车间进行粒铁分离后便可直接利用。

经滚筒法处理后的钢渣游离氧化钙基本在 4% 以内，其中小于 2% 的占 45%；处理后粒度小于 15mm 的钢渣约占总量的 97% 以上。由于滚筒法渣处理可以省却与 ISC 热泼法相匹配的粒铁回收车间以及如排渣车、水池等辅助设施，大大节约基建投资。滚筒法代表了渣处理生产技术的发展方向。

（3）钢渣水淬法。如图 11-16 所示，渣罐或翻渣间的中间罐下部侧面，设一个扁平的节流器，熔渣经节流器流出，热态熔渣在流出下降过程中，被压力水分割、击碎，再加上熔渣遇水急冷收缩产生应力集中而破裂，使熔渣粒化，得到直径小于 5mm 的颗粒状水淬物。水渣混合物经淬渣槽流入沉渣池沉淀，用抓斗吊车将淬渣装入汽车或火车，运往用户。由于液态钢渣黏度大，其水淬难度也大。淬渣槽的坡度应大于 5%。冲水量为渣重的 13~15 倍，水压为 $2.94 \times 10^5 \mathrm{Pa}$。

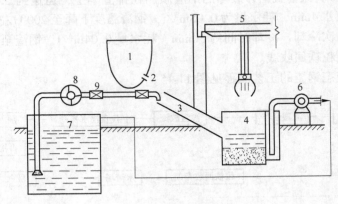

图 11-16 水淬钢渣

1—渣罐；2—节流器；3—淬渣槽；4—沉渣室；5—抓斗吊车；
6—排水泵；7—回水池；8—抽水泵；9—阀门

（4）风淬法。渣罐接取熔渣后，运到风淬装置处，倾翻渣罐，熔渣经过中间罐流出，被一种特殊喷嘴喷出的空气吹散，破碎成微粒，在罩式锅炉内回收高温空气和微粒渣中所散发的热量并捕集渣粒。经过风淬而成微粒的转炉渣，可作建筑材料；由锅炉产生的中温蒸汽可用于干燥氧化铁皮。

（5）转炉钢渣焖罐处理法。转炉钢渣焖罐处理设备如图11-17所示。原上钢五厂的做法是：当大块钢渣冷却到300~600℃时，把它装入翻斗汽车内，运至焖罐车间，倾入焖罐内，然后盖上罐盖。在罐盖的下面安装有能自动旋转喷水的装置，间断地往热渣上喷水，使罐内产生大量水蒸气。罐内的水和蒸汽与钢渣产生复杂的物理化学反应，水与蒸汽能使钢渣发生淬裂，同时由于钢渣是一种不稳定的废渣，内部含有游离氧化钙，该化合物遇水后会消解成氢氧化钙，发生体积膨胀，使钢渣崩解粉碎。钢渣在罐内经一段时间焖解后，一般粉化效果都能达到60%~80%（20mm以下），然后用反铲挖掘机挖出，后经磁选和筛分，把废钢回收，钢渣也分成不同的颗粒等级回收利用。

常规钢渣破碎工艺是一种钢渣冷处理工艺，不但建厂投资大、成本高、耗电量大，还需要较好的设备与材质，同时造成大量粉尘污染。而钢渣焖罐处理技术，能把大块钢渣粉碎成小颗粒的钢渣，因此它是目前国内使用较好的钢渣处理技术。该工艺的特点是：机械化程度高，劳动强度低。由于采用湿法处理钢渣，环境污染小，还可以回收部分热能；钢渣处理后，渣、钢分离好，可提高废钢回收率。由于钢渣经过焖解处理，部分游离氧化钙经过消解，钢渣的稳定性得到改善，可大量应用于地基回填和路基垫层。

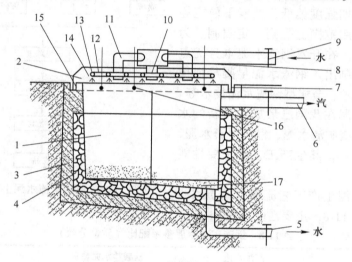

图 11-17 焖罐设备结构

1—槽体；2—槽盖；3—钢筋混凝土外层；4—花岗岩内衬；5—可控排水管；6—可控排气管；

7—凹槽；8—均压器；9—可控进水管；10—垂直分管；11—四方分管；

12，13—支管；14—多向喷孔；15—槽盖下沿；16—测温计；17—预放缓冲层

11.2.2.2 钢渣的综合利用

（1）用于烧结。烧结矿中配入5%~10%的小于8mm的钢渣代替熔剂使用，可利用渣中钢粒及 FeO、CaO、MgO、MnO 等有益成分，显著改善烧结矿的宏观及微观结构，提高了转鼓指数及结块率，使风化率降低，成品率增加。水淬钢渣松散、粒度均匀、料层透气性好，有利于烧结造球及提高烧结速度。高炉使用配入钢渣的烧结矿，可使高炉操作顺行，产量提高，焦比降低。

（2）作熔剂用。钢渣可以作为熔剂使用。含磷低的钢渣可作为高炉、化铁炉熔剂，也可返回转炉利用。钢渣作高炉熔剂时，一般要求粒度在8~30mm之间。钢渣返回高炉，

既可节约熔剂（石灰石、白云石、萤石）消耗，又可以利用其中的钢粒和氧化铁成分，还可以改善高炉渣流动性。用转炉钢渣代替化铁炉石灰石和部分萤石熔剂，效果也比较好。将转炉渣直接返回转炉炼钢（吨钢25kg），同时加入白云石，可使炼钢成渣早，减少初期渣对炉衬的侵蚀，有利于提高炉龄，降低耐火材料消耗。

（3）提取稀有元素。从钢渣中提取稀有元素，发挥二次资源的利用价值。用化学浸取的办法可以提取钢渣中的铌、钒等稀有金属。也可采用钒渣代替钒铁直接合金化冶炼含钒（0.07%~0.6%）低合金钢。

（4）用于水泥生产。钢渣中有许多成分与水泥熟料十分接近，为发挥钢渣本身活性，利用钢渣生产水泥可充分利用钢渣的特性。钢渣水泥的主要原材料是钢渣、高炉水渣、石膏和熟料。按标准要求水泥中钢渣的最少掺入量（以质量计）不少于30%，钢渣和高炉矿渣的总掺入量不少于60%。钢渣水泥具有后期强度高、抗折性能好、耐磨、耐冻等多种优良性能，该水泥除适用于一般的工用与民用建筑外，还可用于地下工程、防水工程、大体积混凝土工程、道路工程等。但钢渣矿渣水泥还存在早期强度偏低、性能不稳定等弱点，因此在使用范围上受到一定限制。为了克服上述缺点，在开发钢渣水泥本身优点的基础上，又研制出了钢渣水泥早凝早强技术、钢渣道路技术、节能型钢渣水泥技术等。

钢渣矿渣水泥在我国已形成一种新的水泥系列，包括钢渣矿渣水泥、钢渣浮石水泥、钢渣粉煤灰水泥等，其生产工艺和主要性能大致相近。

钢渣矿渣水泥生产工艺流程见图 11-18。其参考配比见表 11-8，主要性能见表 11-9。

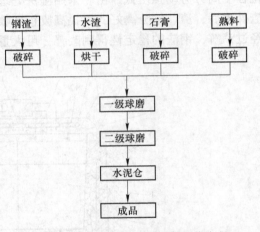

图 11-18　钢渣矿渣水泥生产工艺流程

表 11-8　钢渣矿渣水泥参考配比（质量分数）　　　　　　　　%

钢　渣	高炉水渣	硅酸盐水泥熟料	石　膏
40~45	40~45	—	8~12
35~40	35~45	10~15	3~5

表 11-9　钢渣矿渣水泥的主要性能

密度 /kg·m⁻³	容重 /kg·m⁻³	磨损量/g	胀　缩	综合以后强度	后期强度	钢筋锈蚀	抗冻性
3000~3400	900~1100	1.99~2.8	早期有微膨胀硬化，14天后趋于稳定	增长	增长	无锈	经25次冻融循环强度合格

（5）钢渣制砖。钢渣砖是以粉状钢渣或水淬钢渣为主要原料，掺入部分高炉水渣（或粉煤灰）和激发剂（石灰、石膏粉），加水搅拌，经轮碾、压制成型、蒸养而制成的建筑用砖。钢渣砖参考配比见表11-10。钢渣砖可用于民用建筑中砌筑墙体、柱子构造等。钢渣砖性能见表11-11。

表 11-10 钢渣砖原料配比及性能

原材料配比/%					抗压强度/MPa	抗折强度/MPa	钢渣砖标号
钢渣	高炉水渣	粉煤灰	石灰	石膏			
60	30	—	—	10	22.0	2.75	75
67	20	—	10	3	22.6	2.50	10.0
60	30	0	5	5	23.9	3.21	15.0

表 11-11 钢渣砖性能

抗压强度/MPa	抗折强度/MPa	容重/N·m⁻³	吸水率/%	软化系数	抗冻性	后期强度	碳化后强度
20~25	2.2~3.2	20580~25480	8~7	0.73~0.98	25 次冻融循环强度损失小于25%	增长	增长

（6）道路建设。经过适当处理后的钢渣具有较好的稳定性，可用于道路的基层、垫层及面层。宝钢、包钢、武钢、太钢、鞍钢等企业已用钢渣铺筑了大量道路。钢渣作为道路基础材料，其施工工艺路线是：钢渣破碎—摊铺—加湿碾压—找平—铺面层。由于钢渣是不均匀的混合料，施工时应严格掌握质量标准。钢渣修筑道路时设计参考参数见表11-12。

表 11-12 钢渣修筑道路时设计参考参数

钢渣粒径/mm	压实系数	回弹模量/MPa	当量厚度系数	路面材料系数 B 值	形变模量 E_1/MPa
最大粒径不大于每层70mm，铺筑150mm	1.4	280~360	0.37~0.44	汽~8 级 1.65~2.1 汽~13 级 19~25	高级路面 180 甲级路面 200

（7）作地基回填料。钢渣作地基回填料关键要控制钢渣的膨胀性能。钢渣的膨胀性能是长期的，并有一定的规律，主要与钢渣的物化性能有关。有试验研究发现，新转炉渣和新平炉渣（堆放期未超过一年）不适宜作地基回填材料，堆放一年以上的钢渣大部分已完成膨胀过程，块度在 200mm 以下，在采用一定措施后（如掺入粉煤灰等）可以作回填材料。

一般回填经过 8 个月后，已基本稳定。实际在施工现场，一般在回填工程中地基下沉量是很大的，钢渣回填后的膨胀值有时会大于地基的下沉值，这样钢渣作为地基回填材料，反而能够减少地基的下沉，这对工程是有利的。当然，在回填时要注意钢渣铺设的均匀性，这样才可避免地基的不均匀下沉。

（8）热能回收。国内外钢渣处理技术中钢渣的显热回收，是科研单位和钢渣处理厂开发和引进的一个重点科研项目。开发显热回收的工艺可从国内钢渣焖罐处理工艺，国外的钢渣滚筒处理工艺、钢渣风淬处理工艺中深入研究。余热回收的应用应从简单的供热开始，然后逐渐过渡到蒸汽联网和发电。

目前国内从钢渣处理工艺角度上还未能给热能回收创造好的条件，钢渣的热能回收仅处于起步阶段。热能回收的工艺条件要求钢渣处理过程中钢渣的热能散发为较集中的过程，这样就可能集中回收热能。但是目前大部分处理工艺为敞开式，热能大量向外排放。另外，钢渣的热能去向也是一个大问题，因钢铁厂中余热较多，只有在投资较少、能量回收较大的条件下，才可能被采用。上钢五厂的五洋钢渣处理厂采用热焖处理工艺，可将焖罐内排放的大量蒸汽加热冷水用于洗澡及办公楼供暖，工艺比较简单。

(9) 作肥料使用。钢渣磷肥是采用中、高磷铁水炼钢时，在不加萤石造渣的情况下回收的初期含磷渣，将其直接破碎磨细而成。钢渣磷肥的密度为 $3000 \sim 3330 kg/m^3$，为黑褐色粉末，是一种碱性磷肥。由于钢渣中含有硅、钙、锰等养分，对植物早期和晚期都有肥效，一般用作基肥，每亩可施用 $100 \sim 130g$。此外，钢渣中如含钙和硅较多，可作钙硅肥料。钢渣中所含有铁、铝、锰、钒等元素也是植物所需的养分。

11.2.3　污水处理与利用

钢铁冶金废水的处理原则是：采取最有效的、最简便和最经济的处理方法，使处理后的水和有用资源均可回收利用，故应做到以下几点基本要求：

(1) 工厂或车间生产过程中排放出的废水应做到"清污分流、分片治理"。不应使其与其他废水混合，使废水总量增加并使处理回收复杂化。

(2) 所选用的处理方法和工艺流程，应紧密结合工厂的主体生产流程，使处理后的水循环利用、重复利用，争取实现"零排放"。

(3) 对目前技术水平和经济条件尚无法回收利用的少量废水，则应进行无害化处理，使之达到国家排放标准。

炼钢厂污水主要分为冶炼过程污水、设备和产品直接冷却水和设备间接冷却水。冶炼过程污水主要是指烟气除尘污水，是炼钢厂的主要污水。这种污水含有大量的氧化铁和其他杂质，必须经过处理后才能回用和外排，否则将会给周边地区的水环境带来严重危害。本节主要介绍转炉烟气除尘污水处理。

转炉除尘污水的排放量，一般吨钢为 $5 \sim 6m^3$。但对于每一个炼钢厂，由于除尘工艺不同，水处理流程不同，其污水量亦有很大差别。原则上，除尘污水量相当于其供水量。但在供水流程上，如果采用串联供水，则较之并联供水，其水量几乎减少一半。如宝钢 300t 转炉，采用二文一文串联供水，其污水量设计值吨钢仅约 $2m^3$。就污水量而言，水量小，污染也小，治理起来也较容易，所以水量问题是与工艺密切相关的。转炉炼钢是个间歇生产过程，由于工艺方面的特点，使得炉气量、温度、成分等都在不断变化，因此除尘污水的性质也在随时相应地变化。

11.2.3.1　除尘污水特性

转炉烟气除尘污水的特性包括水质、水温、含尘量、烟尘粒度、沉降特性等，其特性与烟气净化方式（除尘设备、除尘工艺）是紧密相关的。同时，在整个过程中，随不同冶炼期的炉气变化而变化。烟气净化系统中各净化设备（一文、二文、喷淋塔）的污水特性也有较大的差异，一文的污水含尘量及水温最高。

(1) 污水水温。污水水温随冶炼过程中烟气温度的变化而变化。一般吹氧时温度较高，不吹氧时温度较低。对于大型转炉水温上升梯度可达 $20℃/min$。

(2) 污水 pH 值。烟气对除尘水 pH 值的影响，与烟气净化方式有关。燃烧法净化系统的污水，由于烟气中 CO_2、SO_2 等酸性气体溶于水，而使污水 pH 值降低；而未燃法的污水，由于烟气中 CO_2、SO_2 等酸性气体含量很少，对污水 pH 值影响很小。另外，由于冶炼过程加入大量石灰粉而使污水 pH 值增高，呈碱性。

（3）污水含尘量。转炉吹炼时由于高温下铁的氧化、气流的激烈搅拌、CO 气泡的爆裂等原因产生大量的炉尘，其含量约占金属装料量的 1%～2%。转炉烟气的含尘量在整个冶炼过程中随时间而变化，一般在吹氧时含尘量最高。

（4）污水中烟尘成分、粒度、密度。燃烧法烟气净化系统由于炉尘经燃烧氧化，铁转变为 Fe_2O_3，为红褐色细小颗粒，密度较小，较难沉降。而未燃法烟气净化污水中主要是未燃烧氧化的 FeO，为黑褐色颗粒，密度相对较大。

（5）污水的沉降特性。未燃法烟气净化污水的烟尘粒径相对较大，比较容易沉淀。而燃烧法烟气净化污水中的烟尘粒径较细，难以沉降。由于在冶炼过程中烟气净化污水温度、含尘量、烟尘粒径、密度变化较大，污水的沉降特性也随之变化，给污水的净化带来不利影响。

11.2.3.2 转炉除尘污水的处理

转炉除尘污水的处理，以实现稳定的循环使用为目的，最终达到水的闭路循环。转炉除尘污水经沉淀处理后循环使用，其沉淀污泥由于铁含量较高，具有较高的应用价值，应采取适当的方法加以回收利用。

A 转炉除尘污水处理技术要点

对于转炉除尘污水，其处理的关键首先在于悬浮物的去除，其次要解决水质的稳定，最后还需解决污泥的处置。

转炉除尘污水中的悬浮物，若采用自然沉淀，虽可将悬浮物降低到 150～200mg/L 的水平，但循环使用效果较差，故需使用强化沉降。目前一般在辐射式沉淀池或立式沉淀池前投加混凝剂，或先使用磁力凝聚器磁化后进入沉淀池。较理想的方法应使除尘污水进入水力旋流器，利用重力分离的原理，将大颗粒的悬浮颗粒（大于 $60\mu m$）除去，以减轻沉淀池的负荷。污水中投加聚丙烯酰胺，使出水中的悬浮物含量降低到 100mg/L 以下，可以使出水正常循环使用。

氧化铁属铁磁性物质，可以采用磁力分离法进行处理。目前磁力处理的方法主要有三种，即预磁沉降处理、磁滤净化处理和磁盘处理。预磁沉降处理是使转炉污水通过磁场磁化后再使之沉降。磁滤净化处理可采用装填不锈钢毛的高梯度电磁过滤器。污水流过过滤器，悬浮颗粒即吸附在过滤介质上。磁盘分离器（如图 11-19 所示）是借助于由永磁铁组成的磁盘的磁力来分离水中悬浮颗粒的。水从槽中的磁盘间通过，磁盘逆水转动，水中的悬浮物颗粒吸附在磁盘上，待转出水面后被刮泥板刮去，污水从而得到净化。

除尘污水含钙较多，易与污水中的二氧化碳反应，导致除尘污水的硬度较高，水质失去稳定，因此需做稳定处理。在水中投加碳酸钠是一种可行的水质稳定方法。碳酸钠和石灰反应，形成碳酸钙沉淀：

$$CaO + H_2O \longrightarrow Ca(OH)_2 \tag{11-12}$$

$$Na_2CO_3 + Ca(OH)_2 \longrightarrow CaCO_3 \downarrow + 2NaOH \tag{11-13}$$

生成的 NaOH 与水中的 CO_2 作用又生成 Na_2CO_3 或 $NaHCO_3$，从而在循环反应的过程

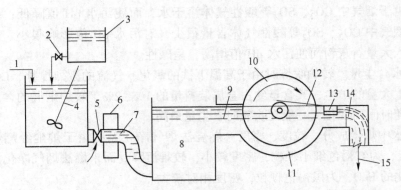

图 11-19 磁盘法污水处理流程

1—污水；2—药量调节阀；3—贮存箱；4—混合室；5—污水流量调节阀；6—预磁；

7—非导磁弯管；8—反应室；9—缓冲槽；10—磁盘；11—磁盘水槽；

12—刮泥板；13—输泥槽；14—溢流闸板；15—清水

中，使 Na_2CO_3 得到再生。在运行中由于排污和渗漏，需补充一定量的 Na_2CO_3。也可在沉淀池后加入分散剂（又称水质稳定剂），利用分散剂的螯合和分散作用，能较为成功地防垢、除垢。

利用高炉煤气洗涤水与转炉除尘污水混合，也可保持水质稳定。由于高炉煤气洗涤水中含有大量的 HCO_3^-，而转炉除尘污水中含有大量的 OH^-，发生如下反应：

$$Ca(OH) + Ca(HCO_3)_2 \longrightarrow 2CaCO_3\downarrow + 2H_2O \qquad (11-14)$$

生成的碳酸钙正好在沉淀池中除去，该法在国内的一些厂中的应用效果较好。

转炉除尘污泥铁含量高达 70%，具有较高的利用价值。处理此种污泥，早期较多采用真空过滤脱水的方法。由于转炉烟气净化污泥颗粒较细、含碱量高、透气性差，真空过滤机脱水能力较差，目前使用较少。采用压滤机脱水，由于分批加压脱水，因此对物料适用性广，滤饼含水率较低，但设备费用较贵。

B 转炉烟尘污水处理工艺流程

（1）混凝沉淀—水稳定剂流程（见图 11-20）。从一级文氏管排出的含尘量较高的污水经明渠进入粗颗粒分离器，将大于 $60\mu m$ 的粗颗粒予以分离，沉渣送烧结，出水中加入絮凝剂后进入圆形沉淀池进行混凝沉淀处理，沉淀池出水加适量分散剂阻垢，以防止设备管道结垢，然后由泵送二级文氏管使用。沉淀池出水根据烟气净化对供水温度的要求，确定是否需设置冷却塔。沉淀池污泥用泥浆泵送污泥处理。这类流程的要点主要在于通过粗颗粒分离槽除去粗颗粒以防止管道堵塞。

（2）药磁混凝沉淀—永磁除垢流程（见图 11-21）。转炉除尘污水经明渠进入水力旋流器进行粗颗粒分离，粗铁泥经二次浓缩后，可送烧结厂等处利用；旋流器上部溢流水经永磁场处理后进入污水分配池与聚丙烯酰胺溶液混合，然后进入斜管沉淀池沉降，其出水经冷却塔冷却后流入集水池，清水经磁除垢装置后循环使用，污泥经浓缩后由真空过滤机脱水，可供烧结等处使用。

（3）磁凝聚沉淀—水稳定剂流程（见图 11-22）。转炉除尘污水经磁凝聚器磁化后，进入沉淀池，沉淀池出水中投加碳酸钠解决水质稳定问题，沉淀池污泥送过滤机脱水后可送烧结等处使用。

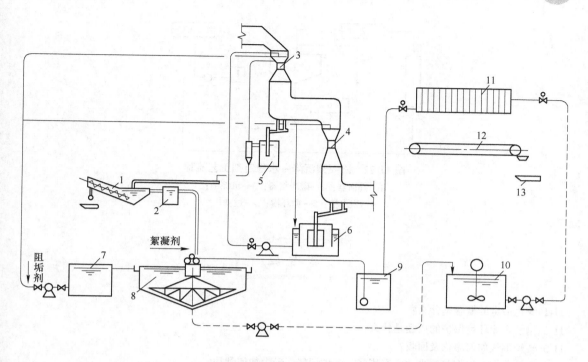

图 11-20 转炉烟气净化污水混凝沉淀—水稳定剂处理流程
1—粗颗粒分离槽及分离机；2—分配槽；3——一级文氏管；4—二级文氏管；5——一级文氏管排水水封槽及排水斗；
6—二级文氏管排水水封槽；7—澄清水吸水池；8—浓缩池；9—滤液槽；
10—原液槽；11—压力式过滤脱水机；12—皮带运输机；13—料罐

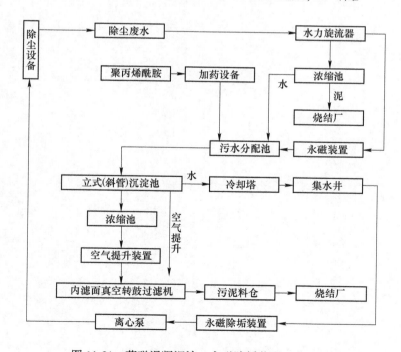

图 11-21 药磁混凝沉淀—永磁除垢装置工艺流程

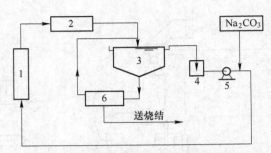

图 11-22　磁凝聚沉降—水稳定剂工艺流程
1—洗涤器；2—磁凝聚器；3—沉淀池；
4—积水槽；5—循环槽；6—过滤机

思 考 题

11-1 绿色冶金的概念是什么？

11-2 钢铁企业环境保护的内涵是什么？

11-3 转炉烟气如何净化及回收？

11-4 电炉炼钢的排烟与除尘方式有哪些，电炉烟气、粉尘如何利用？

11-5 钢渣有哪些处理方法，如何利用？

11-6 转炉烟尘污水处理方法有哪些？

参 考 文 献

[1] 高泽平. 炼钢工艺学 [M]. 北京：冶金工业出版社，2006.

[2] 朱苗勇. 现代冶金工艺学（钢铁冶金卷）[M]. 北京：冶金工业出版社，2011.

[3] 王新华. 钢铁冶金——炼钢学 [M]. 北京：高等教育出版社，2007.

[4] 阎立懿. 现代电炉炼钢工艺及装备 [M]. 北京：冶金工业出版社，2011.

[5] 雷亚. 炼钢学 [M]. 北京：冶金工业出版社，2010.

[6] 陈家祥. 钢铁冶金学（炼钢部分）[M]. 北京：冶金工业出版社，1990.

[7] 郑沛然. 炼钢学 [M]. 北京：冶金工业出版社，1994.

[8] 曲英. 炼钢学原理 [M]. 北京：冶金工业出版社，1980.

[9] 黄希祜. 钢铁冶金原理 [M]. 4 版. 北京：冶金工业出版社，2013.

[10] 翁宇庆. 超细晶钢——钢的组织细化理论与控制技术 [M]. 北京：冶金工业出版社，2003.

[11] 朱苗勇. 钢的精炼过程数学物理模拟 [M]. 北京：冶金工业出版社，1998.

[12] 戴云阁. 现代转炉炼钢 [M]. 沈阳：东北大学出版社，1998.

[13] 潘贻芳. 转炉炼钢功能性辅助材料 [M]. 北京：冶金工业出版社，2007.

[14] 赵沛. 炉外精炼及铁水预处理实用技术手册 [M]. 北京：冶金工业出版社，2004.

[15] 刘会林. 电弧炉短流程炼钢设备与技术 [M]. 北京：冶金工业出版社，2012.

[16] 姜钧普. 钢铁生产短流程新技术——沙钢的实践（炼钢篇）[M]. 北京：冶金工业出版社，2000.

[17] 王雅贞. 氧气顶吹转炉炼钢工艺与设备 [M]. 2 版. 北京：冶金工业出版社，2001.

[18] 王雅贞. 转炉炼钢问答 [M]. 北京：冶金工业出版社，2003.

[19] 沈才芳. 电弧炉炼钢工艺与设备 [M]. 2 版. 北京：冶金工业出版社，2001.

[20] 邱绍歧. 电炉炼钢原理及工艺 [M]. 北京：冶金工业出版社，2001.

[21] 齐俊杰. 微合金化钢 [M]. 北京：冶金工业出版社，2006.

[22] 王祖滨. 低合金高强度钢 [M]. 北京：原子能出版社，1996.

[23] 东涛. 微合金化钢知识讲座 [M]. 北京：中信微合金化技术中心，2005.

[24] 黄道鑫. 提钒炼钢 [M]. 北京：冶金工业出版社，2000.

[25] [日] 萬谷志郎. 钢铁冶炼 [M]. 李宏译. 北京：冶金工业出版社，2001.

[26] 苏天森. 转炉溅渣护炉技术 [M]. 北京：冶金工业出版社，1999.

[27] 田志国. 转炉护炉实用技术 [M]. 北京：冶金工业出版社，2012.

[28] 武钢第二炼钢厂. 复吹转炉溅渣护炉实用技术 [M]. 北京：冶金工业出版社，2004.

[29] 马竹梧. 钢铁工业自动化（炼钢卷）[M]. 北京：冶金工业出版社，2003.

[30] 马廷温. 电炉炼钢学 [M]. 北京：冶金工业出版社，1990.

[31] 张承武. 炼钢学 [M]. 北京：冶金工业出版社，1991.

[32] 刘根来. 炼钢原理与工艺 [M]. 北京：冶金工业出版社，2004.

[33] 李士琦. 现代电弧炉炼钢 [M]. 北京：原子能出版社，1995.

[34] 崔雅茹. 特种冶炼与金属功能材料 [M]. 北京：冶金工业出版社，2010.

[35] 高泽平. 炉外精炼教程 [M]. 北京：冶金工业出版社，2011.

[36] 知水. 特殊钢炉外精炼 [M]. 北京：原子能出版社，1996.

[37] 周建男. 钢铁生产工艺装备新技术 [M]. 北京：冶金工业出版社，2004.

[38] 冯聚和. 炼钢设计原理 [M]. 北京：化学工业出版社，2005.

[39] 王永忠. 电炉炼钢除尘 [M]. 北京：冶金工业出版社，2003.

[40] 郎晓珍. 冶金环境保护及三废治理技术 [M]. 沈阳：东北大学出版社，2002.

[41] 张景来. 冶金工业污水处理技术及工程实例 [M]. 北京：化学工业出版社，2003.

[42] 王绍文. 钢铁工业废水资源回用技术与应用 [M]. 北京: 冶金工业出版社, 2008.

[43] 李光强. 钢铁冶金的环保与节能 [M]. 北京: 冶金工业出版社, 2010.

[44] 王绍文. 冶金工业节能减排技术指南 [M]. 北京: 化学工业出版社, 2009.

[45] 刁江. 中高磷铁水转炉双联脱磷的应用基础研究 [D]. 重庆: 重庆大学, 2010.

[46] 张波. 锰矿自还原压块转炉直接合金化基础研究 [D]. 武汉: 武汉科技大学, 2014.

[47] Kotobu Nagai. 21 世纪的钢铁技术 [J]. 中国冶金, 2001 (1): 4~7.

[48] 胡文豪. 酸溶铝在钢中行为的探讨 [J]. 钢铁, 2003, 38 (7): 42~44.

[49] 李素芹. 钢中残余有害元素控制对策的分析与探讨 [J]. 钢铁, 2001, 36 (12): 70~72.

[50] 张喆君. 电炉用金属炉料与节能 [J]. 特殊钢, 1999, 20 (1): 6~10.

[51] 陈伟庆. 直接还原铁在电弧炉炼钢中应用 [J]. 特殊钢, 1997, 18 (2): 4~8.

[52] 孙本良. 钙基、镁基脱硫剂的脱硫极限 [J]. 钢铁研究学报, 2003, 15 (1): 3~4.

[53] 张建和. 湘钢二炼钢铁水镁脱硫应用实绩 [J]. 钢铁, 2005, 40 (5): 17~20.

[54] 高泽平. 颗粒镁脱硫原理与工艺分析 [J]. 湖南冶金, 2004, (6): 9~13.

[55] 陈军利. 纯镁脱硫技术的研究与应用 [J]. 炼钢, 2005, 21 (2): 55~57.

[56] 程煌. 铁水深脱硫及其发展趋势 [J]. 钢铁, 2001, 36 (4): 17~19.

[57] 阎凤义. 镁基粉剂脱硫工艺优化与实践 [J]. 钢铁, 2003, 38 (2): 13~15.

[58] 杨天钧. 铁水炉外脱硫的新进展 [J]. 钢铁, 1999, 34 (1): 65~69.

[59] 刘炳宇. 不同铁水脱硫工艺方法的应用效果 [J]. 钢铁, 2004, 39 (6): 24~27.

[60] 刘浏. 转炉炼钢生产技术的发展 [J]. 中国冶金, 2004 (2): 7~11.

[61] 李炳源. 转炉氧枪的选取与使用 [J]. 炼钢, 2003, 19 (3): 46~50.

[62] 刘浏. 中国转炉炼钢技术的进步 [J]. 钢铁, 2005, 40 (2): 1~5.

[63] 徐静波. 复吹转炉在溅渣下的长寿命复吹效果 [J]. 炼钢, 2002, 18 (3): 6~9.

[64] 刘浏. 复吹转炉强化冶炼工艺研究 [J]. 钢铁, 2004, 39 (9): 17~23.

[65] 吴伟. 冶炼中磷铁水最佳复吹模式的探讨 [J]. 钢铁, 2005, 40 (6): 33~35.

[66] 吴伟. 复吹转炉最佳成渣路线的探讨 [J]. 钢铁研究学报, 2004, 16 (1): 21~24.

[67] 余志祥. 武钢三炼钢计算机炼钢技术的新进展 [J]. 钢铁, 2004, 39 (8): 58~63.

[68] 杨文远. 转炉高效吹氧技术的研究与应用 [J]. 炼钢, 2005, 21 (1): 1~5.

[69] 许刚. 转炉炼钢终点控制技术 [J]. 炼钢, 2011, 27 (1): 66~70.

[70] 李正邦. 用白钨矿、氧化钼和钒渣冶炼合金钢的热力学分析 [J]. 钢铁研究学报, 1999, 11 (3): 14~18.

[71] 赵中福. 转炉炼钢加锰矿提高终点锰含量的试验研究 [J]. 炼钢, 2010, 26 (1): 40~43.

[72] 东涛. 我国低合金钢及微合金钢的发展、问题和方向 [J]. 钢铁, 2000, 35 (11): 71~75.

[73] Lagneborg R, Siwecki T, Zajac S, et al. The role of vanadium in microalloyed steels [J]. Scandinavian Journal of Metallurgy, 1999, 28 (5): 186~241.

[74] 刘浏. 关于转炉溅渣护炉的几个工艺问题 [J]. 钢铁, 1998, 33 (6): 65~68.

[75] 佟溥翘. 武钢二炼钢复吹转炉溅渣护炉工艺技术研究 [J]. 钢铁, 2000, 35 (6): 18~21.

[76] 朱英雄. 转炉溅渣护炉技术 (一) [J]. 炼钢, 2003, 19 (1): 50~55.

[77] 朱荣. 电弧炉炼钢炉壁碳氧喷吹系统的开发和应用 [J]. 特殊钢, 2003, 24 (5): 39~40.

[78] 傅杰. 现代电弧炉炼钢技术的发展 [J]. 钢铁, 2003, 38 (6): 70~73.

[79] 刘炼城. 150t 竖式电炉降低冶炼电耗措施 [J]. 炼钢, 2003, 19 (5): 7~9.

[80] 梁庆. 长寿复吹转炉冶炼技术在重钢的应用 [J]. 炼钢, 2005, 21 (6): 4~8.

[81] 杜松林. 转炉两步脱氧工艺研究 [J]. 钢铁, 2005, 40 (4): 32~34.

[82] 阎立懿. 现代超高功率电弧炉的技术特征 [J]. 特殊钢, 2001, 22 (5): 1~4.

[83] 刘新成. 多级废钢预热竖炉电弧炉 [J]. 特殊钢, 2000, 21 (6): 25~26.

[84] 程长建. 聚合射流氧枪技术的特点及其应用 [J]. 炼钢, 2002, 18 (5): 47~49.

[85] 苏晓军. 凝聚射流氧枪及其在炼钢生产中的应用 [J]. 冶金能源, 2001, 20 (6): 6~8.

[86] 刘剑辉. 莱钢 50t 电炉炉壁–氧喷吹系统的研究与应用 [J]. 山东冶金, 2003, 25 (增刊): 134~136.

[87] 冯聚和. 底吹电弧炉的结构和特点 [J]. 河北冶金, 1994, 80 (2): 18~21.

[88] 贺庆. 电弧炉炼钢强化用氧技术的进展 [J]. 钢铁研究学报, 2004, 16 (5): 1~4.

[89] Andreas Metzen, Gerhard Bunemann, Johannes Greinacher, et al. Oxygen technology for highly efficient electric arc steelmaking [J]. MPT International, 2000(4):85.

[90] 李正邦. 21 世纪电渣冶金的新进展 [J]. 特殊钢, 2004, 25 (5): 1~5.

[91] 殷瑞钰. 绿色制造与钢铁工业 [J]. 钢铁, 2000, 35 (6): 61~65.

[92] 刘江龙. 绿色冶金的决策模型研究 [J]. 钢铁, 2001, 36 (7): 63~67.

[93] 郑忠. 我国钢铁企业的节能与可持续发展 [J]. 钢铁, 2004, 39 (4): 64~68.

[94] 陈登福. 我国钢铁工业的清洁生产和二次资源的综合利用 [J]. 钢铁, 2001, 36 (2): 67~71.

[95] 牛京考. 炼钢生产中的环保技术 [J]. 炼钢, 1998 (1): 56~60.

[96] 徐兵. 宝钢 LT 灰及转炉渣用于铁水预处理脱磷剂的实践 [J]. 宝钢技术, 2006 (1): 6~9.

[97] 王涛. 国外钢厂含锌粉尘的循环利用 [J]. 炼钢, 2002, 18 (5): 50~54.

[98] 章耿. 宝钢钢渣综合利用现状 [J]. 宝钢技术, 2006 (1): 20~24.

[99] 庄昌凌. 炼钢过程含铁尘泥的基本物性与综合利用 [J]. 北京科技大学学报, 2011, 33 (s1): 185~192.

[100] 李朝阳. 转炉除尘污泥的回收和利用 [J]. 武钢技术, 2002, 40 (2): 34~37.

冶金工业出版社部分图书推荐

书　名	作　者	定价（元）
中国冶金百科全书·金属材料	本书编委会	229.00
中国冶金百科全书·金属塑性加工	本书编委会	248.00
高炉高效低耗炼铁理论与实践	项钟庸	200.00
高炉解剖研究	张建良	200.00
宝钢大型高炉操作与管理	朱仁良	160.00
特殊钢丝新产品新技术	徐效谦	138.00
现代材料表面技术科学	戴达煌	99.00
物理化学（第4版）（国规教材）	王淑兰	45.00
钢铁冶金学（炼铁部分）（第4版）（本科教材）	吴胜利	65.00
现代冶金工艺学——钢铁冶金卷（第2版）（国规教材）	朱苗勇	75.00
冶金物理化学研究方法（第4版）（本科教材）	王常珍	69.00
冶金与材料热力学（第2版）（本科教材）	李文超	70.00
热工测量仪表（第2版）（国规教材）	张华	46.00
金属材料学（第3版）（国规教材）	强文江	66.00
钢铁冶金原理（第4版）（本科教材）	黄希祜	82.00
冶金物理化学（本科教材）	张家芸	39.00
金属学原理（第3版）上册（本科教材）	余永宁	78.00
金属学原理（第3版）（中册）（本科教材）	余永宁	64.00
金属学原理（第3版）（下册）（本科教材）	余永宁	55.00
传输原理（第2版）（本科教材）	朱光俊	55.00
冶金设备基础（本科教材）	朱云	55.00
耐火材料（第2版）（本科教材）	薛群虎	35.00
钢铁冶金原燃料及辅助材料（本科教材）	储满生	59.00
炼铁工艺学（本科教材）	那树人	45.00
炼铁学（本科教材）	梁中渝	45.00
热工实验原理和技术（本科教材）	邢桂菊	25.00
复合矿与二次资源综合利用（本科教材）	孟繁明	36.00
物理化学（第2版）（高职高专国规教材）	邓基芹	36.00
冶金原理（第2版）（高职高专国规教材）	卢宇飞	45.00
炼铁技术（高职高专教材）	卢宇飞	29.00
高炉冶炼操作与控制（高职高专教材）	侯向东	49.00
转炉炼钢操作与控制（高职高专教材）	李荣	39.00